冶金工业出版社

普通高等教育“十四五”规划教材

金属材料理化检验技术

主　编　李海红
副主编　李　杨　孙元伟　董准勤　邹　琳

扫码看本书数字资源

北　京
冶 金 工 业 出 版 社
2025

内 容 提 要

本书以金属材料的成分-组织-性能分析为主线，融合理论和技术前沿，结合实例对理化检验的总体步骤和相关技术原理与方法进行了详细阐述，内容涵盖了金属材料的化学成分分析的理论和技术、金相组织分析方法和技术、常见金属组织图谱分析、金属材料力学性能及工艺性能分析的理论和技术等。

本书可作为金属材料工程、材料成型与控制工程、材料科学与工程、材料物理与化学、冶金工程等专业的教学与实验用书，也可供企业相关技术人员参考阅读。

图书在版编目(CIP)数据

金属材料理化检验技术 / 李海红主编. -- 北京 ：冶金工业出版社，2025. 5. --（普通高等教育“十四五”规划教材）. -- ISBN 978-7-5240-0203-1

Ⅰ. TG14

中国国家版本馆 CIP 数据核字第 2025BW7643 号

金属材料理化检验技术

出版发行 冶金工业出版社　　**电　　话**（010）64027926

地　　址 北京市东城区嵩祝院北巷 39 号　　**邮　　编** 100009

网　　址 www. mip1953. com　　**电子信箱** service@ mip1953. com

责任编辑　刘思岐　美术编辑　吕欣童　版式设计　郑小利

责任校对　王永欣　责任印制　窦　唯

三河市双峰印刷装订有限公司印刷

2025 年 5 月第 1 版，2025 年 5 月第 1 次印刷

787mm×1092mm　1/16；18. 5 印张；449 千字；282 页

定价 49. 00 元

投稿电话　(010) 64027932　投稿信箱　tougao@ cnmip. com. cn

营销中心电话　(010) 64044283

冶金工业出版社天猫旗舰店　yjgycbs. tmall. com

（本书如有印装质量问题，本社营销中心负责退换）

前　言

随着教学改革的不断深入和材料分析测试技术的不断进步，金属材料理化检验技术在课程体系、教学内容、教学模式等方面均有了新的变化，对金属材料相关专业毕业生的专业基础知识和基本操作技能提出了更高的要求。现在的大学教学既要求学生掌握越来越多的基础知识，又要求给学生更多的自主学习时间，以提高学生的综合素质及创新能力。因此，在有限的时间内必须缩短课程授课学时，但学时减少，课程的基本内容不能减少。目前，针对金属材料的成分、微观结构、力学性能的分析和检测的专著和教材版本很多，内容也很丰富，但现有教材均是各部分独立编写成书，并且多数以抽象的理论为主，内容深奥，学生不容易在较短学时内系统掌握金属材料的成分、组织、性能分析的理论、方法和技术。随着分析测试技术的进步，针对金属材料理化检验的新方法和新技术不断涌现，但是现有教材鲜有提及，这不利于提高学生的专业能力和综合素质。鉴于此，编者在保证金属材料理化检验技术内容的系统性、完整性和科学性的前提下，认真总结多年的教学经验，同时参考大量优秀的理化检验方法和技术文献，基于金属材料成分、组织和性能分析的基本原理和方法，本着注重基础和应用、培养学生能力、叙述简明扼要的原则，为金属材料相关专业的学生编写了这本理化检验技术教材，希望学生能系统认识、理解和掌握金属材料的理化检验方法和技术。

材料成分决定组织、组织影响性能。金属材料区别于非金属材料、高分子材料，对金属材料的成分-组织-性能的分析具有鲜明的特点，本教材的编写改变了传统的按材料分类或按分析方法分类进行理化检验技术学习的特点，在内容安排上，将金属材料的成分-组织-性能分析的理论和技术融为一体，从教学需求出发，既注重内容的系统性、科学性、先进性和实用性，又注重基础和应用，尽可能地将基本理论与实际应用相结合，多引用工程技术案例，将理论性较强的检测理论变得具体而易接受。同时适当引用一些前沿分析方法和最新技术成果，使金属材料理化检验技术教材紧密联系科学技术前沿，拓宽学生的知识面。

在章节安排上，本书以金属材料的成分-组织-性能分析为主线，系统介绍了金属材料的化学成分分析的理论和技术、金相组织分析的方法和技术、常见金属及合金组织图谱分析、金属材料力学性能及工艺性能分析的理论和技术。每一篇结合了基本理论、具体案例和技术前沿，使学生能系统掌握金属材料理化检验的技术和方法，为将来的科学研究和解决实际工程问题奠定基础。

本书由李海红任主编，李杨、孙元伟、董准勤、邹琳任副主编。全书分为4篇，16章。1~6章由李海红、董准勤、邹琳编写，7~12章由李杨、李海红编写，13~16章由孙元伟编写，全书由李海红统稿、定稿。烟台大学核装备与核工程学院的刘忠礼、赵相金、杨坤杰、贺笑春、修俊杰、朱坤军等对书稿进行了多次审阅，提出了宝贵的意见和建议；本书在编写过程中受到了烟台大学和山东恒邦冶炼股份有限公司的大力支持，冶金工业出版社的编辑对本书的出版付出了艰辛的劳动；在编写本书时，参考了国内外专家和同行们的大量教材、著作、研究成果和文献，在此一并表示衷心感谢！

本书可作为高等院校材料类、机械类、冶金类等相关专业的教材，也可供相关专业的研究生及科研和工程技术人员参考使用。

限于编者的水平，书中疏漏和不当之处在所难免，恳请读者批评指正。

编　者
2024年6月

目　　录

第一篇　化学分析

第二篇 组织分析

第四篇 实验部分

第一篇

化学分析

1 化学分析概论

1.1 化学分析的分类

材料的化学分析是指用化学的方法进行金属材料成分的测定，以查明被测试样的化学组成。实验样品一般为金属及其合金。化学分析不仅应用广泛，所采用的方法也是多种多样。人们从不同的角度，根据分析任务、分析对象、试样用量、组分含量和分析原理的不同，对分析方法进行了分类。

（1）按分析任务进行分类，可分为定性分析、定量分析和结构分析。定性分析采用化学分析法鉴定物质由哪些元素、原子团或化合物组成。定量分析的任务是测定物质中各组分间量的关系（通常以百分比表示）。结构分析的任务是研究物质的分子结构、晶体结构或综合形态。

（2）按分析对象进行分类，可分为无机分析和有机分析。无机分析的对象是无机物质，有机分析的对象是有机物质。两者的分析对象不同，具体的分析要求也有差异。针对不同的分析对象，可以分为冶金分析、环境分析、药物分析、材料分析和生物分析等。

（3）按试样用量进行分类，可分为常量分析、半微量分析、微量分析和痕量分析。分类标准见表 1-1。

表 1-1 按试样用量进行分类的分析方法

分析方法	试样用量/g	试液体积/mL
常量分析	> 0.1	> 10
半微量分析	0.01～0.1	1～10
微量分析	0.001～0.01	0.01～1
痕量分析	< 0.001	< 0.01

（4）按组分含量进行分类，可分为常量组分分析、微量组分分析和痕量组分分析。分类标准见表 1-2。

表 1-2 按组分含量进行分类的分析方法

分析方法	被测组分的含量/%
常量组分分析	> 1
微量组分分析	0.01～1
痕量组分分析	< 0.01

（5）按分析原理进行分类，可分为化学分析和仪器分析。经典化学分析是根据各种元素及其化合物的独特化学性质，利用与之有关的化学反应，对物质进行定性或定量分析，即基本上采用化学方法来达到分析的目的。常见的化学分析法有重量分析法（称重

分析法）和滴定分析法（容量分析法）。滴定法又可以分为酸碱滴定法、氧化还原滴定法、配位滴定法、沉淀滴定法。

重量分析法的基本原理是将待测组分与试样中的其他组分分离，并转化为一定称量形式的化合物，然后用称重的方法测定待测组分的含量。滴定分析法是将已知准确浓度的试剂溶液（标准溶液）滴加到被测物质的溶液中，直到化学反应完全为止，然后根据所用试剂溶液的体积和试剂溶液的浓度求得被测组分的含量。

仪器分析主要采用化学结合仪器的方法（特别是最后的测定阶段，常借用仪器设备）来获取结果，这类分析方法中有些需要应用较为复杂的特定仪器，如分析金属材料化学成分用的电感耦合原子发射光谱仪（ICP-AES）、监测金属及合金熔体化学成分用的直读光谱仪等。常见的仪器分析法有光学分析法、电化学分析法、分离分析法等，具体分类方法见表 1-3。

表 1-3 常见的仪器分析法

分析方法	仪器分析法
光学分析法	分子光谱法（可见和紫外分光光度法、红外光谱法、分子荧光及磷光分析法）、原子光谱法等
电化学分析法	电位分析法、电量法、库仑法、伏安法、极谱法、电导分析法等
分离分析法	色谱法（气相色谱法、液相色谱法、离子色谱法等）
热分析法	热重量法、热滴定法、差示扫描量热法、差热分析法、热导法等
其他方法	质谱法、核磁共振法、X 射线光电子能谱法、电子显微分析、毛细管电泳、纳米化学传感器等

化学分析多用于测定常量组分，即待测组分含量较高，一般在 1%以上。化学分析方法的优点是准确度高，误差一般小于 0.2%，在基准方法中占有重要地位；缺点是速度慢、时间长、灵敏度较低。仪器分析法准确度高、灵敏度高，多用于微量和痕量组分分析，分析速度快，可以满足实时在线检测，如金属材料熔炼的炉前分析。仪器分析法与化学分析法是相辅相成的，很难以一种方法来完全取代另一种方法。

1.2 定量化学分析的一般步骤

定量化学分析的目的是通过化学分析的方法获得物质中待测组分的含量，其分析过程一般包括采样、样品处理、样品测量、分析结果的表示和评价四个步骤。

（1）采样。采样是定量分析过程的第一步，采样是否正确直接决定最终的分析结果。分析测试的目的是使用从小样本中获得的数据来表征对象全体的无偏信息，这就要求采集的样本必须能代表对象全体，即要求采样必须具有代表性。对于金属试样，可以从力学性能试验所选用的抽样产品中取得，金属型材可以从抽样产品上切取原始样品。

（2）样品处理。样品处理包括样品的制备和预处理。以金属样品为例，样品的制备包括样品的破碎和缩分。采集的金属样品通常并不均匀，且样品量相对较大，不适于直接分析。采集的样品首先要经过破碎、研磨、过筛等，使样品颗粒达到一定的粒径，以满足样品的均匀性。

采样获得的样品通常包含待测组分和其他的杂质。在进行定量分析之前，通常需要将样品进行分解，使待测组分定量地转移到溶液中，并设法消除可能存在的各种干扰，这一操作过程称为样品的预处理。

样品预处理方式有很多，一般根据样品的形态、物理化学性质和分析目的来选择合适的样品预处理方式。对于金属样品，常采用溶解法和熔融法对样品进行分解。溶解法采用的溶剂有水、酸、碱和混合酸，通过样品与溶剂发生氧化还原反应而使样品发生溶解。例如，钢铁样品可以采用盐酸进行溶解。熔融法一般需要加入熔剂，使样品与熔剂在高温下熔融发生复分解反应，之后再用溶解法进行溶解。例如，某些炉衬材料三氧化二铝、二氧化硅等可以采用熔剂焦硫酸钾进行高温熔融处理。

（3）样品测量。样品的测量首先需要考虑样品的物理化学性质，以此来选择合适的分析方法，另外还需兼顾分析的准确度和速度。当待测组分含量较高时，往往要求测量的准确度也较高。例如，当组分含量在50%～100%时，要求测量的相对误差在0.1%～0.3%；当组分含量为0.01%～1%时，对准确度的要求可放宽至相对误差为2%～10%，此时可以采用仪器分析法。

分析速度也是实际分析中需要考虑的重要方面。例如，金属及合金熔炼时，熔体的化学成分直接影响着最终产品的质量，这就需要采用快速的分析方法，以便在短时间内获得熔体的化学成分，为熔铸工艺参数的调整提供依据。

（4）分析结果的表示和评价。样品中待测组分的实际存在形式有时与其测量形式不同，这会涉及分析结果的表示形式问题。例如，当铜矿石中的铜为待测组分时，其可能的存在形式为 Cu_2O、CuO 等，而在实际分析过程中，通常是将样品中的所有存在形式的铜都转化为 Cu^{2+}，故测量结果通常以 Cu^{2+} 含量的形式来表示。有时也会遇到特别注重样品中某种存在形式的情况，此时应将测量结果以需要的表示形式来表示。如铜矿石中的铜的测量结果也可以用 Cu_2O 或 CuO 等形式来表示。

对于固体样品，分析结果通常以质量分数表示，如下式所示：

$$w_B = \frac{m_B}{m_S} \times 100\% \tag{1-1}$$

式中，w_B 为待测组分 B 的质量分数；m_B 为待测组分 B 的质量；m_S 为样品的质量。

w_B 通常以百分数表示。当待测组分含量非常低时，也可以用 μg/g、ng/g、pg/g 或 ppm 表示。

对于液体样品，分析结果常以待测组分的物质的量浓度来表示，有时也用质量分数和体积分数来表示。

对于气体样品，分析结果常以待测组分的体积分数来表示。

定量化学分析往往会涉及多个步骤，每一个步骤都会引入一定的误差，而这些误差会遗传到最后的结果中。因而，如何评价每一个步骤的误差及最终结果的可信度，是定量分析必不可少的一个步骤。

1.3 化学分析中的误差

定量化学分析的任务是测定试样中待测组分的含量，要求测定的结果必须达到一定的准确度，才能满足生产和科学研究的需要。在实际分析测试过程中，由于主客观条件的限制，任何测量得到的数据都存在误差，客观存在的真实值是不可知的。实验数据的误差不可避免，但可以采取相应的措施尽量减小误差，使分析结果更接近真实值。

1.3.1 误差的分类

误差按性质可以分为两类，即系统误差和随机误差。

（1）系统误差。这类误差通常由某种固定的原因造成，具有单向性和重复性，即正负、大小都具有一定的规律性。当重复进行测定时，系统误差会重复出现。如果能找出原因，并设法加以校正，那么系统误差是可以消除的，因此系统误差也称为可测误差。

系统误差产生的原因主要有以下几方面：

1）方法误差，即分析方法本身带来的误差。例如，用重量法测定某种物质时，沉淀溶解度大，使得测定的数据比真实值小得多；滴定分析中指示剂选择不当。方法误差可采用其他测定方法来消除。

2）仪器误差，即仪器本身不够准确或未经校准引起的误差。如天平、砝码和容量器皿不准确，在使用过程中就会使测量结果产生误差。

3）试剂误差，即化学试剂或蒸馏水的纯度不够所引起的误差。可购买纯度更高的分析纯或基准纯试剂，或进一步提纯化学试剂和蒸馏水。

4）操作误差，即由操作人员的主观原因造成的误差。例如，对终点颜色变化的判断，有的人敏锐，有的人迟钝；滴定管读数偏高或偏低等。

（2）随机误差。随机误差也叫偶然误差，这类误差由一些偶然和意外因素造成，无法预料。例如，气温和大气中含尘量的微小变化、人的精神状态、仪器性能的微小变化、操作稍有出入等原因引起的误差。随机误差的大小、正负不定，具有非单向性，不能用校正的方法来减少和避免，属于不可测误差，但可以利用统计学方法进行估算和减免。

1.3.2 误差的减免

根据误差的分类和产生原因可以看出，只有熟练操作并尽可能减少系统误差和随机误差，才能提高分析结果的准确度。误差的减免方法如下：

（1）对照试验。可用于检验是否存在系统误差。进行对照试验时，常用已知准确含量的标准试样（标准溶液），按同样的方法进行分析测定来相互对照；也可以按不同的分析方法或令不同的分析人员分析同一试样来相互对照。例如，生产上用同样的方法进行标样分析来检查操作是否正确或仪器是否正常，若标样的分析结果符合“公差”规定，则说明操作和仪器符合要求，试样分析结果可靠。

（2）空白试验。在不加试样的情况下，按照同样的试样分析步骤和条件进行的测定称为空白试验，得到的结果称为“空白值”。从试样的测量结果中扣除空白值，可以得到更接近于真实含量的测量结果。空白试验可以消除由试剂、蒸馏水、实验器皿和环境变化带入的杂质引起的系统误差。

（3）校准仪器。在实际分析中，对所用的仪器如天平、砝码、滴定管、容量瓶等进行校准，求出校准值，并在计算结果时采用，可以消除由仪器引起的系统误差。

（4）方法校正。一种分析方法的系统误差可以用另一种方法直接进行校正。例如，重量分析中沉淀的溶解损失可以用滴定分析的方法或另一种重量分析方法进行校正。

（5）多次平行测定。这是减少随机误差的有效方法，当测量次数较多时，随机误差的分布会服从统计规律。一般一个测量结果平行测定 4~6 次。

1.3.3 误差的表示

1.3.3.1 误差和相对误差

准确度的高低用误差来表示。误差又分为绝对误差 E_a 和相对误差 E_r。误差越小，准确度越高。

绝对误差表示测量结果 x_i 与真实值 μ 的差：

$$E_a = x_i - \mu \tag{1-2}$$

相对误差是指绝对误差在真实值中所占的百分数：

$$E_r = \frac{E}{\mu} \times 100\% \tag{1-3}$$

1.3.3.2 偏差和相对偏差

在实际分析过程中，如不知道真实值，则一般用多次平行测定的算术平均值 $\bar{x}$ 来表示分析结果。

$$\bar{x} = \frac{x_1 + x_2 + \cdots + x_n}{n} = \frac{1}{n}\sum_{i=1}^{n} x_i \tag{1-4}$$

单次测量结果与平均值之差称为偏差。偏差也分为绝对偏差 d_i 和相对偏差 d_{ir}。

$$d_i = x_i - \bar{x} \tag{1-5}$$

$$d_{ir} = \frac{d_i}{\bar{x}} \times 100\% \tag{1-6}$$

1.3.3.3 公差

误差和偏差的含义不同，误差以真实值为标准，而偏差则以算数平均值为标准。实际上，人们只能通过多次反复测量，获得一个接近于真实值的平均结果，用这个平均值代替真实值来计算误差，这样计算得到的误差实际还是偏差。实际生产部门并不强调误差和偏差的区别，而用“公差”范围来表示误差的大小。公差是生产部门对测量结果允许误差的一种限量，也称为允许误差。如果测量结果超出允许的公差范围，则称为超差。如果出现超差，那么这项分析就应该重新做。公差范围一般根据生产需要和实际情况而定。

1.3.3.4 标准偏差和均方差

对于有限次测量，各测量值对总体平均值的偏离，用标准偏差表示：

$$s = \sqrt{\frac{d_1^2 + d_2^2 + \cdots + d_n^2}{n - 1}} = \sqrt{\frac{\sum_{i=1}^{n}(x_i - \bar{x})^2}{n - 1}} \tag{1-7}$$

当测量次数为无限多次时，各测量值对算术平均值的偏离，用标准方差（均方差）表示：

$$\sigma = \lim_{n\to\infty}\sqrt{\frac{\sum_{i=1}^{n}(x_i - \bar{x})^2}{n}} \tag{1-8}$$

式（1-8）为无限次测量时的标准偏差，无实际意义。

1.3.3.5 准确度和精密度

准确度表示分析结果与真实值的接近程度，由误差的大小来衡量。精密度表示几次平行测定结果相互的接近程度，用偏差来衡量。

精密度与准确度的关系：精密度是准确度高的先决条件，但是精密度高，准确度却不一定高。准确度反映了测量结果的正确性，精密度反映了测量结果的重现性。在消除系统误差的前提下，精密度高，则准确度高（图 1-1）。

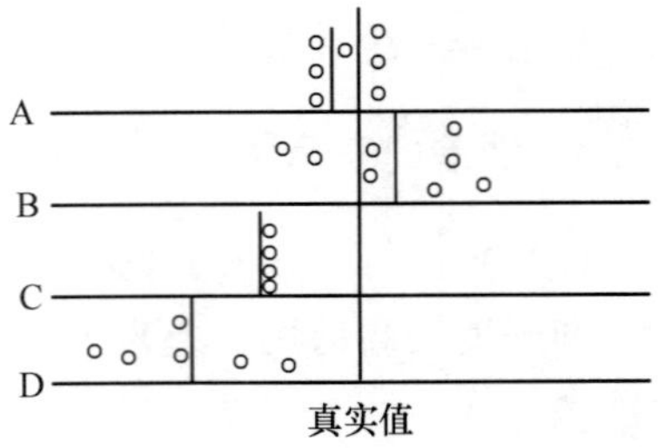

图 1-1 准确度和精密度的关系
A—精密度高，准确度高；B—精密度不高，但其平均值的准确度仍较好（凑巧）；C—精密度很高，但明显存在负的系统误差，准确度低；D—精密度很低，准确度也很低，不可取

1.4 有效数字及其运算规则

1.4.1 有效数字及位数

在分析过程中，不仅要准确测量分析结果，还要正确地记录和计算。分析结果不仅表示测量值的大小，同时也反映测量的准确度，必须按实际测量的准确度来记录实验数据。例如，用分析天平称得某物体的质量为 0.2134 g，其中“0.213”是准确的，最后一位“4”是估读的，其真实质量为（0.2134 ± 0.0001）g 范围内的某一数值。这一测量结果的绝对误差为± 0.0001 g，相对误差为：

$$\frac{\pm 0.0001\ \text{g}}{0.2134\ \text{g}} \times 100\% = \pm 0.05\%$$

通过实验获取的代表一定量的每一个数字都有重要意义，这种在分析工作中实际能测量得到的数字称为有效数字。最后一位是估读的，可疑的，但必须记录上，即使是“0”，也要记录上。

确定有效数字位数时，“0”具有特殊性。在测量结果中，非零数字之前的不是有效数字，仅起定位作用；非零数字之间必为有效数字；非零数字后一般为有效数字。但需注意的是，对于整数末尾的零，其意义不甚明显。

0.0132	三位有效数字
1.320	四位有效数字
1.302	四位有效数字
2500	位数模糊

单位改变，有效数字位数不改变。例如，22.00 mL 和 0.02200 L 都为四位有效数字。pH 值，lg*K* 等对数值的有效位数仅仅取决于其小数点后数字的位数，整数部分只起定位作用，不作为有效数字。例如，pH = 12.00，lg*K* = 4.76，$K = 1.7\times10^{-5}$，均为两位有效数字。

化学分析中常用的一些数字，有效数字位数如下：

试样质量	1.4370 g（分析天平称量）	五位有效数字
滴定剂体积	28.14 mL（滴定管量取）	四位有效数字
试剂体积	18.5 mL（量筒量取）	三位有效数字
标准溶液浓度	1.2300 mol/L	五位有效数字
待测组分含量	18.27%	四位有效数字
解离常数	$K_a = 1.8 \times 10^{-5}$	两位有效数字

1.4.2　数字修约规则

数字修约一般遵循“先修约后计算”的规则。数字修约依据：（1）4 舍 6 入 5 成双；（2）一次性修约到底。

当测量值中被修约的那个数字等于或小于 4 时，该数字舍去；等于或大于 6 时，进位；等于 5 时，若前一位是奇数则进位，是偶数则舍去。

例如，将下列数字修约为四位有效数字：

2.21549 → 2.215　　　3.2346 → 3.235

4.1235→ 4.124　　　4.1245 → 4.124

需要注意的是，当尾数等于 5 时，若后面数为 0，则舍 5 成双；若 5 后面还有不是 0 的任何数，则皆入。

例如，将下列数字修约为四位有效数字：

10.2350 → 10.24　　250.650 → 250.6　　18.08501 → 18.09

2.5491 修约为两位有效数字应该为 2.5，不能 2.5491 → 2.55 → 2.6。不允许分次修约。

1.4.3　有效数字运算规则

（1）加减法：几个数据相加或相减时，它们的和或差的有效数字的保留，应以小数点后位数最少的数据为根据，即取决于绝对误差最大的那个数据。

例如：　$2.15 + 2.155 + 2.145 + 2.1451 + 2.1346 = 10.73$

绝对误差：0.01　0.001　0.001　0.0001　0.0001

其中，2.15 的绝对误差最大，最终计算结果保留小数点后两位。

（2）乘除法：几个数相乘或相除时，它们的积或商的有效数字位数，以参与运算中有效数字位数最少（相对误差最大）的为准。

例如：$(0.0325 \times 5.103 \times 60.06)/139.8 = 0.0712$

相对误差分别为：

0.0325　　$\pm 0.0001/0.0325 \times 100\% = \pm 0.3\%$

5.103　　$\pm 0.001/5.103 \times 100\% = \pm 0.02\%$

60.06　　$\pm 0.01/60.06 \times 100\% = \pm 0.02\%$

139.8　　$\pm 0.1/139.8 \times 100\% = \pm 0.07\%$

其中，0.0325 的有效数字位数最少，相对误差最大，最终计算结果保留三位有效数字。

需要说明的是，混合运算时，先按乘法规则确定有效数字，再按加法规则处理运算结果。

例如：$3.450 \times 3.562 + 9.6 \times 10^{-2} - 0.0371 \times 0.00845$

$= 12.29 + 9.6 \times 10^{-2} - 0.000313$

$= 12.29 + 0.10$

$= 12.39$

2 化学分析方法

常见的金属材料化学成分的分析方法有重量分析法（称重分析法）、滴定分析法（容量分析法）。滴定分析法又可以分为酸碱滴定法、氧化还原滴定法、配位滴定法、沉淀滴定法。

2.1 重量分析法

重量分析法的基本原理是将待测组分与试样中的其他组分分离，并转化为一定称量形式的化合物，然后用称重的方法测定待测组分的含量。重量分析法是经典的定量分析方法之一。

2.1.1 重量分析法的分类

根据待测组分与试样中其他组分分离方法的不同，重量分析法通常可分为沉淀法、气化法、电解法和萃取法。

（1）沉淀法：沉淀法是重量分析法中的主要方法。利用沉淀反应使待测组分以难溶化合物的形式从溶液中沉淀出来，将沉淀过滤、洗涤后，烘干或灼烧，然后称量其质量，再计算待测组分的含量。例如，用沉淀法测定钢铁中硅的含量时，将试样溶解，并使其中的硅转化为难溶的硅酸而从溶液中沉淀下来；经过过滤、洗涤，将沉淀灼烧成二氧化硅，用分析天平称量其质量，然后计算出硅的含量。

（2）气化法：利用物质的挥发性质，通过加热或其他方法使待测组分从试样中挥发逸出，然后根据气体逸出前后试样质量之差，计算待测组分的含量。如试样中吸附水或结晶水的测定。

例如，测定氯化钡中的结晶水含量，水分在试样中存在的形式分为吸附水和结晶水。吸附水在 105~110 ℃下烘干即可失去。结晶水的除去温度需要根据具体的物质决定。

$BaCl_2 \cdot 2H_2O$ 中的结晶水可以在 120~125 ℃下进行烘干。

$$w_{H_2O} = \frac{m_{烘前} - m_{烘后}}{m_{试样}} \times 100\%$$

有时也可以在该组分逸出时，用某种吸收剂来吸收它，这时可以根据吸收剂质量的增加来计算待测组分的含量。

例如，测定钢铁试样中碳的含量时，试样在高温炉中加热并通氧燃烧，使碳氧化成二氧化碳，混合气体经除硫后，以高氯酸镁吸收反应生成的水分，再以碱石棉吸收二氧化碳，称量碱石棉吸收瓶的增重，即可计算出钢铁试样中碳的含量。

$$w_C = \frac{(m_{碱石棉吸收后} - m_{碱石棉吸收前}) \times \frac{M_C}{M_{CO_2}}}{m_{试样}} \times 100\%$$

（3）电解法：利用电解原理，控制适当的电压或电流，使待测组分转化为金属或其他形式的物质在电极上沉积，根据电极增加的质量，计算待测组分的含量。

例如，采用电解法测定铜合金中铜的含量，试样经硝酸-硫酸溶解后，以网状铂电极为阴极进行电解，溶液中的铜离子以金属铜的形式在铂阴极上析出（$Cu^{2+} + 2e = Cu\downarrow$），电解结束后，将网状铂电极洗涤、烘干、称重，根据铂电极增加的质量，即可计算出铜合金中铜的含量。

（4）萃取法：利用有机试剂将待测组分从样品中萃取出来，然后加热将有机试剂挥发除去，称量残留的萃取物质量，计算出待测组分的含量。如工业废水中石油类物质含量的测定。

重量分析法的特点如下：

（1）通过直接称量试样和沉淀等来获得分析结果，不需要基准物质、标准溶液和容量仪器，所以引入的误差小、准确度高，对于常量组分的测定，相对误差一般为0.1%~0.2%。

（2）不足之处是其操作烦琐，分析周期长，不适于微量和痕量组分的测定，也不能满足快速分析的要求。但在标准样品定值、仲裁分析方面，重量法的使用仍占一定的比重。

重量分析法主要用于含量较高的Si、S、P、W、Mo、Cu、Co、Ni、Ag、Pb、RE等元素的分析。

2.1.2 对沉淀形式和称量形式的要求

重量分析法对沉淀及沉淀剂的选择有要求。在沉淀法中，向试液中加入适当的沉淀剂，使待测组分以难溶化合物的形式沉淀析出，该化合物称为沉淀形式，沉淀烘干或灼烧后称量的形式称为称量形式。沉淀形式和称量形式可以是相同的，也可以是不同的。例如，以$BaSO_4$形式测定Ba^{2+}或SO_4^{2-}，沉淀形式和称量形式是相同的；而采用重量法测定硅的含量时，沉淀形式为硅酸，灼烧后所得的称量形式为二氧化硅，沉淀形式与称量形式则是不同的。

沉淀法的主要操作步骤为：样品→样品溶液+沉淀剂→沉淀1(沉淀形式)→过滤→洗涤→烘干→灼烧→恒重→沉淀2（称量形式）。为了获得准确的测定结果，沉淀法对沉淀剂、沉淀形式和称量形式都有一定的要求。

（1）对沉淀形式的要求：

1）沉淀的溶解度要小，以保证待测组分定量地沉淀完全。通常要求沉淀的溶解损失不超过0.2 mg（即应不大于分析天平的称量误差）。$BaSO_4$沉淀的洗涤要使用稀硫酸而不能用水，因为$BaSO_4$沉淀在稀硫酸中的溶解度低于其在水中的溶解度。

2）沉淀必须纯净，杂质应尽可能地少，否则不能获得准确的分析结果。

3）沉淀易转化为称量形式。如8-羟基喹啉铝盐，在130 ℃下烘干即可称量，而氢氧化铝则必须在1200 ℃下灼烧才能成为不吸湿的称量形式Al_2O_3，因此在测定铝的含量时应选前一种方法。

4）沉淀应易于过滤和洗涤，这不仅便于操作，也是保证沉淀纯度的一个重要方面。晶型沉淀易于洗涤；无定形沉淀，尤其是胶体沉淀，如 $Fe(OH)_3$、$Al(OH)_3$ 等，体积庞大疏松，总表面积大，吸附杂质较多，过滤费时且不易洗净。沉淀时，希望得到颗粒较大的晶型沉淀，如果只能生成无定形沉淀，则应控制沉淀条件，改变沉淀的性质，以便得到易于过滤和洗涤的沉淀。

（2）对称量形式的要求：

1）必须具有确定的化学组成，并与化学式完全相符，才能按照化学式计算待测组分的含量。

2）要有足够的化学稳定性，不应吸收空气中的二氧化碳和水分而改变质量，也不应受氧气的氧化作用而发生结构的改变，在干燥、灼烧时也不易分解。

3）相对分子质量要大，待测组分在称量形式中所占的比例要大，这样由称量引起的相对误差就较小，可提高分析的准确度。

（3）沉淀剂的选择：根据对沉淀的要求，待测组分以何种形式沉淀下来就成为问题的关键。因此，沉淀剂的选择就决定了方法的准确度和操作的简便程度。选择沉淀剂的条件如下：

1）生成的沉淀溶解度要小，沉淀反应才能进行完全。

2）沉淀剂本身溶解度要大，容易在洗涤时除去。

3）沉淀剂应具有较好的选择性和特效性，在含有多种离子的试液中，它只沉淀待测组分。

4）生成的沉淀应具有易于分离和洗涤的良好结构。

5）沉淀剂应具有较大的相对分子质量，这样生成的沉淀形式的相对分子质量就较大，转化成称量形式的相对分子质量也大，带来的称量误差就较小。

6）沉淀剂应是易挥发或易分解除去的物质，即使在洗涤时未除尽，在灼烧时也能除尽，不会影响称量结果。

（4）沉淀剂的分类：常用的沉淀剂通常分为无机沉淀剂和有机沉淀剂。常见的无机沉淀剂有 NaOH、$NH_3 \cdot H_2O$、H_2S 或 Na_2S 等。无机沉淀剂的选择性较差，生成的沉淀溶解度较大，吸附杂质较多；如果生成的是无定形沉淀，则不仅吸附的杂质多，而且不易过滤和洗涤。常见的有机沉淀剂有 8-羟基喹啉、四苯硼酸钠、苦杏仁酸、铜铁试剂等。有机沉淀剂的选择性较好，沉淀的溶解度小，有利于被测物质沉淀完全；生成的有机沉淀组成固定，结构较好，吸附的无机杂质少，易于分离和洗涤，分离后得到的沉淀较纯；有机沉淀称量形式的相对分子质量也较大，经烘干后即可进行称量，简化了操作，有利于提高分析的准确度。有机沉淀剂一般在水中的溶解度较小，容易夹杂在沉淀中；有些沉淀的组成不恒定，仍需灼烧成无机物后再进行称量；有些沉淀不易被水润湿，容易黏附于容器上或漂浮在溶液表面上，带来操作上的困难。

利用沉淀反应进行重量分析时，要求沉淀反应进行得越完全越好。但是，绝对不溶解的物质是没有的，所以在重量分析中要求沉淀的溶解损失不超过 0.2 mg，即小于允许的称量误差，而一般的沉淀少能达到这一要求。因此，必须了解影响沉淀溶解度的因素，以便控制沉淀反应的条件，使沉淀达到重量分析的要求。

2.1.3　影响沉淀溶解度的因素

（1）同离子效应。在进行沉淀时，都要加入过量的沉淀剂，以增大构晶离子的浓度，这样就会使沉淀的溶解度明显减小，这一现象称为同离子效应。例如，在 $BaCl_2$ 溶液中，加入过量沉淀剂 H_2SO_4，可使 $BaSO_4$ 沉淀的溶解度大为减少，达到实际上沉淀完全。

利用同离子效应是使沉淀趋于完全的重要措施之一。但是，并非加入的沉淀剂越多就越好，沉淀剂过量太多时，往往会发生盐效应或配位效应，使沉淀的溶解度增大。根据重量分析对沉淀溶解度的要求，沉淀剂一般过量 50%～100%即已足够。对于灼烧时不易挥发除去的沉淀剂，应当过量 20%～30%，以免影响沉淀的纯度。

（2）盐效应。处于相同温度时，沉淀的溶解度在强电解质存在下要比在纯水中大，而且沉淀的溶解度随强电解质浓度的增加而增大。这种由于加入强电解质而使沉淀溶解度增大的现象称为盐效应。例如，$BaSO_4$ 沉淀在 0.01 mol/L 硝酸钾溶液中的溶解度比在纯水中增大约 50%。如果沉淀本身的溶解度很小，那么盐效应的影响就很小，可以不予考虑。只有当沉淀的溶解度比较大，而溶液的离子强度很高时，才考虑盐效应的影响。

（3）酸效应。溶液酸度对沉淀溶解度的影响称为酸效应。产生酸效应的原因是组成沉淀的构晶离子与溶液中的 H^+或 OH^-反应，使构晶离子的浓度降低，从而使沉淀的溶解度增大。例如，氢氧化物沉淀易溶于酸，因此应当在碱性条件下进行沉淀；一些难溶性酸（如硅酸、钨酸等），易溶于碱，因此应当在强酸性条件下进行沉淀。

若沉淀为强酸盐（如 AgCl 等），则溶液酸度对沉淀溶解度的影响不大。许多弱酸盐和多元酸盐（如碳酸盐、草酸盐、硫酸盐和磷酸盐等），以及许多金属离子与有机沉淀剂形成的沉淀（如 8-羟基喹啉铝），在酸度增大时，溶解度都显著增大。因此，在进行沉淀时，应根据沉淀的性质控制适当的酸度。

（4）配位效应。当溶液中存在能与沉淀的构晶离子形成配合物的配位剂时，沉淀的溶解度增大，甚至完全溶解，这种现象称为配位效应。例如，在含有 AgCl 沉淀的溶液中，加入氨水，由于 Ag^+与 NH_3 生成 $[Ag(NH_3)_2]^+$，使 AgCl 的溶解度增大。

配位效应对沉淀溶解度的影响，与配位剂的浓度及配合物的稳定常数有关。配位剂浓度越大，生成的配合物越稳定，沉淀的溶解度就越大。

（5）其他因素。影响沉淀溶解度的其他因素包括：

1）温度。沉淀的溶解反应，绝大多数是吸热反应，因此沉淀的溶解度一般随着温度的升高而增大。这对于溶解度较大的沉淀来说是不利的，而对于溶解度较小的沉淀则没什么影响。但是，在沉淀重量法中，沉淀过程都在热溶液中进行，以利用沉淀溶解度增大来降低沉淀的相对过饱和度。

Q：沉淀剂加入瞬间沉淀物质的浓度；

S：晶核的溶解度；

$Q-S$：过饱和度；

$(Q-S)/S$：相对过饱和度；

相对过饱和度越小，则晶核形成速度越慢，能得到大颗粒沉淀。

对于溶解度较大的沉淀，只有在温度降低到室温后才能进行沉淀、过滤、洗涤等操作，以减小温度上升带来的不利影响。对于溶解度较小的沉淀，升高温度有利于洗去杂质。

2）溶剂。无机沉淀，一般在有机溶剂中的溶解度要比在水中小，所以对溶解度较大的沉淀，常在水溶液中加入乙醇、丙酮等有机溶剂，以降低其溶解度。但是由有机沉淀剂生成的沉淀，在有机溶剂中的溶解度一般要比在水中大。

3）沉淀颗粒。同一种沉淀物质，晶体颗粒大，则溶解度小；晶体颗粒小，则溶解度大。在分析中，应尽量创造大颗粒结晶的条件。

4）沉淀结构。初生成的沉淀往往是亚稳定型结构，放置之后才转化为稳定型结构。稳定型的溶解度通常要小于亚稳定型的溶解度，所以在沉淀生成后，往往要放置一定的时间，再进行过滤；但对于胶状沉淀，在放置过程中会吸附更多的杂质，应立即进行过滤。

因此，晶形沉淀在生成后可放置一段较长的时间（陈化），而非晶形沉淀往往不进行陈化。

重量分析不仅要求沉淀的溶解度要小，而且要求纯净，但是当沉淀从溶液中析出时，常常会被溶液中存在的其他离子所沾污。因此，必须了解影响沉淀纯度的原因，采取适当的措施，以提高沉淀的纯度。

2.1.4 影响沉淀纯度的因素

影响沉淀纯度的主要因素有共沉淀和后沉淀现象。

（1）共沉淀现象。在进行沉淀时，溶液中的一些可溶性杂质被沉淀携带而一起沉淀下来的现象，称为共沉淀现象。例如，用稀硫酸沉淀 Ba^{2+}时，若溶液中含有 Fe(Ⅲ)，则生成 $BaSO_4$ 沉淀时常夹杂有 $Fe_2(SO_4)_3$。

共沉淀是沉淀重量法中最重要的误差来源之一，引起共沉淀的原因有下列三种：

1）表面吸附。表面吸附是指在沉淀的表面吸附杂质。

2）吸留。在沉淀过程中，当沉淀剂的浓度比较大、加入速度比较快时，沉淀迅速增大，先被吸附在沉淀表面的杂质离子来不及离开沉淀而陷入沉淀晶体内部的现象称为吸留。

3）混晶现象。每种晶体沉淀都有一定的晶体结构，如果杂质离子与构晶离子的半径接近，电子层结构相同，而且所形成的晶体结构也相同，那么就会生成混晶，如 $BaSO_4$ 和 $PbSO_4$、AgCl 和 AgBr 等。

（2）后沉淀现象。当沉淀析出后，在放置的过程中，溶液中的一些溶解度较小的物质慢慢沉淀到原沉淀上的现象称为后沉淀现象。

例如，在含有 Cu^{2+}、Zn^{2+}等离子的酸性溶液中，通入 H_2S 气体得到 CuS 沉淀，如果沉淀与溶液长时间地接触，那么在 CuS 沉淀的表面上，就会析出 ZnS 沉淀。

共沉淀和后沉淀现象对沉淀重量法是不利的，但在低含量分析中可以利用它作为分离富集痕量组分的手段。

提高沉淀纯度的措施如下：

（1）选择适当的分析程序。当溶液中同时存在含量相差很大的两种离子时，需要进行沉淀分离，为了防止含量少的离子因共沉淀而损失，应先沉淀含量少的离子。

（2）降低易被吸附的杂质离子的浓度。对于易被吸附的杂质离子，必要时应先分离除去或加以掩蔽。例如，Fe(Ⅲ) 易被吸附，可预先将 Fe(Ⅲ) 还原为比较不易被吸附的

Fe(Ⅱ)，或加入掩蔽剂使 Fe（Ⅲ）生成稳定的络离子。

（3）选择适当的洗涤剂进行洗涤。洗涤可使沉淀上吸附的杂质进入洗涤液，从而达到提高沉淀纯度的目的，所选择的洗涤剂必须是在灼烧或烘干时容易挥发除去的物质。

（4）进行再沉淀。将沉淀过滤洗涤后，再重新溶解，使沉淀中残留的杂质进入溶液，然后再次进行沉淀，再次获得的沉淀夹带的杂质将大为减少。

（5）选择适当的沉淀条件。沉淀的吸附作用与沉淀颗粒的大小、沉淀的类型、温度和陈化过程都有关系。因此，要获得纯净的沉淀，则应根据沉淀的具体情况，选择适宜的沉淀条件。

可根据沉淀的类型选择合适的沉淀条件和方法。

晶形沉淀的沉淀条件和方法如下：

（1）沉淀作用应在适当稀的溶液中进行，加入的沉淀剂也应选稀溶液。

（2）在不断搅拌下逐滴加入沉淀剂。

（3）沉淀作用应在热溶液中进行，使沉淀的溶解度略有增加。

（4）沉淀作用完毕后，将沉淀和母液在一起放置一段时间，进行陈化。

对于晶形沉淀，主要考虑如何获得较大的沉淀颗粒，以便使沉淀纯净并易于过滤和洗涤，但晶形沉淀的溶解度一般都比较大，因此还应预防沉淀的溶解损失。

无定形沉淀的沉淀条件和方法如下：

（1）沉淀作用应在比较浓的溶液中进行，加入沉淀剂的速度可适当加快。

（2）沉淀作用应在热溶液中进行。

（3）溶液中加入适当的电解质，以防止胶体溶液的生成。

（4）不必陈化。沉淀完毕后，趁热过滤。

（5）必要时可进行再沉淀。

2.2 重量分析法的基本操作

重量分析的基本操作过程：首先按要求称取一定质量的试样，溶解制成溶液；加入沉淀剂进行沉淀；根据沉淀的性质进行陈化或立即过滤；沉淀经过滤、洗涤、烘干或灼烧后称其质量；然后通过前后质量的变化和换算因数的计算，得到待测组分的质量分数。

2.2.1 沉淀的生成

（1）试样的称取。试样的称取量主要取决于沉淀的类型和性质，称量过多，沉淀量大，会造成过滤洗涤困难，且费时；称量过少，沉淀量小，引入的误差就大，会降低分析结果的准确度。重量分析法中，试样的称量一般都由沉淀称量形式的质量换算得到，对沉淀称量形式的质量的一般要求为：晶形沉淀 0.3~0.5 g，无定形沉淀 0.1~0.2 g。

（2）试样的溶解。根据试样的性质，分别进行水溶、酸溶、碱溶或高温熔融处理，制成溶液。溶解用烧杯必须干净，底部及内壁光滑，无划痕，大小合适，搅拌棒的长度应为斜放在烧杯中且高出烧杯 3~5 cm，盖烧杯的表面皿略大于烧杯口。溶解过程若有气体产生或需加热溶解，完毕后应用洗瓶吹洗表面皿并使洗液沿杯壁流入烧杯内，同时吹洗烧杯内壁。

（3）沉淀的生成。沉淀是重量分析过程中的一步重要操作，应根据沉淀的不同类型和性质选择不同的沉淀条件，如沉淀时溶液的体积、温度、加入沉淀剂的浓度、数量、加入速度、搅拌速度、放置时间等，都必须按照规定的操作手续进行。进行沉淀操作时，将沉淀剂滴加到含有待测离子的溶液中，边滴加边搅拌，注意切勿使溶液溅出。搅拌时玻璃棒不要碰到烧杯壁或杯底，以免划损烧杯。

沉淀后应检查沉淀是否完全。检查方法是将溶液静置，待沉淀完全沉降后，在上层清液面上滴加沉淀剂，滴加处若无浑浊现象，则沉淀已完全；否则需补加沉淀剂，直至再次检查时，上层清液中不再出现浑浊为止。

2.2.2　沉淀的过滤和洗涤

过滤是将沉淀和溶液分离，洗涤是除去沉淀吸附的杂质，沉淀的过滤和洗涤必须连续完成。需要灼烧的沉淀，要用定量滤纸进行常压过滤；只需烘干即可称量的沉淀，可采用微孔玻璃坩埚（漏斗）进行减压过滤。

2.2.2.1　用滤纸过滤

重量分析中常用定量滤纸进行过滤，应根据沉淀的性质，选择合适的滤纸，如：

（1）凝胶状沉淀，如 $Fe(OH)_3$ 等宜用快速滤纸过滤，否则滤速太慢；

（2）粗大晶形沉淀，如 $MgNH_4PO_4$、$ZnCO_3$ 等宜用中速滤纸；

（3）微细晶形沉淀，如 $BaSO_4$ 等宜用慢速滤纸。

表 2-1 所示为定量滤纸的类型和适用范围。

表 2-1　定量滤纸的类型和适用范围

类型	色带标志	滤速/s·(100 mL)$^{-1}$	适用范围
快速	白	60～100	无定形沉淀，如 $Fe(OH)_3$
中速	蓝	100～160	粗晶沉淀，如 $MgNH_4PO_4$
慢速	红	160～200	细晶沉淀，如 $BaSO_4$

2.2.2.2　用微孔玻璃坩埚（漏斗）过滤

微孔玻璃坩埚（漏斗）在使用前，应先用稀盐酸或稀硝酸浸洗，然后用自来水、蒸馏水依次冲洗干净，在相当于烘干沉淀的温度下烘至恒重。接着进行减压过滤，过滤中沉淀的转移和洗涤与用滤纸过滤时相同，但擦拭搅拌棒和烧杯壁时应使用淀帚。表 2-2 所示为微孔玻璃坩埚的孔径及用途。

表 2-2　微孔玻璃坩埚的孔径及用途

编号	滤孔平均大小/μm	一般用途	编号	滤孔平均大小/μm	一般用途
G1	80～100	过滤粗大颗粒沉淀	G4	5～15	过滤细颗粒沉淀
G2	40～80	过滤较大颗粒沉淀	G5	2～5	过滤极细颗粒沉淀
G3	15～40	过滤一般晶形沉淀	G6	< 2	滤除细菌

2.2.2.3　洗涤液的选择

洗涤液的选择应注意以下几点：

（1）易溶解杂质而不溶解沉淀；

（2）对沉淀无胶溶式水解作用；

（3）烘干或灼烧沉淀时，易挥发除去；

（4）不影响滤液的下一步测定。

晶形沉淀用含有共同离子的挥发性化合物或沉淀剂的稀溶液作为洗涤剂，以减少沉淀的损失。无定形沉淀用含有少量电解质的热溶液进行洗涤，以防止胶结作用，其中的电解质应是易挥发或易灼烧分解的化合物，例如铵盐。

溶解度较大或易水解的沉淀，可用含有少量电解质的乙醇溶液进行洗涤，既能够降低沉淀的溶解度，也可以防止沉淀发生水解。

2.2.2.4　洗涤原则

（1）沉淀在烧杯中的洗涤次数不少于3~5次，沉淀转移至滤纸上后，应立即进行洗涤。

（2）洗涤时，从洗瓶中挤压出来的洗液从滤纸上缘开始向下做螺旋形移动，将附在滤纸上部的沉淀冲洗下来，使沉淀集中在滤纸锥部，加入洗涤液淹没过沉淀。

（3）待滤干后再次吹洗，如此反复，一般需10次左右才能洗净。

（4）停止洗涤前应进行检查，直至检查合格。

（5）洗涤沉淀时，采用少量多次的方法，这样能提高洗涤的效率。

2.2.2.5　沉淀的烘干和灼烧

A　烘干

将洗涤完毕后的沉淀连同微孔玻璃坩埚（漏斗）一同移入烘箱中，调节温控器至要求的温度，烘干，取出沉淀放入干燥器中冷至室温，称量，再烘干，冷却，称量，直至恒重（两次称量之差不超过0.2 mg）。

B　灼烧

将盛有沉淀的滤纸从微孔玻璃坩埚（漏斗）中提出，将沉淀包裹好后放入已恒重的瓷坩埚中。用坩埚钳夹起，先在电炉上烘干灰化（防止滤纸明火燃烧），然后将坩埚移入已预先升温至约400 ℃左右的马弗炉中，斜盖坩埚盖（留缝），关上炉门，调节温控器至需要温度，达到设定温度后开始计时，灼烧30 min左右。切断电源，待炉温降至500 ℃时打开炉门，将坩埚取至炉门口，稍冷却，再将坩埚移至耐火板上冷却，待温度降至100~200 ℃时，移入干燥器中，盖好坩埚盖。开始时干燥器盖应留出一条缝隙，以免干燥器内的空气受热膨胀将盖顶落打碎，待冷却至室温后，用天平称量，再灼烧，冷却，称量，直至恒重。

2.3　滴定分析法

滴定分析法是化学分析中重要的分析方法之一。滴定分析是将已知准确浓度的试剂溶液（标准溶液）滴加到被测物质的溶液中，直到化学反应完全为止，然后根据所用试剂溶液的体积和浓度求得被测组分的含量。

2.3.1　滴定分析法的基本原理

将被测物质的溶液置于一定的容器（锥形瓶或烧杯）中，并加入少量适当的指示剂，然后将一种已知准确浓度的标准溶液通过滴定管逐滴地加到容器里。当滴入的滴定剂的量与被测物质的量之间正好符合化学反应式所表示的化学计量关系时，称化学反应达到了理论终点，也叫作化学计量点或等物质的量点。

一般根据指示剂颜色的改变来确定滴定终点。指示剂的颜色发生改变时的点称为滴定终点（简称终点），表明滴定到此结束。滴定终点与理论终点不一定恰好符合，由此而造成的分析误差称为滴定误差。滴定误差的大小，取决于滴定反应和指示剂的性能及用量。因此，只有选择适当的指示剂，才能使滴定终点尽可能地接近理论终点。

2.3.2 滴定分析法的特点

（1）滴定分析法是被广泛采用的一种常量分析方法，即被测组分的含量一般在1%以上，有时也可测量微量组分。

（2）滴定分析所需要的仪器设备简单，易于掌握和操作，测定快速，准确度高，一般情况下测定的相对误差为0.1%左右。

（3）可适用于多种化学反应，这对于无机物和有机物的测定都是非常重要的。因此，在生产实践和科学研究中具有很大的实用价值。

2.3.3 滴定分析法的类型

根据反应类型的不同，滴定分析法主要分为以下四类：

（1）酸碱滴定法。酸碱滴定就是利用酸碱中和反应进行滴定分析的方法。包括酸和碱的测定、弱酸盐的测定和弱碱盐的测定。该反应是以质子传递反应为基础的。

目前，多应用此法测定钢铁中的氮、硼、磷、碳、硅等。

（2）络合滴定法。络合滴定法就是利用络合反应进行滴定分析的方法。这类滴定的最终产物是络合物。

目前，多用此法测定铝、镁、锌、铅、镍等。

（3）氧化还原滴定法。氧化还原滴定法就是利用氧化还原反应进行滴定分析的方法。氧化还原反应是基于电子转移的反应，机理比较复杂。其中有高锰酸钾法、重铬酸钾法、碘量法、亚铁盐法及其他氧化还原法。

目前，多应用此法测定锰、铬、钒、铜、铁、硫、锡、钴等。

（4）沉淀滴定法。沉淀滴定法就是利用沉淀反应进行滴定分析的方法。这类滴定在滴定过程中有沉淀产生。

目前，应用较广的是以生成难溶银盐为反应基础的沉淀滴定法，称为银量法。

2.3.4 滴定分析法对化学反应的要求

（1）反应必须定量进行。被测物质与标准溶液（滴定剂）之间的反应要按一定的化学方程式进行，而且反应必须接近完全（通常要求达到99.9%以上），没有副反应。这是定量计算的基础。

（2）反应速度要快。滴定反应要求瞬间完成，对于速度较慢的反应，有时可通过加热或加入催化剂等办法来提高反应速度。

（3）要有比较简便可靠的方法来确定理论终点。滴定分析一般采用指示剂来确定终点。如果没有合适的指示剂，则可借助于物理化学方法，如用电位滴定、电导滴定、安培滴定、光度滴定和温度滴定等方法来确定终点。

（4）共存物质不干扰滴定反应。标准溶液（滴定剂）应只与被测组分发生反应，对共存离子的干扰可通过控制实验条件或利用掩蔽剂等手段予以消除。

2.3.5 滴定分析的主要分类

（1）直接滴定法。凡是能满足上述要求的反应，都可以用标准溶液直接滴定被测物质，这类滴定方式称为直接滴定法。直接滴定法是最常用、最基本的滴定方法。

（2）返滴定法。当反应速度较慢或反应物为固体时，加入符合化学计量关系的滴定剂，反应不能立即完成。此时，可先加入过量的标准溶液，待反应完成后，再用另外一种标准溶液滴定剩余的标准溶液，这种滴定方式称为返滴定法。如用乙二胺四乙酸（EDTA）标准溶液滴定镍，先加入过量的 EDTA 标准溶液，待反应完全，再用铅或锌的标准溶液返滴过量的 EDTA，可得到较好的结果。

（3）置换滴定法。对于不按确定的反应式进行（或伴有副反应）的反应，可以不直接滴定被测物质，而先用适当试剂与被测物质起反应，使其置换出另一生成物，再用标准溶液滴定此生成物，这种滴定法称为置换滴定法。例如，硫代硫酸钠不能直接滴定重铬酸钾和其他强氧化剂，因为这些强氧化剂不仅能将 $S_2O_3^{2-}$ 氧化为 $S_4O_6^{2-}$，还会将一部分 $S_2O_3^{2-}$ 氧化为 SO_4^{2-}，因此无法计算。但是，如在酸性重铬酸钾溶液中加入过量的 KI，使产生一定量的 I_2，就可以用硫代硫酸钠标准溶液进行滴定，其反应式如下：

$$Cr_2O_7^{2-} + 6I^- + 14H^+ \rightleftharpoons 3I_2 + 2Cr^{3+} + 7H_2O \tag{2-1}$$

$$I_2 + 2Na_2S_2O_3 \rightleftharpoons 2NaI + Na_2S_4O_6 \tag{2-2}$$

（4）间接滴定法。有时被测物质不能直接与标准溶液作用，但能和另外一种可以与标准溶液直接作用的物质起反应，这时便可以采用间接滴定法进行滴定。例如，钙离子既不能直接用酸或碱滴定，也不能直接用氧化剂或还原剂滴定，可以采用间接滴定法滴定。先利用 $C_2O_4^{2-}$ 使其沉淀为 CaC_2O_4，再用硫酸溶解沉淀得到与钙离子等当量的草酸，最后用 $KMnO_4$ 标准溶液滴定草酸，从而间接地计算出钙的含量，其反应式如下：

$$Ca^{2+} + C_2O_4^{2-} \rightleftharpoons CaC_2O_4\downarrow \tag{2-3}$$

$$CaC_2O_4 + H_2SO_4 \rightleftharpoons CaSO_4 + H_2C_2O_4 \tag{2-4}$$

$$2MnO_4^- + 5C_2O_4^{2-} + 16H^+ \rightleftharpoons 2Mn^{2+} + 10CO_2\uparrow + 8H_2O \tag{2-5}$$

2.4 滴定分析法的基本操作

2.4.1 标准溶液的配制和标定

2.4.1.1 标准溶液浓度大小的选择依据

已知准确浓度的溶液叫作标准溶液。确定标准溶液浓度的大小，应根据以下五个原则：

（1）滴定终点的敏锐程度；

（2）测量标准溶液体积的相对误差；

（3）分析试样的成分和性质；

（4）对被测元素含量的要求；

（5）对分析结果准度的要求。

如标准溶液浓度较大，则最后一滴标准溶液使指示剂所发生的颜色变化也较明显。但是，标准溶液浓度越大，则由一滴过量所引起的误差越大，而且在滴定一定量的试样时所需标准溶液的体积也越小，因而由滴定管读数所造成的相对误差就越大。为了保证这种误差不大于±0.1%，所用标准溶液的体积应不小于 20.00 mL。在定量分析中，常用的标准溶液的浓度为 0.01~0.2 mol/L，具体根据被测组分的含量而定。

2.4.1.2 配制标准溶液的方法

A 直接配制法

准确称取一定质量的物质，溶解于适量水（或其他溶剂）后移入容量瓶中，用水稀释至刻度，根据称取物质的质量和容量瓶的体积即可计算出该标准溶液的准确浓度。

许多化学试剂由于不纯和不宜提纯，或在空气中不稳定（如易吸水）等原因，不能用直接配制法配制标准溶液。只有具备下列条件的化学试剂才能用于直接配制标准溶液：纯度较高，通常在 99.95%以上；实际组成与化学式相符（包括结晶水等）；在一般条件下，性质稳定、不潮解、不风化、易提纯、易保管；在反应过程中不发生副反应。

凡是符合上述条件的物质，均称为基准物质或基准试剂。凡是基准物质，都可以用来直接配制标准溶液，如重铬酸钾、氧化锌、氯化钠、锌等。

B 间接配制法

由于大多数化学试剂都不符合上述条件，不宜使用直接配制法，而需要使用间接配制法（也称标定法）。例如，盐酸标准溶液和氢氧化钠标准溶液只能采用间接配制法，不能采用直接配制法，因为盐酸容易挥发，氢氧化钠容易吸收空气中的二氧化碳而变成碳酸钠，使组分不纯。

间接配制法即先配成接近所需浓度的溶液，然后用基准物质或高精度的重量法（或用另一种物质的标准溶液）来测定它的准确浓度，这种操作过程也称为标定。

2.4.1.3 标准溶液浓度的标定

（1）用基准物质进行标定。称取一定量的基准物质，溶解后用待标定的溶液滴定，然后根据基准物质的质量及待标定溶液所消耗的体积，即可计算出该溶液的准确浓度，计算公式为：

$$c_B = \frac{m_T \times 1000}{M_T V_B} \tag{2-6}$$

式中，c_B 为被标定溶液的浓度，mol/L；m_T 为称取基准物质的质量，g；M_T 为基准物质的摩尔质量，g/mol；V_B 为待标定溶液的体积，mL。

（2）用已知浓度的标准溶液进行标定。准确量取一定量的待标定溶液，用已知准确浓度的标准溶液进行滴定。根据两种溶液所消耗的体积数及标准溶液的浓度，就可计算出待标定溶液的准确浓度。这种标定方法也叫作比较法，计算公式为：

$$c_B V_B = c_T V_T \tag{2-7}$$

式中，c_B 为被标定溶液的浓度，mol/L；V_B 为被标定溶液的体积，L；c_T 为标准溶液的浓度，mol/L；V_T 为标准溶液的体积，L。

标定好的标准溶液要注意合理保存。有些标准溶液，若保存得当，则可以长期保持浓度不变或极少改变。溶液保存于瓶中，由于蒸发作用，在瓶内壁上常有水滴凝聚，使溶液浓度发生变化，因而在每次使用前应将溶液摇匀。对于一些不够稳定的溶液，应根据它们的性质妥善保存。如见光易分解的硝酸银、高锰酸钾等标准溶液，应贮存于棕色瓶中，并放置在暗处。能吸收空气中二氧化碳并能腐蚀玻璃的强碱溶液，最好装在塑料瓶中，并在瓶口装一个苏打石灰管以吸收空气中的二氧化碳和水。对于不稳定的溶液，还需定期进行标定。

2.4.2 滴定分析的误差

（1）滴定反应的完全程度。滴定反应的平衡常数越大，被测组分的浓度越大，反应向右进行得越完全，滴定分析的准确度就越高，误差也越小。

（2）指示剂的终点误差。指示剂通过颜色变化指示的终点与滴定反应的理论终点经常存在差异，指示剂指示的终点相对于理论终点或提前或推后。由指示剂引入的终点误差，是滴定分析的主要误差。

（3）测量误差。滴定分析主要是通过滴定操作进行的。滴定管的读数，也是滴定分析误差的来源，一般规定误差不能超过±0.1%。

2.4.3 滴定分析的计算

滴定分析中的计算相当简单，只要找出参与滴定反应的有关物质的计量关系，就可以快速计算出待测物质的含量。例如，直接滴定反应中，在酸性条件下以 $H_2C_2O_4$ 标准溶液标定高锰酸钾溶液的浓度时，滴定反应为：

$$2MnO_4^- + 5H_2C_2O_4 + 6H^+ \rightleftharpoons 2Mn^{2+} + 10CO_2\uparrow + 8H_2O \tag{2-8}$$

其中，$KMnO_4$ 和 $H_2C_2O_4$ 的计量关系为 $n_{KMnO_4}=\frac{2}{5}n_{H_2C_2O_4}$。

再如，置换反应中，

$$Cr_2O_7^{2-} + 6I^- + 14H^+ \rightleftharpoons 3I_2 + 2Cr^{3+} + 7H_2O \tag{2-9}$$

$$I_2 + 2S_2O_3^{2-} \rightleftharpoons 2I^- + S_4O_6^{2-} \tag{2-10}$$

其中，$K_2Cr_2O_7$ 与 $Na_2S_2O_3$ 的计量关系为 $n_{Na_2S_2O_3}=6n_{K_2Cr_2O_7}$。

3 仪器分析法

3.1 可见光分光光度法

分光光度法是基于测量溶液中物质对光的选择性吸收程度而建立起来的分析方法，包括比色法、紫外及可见分光光度法、红外光谱法等。目前，广泛应用于金属材料理化检验中的主要是可见分光光度法。

光是一种电磁波。自然光是由波长（λ）不同的电磁波组成的混合光。能复合成白光的两种颜色的光叫作互补色光。物质所显示的颜色是吸收光的互补色。例如，黄光和蓝光、红光和绿光均为互补色光。溶液的颜色实质是它所吸收的色光的互补色。例如，日光照射 $KMnO_4$ 溶液，其中的绿光被吸收，故溶液呈紫色；$CuSO_4$ 溶液呈蓝色是由于溶液吸收了黄光。溶液浓度越大，对光的选择性吸收就越多，颜色也越深。比较溶液颜色的深浅，实质是比较溶液对光的吸收程度。

分光光度法是利用分光光度计把连续光谱分成单色光，通过比较有色溶液颜色的深浅来进行定量测量的方法。分光光度法在整个化学分析领域中占有重要的位置，其优点是：

（1）灵敏度高。该法用于微量组分测定时，下限一般为 10^{-6} ~ 10^{-5} mol/L。它是测量质量分数为 0.001%~1%的组分的最常用方法。如果将待测组分预先进行分离富集，甚至可以测定质量分数为 10^{-5}%~10^{-4}%的痕量组分。

（2）应用广泛。在无机分析领域中，光度分析几乎可测定元素周期表中的所有金属元素，也能测定 N、B、As、Si、S、Se、Te、卤素等非金属元素。此外，分光光度法在研究络合物组成、化学平衡以及反应动力学方面也有重要作用。

（3）准确度较高。相对误差为 5%~10%，其准确度虽比重量法和滴定法低，但对于痕量组分的测定，已完全满足要求。当采用精密的光度法时，相对误差还可更低（1%~2%）。

（4）操作简便、快速。光度分析的操作过程主要包括试样的溶解、待测组分的显色、颜色深浅的测量三部分，因此不像重量分析法那样烦琐。随着新的高灵敏度、高选择性的显色剂和掩蔽体系的不断出现以及双波长分光光度法、导数分光光度法和化学计量学等新技术的应用，在许多情况下待测组分可不经分离而直接进行测定。

另外，光度分析所使用的仪器结构较为简单、操作简便、价格低廉、容易普及，非常适用于众多中小型企业。

分光光度法的缺点是目前用于高含量组分的测定还不多，因为在测定高含量组分时，一般来说其相对误差大于重量法和滴定法；对于高纯物质中杂质组分的测定，分光光度法还不够灵敏；对于某些元素（如一些碱金属和非金属元素）尚无合适的显色剂；有些显色反应的选择性不高，缺乏实用性等。

3.1.1 基本原理

光吸收定律是研究光吸收的最基本的定律，其中包含两条定律：第一条定律是朗伯定律，它指出了入射光被吸收的多少与试样介质的厚度有关；第二条定律则是由比耳（Beer）于1852年提出的比耳定律，它指出了入射光被吸收的多少与试样溶液的浓度有关。这两条定律合称为朗伯-比耳定律。

根据朗伯定律，溶液的吸光度 A 为：

$$A = \lg \frac{I_0}{I_t} = \lg \frac{1}{T} = K'L \tag{3-1}$$

式中，I_0 为入射光强度；I_t 为透射光强度；T 为透光率；K' 为比例常数；L 为液层厚度。

朗伯定律表明，一束单色光在通过溶液后，由于溶液吸收了一部分光能，光的强度就会减弱。若溶液的浓度不变，则液层越厚，透射光的强度越小，光线减弱的程度越大。朗伯定律适用于任何非散射的均匀介质，如气体、液体、固体等。

根据比耳定律，溶液的吸光度 A 为：

$$A = \lg \frac{I_0}{I_t} = \lg \frac{1}{T} = K''c \tag{3-2}$$

式中，c 为溶液的浓度；K'' 为比例常数。

比耳定律表明，当一束单色光通过液层厚度一定的溶液时，溶液的浓度越大，光线强度减弱越显著，溶液的吸光度 A 与溶液的浓度 c 成正比。

如果溶液的浓度和液层厚度都是可变的，就要同时考虑溶液的浓度 c 和液层厚度 L 对吸光度的影响。为此，将朗伯和比耳公式合并，得到朗伯-比尔定律：

$$A = \lg \frac{I_0}{I_t} = \lg \frac{1}{T} = KcL \tag{3-3}$$

朗伯-比耳定律表明，当入射光强度一定时，溶液的吸光度与溶液的浓度 c 和液层厚度 L 的乘积成正比。式（3-3）是分光光度法的依据和基础。

3.1.2 摩尔吸光系数

在朗伯-比耳定律 $A = KcL$ 中，K 为比例常数，称为吸光系数。当溶液的浓度 c 以 g/L、液层厚度 L 以 cm 为单位时，比例常数 K 以 a 表示，称为吸光系数或消光系数，单位为 L/(g·cm)。

这时式（3-3）变为

$$A = acL \tag{3-4}$$

当溶液的浓度 c 以 mol/L 及液层厚度 L 以 cm 为单位时，比例常数 K 常以 ε 表示，ε 称为摩尔吸光系数，单位为 L/(mol·cm)。

这时式（3-3）变为

$$A = \varepsilon cL \tag{3-5}$$

ε 的物理意义是将浓度为 1 mol/L 的有色溶液放在厚度为 1 cm 的比色皿中，在一定的波长下测得的吸光度数值。ε 为某种有色化合物在一定波长下的特征常数，可用来衡量显色反应的灵敏度，ε 的值越大，则该反应就越灵敏。

摩尔吸光系数为有色化合物在一定波长下的特征常数，其数值取决于有色化合物本身的性质及其对光的选择性吸收的能力，而与溶液的浓度、液层厚度无关。ε 值的大小反映了有色化合物对某特定波长光的吸收能力，也反映出测定方法的灵敏度。ε 越大，表示该化合物对光的吸收能力越强，有色物质的颜色越深，分光光度法测定的灵敏度就越高。

因此，在进行分光光度法测定时，为提高分析的灵敏度，通常选择摩尔吸光系数大的有色化合物，并选择具有最大 ε 值的波长作为入射光。

3.1.3 吸光度的加和性

如果在某一波长下，溶液中含有多种会对光产生吸收的物质，那么该溶液对该波长光的吸光度 $A_{总}$ 应等于溶液中每一成分的吸光度之和，也就是说，吸光度具有加和性，称为吸光度加和定律。可以表示如下：

$$A_{总} = A_1 + A_2 + \cdots + A_n = (\varepsilon_1 c_1 + \varepsilon_2 c_2 + \cdots + \varepsilon_n c_n)L \tag{3-6}$$

式中，各吸光度的下标 1，2，…，n 分别表示组分 1，组分 2，…，组分 n。吸光度的加和性对多组分同时测定和校正干扰都非常有用。

3.1.4 朗伯-比耳定律的应用

分光光度法测定结果的计算，常采用两种方法：一种是绘制工作曲线法；另一种是标准样品换算法。

(1) 工作曲线法。配制一系列已知的具有不同浓度的标准溶液，分别在选定波长处测量其吸光度 A，然后以标准溶液的浓度 c 为横坐标，以相应的吸光度 A 为纵坐标，绘制出 A-c 关系曲线。如果符合光的吸收定律，则可获得一条直线，称为标准曲线或称工作曲线。只要在相同条件下测量样品溶液的吸光度，就可以从标准曲线上查出样品的浓度。

例如，采用丁二酮肟光度法测定碳钢中镍的含量时，先测出不同质量浓度（(0~150) μg/50 mL）镍标准溶液在方法测定条件下的吸光度，绘制成工作曲线，如图 3-1 所示。然后称取待测碳钢试样 0.2000 g，酸溶并经高氯酸冒烟后定容。分取 1/10 进行显色测定，如测得的吸光度 A 为 0.385，则可从工作曲线上查得镍的含量为 48 μg/50 mL。从而可以得到试样中镍的质量分数为：

$$w_{Ni} = \frac{48 \times 10^{-6}}{0.02} \times 100\% = 0.24\% \tag{3-7}$$

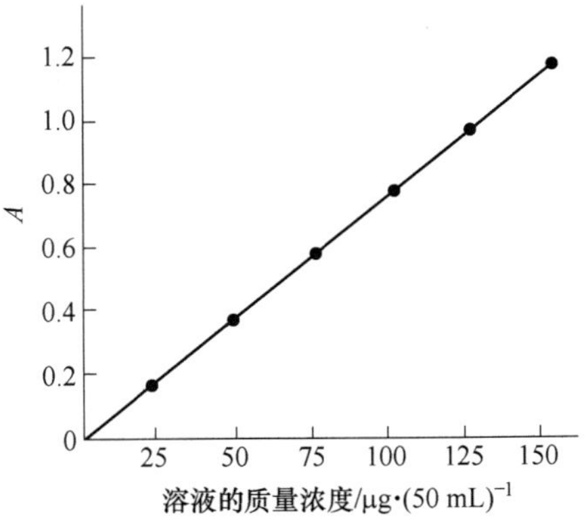

图 3-1 丁二酮肟光度法测定碳钢中镍的含量的工作曲线

为了保证测定的准确度，要求试样与标样溶液的组成应尽量保持一致，待测试液的浓度应在工作曲线的范围内，最好在工作曲线的中部。一般情况下，只能利用其直线部分，而不能把不符合线性部分的曲线勉强绘制成直线。如非要在曲线弯曲部分求取结果，则应该在弯曲部分增加几个标准点，根据标准点将工作曲线按实际曲线绘制成。如果弯曲的程度不是很大，每 0.01 吸光度值所表示的含量不超过方法允许误差，那么还是可以勉强使用的；对于工作曲线过分弯曲的部分则不能使用，以免造成太大的误差。工作曲线应定期校准，如果实验条件发生变化（如更换标准溶液、所用试剂重新配制、仪器经过修理、更换光源等情况），则应重新绘制工作曲线。工作曲线法适用于批量样品的分析，它可以消除一定的随机误差。

（2）标准样品换算法。在实际工作中，经常采用标准样品换算法来确定待测组分的含量。即按相同的条件同时测定标准样品和待测试样，按吸光度的比值求得试样中待测组分的含量。

例如，称取相同质量的铝合金标准样品和待测试样，用高碘酸钾氧化光度法按相同的条件进行显色测定，测得锰的质量分数为 0.360%的标准样品的吸光度为 0.420，由试样的吸光度 0.395 可以计算出待测试样中锰的质量分数为：

$$w_{\mathrm{Mn}}=\frac{0.395}{0.420}\times 0.360\%=0.338\% \tag{3-8}$$

采用标准样品换算法时要求工作曲线为通过原点的直线，试样中待测组分的含量与标准样品的含量相接近，且待测试样的组成与标准样品的组成相类似。

工作曲线法相较于标准样品换算法可以得到更准确的结果，后者往往不能发现偶然发生的差错。分析方法本身、试剂的配制、标准样品数据的可靠性、试剂空白以及操作过程都可能引入误差。因此，在标准分析方法中通常采用工作曲线法计算结果，而在工厂炉前分析中则可采用标准样品换算法进行计算。

3.1.5 显色反应及其影响因素

利用分光光度法定量分析某一物质时，可以利用待测物质 M 本身在某一波长下有吸收而进行测定。例如，锰在氧化剂存在下以紫红色的 MnO_4^- 的形式存在，在 525 nm 波长下有特征吸收，可用于锰的定量测定。如果待测物质 M 本身无吸收，则可利用某一络合物或化合物 R-B 在可见光区某一波长下有吸收，而在其中加入待测物质 M 以夺取 R-B 中的组分 B，通过 R-B 的吸收变化而间接测定待测组分。如果待测物质 M 本身无吸收，也可在一定条件下加入某一试剂 R（称为显色剂），使其转化为在可见光区有吸收的有色化合物而进行测定，这类反应就称为显色反应，是光度分析中最常用的方法。

在分光光度分析中，如何选择合适的显色剂以及控制最适宜的显色条件，具有十分重要的意义。一般要求显色反应满足以下几个条件：

（1）选择性要好。一种显色剂最好只与一种待测组分起显色反应，即特效反应，这样不易形成干扰，如丁二酮肟光度法测镍；或者干扰离子容易被消除；或者显色剂与待测组分和干扰离子生成的有色化合物的吸收峰相隔较远，彼此间无吸收峰重叠。

（2）灵敏度足够高。由于光度法一般用于测定微量组分，因此灵敏度高的显色反应更为有利。灵敏度的高低可以通过摩尔吸光系数的大小来判断，ε 值越大，灵敏度越高。一般来说，如 $\varepsilon=10^4\sim10^5$ L/(mol·cm)，则认为此反应的灵敏度较高。但值得注意的是，灵敏度高的显色反应不一定选择性也好，所以要正确理解。

（3）有色化合物的组成要恒定，符合一定的化学式。有色化合物的组成若不恒定，则测定结果的再现性必然较差。对于形成不同络合比的络合反应，如硫氰酸盐与 Fe(Ⅲ)的反应，必须注意控制实验条件，使其生成具有一定组成的络合物，以免引入误差。

（4）有色化合物的化学性质应足够稳定。要求有色化合物不易受外界环境条件的影响，如日光照射、空气中氧和二氧化碳等的作用，同时也不应受溶液中其他化学因素的影响。这样才能保证在测量过程中溶液的吸光度变化很小，否则就会引入测量误差。

（5）对比度要大。如果显色剂本身有颜色，则要求有色化合物与显色剂之间的颜色差别要大。这样，显色时颜色变化明显，而且试剂空白较小。

（6）显色反应的条件要易于控制。如果显色反应的条件过于苛刻，难以控制，则测定结果的再现性就差，容易造成误差。

3.1.6 显色反应的类型

显色反应的主要类型有络合反应、吸附显色反应、氧化还原反应、离子缔合反应以及成盐反应等。

（1）络合反应。许多络离子和络合物有较深的颜色，目前常用的光度分析显色反应绝大多数都属于络合反应。主要的络合反应形式如下：

1）待测组分与无机显色剂的络合反应。在光度分析中，无机显色剂的应用范围远不如有机显色剂广。但由于某些无机显色反应的灵敏度较高、选择性较好、成本低，所以还被有效地应用着。无机显色试剂有氢氧化铵、氢卤酸、过氧化氢、硫氰酸盐、钼酸铵等。例如，过氧化氢与Ti(Ⅳ)、V(Ⅴ)的反应；硫氰酸盐与Mo(Ⅴ)、Fe(Ⅲ)、W(Ⅴ)等；钼酸铵生成杂多酸形式测定Si(Ⅳ)、P(Ⅴ)、As(Ⅴ)等。

2）金属离子与中性（或碱性）有机显色剂的反应。属于这类显色剂的通常是含氮杂环化合物和有机胺类。例如，1,10-菲啰啉衍生物是Fe(Ⅱ)的高效显色剂；2,2′-联吡啶、2,2′-联喹啉类化合物是Cu(Ⅰ)的高效显色剂。

3）金属离子与酸性络合剂的络合反应。这是目前应用最多的一种显色反应，显色剂多数是有机弱酸，与金属离子反应时会释放出质子而生成离子键，同时金属离子又与显色剂分子中另一含有孤对电子的元素（N、O、S）形成配位键，从而构成相当稳定的络合物。属于酸性络合剂的有偶氮类显色剂、酸性三苯甲烷类显色剂、肟及亚硝基化合物、含硫基的显色剂等。

（2）吸附显色反应。其原理是利用金属离子在一定条件下形成胶体，当此胶体吸附某种显色剂后，由于它们之间的极化作用，使显色剂分子结构中的电子云分布发生改变，从而致使颜色发生改变。例如，达旦黄测定镁即属此类反应。在pH＝12的氢氧化钠介质中，加入保护胶体使$Mg(OH)_2$胶粒悬浮于溶液中，可使其吸附达旦黄而显示出红色以测定镁。

（3）氧化-还原反应。有些元素在一定价态时呈现特定的颜色，因而可利用氧化还原反应使其显色成为可测价态，如MnO_4^-。有时也可用还原剂将易还原的金属离子还原为固体，如金。

（4）离子缔合反应。金属离子（M）—负电性配位体（R）—有机碱（B）相互间作用的一类反应多属于离子缔合反应。金属离子首先与配位试剂生成络阳离子或络阴离子，这些络离子再与带相反电荷的有机试剂离子靠静电引力生成离子缔合物。

（5）成盐反应。成盐试剂与金属离子反应时会生成有色的正盐，可以此比色。例如，Ag^+与对二甲氨基亚苄罗丹宁的反应，在极稀溶液中所生成的胶体即可比色。

3.1.7 影响显色反应的因素

要将显色反应用作光度分析，首先取决于内因——被测离子和显色剂的性质，这是最本质的因素；但同时还要考虑影响显色反应的外因——主要是溶液的酸度、显色剂的浓度、反应温度、反应时间及溶剂介质等。这些显色条件有时能起决定性的作用，会直接影响测定。

3.1.7.1　溶液的酸度

溶液的酸度对显色反应的影响很大，这是由于溶液的酸度直接影响着金属离子和显色剂的存在形式以及有色络合物的组成和稳定性。因此，控制溶液适宜的酸度是保证光度分析获得良好结果的重要条件之一。

(1) 酸度会影响金属离子的存在状态。在酸度较小时，大部分高价金属离子，如Fe(Ⅲ)、Al(Ⅲ)、TiO(Ⅱ)、Nb(Ⅴ) 等会产生碱式盐或氢氧化物沉淀。显然，金属离子的水解对于显色反应的进行是不利的，故溶液的酸度不能太低。

(2) 酸度会影响显色剂本身的颜色。许多显色剂自身带有酸碱指示剂的性质，在不同酸度下会呈现不同的颜色，如果显色剂在某一酸度时，络合反应和指示剂变色反应同时发生，则两种颜色同时存在，就无法得到正确的结果。

例如，二甲酚橙在 $pH > 6.1$ 时，呈紫红色；在 $pH < 6.1$ 时，呈橙黄色；在 $pH = 6.1$ 时，呈中间色，故 $pH = 6.1$ 是它的变色点。而二甲酚橙与金属离子的络合物却呈红色。因此，二甲酚橙只有在 $pH < 6$ 的酸性溶液中可作为金属离子的显色剂。

(3) 酸度会影响显色剂的浓度。显色剂大多数是有机弱酸，显色反应进行时，首先是有机弱酸发生离解，其次才是络合剂阴离子与金属离子的络合：

$$HR \rightleftharpoons H^+ + R^- \tag{3-9}$$

$$R^- + M^+ \rightleftharpoons MR \tag{3-10}$$

可见，溶液酸度会影响显色剂的离解平衡，从而影响与金属离子结合基团的浓度，继而影响显色反应的完全程度。

(4) 酸度会影响络合物的组成。某些生成逐级络合物的显色反应，在不同酸度时将生成不同络合比的化合物。

例如，Fe^{3+} 与磺基水杨酸的反应，当 $pH = 1.8 \sim 2.5$ 时，生成 1∶1 的紫红色络合物；当 $pH = 4 \sim 8$ 时，生成 1∶2 的橙色络合物；当 $pH = 9 \sim 11.5$ 时，主要是 1∶3 的黄色络合物；当 $pH > 12$ 时，生成 $Fe(OH)_3$ 沉淀。

必须控制合适的酸度，才能获得好的分析结果。实际上每个显色反应都有其特定的酸度范围。最适宜的酸度是通过实验获得的，方法是固定溶液中待测组分与显色剂的浓度，通过调节溶液不同的 pH 值，分别测定溶液的吸光度 A。如图 3-2 所示，以 pH 值为横坐标，吸光度为纵坐标，绘制吸光度-pH 值关系曲线，从中可以选择最佳的酸度范围。

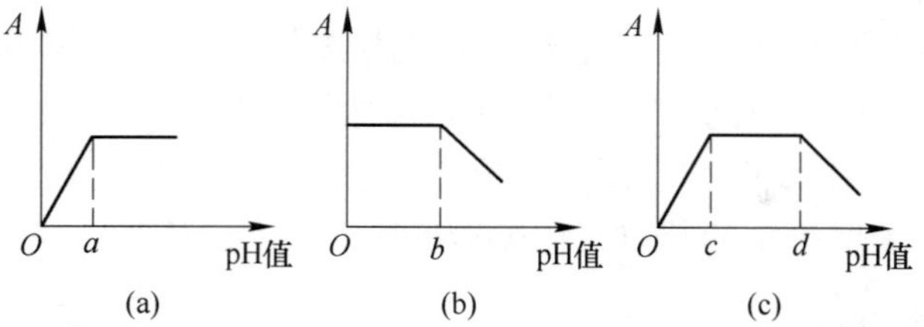

图 3-2　吸光度-pH 值关系曲线

3.1.7.2 显色剂的浓度

显色反应一般是可逆的，从光度分析的角度考虑，应尽量使被测组分全部转变成有色化合物，这就需要加入过量的显色剂。但是，并不是说显色剂越多就越好，对于某些反应，如显色剂加入太多，反而可能引起副反应，对测定不利。有些显色剂本身的颜色很深，如大量过量地加入，将使参比液变色发生困难。当有色化合物的离解常数很小时，显色剂只要少许过量就可以了。

在实际工作中，通常根据实验结果来确定显色剂的最佳用量。实验方法是固定待测组分的浓度及保持其他条件，分别加入不同量的显色剂，分别测定其吸光度，绘制吸光度-显色剂浓度关系曲线，如图 3-3 所示。

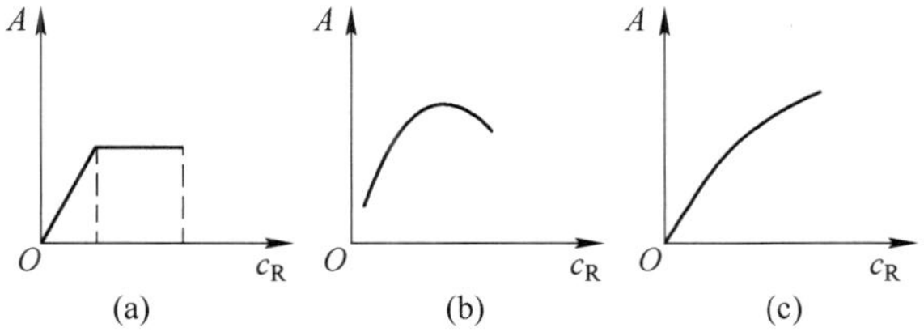

图 3-3 吸光度-显色剂浓度关系曲线

3.1.7.3 显色温度

显色反应最好在室温下进行；但也有一些显色反应在室温下进行得很缓慢，需要加热到一定温度才能很快完成显色反应。

例如，采用硅钼蓝光度法测定硅时，生成硅钼黄的反应在室温下需要 15~30 min 才能完成，而在沸水浴中只需 30 s。

有些反应在温度过高时，其显色反应不稳定。例如，采用丁二酮肟光度法测定镍、BCO（双环己酮草酰二腙）光度法测定铜时，当温度过高时会出现快速褪色现象。

3.1.7.4 显色时间

显色反应的速度有快有慢，而且形成络合物的稳定性也不一样。因此，显色后必须在适当的时间内进行测定，否则会给某些测定带来较大误差，必须通过实验来确定适宜的显色时间及了解有色溶液的稳定程度，合理掌握读数时机。

3.1.7.5 溶液中共存离子的影响

在确定某种元素的光度分析方法时，既要考虑被测元素的显色方法和最佳测量条件，同时还要注意干扰元素对测定的影响和消除，以使光度分析的准确性得到保证。对于消除干扰元素的重要性不能忽视，有时它将直接影响被测组分的测定。

共存离子的干扰作用主要有以下几种情况：

（1）共存离子本身有颜色，影响光度测定。例如，Cr^{3+}呈蓝绿色、Fe^{3+}呈棕黄色、Co^{2+}呈浅红色、Ni^{2+}呈绿色，当采用钼蓝杂多酸光度法测定不锈钢中的硅或磷时，Ni^{2+}、Cr^{3+}的颜色对吸光度有影响，会干扰测定。当采用过氧化氢光度法测定钛时，Fe^{3+}所呈的黄色就会造成干扰。

（2）共存离子与显色剂也能生成有色化合物而与被测组分的有色化合物的颜色混在一起，干扰测定。例如，采用磷钼蓝光度法测定磷时，砷会生成砷钼蓝而干扰磷的测定，使结果偏高。

(3) 干扰离子能与被测组分生成离解度很小的络合物，影响被测离子与显色剂的显色反应，使吸光度大为降低。例如，Fe^{3+}与磺基水杨酸的显色反应，当有F^-或PO_4^{3-}存在时，都能与Fe^{3+}形成离解度很小的无色络合物，降低Fe^{3+}的有效浓度，从而干扰Fe^{3+}的测定。

(4) 共存离子与显色剂生成无色络合物，会消耗大量显色剂，从而降低显色剂的浓度，使被测组分与显色剂的络合反应不完全，导致吸光度降低。例如，采用磺基水杨酸光度法测定Fe^{3+}时，当有Al^{3+}存在时，能与磺基水杨酸生成无色络合物而消耗显色剂，从而影响铁的测定。

(5) 氧化性或还原性组分的存在，将会破坏显色剂，使其结构发生改变，从而影响显色反应的进行。例如，MnO_4^-、$Cr_2O_7^{2-}$等的存在，能破坏偶氮胂Ⅲ、铬黑T等显色剂，造成显色反应失效。

为了减少和消除干扰离子的影响，首先要选择适当的显色剂和适宜的反应条件，以获得对被测离子选择性高、干扰较少的显色反应；其次根据不同情况采取适当的措施来消除干扰离子的影响。消除干扰离子主要有下面几种方法：

(1) 利用掩蔽剂消除干扰。掩蔽剂的作用在于能与待测体系中的干扰组分进行反应，从而使干扰组分改变形态或将浓度降低至允许范围内。对掩蔽剂的基本要求是不能与待测组分和显色剂发生反应。掩蔽剂及掩蔽剂与干扰离子所生成的化合物对待测组分的测定无干扰。例如，采用三氯甲烷萃取铜试剂（DDTC）光度法测铜、二环己酮草酰双腙（BCO）光度法测铜、丁二酮肟光度法测镍、亚硝基R盐光度法测钴时，常用酒石酸盐、柠檬酸盐来络合掩蔽铁、铜等干扰元素；采用铬天青S(CAS)光度法测定铝时，用苦杏仁酸掩蔽Ti(Ⅳ)、Zr(Ⅳ)、W(Ⅵ)及Sn(Ⅳ)等元素。

(2) 控制溶液的酸度。通过控制溶液的酸度来提高显色反应的选择性，是消除干扰的简便而重要的方法。例如，用杂多酸方法分析磷时，可将溶液的酸度控制在0.8~1.6 mol/L。此时，磷和钼酸盐可以反应生成磷钼杂多酸，而硅钼杂多酸则不能形成，因而消除了硅的干扰。再如，二甲酚橙（XO）在pH=5~6时，能与许多金属离子发生显色反应，选择性很差；当pH=1时，它只能与Zr(Ⅳ)、Bi(Ⅲ)、Nb(Ⅴ)等少数金属离子发生显色反应，选择性提高了许多；当酸度达到1 mol/L时，它只与Zr(Ⅳ)发生显色反应，在这种酸度下，XO会成为Zr(Ⅳ)的特效显色剂。

(3) 利用氧化还原反应改变干扰离子的价态。例如，钢铁分析中，用硫氰酸根(SCN^-)光度法分析钨时，用$SnCl_2$、$TiCl_3$作还原剂，可将Fe(Ⅲ)还原至Fe(Ⅱ)以消除Fe(Ⅲ)的干扰。

(4) 控制显色条件消除干扰。除通过控制或改变显色酸度来消除共存离子的干扰外，有时还可以通过控制显色剂浓度、显色时的温度、显色反应时间以及试剂的加入顺序等方法，来改变显色条件以达到消除干扰的目的。

(5) 利用校正系数消除干扰。采用硫氰酸盐光度法测定钢中的钨时，钒也能与硫氰酸盐反应生成蓝色络合物，干扰钨的测定。可利用同样条件下硫氰酸盐和钒的吸收曲线，求得校正系数值。例如，当钒量小于钨量时，含量为1%的钒相当于使测量结果中钨的含量偏高0.19%，然后在测得的钨结果中扣除钒的干扰。

(6) 采用适当的分离方法。当上述方法都无效时，可以采用沉淀法、溶剂萃取法、离子交换法、蒸馏和挥发法以及电解法等手段，实现待测组分与干扰离子的分离。例如，在铜合金分析中，常用电解法将铜与其他元素分离。

3.1.7.6 测定条件的选择

（1）选择合适的测定波长。单色光波长的选择应先测绘被测有色化合物的吸收曲线。高锰酸钾水溶液的光吸收曲线中有两个峰（525 nm 和 545 nm），其中 525 nm 表示高锰酸钾溶液吸收这个波长的光最多，通常称这个波长为最大吸收波长，光谱上对应于最大吸收峰位置的波长便是应选用的单色光波长，如图 3-4 所示。

但有时为了消除显色剂本身、干扰离子以及介质酸度的影响，在保证一定灵敏度的情况下，往往会适当偏离最大吸收波的位置，而改用干扰比较小的波长作为测定波长。

例如，氯代磺酚 S 作为显色剂测定钢中铌时，有色络合物铌-氯代磺酚 S 的最大吸收峰位于 620 nm。但在此波长下，显色剂本身也有较大的吸收，会严重干扰铌的测定。为避免显色剂的干扰，选用对试剂吸收较小的 650 nm 波长来进行测定。

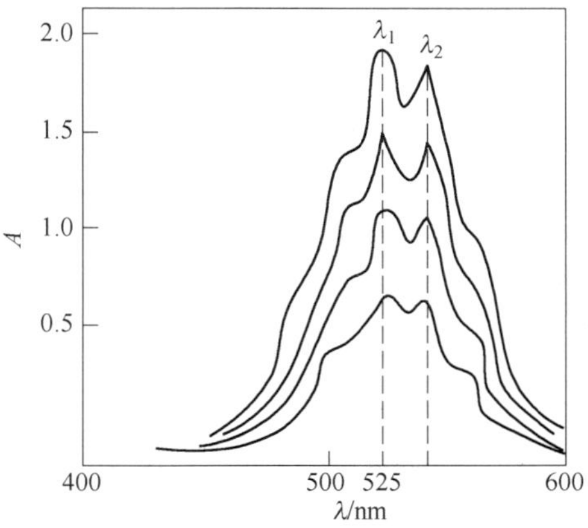

图 3-4 高锰酸钾溶液的光吸收曲线

（2）选择适当的参比溶液。光度测量中常用参比溶液调节仪器零点，以消除由于吸收池壁及溶剂对入射光的反射、散射和吸收带来的误差。因此，根据实际情况，正确选用和制备参比溶液，是消除影响光度分析法主要因素的有效手段，对提高方法的准确性起着重要作用。当显色剂和制备被测溶液所用的其他试剂均无色，而且被测溶液中又无其他有色离子共存时，可用纯水作为参比溶液；当显色剂无色，被测溶液中有其他有色离子共存时，应采用不加显色剂的被测溶液作为参比溶液；当显色剂有色，被测溶液中又有其他有色离子共存时，可将一份试液加入适当掩蔽剂，将被测组分掩蔽，使之不再显色，然后按与被测溶液的相同手续加入显色剂和其他试剂，作为参比溶液。

（3）控制适当的吸光度读数范围。不同吸光度范围内，读数也可引入不同程度的误差，这种误差称为光度误差，通常以单位透光率引起的浓度相对误差来表示。为使误差达到最小程度，应选择最适当的吸光度范围来读数。

图 3-5 所示为光度误差与透光度 T 的关系。当 $T = 36.8\%$ 时，光度误差最小；当 $T = 20\% \sim 65\%$ 时，光度误差是比较小的，相对误差约为 3%；当 $T<20\%$ 或 $T>65\%$ 时，误差剧增。

因此，为了在适当的吸光度范围内读数，应控制有色溶液的浓度，并选择合适比色皿的厚度，以保证 T 在上述范围内。

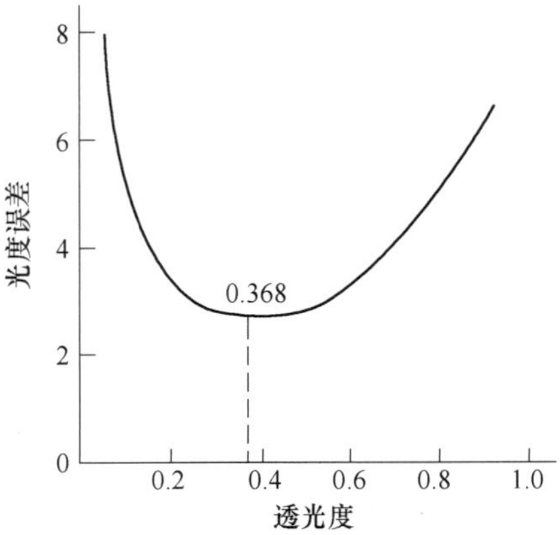

图 3-5 光度误差与透光度的关系

3.1.8 分光光度计

分光光度计是分光光度法所使用的基本仪器，

分光光度计的类型有很多，但就其结构而言，都是由光源、分光系统（单色器）、样品室、检测器和测量信号显示系统（记录装置）五个基本部分而组成的。

（1）光源。光源可以在整个紫外光区或可见光区内发射连续光谱，具有足够的辐射强度、较好的稳定性和较长的使用寿命。

可见光区：钨灯作为光源，其辐射波长范围在 320~2500 nm。

紫外光区：氘灯作为光源，发射波长为 185~400 nm 的连续光谱。

（2）单色器。单色器是将光源发射的复合光分解成单色光，并可从中选出任一波长单色光的光学系统。

1）入射狭缝：光源的光由此进入单色器。

2）准光装置：透镜或反射镜，使入射光成为平行光束。

3）色散元件：棱镜或光栅，将复合光分解成单色光。

4）聚焦装置：透镜或面反射镜，将分光所得的单色光聚焦至出射狭缝。

5）出射狭缝。

（3）样品室。样品室可放置各种类型的吸收池（比色皿）和相应的池架附件。吸收池主要有石英池和玻璃池两种，常见吸收池的形状如图 3-6 所示。在紫外区须采用石英池，可见区一般采用玻璃池。

（4）检测器。检测器利用光电效应将透过吸收池的光信号变成可测的电信号，常用的有光电池、光电管或光电倍增管。

（5）结果显示记录系统。结果显示记录系统包括检流计、数字显示、微型计算机，进行仪器自动控制和结果处理。

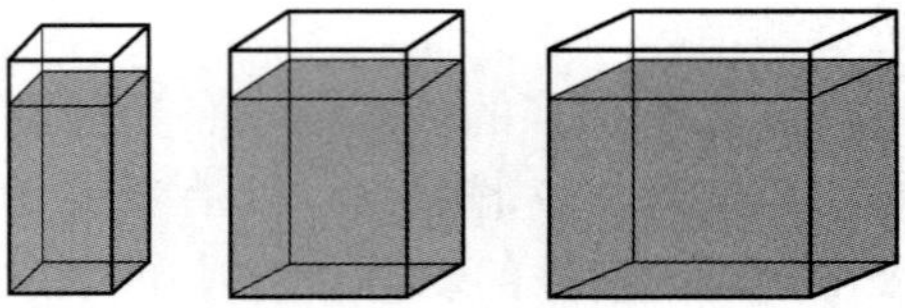

图 3-6　常见吸收池的形状

3.2　X 射线荧光分析

X 射线也叫伦琴射线，是一种波长短、能量高的电磁波，在遇到晶体时会发生衍射。随着电子技术、超高真空技术及计算机技术的发展，X 射线在现有分析仪器中得到了广泛的应用。除 X 射线荧光分析、X 射线衍射分析外，还有电子探针、光电子能谱等多种仪器。目前，X 射线荧光分析已广泛应用于冶金、矿石、玻璃、陶瓷、油漆、石油、塑料等材料的元素分析，适用于固体、粉末和液体样品。

X 射线荧光分析具有以下特点：

（1）分析元素范围广，除了 H、He、Li、Be 等少数轻元素外，可对周期表中几乎所有元素进行常量、微量的定性和定量分析，目前已扩展到 F、C、O 等轻元素。

（2）操作快速方便，自动化程度高，不受试样形状和大小的限制，属于无损分析，不会破坏样品，分析的试样应该均匀。能在 10~100 s 内同时完成多种元素的分析。

（3）谱线简单、干扰少，对于化学性质相似的元素，如稀土、锆、铪、铂系，不需要经过复杂分离就可以进行分析。

（4）灵敏度偏低，一般只能分析含量大于 0.01%的元素。

3.2.1　基本原理

在 X 射线管内，电子由炽热的灯丝发射出来，被高压电场加速，高速运动的电子投射到由铜或钼等金属制成的靶极上，会损失能量，电子损失的能量大部分变成热能，少部分转变为电磁波，即连续 X 射线。当电子的能量达到某一数值时，不仅可以得到连续 X 射线，而且可以得到强度很高的单色 X 射线，即特征 X 射线。特征 X 射线的产生是由 X 射线管内靶电极本身决定的。具有高能量的电子与原子相碰撞，将原子的内层电子驱逐出而出现一个空穴，使整个原子体系处于不稳定的激发态，这时外层电子跃迁到空穴，并放出 X 射线，其能量与两个电子的能量差相当。

K 层电子被逐出后，其空穴可以被外层中的任一电子所填充，从而可产生一系列的 K 谱线。电子由 L 层跃迁到 K 层辐射的 X 射线叫作 K_α 射线，由 M 层跃迁到 K 层辐射的 X 射线叫作 K_β 射线……。同样，L 层电子被逐出可以产生 L 系辐射。当入射的 X 射线的能量使某元素的 K 层电子激发成光电子后，L 层电子跃迁到 K 层，此时就有能量释放出来（$\Delta E=E_K-E_L$），如果这个能量是以 X 射线的形式释放的，那么产生的就是 K_α 射线，即荧光 X 射线，同样还可以产生 K_β 射线。图 3-7 所示为产生 K 系和 L 系辐射的示意图。特征 X 射线的强度取决于 X 射线管的管电压和管电流。

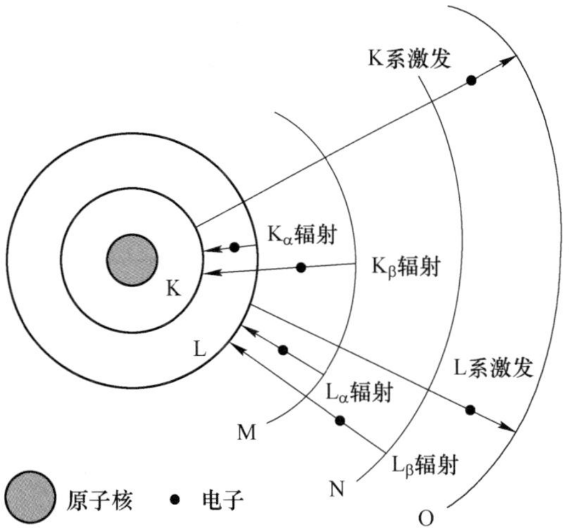

图 3-7　产生 K 系和 L 系辐射示意图

荧光 X 射线是以 X 射线作为激发手段的，其本质上就是特征 X 射线。图 3-8 所示为荧光 X 射线产生过程的示意图。

荧光 X 射线的波长与元素的原子序数有关，随着原子序数的增加，荧光 X 射线的波长变短。莫斯莱定律为：

$$\lambda = K(Z - S)^{-2} \tag{3-11}$$

式中，λ 为波长；K 和 S 为常数；Z 为原子序数。

只要测出荧光 X 射线的波长，就可以知道元素的种类，这就是荧光 X 射线定性分析的基础。此外，荧光 X 射线的强度与相应元素的含量有一定的关系，可以进行元素定量分析。

在产生荧光 X 射线的同时，还有俄歇电子发射。当 L 层电子向 K 层跃迁时，所释放的能量 ΔE 也可能使另一核外电子激发而跃出原子，成为自由电子，该电子称为俄歇电子。俄歇电子的能量也是特征能量，与入射辐射的能量无关，其能量近似等于发生跃迁的各电子的能量之差。各元素的俄歇电子的能量具有固定值，利用俄歇电子原理进行分析的仪器称为俄歇电子能谱仪。

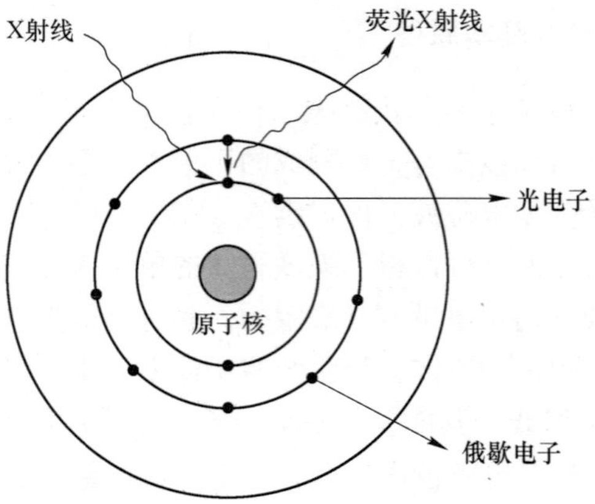

图 3-8　荧光 X 射线产生过程示意图

3. 2. 2　X 射线荧光光谱仪

用 X 射线照射试样时，试样激发出各种波长的荧光 X 射线，得到混合 X 射线，必须将它们按光子能量（或波长）分开，分别测量不同光子能量（或波长）的 X 射线强度，进行定性和定量分析。根据分光方式的不同，X 射线荧光分析可分为能量色散型和波长色散型两类，也就是通常所说的能谱仪和波谱仪，如图 3-9 所示。

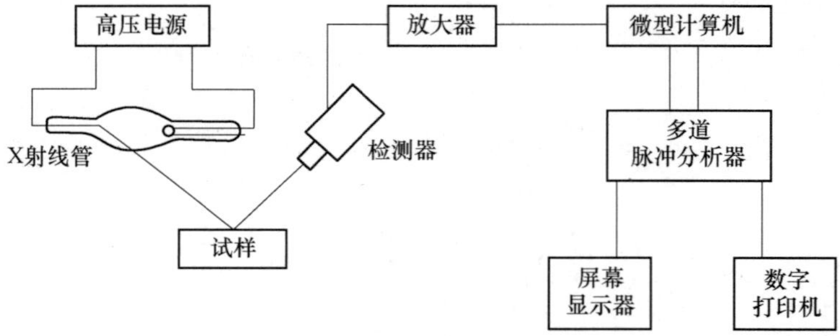

(a) 能量色散型

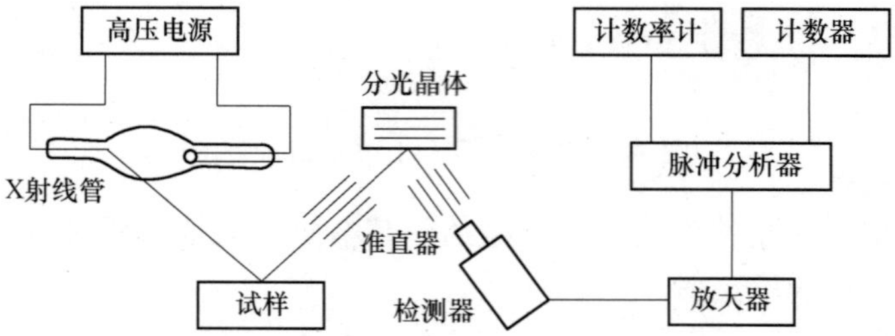

(b) 波长色散型

图 3-9　X 射线荧光光谱仪示意图

能量色散型 X 射线荧光光谱仪由分辨率高的半导体探测器、多道脉冲分析器、晶体分光器和一般探测器组成。波长色散型 X 射线荧光光谱仪由 X 射线管、试样室、晶体分光器、探测器和计数器组成。

（1）X 射线管。X 射线管由一个热阴极（电子发射极）和一个阳极（或称靶）的大型真空管组成。阴极发射的电子在通过靶和阴极之间的高压电场时被加速，电子流撞击阳极（靶），并使 K 层电子或 L 层电子被逐出，发射出 X 射线。

高压发生器为 X 射线管提供稳定的直流或交流电源。直流电源可以获得更大的 X 射线强度，特别是对短波长 X 射线更为有利。高压发生器的输出电流为 0~150 mA，使用时电压一般不超过 60~70 kV。

（2）晶体分光器。晶体分光器是利用晶体（LiF 等）的衍射现象使不同波长的 X 射线分开，以便从中选择被测元素的特征 X 射线进行分析测定。根据分光晶体是平面还是弯曲，可以分为平行光束分光器和聚焦光束分光器两类。一般 X 射线荧光光谱仪多使用平行光束分光器。

分光晶体的 X 射线入射面被磨成平面，所利用的晶体点阵面与表面平行。根据晶体的衍射原理，当一束平行的 X 射线以 θ 角投射到晶体上时，从晶体表面的反射方向可以观测到一级衍射线波长。

$$\lambda = 2d\sin\theta \tag{3-12}$$

式中，λ 为入射线波长；d 为晶面间距；θ 为入射角。该式说明 θ 角与波长无关。

实际上，来自样品的荧光 X 射线是发散的，为了得到近似平行的 X 射线光束，经常使用准直器，它是由一些金属板按一定间距排列组成的，金属板平面与晶体转动轴平行，X 射线只能从间隙直线通过，其他方向的 X 射线被金属板吸收。

（3）X 射线探测器。X 射线荧光分析中常用比例计数器、闪烁计数器和半导体探测器来检测荧光 X 射线的强度。

比例计数器的外壳为圆形金属壁，在轴线位置上有一根金属芯线，芯线与外壳绝缘，分别接高压直流电源的正极和负极。管内充有由工作气体（氩气、氪气等）和抑制气体（甲烷、酒精等）组成的混合气体。在一定电压下，进入计数器的 X 射线光子与工作气体产生非弹性碰撞而使其电离，产生初始离子-电子对。一个 X 射线光子产生的离子对的数量与光子的能量成正比，与工作气体的电离电位成反比。每个初始离子-电子对的电子在向阳极移动的过程中都会被高压加速，又可使其他原子电离，如此持续进行，将使瞬时电流突然增大，高压降低而产生脉冲输出。在一定条件下，脉冲幅度与入射光子的能量成正比，所以这种计数器又叫作正比计数器。正比计数器可以分为气体不断流动的流气型和气体被密封的密封型。密封型正比计数器的窗口多使用云母、铍等材料，以保证良好的密封性能。

闪烁计数器由闪烁体和光电倍增管组成。闪烁体是铊激活的 NaI 晶体。当 X 射线光子摄入闪烁体时就产生一定数量的可见光子，可见光子的数量与 X 射线光子的能量成正比。比例计数器适合测定波长大于 0.2 nm 的 X 射线。闪烁计数器的能量分辨率较差。

半导体计数器是一块渗有锂的锗或硅的半导体。当在探测器上加 300~400 V 的电压时并无电流通过，但是如果有 X 射线光子射入中间层，就会形成电子空穴而产生电子移动，产生电脉冲，脉冲幅度与 X 射线光子的能量成正比。半导体计数器具有能量分辨率高的特点，但是它不管使用与否都要用液氮冷却保护，以消除噪声和避免探测器损坏。

（4）计数和记录单元。把检测器的脉冲信号进一步放大，然后通过脉冲分析器分离出待测波长的 X 射线的脉冲，之后进入计数器（计数率计），统计在一定时间内的脉冲个数，计数率可以直接从电压表上读出。

图 3-10 所示为常见的 X 射线荧光光谱仪。

3.2.3 定性和定量分析

3.2.3.1 定性分析

不同元素的荧光 X 射线都具有其各自的特征波长值，几乎与化合状态无关，因此可以根据 X 射线的波长确定元素的组成。当使用波长色散仪时，首先根据待测元素选择合适的分光晶体（LiF、异戊四醇、Ge、硬脂酸铅等），然后用荧光仪画出试样的荧光 X 射线谱图。图 3-11 所示为某合金钢试样的 X 射线荧光光谱图。

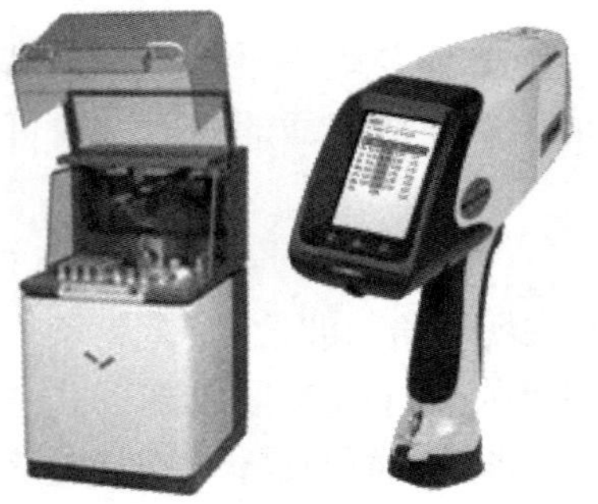

(a) 固定式 (b) 手持式

图 3-10 X 射线荧光光谱仪

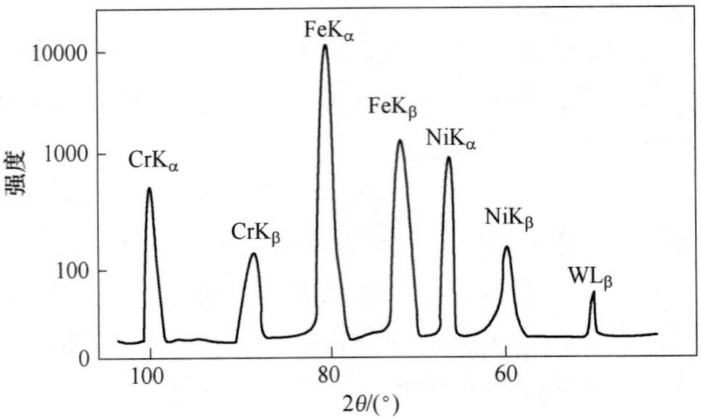

图 3-11 某合金钢试样的 X 射线荧光光谱图

根据所用晶体的晶面间距 d 和峰位 2θ，用布拉格衍射方程式 $n\lambda=2d\sin\theta$ 计算出荧光 X 射线的波长。从元素-波长表中可以查出该峰所代表的元素及特征 X 射线的名称。在实际工作中经常备有元素-2θ 表，可以根据元素直接找到其特征 X 射线在不同晶体时的 2θ 值，也可以由谱线峰位 2θ 值查出所属元素和谱线名称。

3.2.3.2 定量分析

当用一定强度的 X 射线照射固定面积的样品时，荧光 X 射线的强度与待测元素的含量有关。但是样品中其他组分也有吸收 X 射线的性质，产生次生的荧光 X 射线，从而对被测元素的荧光 X 射线强度产生影响，这种影响称为基体效应，在定量分析中需要注意基体的影响。

（1）标准曲线法。首先制备一套标准样品，其主要成分与待测试样相同，然后在同样条件下测定标样与试样的分析线强度。根据标准样品的强度与被测元素含量的对应关系图，得到标准曲线。已知试样的分析线强度，即可从标准曲线上查出相应的被测元素的含量。谱线强度可以用绝对强度 I_i 或相对于某标准的相对强度 R 表示。

这种方法要求标准样品的主要成分与待测试样的成分一致。因此，只适用于测定二元组分和杂质的含量。如要测定多元组分试样中的主要成分，则可采用稀释法，即将标样与试样按同样比例稀释，用熔剂熔融或与纯试剂混合研磨，从而得到新的样品。在新样品中，稀释剂成为主要成分，被测元素由主要成分变为杂质成分，这样就可以用标准曲线进行分析了。

（2）增量法。当测定个别试样中次要组分的含量时，可以采用增量法进行定量分析。

先把试样等分成若干份，除一份试样外，其余各份分别加入 1~3 倍的待测元素的纯标准物质，然后分别测定其分析线强度，以加入含量为横坐标，分析线强度为纵坐标作工作曲线，将直线外推与横坐标轴相交，交点坐标值（负值）的绝对值即为试样中被测元素的含量。此法宜测含量小于 10%的被测组分。

（3）内标法。内标法是在分析样品和标准样品中分别加入一种内标元素，且加入的量相同。当内标元素的原子序数与分析元素的原子序数之差为±1 时，基体效应对内标元素与分析元素的影响大致相同。利用内标元素与分析元素的同系谱线，以 I_i/I_s 为纵坐标，分析元素的含量为横坐标作标准曲线，该方法适用于对各种类型试样的分析。

3.2.3.3 试样制备

试样制备方法会对测定误差产生很大的影响，须引起足够的重视。

（1）试样厚度。由于 X 射线具有穿透物质的能力，所以荧光 X 射线来自一定深度的试样表层。因此，试样要求具有足够的厚度，否则易产生测定误差。通常水溶液的厚度要在 5 mm 以上，同时各样品溶液的深度要保持一致。

（2）防止试样成分偏析和表面凹凸不平。化学组成相同，但热处理过程不同的样品，得到的计数率不同。样品表面凹凸不平是产生误差的重要原因。因此，样品表面必须进行抛光处理。

（3）粉末样品。粉末样品的粒度一般在 300~400 目，必要时仍需逐级研磨试样。粉末样品可以直接放在样品槽中，也可以用 10~50 t 的压力机压成片状。要注意片状试样的表面平滑且没有污染。粉末样品也可以制成难溶盐或用硼砂熔融注入金属环中，冷却后可得到光滑表面。

（4）高分子聚合物通常用热压成型得到表面光滑的试样。

（5）易挥发液体样品一般置于密闭的样品槽中进行测定。

（6）试样位置。试样在仪器中的位置、高度要保持固定，只要有 0.5 mm 的差异就会产生明显的强度变化。

3.3 微区化学分析仪器

金属材料中合金元素和杂质元素的浓度及分布、沉淀析出物、夹杂物、第二相的测定是金属材料研究的重要内容，也是热处理工艺制订的重要依据。通常的化学分析只能给出被测试样的平均化学成分，无法提供显微尺度上元素分布方面的数据。能谱仪、电子探针、俄歇电子能谱、离子探针等显微分析仪是目前较理想的微区分析手段。

3.3.1 X 射线能谱分析

X 射线能谱分析（energy dispersive X-ray spectroscopy，EDS）是金属材料微区分析中应用最多的分析方法之一，简称 EDS 分析，也是电子显微分析中最基本、最可靠、最重要的分析方法，一直被广泛使用。其原理是用细聚焦电子束入射样品表面，激发出样品元素的特征 X 射线，通过分析特征 X 射线的波长或特征能量，即可知道样品中所含元素的种类（定性分析）；根据特征 X 射线的强度，即可知道样品中所含元素的含量（定量分析）。但是一直以来，由于 X 射线的采集效率较低，仅能采集样品表面大约 1%的 X 射线，空间分辨率不高，因此仅限于定性和半定量分析。目前，通过点扫描、线扫描或面扫描的方式，采用扫描电子显微镜和透射电子显微镜即可实现样品微区元素的 EDS 分析。

3.3.2 电子探针分析

电子探针 X 射线显微分析，简称电子探针（EPA 或 EPMA）。其原理是利用电子枪产生的高能电子束（5~50 kV），经电磁透射聚焦成直径小于 1 μm 的微束，当该束中能量足够高的细聚焦电子束轰击试样时，会在一个有限的深度和侧面扩展的微区体积内激发出特征 X 射线、二次电子和背散射电子等。用 X 射线分光光谱仪测量其产生的特征 X 射线的波长和强度，即可确定样品中含有哪些元素，这就是电子探针的定性分析。由于电子束的照射面积很小，因而相应的特征 X 射线将反映出该微小区域内的元素的种类和含量。如果将电子放大成像与 X 射线衍射分析相结合，就能将所测微区的形状和物相分析对应起来，这是电子探针的最大优点。

保持相同的测试条件（电压、电流、检测效率等），将试样中所测某元素 A 的特征 X 射线强度与标准样品中元素 A 的特征 X 射线强度相对比，即得到 X 射线强度比，再经过原子序数修正、吸收效应修正和荧光效应修正，就可以准确地得到元素 A 的含量，这是电子探针的定量分析。

3.3.3 离子探针分析

离子探针显微分析仪简称离子探针（IMA）或二次离子质谱仪（SIMS），利用电子光学方法把惰性气体等初级离子加速并聚焦成细小的高能离子束轰击样品表面，使之激发或溅射出二次离子，经过加速和质谱分析，分析区域的直径可降低到 1~2 μm，深度可小于 5 nm，大大改善了表面成分分析的功能。离子探针在分析深度、采样质量、检测灵敏度、可分析元素范围和分析时间等方面，均优于电子探针，从表面分析来看，离子探针能检测包括氢在内的所有元素，而且可以鉴定同位素，检测灵敏度高，检测速度高于俄歇电子能谱仪，但由于初级离子束聚焦困难使束斑较大，因此会影响空间分辨率。

离子探针主要用于金属及合金材料所含元素的定性和半定量分析，以及对偏析、夹杂物、析出相的鉴定，对氢元素和氢化合物及气体成分的鉴定，对材料的氧化、腐蚀、刻蚀、电解抛光等引起的表面浓度变化的分析，对表面钝化膜、镀层、表面处理中元素及微量元素变化的分析等。

3.3.4 俄歇电子能谱分析

高能电子束或 X 射线在照射固体样品时将与试样的原子发生碰撞，使试样中原子内壳层的电子因电离激发而留下一个空位，这时较外层电子在向这一能级跃迁而使原子释放能量的过程中，可以发射一个具有特征能量的 X 射线光子，也可以将这部分能量交给另外一个外层电子引起进一步的电离，从而发射一个具有特征能量的俄歇电子。通过检测俄歇电子的能量和强度，可以获得有关表层的化学成分的定性和定量信息。表 3-1 给出了几种表面微区成分分析技术的性能比较。具有极高表面灵敏度的俄歇电子能谱是研究界面化学成分的有效手段，在金属和合金晶界断裂、蠕变、腐蚀、粉末冶金、金属和陶瓷烧结、焊接和扩散连接工艺，复合材料及半导体材料和器件的制造工艺等方面，应用非常活跃。

表 3-1 几种表面微区成分分析技术的性能比较

分析性能	电子探针	离子探针	俄歇谱仪
空间分辨率/μm	0.5~1	1~2	0.1
分析深度/μm	0.5~2	<0.005	<0.005
采样体积质量/g	10^{-12}	10^{-13}	10^{-16}
可检测质量极限/g	10^{-16}	10^{-19}	10^{-18}
可检测浓度极限/ppm	500~10000	0.01~100	10~100
可分析元素	$Z \geqslant 4$（$Z \leqslant 11$ 时灵敏度差）	全部（对 He、Hg 等灵敏度差）	$Z \geqslant 3$
定量精度（$w_C > 10\%$）	±(1~5)%		
真空度要求/Pa	1.33×10^{-3}	1.33×10^{-6}	1.33×10^{-8}
对样品的损伤	对非导体损伤大，一般情况无损伤	损伤严重，属消耗性分析，但可进行剥层	损伤少
定点分析时间/s	100	0.05	1000

3.3.5 X 射线光电子能谱分析

X 射线光电子能谱（XPS），也就是化学分析用电子能谱（ESCA），是目前应用最广泛的表面分析方法之一，主要用于成分和化学态的分析。用单色的 X 射线照射样品，具有一定能量的入射光子同样品原子相互作用，光致电离产生了光子，这些光子从产生之处输运到表面，然后克服逸出功而发射，这是 X 射线光子发射的三步过程。用能量分析器分析光电子的动能，得到的就是 X 射线光电子能谱。

根据测得的光电子动能可以确定样品表面存在什么元素以及该元素原子所处的化学状态，这是 X 射线光电子能谱的定性分析。根据具有某种能量的光电子的数量，可以知道某种元素在样品表面的含量，这是 X 射线光电子能谱的定量分析。如果用离子束溅射剥蚀表面，用 X 射线光电子能谱进行分析，两者交替进行，还可以得到元素及化学状态的深度分布，这就是深度剖面分析。

X 射线光电子能谱可以分析除 H 和 He 以外的所有元素，且对所有元素的灵敏度都具有相同的数量级。相邻元素的同种能级的谱线相隔较远，相互干扰较少，元素定性的标识性强。能够观测化学位移，化学位移同原子氧化态、原子电荷和官能团有关。化学位移信息是 X 射线光电子能谱用作结构分析和化学键研究的基础。X 射线光电子能谱也可用作定量分析，既可测定元素的相对浓度，又可测定相同元素的不同氧化态的相对浓度。XPS 是一种高灵敏超微量表面分析技术，样品分析的深度约为 2 nm，信号来自表面几个原子层，样品量可低至 10 g。XPS 可以提供化合物的分子结构和原子价态信息以及化合物的元素组成和含量、化学状态、分子结构、化学键方面的信息。它不但可提供材料总体方面的化学信息，还能给出表面、微小区域和深度分布方面的信息。另外，因为入射到样品表面的 X 射线束是一种光子束，所以对样品的破坏性非常小。

3.4　最新分析仪器

3.4.1　电感耦合等离子体光谱仪

电感耦合等离子体原子发射光谱仪（ICP-AES 或 ICP-OES），测量的是光学光谱（165~800 nm），利用等离子体（ICP）激发光源使试样蒸发气化，离解或分解为原子状态，原子可进一步电离成离子状态，原子及离子在光源中激发发光。利用分光系统将光源发射的光分解为按波长排列的光谱，之后利用光电器件检测光谱，根据测定得到的光谱的波长对试样进行定性分析，按发射光的强度进行定量分析。电感耦合等离子体原子发射光谱仪采用溶液进样，具有高灵敏度和高精度，化学干扰少，线性范围宽（5~6 个数量级），可同时进行多元素的定性定量分析，广泛应用于冶金、地矿、建材、机械、化工、农业、环保、食品和医药等多个领域，表 3-2 所示为其应用范围。电感耦合等离子体原子发射光谱仪适用于常量分析和微量分析，对于痕量分析，一般需要先进行元素的分离和富集，不宜用于测定 30%以上含量的元素，准确度难以达到要求。

表 3-2　电感耦合等离子体原子发射光谱仪的应用范围

类别	样品	种类及说明
钢铁及其合金分析	低碳低合金钢	样品中微量杂质含量均很低，通常用硝酸（1+3）、稀王水（硝酸+盐酸+水 = 50+150+400），或配合硝酸、盐酸滴加 H_2O_2 溶解测定其中的杂质
	高合金钢	不锈钢、高温合金、耐热合金、工具钢等，测定样品中含量较高的合金元素 Ni、Cr、Mo，通常用王水+H_2O_2 溶解样品（如果 W 含量高，则溶解时需进行专门处理）
	高纯铁	钕铁硼等多种合金的原料，一般测定 Cr、Cu、Mg、Mn、Ni、Ti、Mo、V 等杂质元素的含量
	铸铁	用硝酸和高氯酸溶解样品
	铁合金	软磁合金、硬磁合金（钕铁硼、硼铁、硅铁、铌铁、钼铁、钛铁、铬铁等），样品中成分复杂，溶解方法不同，根据样品的不同加不同的酸进行溶解
非铁金属及合金	铝及其合金	铸造铝合金、铝锭、铝镁合金、高纯铝、高纯氧化铝，测定 Fe、Si、Cu、Mn、Mg、Ni、Zn、Ti、Cr、Sr、B、Al、Be、Sc 等杂质元素的含量
	金属锆及其合金(氧化锆)	用硝酸+氢氟酸溶解样品或盐酸+氢氟酸溶解样品，测定 Al、B、Cd、Co、Cr、Cu、Fe、Hf、Mg、Mn、Mo、Nb、Sn、Ta、Ti、V、U、W 等杂质元素的含量
	铜及其合金	用硝酸溶解样品，测定 P、As、Bi、Fe、Ni、Sn、Zn 等杂质元素的含量
	铅及其合金	金属铅、铅蓄电池极板、PbSb 合金、PbCaAl 合金、PbCaAlSn 合金、铅丹（Pb_3O_4）、$PbCl_2$、$PbSO_4$，用硝酸（或其他酸）溶解样品，测定 As、Bi、Sb、Fe、Ni、Sn、Co、Mn、Mg、Si、Cr、Cu、Ag、Al、Cd、Zn、Ca 等杂质元素的含量
	铌(Nb_2O_5)、钽（Ta_2O_5）	铌（Nb_2O_5）、钽（Ta_2O_5）、铌镍合金样品用硝酸+氢氟酸溶解，测定 Cu、Fe、Ca、Mg、Mn、Pb、Bi、Ni、Co、V 等杂质元素的含量
	贵金属	金、铂、铂铑、钯铑合金用王水溶解，测定 Cu、Fe、Mg、Mn、Pb、Ni、Zn、Ag、Ir、Au、Al、Pt、Pd、Os 等杂质元素的含量

续表 3-2

类别	样品	种类及说明
非铁金属及合金	钨钼及其合金	高纯钨及钨合金用硝酸+氢氟酸溶解，测定 Ca、Cd、Co、Cr、Cu、Fe、Mg、Pb、Sr、Th、Zn、Ni、Mn 等杂质元素的含量；钼用硝酸或氨水溶解，测定 Mg、Cu、Fe、Mn、Ni、Ti、Cr、Cd、Zn、Ca、Co、As、Se、Bi、Sn、Sb、Tb、W、Pb、Si、Al 等杂质元素的含量
	高纯钛	氢氟酸溶解，测定 Mn、Ni、Bi 等杂质元素的含量
	金属钴、氧化钴、草酸钴	用硝酸或硝酸+高氯酸溶解，测定 Mn、Cu、Zn、Mg、Ca、Fe、Pb、Si、Al、Ni、Cr 等杂质元素的含量
	稀土元素及其化合物	稀土元素光谱化学性质非常接近，用 ICP 测定是性价比最高的选择
油（脂）	矿物油、植物油、动物油	一般用硝酸-高氯酸湿消化法和干灰化法测定有害元素的含量
地矿样品	地质样品	矿石、矿物、煤等
化工	化学化工产品	化学试剂及化学品、塑料及涂料、化工产品、有机试剂、化妆品、油类、催化剂及分子筛
非金属材料	无机非金属材料	晶体材料、水泥材料、玻璃材料、陶瓷材料、半导体、氮化物及碳化物等
硅	纯硅、硅铁	用硝酸+氢氟酸溶解，可测定 20 多种杂质元素的含量
水	水质样品	饮用水、地表水、矿泉水、高纯水、沸水、电解盐水、海水等
环保	环境样品	土壤、粉煤灰、大气浮尘、固体废物废渣、垃圾焚化灰、工业废水废渣
生化	动植物及生化样品	植物、毛发、血清、尿液、茶叶、中药、动物组织、生物化学样品
核工业	核工业产品	核燃料、核材料、石墨
饮食	食品及饮料	一般用湿消化法和干灰化法测定有益元素或有害元素的含量

电感耦合等离子体质谱仪（ICP-MS），测量的是离子质谱，可提供在 3~250 amu 范围内每一个原子质量单位（amu）的信息。它将电感耦合等离子体（ICP）的高温（6000~8000 K）电离特性与四极杆质量分析器（MS）的快速灵敏扫描的优点相结合，除了可测定金属和非金属等材料中几十种痕量元素的含量，还可进行同位素分析、单元素和多元素分析以及有机物中金属元素的形态分析。测定时样品在由载气（氩气）引入雾化系统进行雾化后，以气溶胶形式进入等离子体中心区，在高温和惰性气氛中被去溶剂化、气化解离和电离，转化成带正电荷的正离子，经离子采集系统进入质谱仪，质谱仪根据质荷比进行分离，然后根据元素质谱峰的强度测定样品中相应元素的含量。

电感耦合等离子体质谱仪适用于金属和非金属等材料的分析，可测元素达 80 余种，可实现多元素同时测定，灵敏度高，检出限低，可以测量 ppb 以及 ppb 以下浓度的微量元素，选择性好，谱线干扰少，动态线性范围宽，使用同位素稀释法与多种分离技术及进样方法相结合，能适应于复杂体系的痕量或超痕量元素的分析。主要采用液体试样（固体试样需要经化学或物理的方法处理能转变成溶液），样品需处理成不含或仅含少量有机物的澄清溶液。对高含量元素，需用超纯水或稀硝酸稀释到低浓度进行测定，以减少对仪器部件的污染和损伤，主要应用在环境、半导体、医学、生物、冶金、石油、核材料等领域。表 3-3 所示为 ICP-MS 与 ICP-AES 性能对比。

表 3-3　ICP-MS 与 ICP-AES 性能对比

项目	ICP-MS	ICP-AES
检出限	绝大部分元素非常低	绝大部分元素很低
样品分析能力	每个样品的所有元素的测定需 2~6 min	每分钟可测定每个样品中 5~30 个元素
线性动态范围	108	105
固体溶解量	0. 1%~0. 4%	2%~25%
可测元素数	大于 75 种	大于 73 种
样品用量	少	多
半定量分析	能	能
同位素分析	能	不能

3. 4. 2　原子吸收光谱分析

原子吸收光谱分析是通过使被测元素变成基态自由原子，然后用原子吸收光谱仪的光栅分光系统来测量样品中的基态原子对该元素的特征谱线的吸收程度来进行定性和定量分析的。最常用的是火焰原子化器和石墨炉原子化器，使被测元素经过一系列过程转变成原子，样品溶液被雾化成雾珠后送入火焰，雾珠在火焰中蒸发为固体颗粒。在原子化池（火焰、石墨炉）中，蒸气分子进一步解离为原子，原子又电离为离子，达到一定的原子化效率后，原子吸收光谱仪就可测量基态原子对谱线光源共振线的吸收信号。原子对光的吸收程度取决于光程内基态原子的浓度，根据光线被吸收后的减弱程度可以判断样品中待测元素的含量，这就是原子吸收光谱法定量分析的理论基础。原子吸收光谱法的检出限低，准确度高，选择性好，分析速度快，适用微量及痕量组分的分析；对不同元素的分析灵敏度不同，原子化过程中产生了基态原子和激发态原子，虽然激发态原子占比较小，但不同元素转变为基态原子的数目不同，即原子化效率不同，造成不同元素的分析灵敏度不同；可测定同位素的含量，由于原子核自旋及同位素引起的谱线超细结构的分裂，有的元素的谱线可分裂为一条甚至更多，或者多数谱线因分裂较小而合并在一起，使谱线轮廓变宽，因此可测定同位素的含量。

3. 4. 3　火花直读光谱仪

火花直读光谱仪广泛应用于冶炼炉前在线分析、产品检验及控制产品质量。根据原子结构理论，原子光谱为线状特征光谱。每一种元素的原子在被激发以后都可以产生一组特征光谱，由该元素发射的光谱的波长和频率对应着元素的种类，且谱线强度与其含量成正比。用电弧或火花的高温使样品中各元素从固态直接气化并被激发而发射出各元素的特征谱线，用光栅分光后，成为按波长排列的光谱，这些特征谱线通过出射狭缝，射入各自的光电倍增管，光信号变成电信号，经仪器的控制测量系统将电信号积分，并进行模数转换，从而进行定量分析，得到各元素的百分含量。

火花直读光谱仪可用于金属材料中各种化学元素的精确成分分析。原材料检验样品和铸造的炉前取样样品只要打磨掉表面的氧化皮，就可以将固体样品直接放在样品台上激发，免去常规化学分析钻取试样的麻烦。样品激发到测出元素的含量只需 20~30 s，速度快，有利于缩短冶炼时间，降低成本。特别是对于易烧损的元素，更便于控制其最后的成分。样品中所有需要分析的元素（几个甚至几十个），可一次同时分析出来，要求分析的元素越多，经济效益越好。火花直读光谱仪的分析精度高，可有效控制产品的化学成分，保证产品成分符合要求，可以节省中间合金的消耗。分析数据可以存档，永久保存，利于质量控制系统的完善。常见的 SPECTRO 火花直读光谱仪最多可配置 4 个光学室，96 个分析通道，可以分析氮、氢、氧等气体元素。

目前市场上已有便携式光谱仪，原理与火花直读光谱仪类似。便携式光谱仪移动性强，操作灵活方便，广泛应用于冶金、铸造、机械、金属加工、汽车制造、有色、航空航天、兵器、化工等领域的生产过程控制及实验室成品检验等，可对 Fe、Al、Cu、Ni、Co、Mg、Ti、Zn、Pb 等多种金属及其合金样品进行分析，可对片状、块状及棒状的固体样品中的非金属元素（C、P、S、B 等）以及金属元素进行准确的定量分析。SPECTROTEST 便携式光谱仪是目前精度最高、操作最方便的便携式光谱仪，如果样品处理得好，则实验结果与实验室分析结果非常接近，可在现场完成对金属材料的精确定量分析、牌号鉴别和材料分选。

图 3-12 所示为火花直读光谱仪，图 3-13 所示为便携式光谱仪。

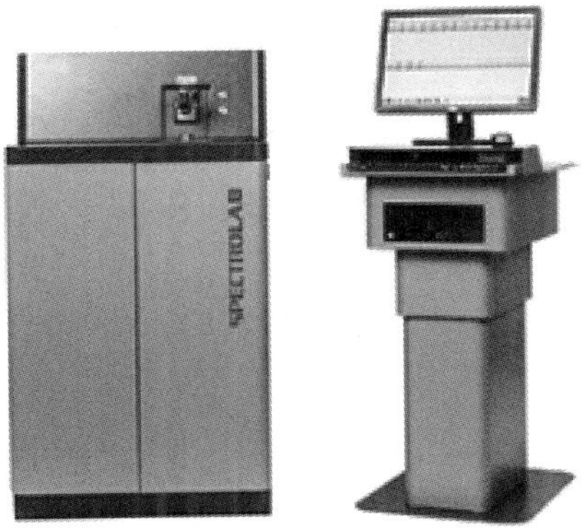

图 3-12　火花直读光谱仪

图 3-13　便携式光谱仪

3.4.4　辉光放电质谱仪

辉光放电质谱法（glow discharge mass spectrometry，GDMS）是目前对金属和半导体材料直接进行微量、痕量及超痕量元素分析的最有效的手段，主要优点包括能够获得元素周期表上除稀有气体外的所有同位素信息，检出限可低至 ng/g，同时具有高质量分辨率、高灵敏度和低的基体效应等。该方法可以直接固体进样，样品制备简单，被广泛应用于高纯金属、合金等材料的分析，在绝缘体、粉末、液体、有机物和生物材料中也有潜在应用，发展前景广阔。

该方法的检测原理是将辉光放电质谱的离子源中的被测样品作为辉光等离子体光源的阴极，在阴极与阳极之间充入氩气，然后在两端施加 500~1500 V 高电压，将氩气电离出 Ar^+，Ar^+在电场的作用下加速向阴极移动。阴极样品的原子在 Ar^+的撞击下以 5~15 eV 的能量从阴极上剥落下来（阴极溅射），进入等离子体，然后在等离子体中碰撞电离，使所测量的元素转变成离子形态，后期再经过离子检测器收集进行检测。

4 金属试样的采取、制备与分解

试样的采取、制备与分解方法是工业分析和科学研究工作的一部分，是分析和研究结果准确可靠的前提。试样的采取一定要有代表性，根据样品的物理化学性质和分析方法选择合理的制备和分解试样的方法。

4.1 试样的采取

4.1.1 金属试样的采取

用作化学分析的金属样品，一般用钻、刨、割、切削、击碎等方法，需具体问题具体分析，对不同产品采用不同的方法。

4.1.1.1 钢产品

钢产品的原始样品或分析试样可以从力学性能试验所选用的抽样产品中取得。型材可以从抽样产品上切取原始样品，其形状为片状。制备块状的分析试样，应按照分析方法需要的尺寸从原始样品上切取。制备屑状的分析试样，应在原始样品的整个横截面区域铣取。当样品不适合铣取时，可用钻取，但对沸腾钢则应采用刨削。

最合适的钻取位置取决于截面的形状，如图 4-1 所示。

(1) 对称形状的型材，如方坯、圆坯和扁坯，在横截面上平行于纵向的轴线方向钻取，位置在边缘到中心的中间部位（图 4-1（a）（b））。

(2) 复杂形状的型材，如角钢、工字钢、槽钢和钢梁，按图 4-1（c）~（g）所示位置钻取，钻孔周围至少留有 1 mm。

(3) 钢轨的取样是在轨头的边缘和中心线的中间位置钻一个直径为 20~25 mm 的孔，来制取屑状样品（图 4-1（h）（i））。

(4) 板材或板坯可在板材或板坯的中心线与外部边缘的中间位置切取原始样品来制备合适尺寸的块状分析试样或屑状分析试样（图 4-1（j）示例中的原始样品宽度为 50 mm）。

(5) 对于轻型材、棒材、盘条、薄板、钢带和钢丝，当抽样产品的横截面积足够充分时，通过将材料捆绑或折叠后切取适当长度，铣切全部折叠后的横截面来制备样品；如果不知板材或带材的轧制方向，则按直角的两个方向切取一定长度的样品，折叠后制取样品。

(6) 管材的取样方法包括：通过在管材的两端和中间的数个位置钻穿管壁，来制取屑状分析试样；横切管材可通过车铣横切面来制备屑状分析试样，当管材截面较小时，在铣切之前应先压扁管材。

4.1.1.2 生铁、铸铁

生铁、铸铁应该用低速（100~150 r/min）新磨的刀具（必要时，使用直径为 12~

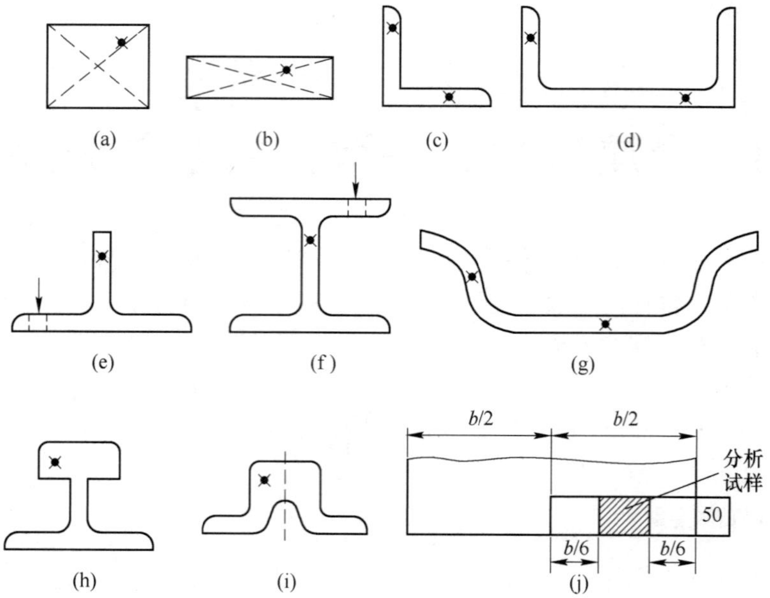

图 4-1　截面的形状与钻取位置

14 mm 的碳化钨钻头）进行钻取。屑状样品应该尽可能地压紧，以避免石墨的粉化和损失。用于测定碳含量的屑状样品颗粒的直径为 1～2 mm。由于会产生高比例的细粉，因此不应使用铣取。

制备好的样品不能用溶剂清洗或进行磁选处理，因为这有可能会改变金属与石墨的分布。

对于机械加工的样品，在中部位置沿长度和宽度方向打磨出一个暴露的金属表面，其直径不小于 50 mm。从穿过截面的方向开始钻取，钻至距对面近 5 mm 处，如果有必要，可于与第一个洞平行的方向再钻一孔。

铸态或铸件整体间可能会存在化学成分的差异，特别是 C、S、P、Mn、Mg 的含量。偏析元素多集中在铸件的上部表面和下部中心，取样时，应避开这些部位。

对于较大型的铸件，不能钻穿整个铸件，而应钻至铸件的二分之一处。

管状类的空心铸件，从管的两端和中间位置分别钻穿管壁，三个取样孔的中心轴互成 120°夹角。

可锻铸铁分析试样应该先进行退火处理。在长度方向的中部截取近 3 mm 厚的整个横截面，按图 4-2 所示的位置制取样品。

4.1.1.3　有色金属锭块或其制件试样的采取

取样时，要先去掉包覆层（膜），再制取试样。若试样来自铸造或铸轧稳定阶段，那么当熔炼炉内熔体的成分均匀时，每一炉的熔体至少要取两个样品。当样品选自同一牌号、同一批次的产品时，除有特殊规定外，一般都应按下列规定进行取样：

（1）铸锭：一个铸造批次应取一个样品。

（2）板材：带材每 2000 kg 取一个样品，箔材每 500 kg 取一个样品。

（3）对于单卷质量大于规定量的带卷、箔卷，每卷可取一个样品。

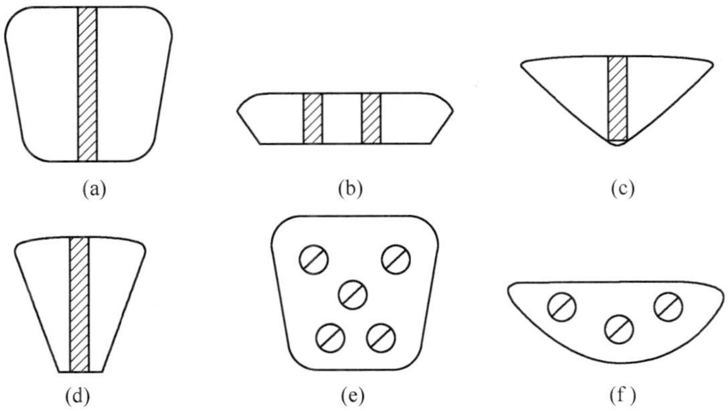

图 4-2　生铁的取样位置

（4）管材、棒材、型材、线材：每 1000 kg 产品取一个样品。

（5）锻件：单个锻件小于或等于 2.5 kg 时，每 1000 kg 产品应取一个样品；单个锻件大于 2.5 kg 时，每 3000 kg 产品取一个样品；少于规定量的部分产品，应另取一个样品。

（6）铸锭、板材、带材、管材、棒材、型材或锻件等的样品，应用铣床对整个截面进行加工，或沿径向或对角线上钻取试样，取点不少于 4 个且呈等距离分布；钻头直径不小于 7 mm。样品厚度不大于 1 mm 的薄带和薄板，可以将两端叠在一起折叠一次或几次，并将其压紧，然后在剪切边的一侧用铣床加工或在平面上钻取试样。对于更薄的样品，可将数张样品放在一起折叠、压紧，然后钻取试样。对于钻屑、铣屑或剪屑，应用强磁铁细心处理可能夹带的铁屑。

4.1.1.4　特殊试样的采取

（1）对于铅锡、铅锑、铅钙等样品，当视其大小以网格线式围环锯成粉屑。

（2）对于焊件，应先把堆焊部分清理干净，然后根据堆焊部位的大小选取合适的钻头，在钻床上钻取堆焊部分成屑即可。钻样时不可钻到基体本底上。

（3）对于焊丝，当其中夹有松香时，应先烧熔去除松香，然后锯成粉屑使用。

（4）对于极为不均的试样，应根据客户要求，选择有统计意义的不均匀分散样品进行重熔浇铸，取样后分析。

4.1.2　非金属物料试样的采取

4.1.2.1　粉状或松散物料试样的采集

如石英砂、精矿（锆英粉、铬矿物等）、盐类等，其组成比较均匀，因此取样点可适当减少，每点所取的量也不必太多。各点所取试样混匀后即可作为分析试样。

4.1.2.2　大块物料样品的采取

如矿石、铁合金、煤炭、焦炭等，不但组分不均匀，而且外形大小悬殊。为了使所采取的试样具有代表性，在取样时要根据堆放情况，从不同的部位和深度选取多个取样点采集小样。

原始样品一般按全部物料的 3/10000～1/1000 采集小样，对于极不均匀的物料，有时取全部物料的 1/500 采集小样。然后进行混合、破碎、缩分（一般用四分法，如图 4-3 所示）等加工，才能得到比较均匀的有代表性的试样。

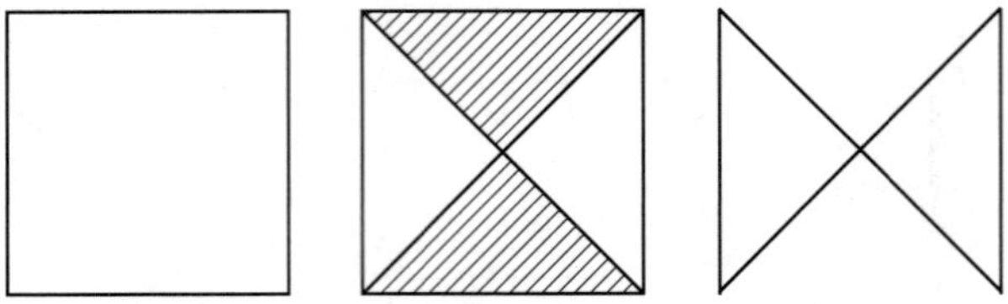

图 4-3　四分法取样步骤图

4.2　试样的制备

试样制备的一般要求如下：

（1）干燥、清洁、无油污。制样前检查加工现场和工具设备，必须使其干燥清洁，无油污和其他杂物，以确保试样的纯净。金属试样表面如果有油污，则取样前应用汽油、乙醚等溶剂洗净、风干；如果有锈垢及其他附着物，则应将表面除去一层后再制样。

（2）防止试样污染。试样制取过程中，不能接触水、油、润滑剂等。钻取或切削试样的速度不能太快，以防止金属材料的氧化。若制取的金属试样呈蓝黑色，则应重新制取。捣碎试样用的钢钵、钢杆，一定要用硬质高锰钢制成。制取铁矿石、炉渣、金属试样后，应用磁铁将钢钵、钢杆上附着的残余试样吸净。钢钵、钢杆在使用完毕后，应用扫帚彻底清扫干净。在用玛瑙、玻璃和陶瓷研钵研磨试样后，如果发现有痕迹，则应使用少许浓盐酸洗净。在研磨、掺和一种试样的现场中，不得同时进行另一种试样的研磨、掺和工作。

（3）取样正确无误。制取的试样应为细屑，不能制成大块薄片或长卷钢屑。如果发现钢铁试样有缩孔及气泡，则应及时与送检单位联系重新送样，因为这种样品的成分往往有严重偏析。研磨、掺和及试样装袋时，应防止试料飞失。研磨、掺和过程中跳出的颗粒，必须收回。过筛时，凡不过筛的颗粒，绝不能丢弃，必须将其反复研磨，使所有颗粒都能通过筛孔，以保证所得样品能真实地反映出被测物料的平均组分。供分析用试样的采样量，一般应是要求分析用量的 5~6 倍，以保证复查的需要用量。

4.3　试样的分解

除液体和气体试样采样后可直接进行分析，或固体中可用干法分析（如光电直读光谱仪、X 射线荧光光谱仪和差热分析仪等）之外，其他固体试样通常均须先将试样分解，使其被测成分完全成为溶液状态，然后才能进行分析。因此，试样分解是分析过程的重要步骤，对制订快速、准确的分析方法，取得可靠的分析结果来说意义重大。分解试样的方法主要有溶解和熔融。

4.3.1　溶解分解法

以溶解的方式分解试样比较简单、快速，所以应尽可能采用溶解的方式，只有在试样不能溶解或溶解不完全时才采用熔融法。

4.3.1.1 盐酸（HCl）

盐酸是分解试样的重要强酸之一，它能分解许多金属活动顺序表排在氢以前的元素，如 Fe、Co、Ni、Al、Cr、Sn、Mg、Zn、Ti、Mn 等。它与金属作用会释放出氢气，生成可溶性的氯化物。盐酸还能分解许多金属的氧化物及碳酸盐矿物。盐酸也是弱还原剂，在溶解锰矿时，可还原 MnO_2 而加速溶解：

$$MnO_2 + 4Cl^- + 4H^+ \rightleftharpoons 2H_2O + Cl_2\uparrow + MnCl_2 \tag{4-1}$$

磷酸盐、硫化物、氟化物一般都可溶于盐酸。

4.3.1.2 硝酸（HNO_3）

硝酸具有强的氧化性，所以硝酸溶解样品兼有酸的作用和氧化作用，溶解能力强，溶解速度快。除 Pt、Au 和某些稀有金属外，浓硝酸能分解几乎所有的金属试样，但 Fe、Al、Cr 等在硝酸中会由于生成氧化膜而钝化，从而阻碍试样进一步溶解，W、Sb、Sn 与硝酸作用则会生成不溶性的酸。硫化物及有些含硫矿石皆可溶于硝酸中。

4.3.1.3 硫酸（H_2SO_4）

稀硫酸没有氧化性，而热浓硫酸则是一种相当强的氧化剂。除 Ba、Sr、Ca、Pb 的硫酸盐外，其他硫酸盐一般都溶于水。硫酸可溶解 Ti、Sb、Nb、Ta 等金属及其合金，还能溶解 Al、Be、Mn、Ti 等的矿石。硫酸的沸点较高（338 ℃），可在高温下分解矿石，将试样在硫酸中加热蒸发到冒出三氧化硫白烟，可除去试样中挥发性的盐酸、硝酸、氢氟酸及水等。

4.3.1.4 氢氟酸（HF）

氢氟酸主要应用于分解硅酸盐，生成挥发性四氟化硅，它还能与许多金属离子形成络合能力很强的络离子。在分解硅酸盐及含硅化合物时，氢氟酸常与硫酸混合应用，分解过程应在铂坩埚或聚四氟乙烯器皿中于通风柜内进行。

4.3.1.5 磷酸（H_3PO_4）

磷酸最重要的用途是溶解并测定铬铁矿及不溶解于氢氟酸的各种硅酸盐中的二价铁。很多硅酸盐都能溶于磷酸，例如高岭土、云母、长石。磷酸还可用来溶解氧化铁矿和炉渣，剩下不溶解的二氧化硅以便于测定。磷酸往往还与硫酸一起混合使用，在冒烟时能络合 W、Nb、Ti、Mo 等离子，使含有 W、Nb、Ti、Mo 等离子的试样中的这些离子不析出。

4.3.1.6 高氯酸（$HClO_4$）

热的高氯酸（质量分数为 72.4%，是水、酸恒沸混合物。加热时，既不会增加浓度，也不会分解而降低浓度）几乎能与所有金属（除金和一些铂族金属外）起作用，并能把它们氧化成最高氧化态，此时只有 Pb 和 Mn 仍然保持着较低的氧化态，分别为 Pb(Ⅱ)、Mn(Ⅱ)，但在有过量的磷酸条件下，锰也可能被氧化为 Mn(Ⅲ)。

某些非金属（特别重要的是磷及其各种化合物）能被高氯酸氧化为磷酸盐，硫化物样品中的硫会部分成为硫化氢而造成损失，因此在使用湿法测定金属中的硫时，不能单用高氯酸分解样品。

高氯酸常用来分析钢和其他铁合金，因为它不仅能快速溶解这些样品，而且能把常见元素同时氧化为最高氧化态。高氯酸会使硅酸迅速脱水得到二氧化硅，从而很容易被滤出。

4.3.1.7 混合溶剂

混合溶剂具有溶解能力强、溶解速度快等特点，所以在实际工作中常使用混合溶剂，例如：

混合酸：硫酸-磷酸、硫酸-硝酸、盐酸-硝酸、盐酸-高氯酸。

酸中加氧化剂：盐酸-过氧化氢、盐酸-溴水等。

酸中加络合剂：硫酸-氢氟酸等。

酸中加氧化剂和络合剂：酸-过氧化氢-氢氟酸等。

王水（3份浓盐酸和1份浓硝酸）：由于硝酸的氧化作用及盐酸的络合能力，因此它的溶解能力更强，可溶解铂、金等贵金属以及耐酸合金等。

硫酸与磷酸的混合酸：钢铁分析中可用来分解难溶试样，消除单硫酸和磷酸冒烟时易溅的特性。

盐酸和过氧化氢：具有很强的溶解能力，溶解速度快，常用作不锈钢试样的溶解。

4.3.1.8 氢氧化钠溶液

质量浓度为300~400 mol/L的氢氧化钠溶液加过氧化氢能剧烈分解铝及其合金，反应可在银或聚乙烯塑料杯中进行。另外，氢氧化钠溶解后的溶液用硝酸酸化并溶解金属残渣，在所得溶液中可测定硅等各组分。

4.3.2 熔融分解法

某些不被溶剂分解的金属或化合物，往往采用熔融分解法。熔融反应都是在高温下的复分解反应。为使反应进行完全，往往使用过量的熔剂，一般为试样的6~8倍。碱性材料（试样），选用酸性熔剂；酸性材料（试样），采用碱性熔剂。所以，根据熔剂性质熔融法可分为酸熔法和碱熔法两种。

4.3.2.1 酸熔法

常用的酸性熔剂有焦硫酸钾（$K_2S_2O_7$）或硫酸氢钾（$KHSO_4$）。硫酸氢钾加热、脱水后生成焦硫酸钾：

$$2KHSO_4 \rightleftharpoons K_2S_2O_7 + H_2O \tag{4-2}$$

这种熔剂的氧化性很弱，在300 ℃以上可以与碱性或中性氧化物作用而生成可溶性硫酸盐。例如，分解金红石（二氧化钛）：

$$TiO_2 + 2K_2S_2O_7 \rightleftharpoons Ti(SO_4)_2 + 2K_2SO_4 \tag{4-3}$$

对于三氧化二铝、三氧化二铬、四氧化三铁、二氧化锆、钛铁矿、中性耐火材料（铝砂、高铝砖）以及碱性耐火材料（如镁砂、镁砖）等，也都可用此熔剂进行分解。

4.3.2.2 碱熔法

常用的碱性熔剂有碳酸钠、碳酸钾、氢氧化钠、氢氧化钾、过氧化钠或它们的混合熔剂等。酸性试样如酸性氧化物（硅酸盐、黏土等）、酸性炉渣（$w_{CaO} : w_{SiO_2} < 1$）以及酸不熔性残渣等，均可用碱熔法分解。

例如，长石（$2SiO_2 \cdot Al_2O_3$）经高温熔融后转化为可溶于酸的化合物：

$$2SiO_2 \cdot Al_2O_3 + 3Na_2CO_3 \rightleftharpoons 2NaAlO_2 + 2Na_2SiO_3 + 3CO_2\uparrow \tag{4-4}$$

由于熔融均在高温下进行，而熔剂又具有很大的化学活性，所以合理选择熔融的容器至关重要，不仅要使坩埚不受损坏，还要保证分析的准确度。例如，使用焦硫酸钾进行熔融时可以在铂、石英甚至瓷坩埚中进行，但在分析含有铝、钛的试样时就必须考虑不能在瓷坩埚中熔融，因为这样会引入瓷中的组分（铝、钛）。

4.3.2.3 溶（熔）剂的选择

要得到准确的分析结果，试样必须分解完全，这是选择分解方法和选择溶（熔）剂时首先要考虑的问题。为此首先要知道试样的化学组成、结构和有关性质。

A 试样的化学组成

绝大部分的碱金属化合物、大多数氯化物（除银、亚汞、铅的氯化物外）、硝酸盐（除锡、锑的硝酸盐外）、硫酸盐（除钙、锶、钡、铅的硫酸盐外）等都可用水溶解；金属活动顺序位置在氢以前的金属，可用非氧化性的强酸来分解；金属活动顺序位置在氢以后的金属，可用氧化性的强酸或混合酸来溶解；如试样为混合物，则酸性试样（如酸性炉渣）用碱溶（熔）解法，碱性试样（如镁砂）用酸溶（熔）解法；对于还原性试样（如硫化物矿石），则用具有氧化性的溶（熔）剂。

B 试样结构

对于化学组成相同，结构不同的试样，应采用不同的溶（熔）解方法。例如，用作试剂的三氧化二铝可溶于盐酸，但天然的三氧化二铝（刚玉之类）却不溶于盐酸，而需用熔融法进行分解。分解试样及选择溶（熔）剂时还应考虑样品中被测组分的性质。有时同一个试样中的几种被测组分必须采用不同的分解方法。要求试样溶解成溶液后被测元素应呈离子形态，而不能使其成为气态析出、成为固态沉淀而影响测定。在试样分解过程中常常会引进阴离子或其他金属离子，因此选择分解方法及溶（熔）剂时还要考虑对以后测定的影响。尽可能不引进干扰离子，如果非引进不可，则需要进一步消除干扰离子。

4.3.3 试样分解过程引入误差的原因

试样分解过程引入误差的原因包括试样组分没有全部转化成分析状态，分解过程中被测成分呈雾状造成损失，分解过程中试样挥发造成损失，分解过程中试样与容器反应造成损失，分解过程中由于受到沾污而引入误差等，试样分解过程中应该尽量避免引入上述误差。

5 金属元素分析

5.1 铁的测定

5.1.1 概述

铁主要用于炼钢，是铸铁、生铁和钢中的基体元素。

在有色合金中，大致有两种情况：一种情况是作为合金元素加入其中，以改善和提高合金的性能。例如，铜中含有微量的铁将能阻滞黄铜的再结晶并细化其晶粒；当 $w_{Fe} > 0.03\%$时，黄铜会有磁性；当铁与锰、镍、铝共存时可显著提高铜的强度和耐磨性、耐蚀性。另一种情况是作为残存于合金中的杂质。例如，在绝大多数铝合金和锌合金中，铁属于有害成分，要求其含量越低越好。

5.1.2 溶解和分离方法

含铁的金属或合金试样一般都能直接溶于盐酸、硝酸、硫酸或混合酸（如盐酸-硝酸、硝酸-硫酸等）中。有时还需同时加入高氯酸、磷酸或氢氟酸助溶（如不锈钢、钨钢、硅钢等）。以铅、锡、锑为主要成分的合金也可用氢溴酸-溴的混合酸溶解。对于不溶或部分不溶于酸的试样，则需借助于熔融方法。

铁与其他共存元素分离的主要方法包括沉淀分离法和萃取分离法。

5.1.2.1 沉淀分离法

A 氨水

加入氨水使铁生成氢氧化铁的沉淀，可使铁与碱金属和碱土金属分离，铜、钴、锌、镉等因能与氨水生成氨络离子，故在过量氨水溶液中将大部分留存在溶液中。当然，由于氢氧化铁的吸附作用，沉淀中可能带有少量上述金属离子，但在后面的测定中可以用适当的方法加以掩蔽。Cr^{3+}、Al^{3+}等会与 Fe^{3+}一起沉淀下来，若想使铁与铬分离，则可先将 Cr^{3+}氧化为 Cr^{6+}，然后反复几次进行氨水沉淀，即可除去。

B 苯甲酸铵

用苯甲酸铵从微酸性溶液中沉淀 Fe(Ⅲ) 可达到铁与 Mn^{2+}、Co^{2+}、Ni^{2+}、Zn^{2+}、Cd^{2+}以及碱土金属的分离。此法的优点是沉淀对其他元素（主要指上述二价金属离子）的吸附很少，因此经一次沉淀已基本能达到分离要求。

C 脲

利用脲的水解使甲酸铁沉淀析出，可使铁与锰、钴、锌、铜、镉、镁、钙及钡分离。

D 铜铁试剂

N-亚硝基苯胲铵（铜铁试剂）能在较强的酸性溶液中（2~3 mol/L H_2SO_4）与 Fe(Ⅱ)、

Ti(Ⅳ)、Zr(Ⅳ)、V(Ⅴ)、Nb(Ⅴ)、Ta(Ⅴ)、Sn(Ⅳ) 等元素生成沉淀。此法可用于使铁与铝、镍、钴、铬、镉、锰、锌分离。沉淀时，试剂及试样溶液必需冷却至 10 ℃以下，以免铜铁试剂分解。

5.1.2.2 萃取分离法

A 铜铁试剂

铜铁试剂与金属元素（铁、锆等）生成的沉淀系中性螯合物，不溶于水，但能溶于氯仿（三氯甲烷）等有机溶剂中，因此可采用萃取法进行分离。特别是在分离微量铁时，效果更好。在进行铁与铝的分离时，也宜采用萃取法，以免铝被沉淀吸附，但应注意勿使水相的酸度低于 2 mol/L H_2SO_4，否则将有少量铝进入有机相中。

B 乙酰丙酮

乙酰丙酮会与 Fe(Ⅲ) 生成中性螯合物，可用苯、三氯甲烷、四氯化碳等溶剂萃取。乙酰丙酮本身也可作为萃取剂，在适当的条件下（如加入某些掩蔽剂，如硫代硫酸钠、酒石酸等）可直接采用萃取光度法测定铁。

C 甲基异丁酮

以甲基异丁酮作为萃取剂可以在 5.5~7.0 mol/L 盐酸溶液中萃取铁，凡是 100 mg 以上的铁都能达到定量分离。

5.1.3 分析方法

5.1.3.1 滴定法

测定试样中含量较高的铁一般采用氧化还原滴定法。由于 Fe(Ⅱ) 或 Fe(Ⅲ) 在水溶液中都比较稳定，因此可以用氧化剂的标准溶液滴定溶液中的 Fe(Ⅱ)，也可以用还原剂的标准溶液滴定溶液中的 Fe(Ⅲ)。但前种方法应用得更为普遍。

氧化剂的标准溶液滴定溶液中 Fe(Ⅱ) 的基本思路为：在溶解试样并使铁与干扰测定的元素分离后，先用适当的还原剂将 Fe(Ⅲ) 还原至 Fe(Ⅱ)，然后用氧化剂的标准溶液进行滴定。由于 Fe(Ⅱ) 存在于盐酸或硫酸介质中时比较稳定，因此还原时应先将溶液转变为盐酸或硫酸溶液。

A 还原

氯化亚锡在盐酸溶液（5~6 mol/L）中还原 Fe(Ⅲ) 的反应进行得很快，向热溶液（80~90 ℃）中滴加氯化亚锡，当溶液由 $FeCl_4^-$ 的黄色转变为无色时，还原即完成。

$$2Fe^{3+} + Sn^{2+} \rightleftharpoons Sn^{4+} + 2Fe^{2+}\text{(微量的铜离子为催化剂)} \tag{5-1}$$

残留的 Fe(Ⅲ) 用三氯化钛还原：

$$Fe^{3+} + Ti^{3+} \rightleftharpoons Ti^{4+} + Fe^{2+} \tag{5-2}$$

该还原反应的完成用靛红指示剂指示，此指示剂的氧化型呈蓝色，还原型为无色。当滴加 $TiCl_3$ 至 Fe(Ⅲ) 被定量还原并稍有 Ti(Ⅲ) 过量时，指示剂的蓝色即褪去；当多余的 Ti(Ⅲ) 又被空气氧化至 Ti(Ⅳ)，指示剂复现蓝色，还原步骤即告完成。

也可直接用三氯化钛还原 Fe(Ⅲ)，过量的低价钛用重铬酸钾氧化，并加入钨酸钠或靛红作为指示剂，以判断 Fe(Ⅲ) 是否还原完全和确定过量 Ti(Ⅲ) 氧化的终点。

此外，常用的还原剂还有 SO_2、Al、Ag、Zn 及 H_2S 等。

B　定量滴定

将 Fe(Ⅲ) 还原至 Fe(Ⅱ) 后，应尽快进行滴定。常用的氧化剂标准溶液有高锰酸钾、重铬酸钾及硫酸铈。

a　高锰酸钾法

高锰酸钾是一种较强的氧化剂，当将高锰酸钾溶液滴入含有 Fe(Ⅱ) 的酸性冷溶液中时，随即发生下列反应：

$$5Fe^{2+} + MnO_4^- + 8H^+ \rightleftharpoons 5Fe^{3+} + Mn^{2+} + 4H_2O \tag{5-3}$$

滴定必须在强酸性溶液（H_2SO_4 或 HCl）中进行。但在盐酸溶液中进行滴定时，需加入适量的 Mn(Ⅱ)，否则滴定结果会偏高。当使用高锰酸钾溶液进行测定时，不必另加指示剂，因为高锰酸钾本身的红色即可指示终点。

b　重铬酸钾法

重铬酸钾溶液的氧化能力比高锰酸钾低，但由于它具有稳定和可以作为基准溶液等优点，且能够在盐酸浓度不大于 2 mol/L 的溶液中进行滴定，所以应用更为广泛。

重铬酸钾滴定 Fe(Ⅱ) 的反应如下：

$$Cr_2O_7^{2-} + 6Fe^{2+} + 14H^+ \rightleftharpoons 2Cr^{3+} + 6Fe^{3+} + 7H_2O \tag{5-4}$$

滴定时，应先加入硫磷混合酸，使溶液保持在一定酸度，并降低 Fe(Ⅲ)/Fe(Ⅱ) 电对的电位，然后用二苯胺磺酸钠作为指示剂，采用重铬酸钾标准溶液进行滴定，当溶液恰好由无色变为蓝紫色时，即为终点。

c　铈量法

应用硫酸铈标准溶液滴定 Fe(Ⅱ) 也能获得满意的结果，其反应式为：

$$Ce^{4+} + Fe^{2+} \rightleftharpoons Fe^{3+} + Ce^{3+} \tag{5-5}$$

5.1.3.2　光度法

A　1,10-菲啰啉光度法（测定铝及铝合金中铁的含量）

1,10-菲啰啉与 Fe(Ⅱ) 在微酸性及碱性溶液中（pH =2~9），能反应生成橙红色络合物。该络合物的吸收峰为 508 nm，摩尔吸光系数达 1.1×10^4 L/(mol · cm)，其色泽可保持稳定几个月。温度对该络合反应有一定的影响。当温度高于 20 ℃时，反应在 2~3 min 内即告完成；但当室温低于 20 ℃时，反应较慢，必要时可在水浴中加热片刻。该反应进行的先决条件为必须将 Fe(Ⅲ) 还原至 Fe(Ⅱ)。常用还原剂为盐酸羟胺、抗坏血酸和对苯二酚等。当有柠檬酸盐存在时，必须采用对苯二酚作为还原剂，而当有钛存在时，不宜用对苯二酚还原铁，因为钛与对苯二酚作用会产生棕黄色化合物，干扰铁的测定。

B　EDTA-H_2O_2 光度法（测定铜合金中铁的含量）

Fe(Ⅱ) 在 pH≈10 的氨性溶液中，与 EDTA 及 H_2O_2 形成稳定的紫红色三元络合物，该络合物在 530 nm 波长处有一个吸收峰，可用于铁的光度测定。此方法灵敏度虽不是很高，但选择性较好，过量的氨水及 EDTA 均不会影响测定，适用于铁含量较高的合金样品的测定。

对于 Al、Sn 等在氨性溶液中会生成沉淀的元素，可加酒石酸进行掩蔽；大量的 Cu、Ni、Cr、Zn、Mn、Mg、Ca 等则可用 EDTA 进行络合；对于 Cu、Ni 等与 EDTA 形成的蓝色络合物的色泽影响，可借试样底液空白（即不加过氧化氢的试样溶液）予以抵消。

C 硫氰酸盐光度法

在酸性溶液中，Fe(Ⅲ) 与硫氰酸盐反应形成橙红色络离子：

$$Fe^{3+} + nSCN^- \rightleftharpoons [Fe(SCN)_n]^{3-n} \quad (\text{根据} SCN^- \text{浓度的不同}，n = 1\sim6) \qquad (5\text{-}6)$$

其最大的吸收峰随 SCN^-浓度的增加而增加（450～500 nm），借此反应便可进行铁的光度测定。显色时必须加入足够过量的硫氰酸盐，因为过量的硫氰酸盐能提高方法的灵敏度，大大减少溶液酸度变化对硫氰酸铁色泽的影响，并改善 Cl^- 和 PO_4^{3-} 等离子对铁显色的干扰。一般方法中采用的硫氰酸盐的浓度为 0.3 mol/L，同时应保持工作曲线和试样分析中所用硫氰酸盐的浓度相同。

该反应在硝酸溶液中显色，适宜的酸度为 0.05～0.8 mol/L；在盐酸溶液中显色，则应保持其酸度为 0.1～0.3 mol/L；在硫酸溶液中显色，一般采用较高的酸度 $c_{0.5H_2SO_4}$ = 4 mol/L。

Fe(Ⅲ) 与硫氰酸盐的显色反应在显色剂加入后将立即完成，但产生的硫氰酸铁离子的色泽极不稳定。为使铁的色泽达到一定的稳定性，目前一般规定加入少量的氧化剂（如过氧化氢或过硫酸铵）作为稳定剂。在显色溶液中加入 1 mL 过氧化氢（1+9）可使色泽稳定约 30 min。

5.1.4 分析实例

重铬酸钾滴定法测试铜及铜合金中铁的含量，测定范围为 0.50%～7.00%（质量分数）。

5.1.4.1 方法原理

试样用盐酸和硝酸溶解，在氨性溶液中沉淀铁，沉淀溶于盐酸后，以钨酸钠为指示剂，用三氯化钛还原铁（Ⅲ）至铁（Ⅱ），以二苯胺磺酸钠为指示剂，用重铬酸钾标准溶液滴定。

5.1.4.2 试剂

（1）氯化铵。

（2）氢氟酸（ρ=1.13 g/mL）。

（3）高氯酸（ρ=1.67 g/mL）。

（4）氢溴酸（ρ=1.49 g/mL）。

（5）氨水（ρ=0.90 g/mL）。

（6）过氧化氢（ρ=1.10 g/mL）。

（7）硝酸（1+1）。

（8）盐酸（1+1）。

（9）硫酸（1+1）。

（10）氨水（1+99）。

（11）混合酸：于 650 mL 水中边搅拌边加入 150 mL 硫酸（ρ = 1.84 g/mL），加入 200 mL 磷酸（ρ=1.69 g/mL），混匀。

（12）铝溶液（1.000 g/L）：量取 1.000 g 纯铝（铁的质量分数不大于 0.003%）置于 250 mL 烧杯中，加入 50 mL 氢氧化钠溶液（50 g/L），加热使其溶解。用盐酸（1+1）中和至生成的沉淀溶解并过量 10 mL，冷却，移入 1000 mL 容量瓶中，用水稀释至刻度，混匀。

（13）三氯化钛溶液：取三氯化钛溶液（150~200 g/L），用盐酸（1+9）稀释 10 倍。用时现配。

（14）硫酸亚铁铵溶液（5 g/L）：称取 5 g 硫酸亚铁铵 [$(NH_4)_2Fe(SO_4)_2 \cdot 6H_2O$]，置于 250 mL 烧杯中，用硫酸（5+95）溶解并稀释至 1000 mL，混匀。

（15）钨酸钠溶液（100 g/L）：称取 10 g 钨酸钠（$Na_2WO_4 \cdot 2H_2O$），置于 150 mL 烧杯中，加入 70 mL 水溶解（如有沉淀则需过滤），加入 5 mL 磷酸（ρ=1.69 g/mL），用水稀释到 100 mL，混匀。

（16）二苯胺磺酸钠溶液（2 g/L）。

（17）重铬酸钾标准溶液（$c_{1/6K_2Cr_2O_7}$=0.01000 mol/L）：称取 0.4903 g 预先经过 140~150 ℃烘至恒重，置于干燥器中冷却至室温的基准重铬酸钾，置于 250 mL 烧杯中，用水溶解。移入 1000 mL 容量瓶中，用水稀释至刻度，混匀。

5.1.4.3 分析步骤

（1）称取试样，精确至 0.0001 g。当试样中铁的质量分数为 0.50%~1.50%时，称取 1.000 g 试样；当试样中铁的质量分数为 1.50%~4.00%时，称取 0.400 g 试样；当试样中铁的质量分数为 4.00%~7.00%时，称取 0.250 g 试样。

（2）将试样置于 400 mL 烧杯中，加入 5 mL 盐酸（1+1）、1 mL 硝酸（1+1），盖上表面皿，加热溶解，煮沸除去氮的氧化物，用水洗涤表面皿和烧杯壁，用水稀释体积至 200 mL 左右。

（3）加入 3 g 氯化铵，用氨水（ρ=0.90 g/mL）中和至铜离子全部转化为铜氨络离子（空白溶液中和至氢氧化铝沉淀出现），再过量 5 mL。煮沸 1 min，静置 5 min，过滤，用氨水（1+99）洗涤烧杯 3 次，洗涤沉淀 3~5 次，弃去滤液。

（4）沉淀用水洗入原烧杯中，滤纸上的残留沉淀用已加入数滴过氧化氢（ρ=1.10 g/mL）的 20 mL 热盐酸（1+1）溶解于原烧杯中。滤纸用热水洗涤 4 次，洗液并入主液中。当砷不小于 0.5 mg 或锑不小于 0.1 mg 时，加入 5 mL 硝酸（1+1）、5 mL 硫酸（1+1），加热蒸发至冒白烟，稍冷。加入 10 mL 氢溴酸（ρ=1.49 g/mL），加热蒸发至冒白烟 2~3 min，稍冷。再加入 5 mL 氢溴酸（ρ=1.49 g/mL）、5 mL 硫酸（1+1）处理 1 次，冷却。加入 20 mL 盐酸（1+1）和几滴过氧化氢（ρ=1.10 g/mL）。

（5）盖上表面皿，加热煮沸破坏过氧化氢并煮沸至溶液透明，用水稀释体积至 200 mL 左右，然后按上述步骤再进行 1 次沉淀分离。

（6）如铝青铜中铁的质量分数大于 0.50%~1.50%，需要按上述步骤进行第三次沉淀分离。

（7）沉淀用水洗入原烧杯中，滤纸上的残留沉淀用已加入数滴过氧化氢（ρ=1.10 g/mL）的 20 mL 热盐酸（1+1）溶解于原烧杯中。滤纸用热水洗涤 4 次，洗液并入主液中。盖上表面皿，加热煮沸破坏过氧化氢并煮沸至溶液透明，冷却。用水洗涤表面皿及烧杯壁。

（8）用水稀释体积至 130 mL 左右，加入 1 mL 钨酸钠溶液（100 g/L），滴加三氯化钛溶液至出现稳定的蓝色，用重铬酸钾标准溶液缓慢滴定至蓝色消失，立即加入 10 mL 混合酸、3 滴二苯胺磺酸钠溶液，用重铬酸钾标准溶液滴定至溶液呈现稳定的紫色为终点，记下消耗重铬酸钾标准溶液的体积 V。

（9）独立进行 2 次测定取平均值。

（10）空白试验：在空白试验烧杯中，加入 10 mL 铝溶液（1.0000 g/L）作载体，随同试样做空白试验至步骤（8）。立即加入 10 mL 混合酸、2 mL 硫酸亚铁铵溶液、3 滴二苯胺磺酸钠溶液，用重铬酸钾标准溶液滴定至溶液呈现稳定的紫色为终点，记下消耗重铬酸钾标准溶液的体积 V_1。加入 2 mL 硫酸亚铁铵溶液，用重铬酸钾标准溶液滴定至溶液呈现稳定的紫色为终点，记下消耗重铬酸钾标准溶液的体积 V_2。

5.1.4.4 分析结果的计算

按下式计算铁的质量分数：

$$w_{\mathrm{Fe}} = \frac{c[V - (V_1 - V_2)] \times 55.85 \times 10^{-3}}{m_0} \times 100\% \tag{5-7}$$

式中，w_{Fe}为铁的质量分数,%；c 为重铬酸钾标准溶液的实际浓度，mol/L；V 为测定试样溶液时消耗的重铬酸钾标准溶液的体积，mL；V_1 为第一次滴定空白溶液时消耗的重铬酸钾标准溶液的体积，mL；V_2为第二次滴定空白溶液时消耗的重铬酸钾标准溶液的体积，mL；m_0为试样的质量，g；55.85 为铁的摩尔质量，g/mol。计算结果保留至小数点后两位。

5.2 铝的测定

5.2.1 概述

铝是自然界中分布最广的金属元素，铝及铝合金广泛应用于建筑、包装、交通运输、电信、电力、航空和航天等领域，是国民经济中应用最为广泛的有色金属。我国现已成为全世界最大的铝生产国和消费国。工业上适用的纯铝中铝的质量分数为 98%~99.7%，含有 Fe、Si、Cu、Zn、Mg 等杂质，其中常见的杂质为 Fe 与 Si。纯铝为银白色，具有金属光泽，其密度为 2.7 g/cm^3，熔点低（660.4 ℃），沸点高（2477 ℃），导电、导热性能优良。纯铝的化学性质活泼，在大气中易与氧作用，在表面生成一层结合牢固、致密的氧化膜，从而使其在大气和淡水中都具有良好的耐蚀性。但在碱性和盐的水溶液中，其表面的氧化膜易被破坏，使铝很快被腐蚀。在铝中加入合金元素得到铝合金，是提高纯铝强度的有效途径。

铝是铜、镁、锌、镍、钛等合金及某些钢种中的重要合金元素，同时也是炼钢的脱氧剂、去气剂和致密剂。作为脱氧剂，常在冶炼时加入相当于钢中铝含量 0.01%~0.100% 的金属铝。铝对钢性能的影响不一，在高碳工具钢中，铝能使其淬火性恶化并增加其淬火脆性。

在低碳钢中加入质量分数为 0.5%~1%的铝后，会对钢的强度和硬度有所帮助。氮化的铬钼钢或铬钢在加入质量分数为 0.7%~6%铝后，将成为非常耐磨的钢，此时铝和氮会生成非常坚固的 AlN，并可使铬、钼、铁等的氮化物更加稳定。在耐热钢中加入质量分数为 8%~10%的铝后，能大大增强钢对生成铁鳞的抵抗性，但它很脆，不能锻造和切削。

铝镍和铝镍钴的磁性合金钢在加入质量分数为12%~15%的铝后，可以作为永久磁铁。

5.2.2 溶解和分离方法

铝不溶解于极稀和很浓的硝酸或硫酸中，易溶于盐酸，但氯化铝在过热状态下易蒸发损失。铝是两性金属，溶解于酸会生成相应酸的盐；溶解于强碱则生成铝酸盐。钢中的铝主要以金属固溶体状态存在，少部分以氧化铝和化合物形式存在。所谓酸溶铝，是指金属铝和氮化铝；酸不溶铝主要指氧化铝。可利用它们对无机酸的溶解度不同的特性而加以分离测定。用酸溶解时，不溶的氧化铝，经过滤即能分离。酸不溶铝的含量十分少，测定也烦琐，可先将试样用酸溶解，经过滤后的不溶物质用焦硫酸钾（钠）熔融处理成溶液后，再按测定酸溶铝的方法进行测定。若要求测定全铝的含量，则把酸不溶铝经处理所组成的溶液与酸溶铝溶液合并即可。

Al 与 Fe、Cr、Ti 等元素经常伴随在一起，加之 Al 是具有两重性质的元素，因此，在分离和测定 Al 时，至今还有困难。Al 与其他元素的分离方法主要有沉淀法、萃取法、汞阴极电解法和离子交换分离法。

5.2.2.1 沉淀法

A 氨水沉淀法

铵盐存在时，经氨水两次沉淀，可从碱金属、碱土金属、Ag、Cu、Mo、Cd、Ni、Co、Zn、V、Mn 及 W 中分离出铝（$Al(OH)_3$ 沉淀），但 Pb、Sn、Bi、Fe、Cr、Ti、U、Be、Zr、Th、Ce、In、Ga、Nb 及 Ta 等元素会一起生成沉淀。过量氨水将使 $Al(OH)_3$ 的溶解度增大，故 pH 值应控制在 6.5~7.5。$Al(OH)_3$ 沉淀中包含少量铜、镉和钴，而磷、砷及硅等元素则发生共沉淀。加入乙硫醇酸可以掩蔽铁。

B 氟化钠沉淀法

在 pH=4~5 的溶液中，用柠檬酸铵和草酸铵络合 Fe、Cr、Ni、Mn 等元素，用氟化钠将铝沉淀从而使其与共存元素分离。此方法常用于钢铁、高温合金及精密合金中铝的测定。

C 苯甲酸铵沉淀法

有机沉淀剂在实际工作中的应用更广。苯甲酸铵沉淀分离铝的效果比氨水好，吸附少。Al、Cr(Ⅲ)、Zr、Fe(Ⅲ)、Ti(Ⅳ)、Th、Ce(Ⅳ)、Bi 及 Sn(Ⅳ) 可定量沉淀，U(Ⅵ)、Be、Pb、Cu、Sn(Ⅱ) 及 Ti(Ⅲ) 可部分沉淀；Co、Ni、Mn(Ⅱ)、Zn、Cd、V、Sr、Ba、Mg、Fe(Ⅱ)、Ce(Ⅲ)、Hg 及稀土元素（RE）不沉淀。Fe(Ⅱ) 在测定条件下，能被氧化成 Fe(Ⅲ) 而沉淀，加入盐酸羟胺、乙硫醇酸可使铁还原，后者可掩蔽 1 g 的铁。

D 铜铁试剂法

在硫酸（1+9）介质中，铜铁试剂（N-亚硝基苯胲铵溶液）可沉淀 Fe、Ti、Zr、Nb、V、Ca、Ta 及 W 等元素，而 Al、Be、P、Mn、Ni、Co、Zn、In 及 Cr 等元素则留在溶液中，Th 及 Re 部分沉淀。也可用氯仿进行萃取，再调节酸度，铝在 pH=2~5 的溶液中也能被铜铁试剂沉淀或被三氯甲烷萃取，进一步与残留元素分离。

E 铜试剂法

在 pH=3.5~4 的乙酸缓冲溶液中，铜试剂（二乙基二硫代氨基甲酸钠，DDTC）可以沉淀 Fe、Ni、Co、Cu、Mo、Nb、W、Mn、Ti 等元素，滤液中保留全部 Al、RE、Ca、Mg 元素及残留的 Mn、Ti。

F 8-羟基喹啉沉淀铝法

8-羟基喹啉沉淀法可用于从其他元素中分离铝。在微酸性溶液中，可从碱金属、碱土金属中分离出铝；在氨性溶液中，可从 P、As、F、B 中分离出铝；在含过氧化氢的氨性溶液中，可以从 Mo、Ti、Nb、Ta 中分离出铝；在碳酸铵溶液中，可从 U 中分离出铝。在含酒石酸及氢氧化钠的氨性溶液中，8-羟基喹啉可以沉淀 Cu、Cd、Zn 及 Mg，而 Al 和 Fe 则留于溶液中。

5.2.2.2 萃取法

在 $c_{HCl}=6$ mol/L 时，用乙醚、甲基异丁酮、二异丙醚或二乙醚等有机溶液进行萃取，可以从大量铁中分离铝，少量铁则可以用戊醇萃取硫氰酸铁，使之与铝分离。在含乙硫醇酸、六偏磷酸钠、氰化钾及过氧化氢的碳酸铵溶液（pH＝8～9.5）中，钽试剂（N-苯甲酰-N-苯基羟胺）可以选择性地萃取铝。

5.2.2.3 电解分离法

汞阴极电解是有效的分离方法，可以从许多金属元素中分离铝，而留存于电解液中的元素有 Al、Mg、Ca、Ti、Zr、V 及 P 等。

5.2.3 分析方法

铝的分析测定方法有重量法、滴定法和分光光度法等。

5.2.3.1 重量法

测定铝的重量法有将氢氧化铝沉淀灼烧成 Al_2O_3 称量法及 8-羟基喹啉沉淀烘干后称量法。

8-羟基喹啉可以从乙酸盐缓冲溶液（pH＝5～6）中沉淀铝，在 120～150 ℃下干燥后称量，也可以用溴量法测定。沉淀为结晶形，容易过滤，不吸潮，换算系数小，比 $Al(OH)_3$ 沉淀法优越。

由于重量法操作烦琐费时，在实际工作中已很少使用。

5.2.3.2 滴定法

Al^{3+}与 EDTA（乙二胺四乙酸）会形成中等强度的螯合物，其稳定常数 $pK_{稳}=16.10$，pH＝2～4，在 90 ℃左右下加热 1～3 min，铝可与 EDTA 达到定量络合。因此，可以用 EDTA 来直接或返滴定测铝。

以 Cu-PAN（Cu-EDTA 和吡啶偶氮萘酚的混合物）作为指示剂，在 pH＝3 的煮沸溶液中，可以用 EDTA 标准溶液直接滴定铝。碱土金属及 30 mg 锰不会干扰滴定，Fe(Ⅲ) 可以在 pH＝1.0～1.5 时，用 EDTA 预先滴定而实现铝、铁连测。大量 SO_4^{2-} 的存在会妨碍终点颜色变化。

为提高准确度，可用返滴定法。在 pH＝3～5 的溶液中加入一定量过量的 EDTA，以 PAN 为指示剂，用铜标准溶液滴定过量的 EDTA；或在 pH＝6 的溶液中，以二甲酚橙为指示剂，用锌标准溶液滴定过量的 EDTA，此时碱金属不会干扰测定，而钙则会干扰测定。Co、Cu、Zn、Ni、Cd、Mn 可用邻菲啰啉进行掩蔽，此时应用铅标准溶液进行返滴定。此外，Th、Bi、Ti、Sn、RE、Fe、Cr 等也会干扰滴定。

5.2.3.3　分光光度法

分光光度法测定铝的常用显色试剂是铬天青 S(CAS)。在 pH=4~6 的弱酸性介质中，CAS 主要以 $HCAS^{3-}$存在。此条件下，铝与试剂反应生成摩尔比分别为 1∶2 和 1∶3 的紫红色络合物，两种络合物的最大吸收峰不同，分别位于 545 nm 和 585 nm 处。用 545 nm 波长测量时，检量线不通过原点。如取两络合物的等吸收点 567.5 nm 作为测定波长，则检量线可通过原点，但灵敏度不如前者高。

$$\varepsilon_{545} = 5.93 \times 10^4\ \text{L/(mol·cm)},\ \varepsilon_{567} = 3.8 \times 10^4\ \text{L/(mol·cm)}$$

$$A = \varepsilon cL \tag{5-8}$$

式中，A 为吸光度；ε 为摩尔吸光系数；L 为液层厚度；c 为浓度。

酸度对铝与 CAS 的络合反应影响很大，当 pH<4 时，CAS 与 Al(Ⅲ) 几乎不反应。pH 值一般控制在 4.6~5.8，但当 pH<5.6 时，试剂本身吸收将增大，故选择在 pH≈5.7 的酸度条件下显色。

铝在酸度较低的溶液中，常以 $Al(OH)_2^+$、$Al(OH)_3$ 等水解状态存在，均不利于与 CAS 络合反应的进行。因此，应在 pH<3 的溶液中先加入显色剂，再加缓冲溶液调节酸度至 pH≈5.7。为控制溶液的酸度，一般采用加入缓冲溶液的方法，常用的缓冲溶液有乙酸铵、乙酸钠、六次甲基四胺等，以六次甲基四胺的控制效果最好。乙酸盐与铝有络合作用，使铝的吸光度降低。

在 pH=4.7~6.0 的溶液中，测定铝时的主要干扰元素有 Fe(Ⅲ)、Cu、Ga、Mo、Ti、V(Ⅳ)、Cr(Ⅲ)、Be 等。所以，对于组成较为复杂的样品，在显色前一般需要先进行分离，在 pH≈4 时加入铜试剂分离除去大部分干扰离子，然后采用适当的掩蔽剂。Cu(Ⅱ) 可用硫脲或硫代硫酸钠（$Na_2S_2O_3$）掩蔽，Fe(Ⅲ) 可用抗坏血酸还原成 Fe(Ⅱ) 而消除干扰，如果含 Mo(Ⅳ)、Ti(Ⅳ) 等，溶样时可加入磷酸降低其干扰，Cr(Ⅲ)、V(Ⅳ) 需氧化到高价以减少其干扰。硅不干扰测定，但硅含量高时结果往往会偏低，可加高氯酸冒烟使硅酸脱水析出而除去。用 Zn-EDTA 及甘露醇作为掩蔽剂，可直接用铬天青测定钢中的铝。这时最好采用同类标准样品来绘制曲线。除 CAS 外，其他显色剂如铬青 R、磺铬、铝试剂、哌胜及 8-羟基喹啉-三氯甲烷萃取光度法等，也曾用于铝的测定。

5.2.4　分析实例

铜铁试剂分离-铬天青 S 光度法测定钢铁中铝的含量，适用于碳素钢、合金钢中铝的含量的测定。测定范围为 w_{Al}=0.010%~0.50%。

5.2.4.1　方法原理

试样用盐酸、硝酸溶解，以铜铁试剂分离铁、钒、钛等元素，用高氯酸冒烟破坏铜铁试剂后，在弱酸性介质中铝与 CAS 生成紫红色络合物，测量其吸光度。在显色液中含有 40 μg 以上铬时会有干扰，处理试样时以高氯酸氧化铬成六价后加盐酸，使铬以铬酰氯化挥除。

5.2.4.2　试剂

（1）焦硫酸钠。

（2）盐酸（ρ=1.19 g/mL）。

（3）硝酸（ρ=1.42 g/mL）。

（4）高氯酸（ρ=1.67 g/mL）。

（5）氨水（ρ=0.90 g/mL）。

（6）抗坏血酸溶液（5 g/L）：用时配制。

（7）铜铁试剂（N-亚硝基苯胲铵溶液）（60 g/L）：用时配制。

（8）氟化铵溶液（2 g/L）：贮于塑料瓶中。

（9）六次甲基四胺溶液（250 g/L）：贮于塑料瓶中。

（10）铬天青 S(CAS）溶液（1 g/L）：乙醇（1+1）配制。

（11）2,4-二硝基酚钠溶液（2 g/L）：乙醇（1+1）配制。

（12）硫代硫酸钠（10 g/L）溶液。

（13）铝标准溶液。

铝标准溶液配制：称取 0.1000 g 纯铝（99.9%以上）置于塑料烧杯中，加入 10 mL 氢氧化钠溶液（100 g/L），在沸水浴中加热溶解。完全溶解后，加入 100 mL 水，滴加盐酸（1+1）酸化并过量 10 mL，冷却至室温，移入 1000 mL 容量瓶中，用水稀释至刻度，混匀，此溶液的质量浓度为 100 μg/mL。

移取 20.00 mL 铝标准溶液（100 μg/mL）置于 1000 mL 容量瓶中，加入 4 mL 盐酸（1+1），用水稀释至刻度，混匀。此溶液中铝的含量为 2 μg/L。

5.2.4.3 操作步骤

A 酸溶铝

称取试样 0.1000 g，置于石英烧杯中，加入 6 mL 盐酸（ρ=1.19 g/mL）、1 mL 硝酸（ρ=1.42 g/mL），缓缓加热溶解（如不易溶解则适当补加盐酸和硝酸），加入 3 mL 高氯酸（ρ=1.67 g/mL），继续加热蒸发至高氯酸冒烟，并蒸发至近干，稍冷，加入 30 mL 水，加热溶解盐类，冷却至室温。先将试样中的铬氧化为 Cr(Ⅵ)，分次滴加盐酸，使铬形成氯化铬酰挥发去除。

B 酸不溶铝

称取试样 0.5000 g，置于石英烧杯中，加入 12 mL 盐酸（ρ=1.19 g/mL）、2 mL 硝酸（ρ=1.42 g/mL），缓缓加热溶解（不容易溶解时，补加适量盐酸或硝酸），加入 5 mL 高氯酸（ρ=1.67 g/mL），继续加热蒸发至冒烟，稍冷，加入 60 mL 水溶解盐类，使酸溶铝溶解。

用加少量纸浆的慢速滤纸过滤，沉淀全部移入滤纸中，用盐酸（5+95）洗涤滤纸及沉淀 7~8 次，再用水洗 2~3 次，弃去滤液，将残渣和滤纸置于铂坩埚中，干燥灰化后，于 600 ℃下灼烧 10~15 min，冷却，此时酸不溶铝沉淀为 Al_2O_3。

加 1.5 g 焦硫酸钠熔融，冷却，铂坩埚外壁用水洗净后，置于原烧杯中，加入 5 mL 盐酸（1+1）溶解熔块，用水洗净，取出坩埚，冷却。此时沉淀为 Al_2O_3 的酸不溶铝经熔融转化为 $Al_2(SO_4)_3$ 后，又转变为 $AlCl_3$。

将上述得到的溶液分别移入 100 mL 容量瓶中，控制溶液体积约为 60 mL，加入 8 mL 盐酸（ρ=1.19 g/mL），冷却至 15 ℃以下后，立即在摇动下加入 20 mL 铜铁试剂溶液（60 g/L），用水稀释至刻度，充分摇匀，放置 1~2 min，用慢速滤纸过滤。利用铜铁试剂可以分离铁、钒、钛等。

移取50.00 mL过滤液（铝的质量分数在0.35%以上的试样移取25 mL），置于石英烧杯中，加入10 mL硝酸（$\rho=1.42$ g/mL）、2 mL高氯酸（$\rho=1.67$ g/mL），加热蒸发至冒烟，稍冷，用水清洗表面皿及杯壁，再加入1 mL硝酸，继续加热蒸发至冒烟（不能蒸干），使铜铁试剂完全分解并浓缩至体积约0.5 mL。此时试液应为无色或微黄色。加入10 mL水，加热溶解盐类，冷却至室温后，移入50 mL容量瓶中，用水稀释至刻度，混匀。

铝的质量分数$w_{Al}=0.010\%\sim0.10\%$时，移取10.00 mL试液2份；铝的质量分数$w_{Al}>0.10\%\sim0.50\%$时，移取5.00 mL试液2份。测定酸不溶铝时，取20.00 mL试液2份，分别置于50 mL容量瓶中。

显色液：滴加2滴2,4-二硝基酚溶液，滴加氨水（1+5）至溶液呈黄色，再滴加硝酸（1+20）至黄色恰好消失并过量2 mL，获得弱酸介质。依次加入1 mL抗坏血酸溶液（Fe(Ⅲ)还原成Fe(Ⅱ)），1 mL硫代硫酸钠溶液（掩蔽Cu(Ⅱ)），2 mL CAS溶液，2 mL六次甲基四胺溶液（获得缓冲溶液，控制溶液酸度，pH=5.7）。

每加入一种试剂后必须摇匀。用水稀释至刻度，混匀，放置5 min，用厚度为2 cm或1 cm的吸收皿，以参比液为参比，在分光光度计波长550 nm处测量其吸光度，减去空白液的平均吸光度，从工作曲线上查出相应的铝量。

参比液：操作同显色液，在加入CAS溶液前用塑料滴管滴加5滴氟化铵溶液，随同试样做2份空白试验。

5.2.4.4 工作曲线的绘制

移取0 mL、0.50 mL、1.00 mL、2.00 mL、3.00 mL、4.00 mL、5.00 mL铝标准溶液（试样中铝的质量分数为0.010%~0.10%）或移取0 mL、1.00 mL、4.00 mL、6.00 mL、8.00 mL、10.00 mL铝标准溶液（试样中铝的质量分数大于0.10%~0.50%），分别置于6个50 mL容量瓶中，以下按操作步骤进行，以试剂空白为参比测量其吸光度，以铝量为横坐标，吸光度为纵坐标，绘制工作曲线。

5.2.4.5 分析结果的计算

按下式计算铝的质量分数：

$$w_{Al}=\frac{m_1VV_2}{m_0V_1V_3}\times100\% \tag{5-9}$$

式中，w_{Al}为铝的质量分数，%；m_0为试样的质量，g；m_1为从工作曲线上查得的铝质量，g；V为用铜铁试剂分离时稀释的体积，mL；V_1为铜铁试剂分离后分取试液体积，mL；V_2为破坏铜铁试剂后稀释的体积，mL；V_3为显色时分取试液的体积，mL。

5.2.4.6 附注

（1）显色速度与温度有关，一般控制在显色后5~20 min内测定完毕，若室温高于30 ℃，则必须在5 min内测量完毕；室温较低时，放置时间应适当延长。

（2）2份空白溶液，吸光度之差不得超过0.020，取其平均值。

（3）绘制工作曲线时，也可用基体相同或相近的具有不同铝含量的标准样品按操作步骤进行。

5.3 铜的测定

5.3.1 概述

铜在工业上具有十分重要的意义，几乎所有的工业部门都离不开铜及铜合金。利用其优良的导电性，铜被用作电线和导线。品种繁多的铜合金是机械工业的常用材料。在有色金属材料（如铝、锌、铅、锡等合金）中，铜也是主要的合金成分。

铜在钢中多以固溶体或金属夹杂物的形态存在。在钢中加入少量铜，能提高其屈服点和疲劳强度，改善冲击韧性和抗大气腐蚀性能等。但铜在钢中通常是有害杂质，会使钢的力学性能降低，在加热时会导致金属表面氧化，有时会引起钢在锻轧热加工时发生热脆现象，出现鱼鳞状开裂并影响焊接性能。

5.3.2 溶解和分离方法

溶解含铜的有色金属及钢铁试样一般可采用酸溶法，但必须在氧化的条件下进行。铜合金不宜用硝酸溶解，可用盐酸加适量过氧化氢或用盐酸加适量硝酸溶解，更方便的方法是用酸溶解后再加氢氧化钠调节 pH 值。

分离铜的方法除电解分离法外，主要有沉淀分离法和萃取分离法。

5.3.2.1 硫化物沉淀分离法

在 0.3 mol/L 的盐酸溶液或 0.15 mol/L 的硫酸溶液中通入硫化氢气体，可使铜生成硫化铜沉淀，从而与 Fe、Ni、Co、Mn、Zn 等元素分离，但 As、Sb、Sn、Mo、Se、Te、Au、Pt、Pd、Hg、Pb、Bi、Cd 等元素会与 Cu 生成硫化物沉淀。

如果在氢氧化钠碱性溶液中加入硫化钠，则会使铜生成硫化铜沉淀，此时 As、Sb、Sn 等元素以硫代硫酸盐状态保留在溶液中，因而可与铜分离。为使微克量的铜以硫化物状态定量析出，必须加入 5~10 mg Pb(Ⅱ) 作为载体，而且要让沉淀物在放置较长的时间后再进行过滤。溶液中氯化物盐类的浓度太大也会使铜沉淀不完全。

也可用硫代乙酰胺代替硫化氢作为铜的沉淀剂。因为在酸性溶液中，硫代乙酰胺会水解而产生硫化氢。

$$CH_3—CS—NH_2 + 2H_2O \rightleftharpoons CH_3COONH_4 + H_2S \tag{5-10}$$

沉淀可在 3 mol/L 以下的硫酸或 2 mol/L 以下的盐酸或 0.5 mol/L 以下的硝酸溶液中进行。

5.3.2.2 铜试剂（DDTC）沉淀分离法

用酒石酸及 EDTA 掩蔽 Fe、Cr、Ni 等离子，在 pH≈10 的氨性溶液中，铜离子与 DDTC 定量地生成沉淀。利用此法可分离钢铁等合金中含量大于 0.1%的铜。

5.3.2.3 二苯硫腙萃取分离法

在 0.1 mol/L 的酸性溶液中，Cu(Ⅱ) 与二苯硫腙形成能被三氯甲烷、四氯化碳等有机溶剂萃取的螯合物。利用此法可使微量 Cu 与 Co、Ni、Mo、Pb、Zn、Cd 等元素分离，但同时 Bi、Hg、Pd、Au、Ag、Pt 元素也被萃取。

加入适量的 0.1 mol/L 的溴化物或碘化物可掩蔽少量 Hg、Ag 和 Bi。也可用等体积碘化钾溶液（20 g/mL）和 0.01 mol/L 的盐酸混合液洗涤有机相，以除去已被萃取入有机相的 Ag、Hg 及 Bi 元素。

5.3.3 分析方法

铜的化学分析方法有很多，主要有电解重量法、碘量法、EDTA 滴定法及分光光度法。

5.3.3.1 电解重量法

电解重量法适用于测定试样中作为主要组分存在的铜，具有操作简便、结果准确等优点。目前，常用的有恒电流电解法和控制阴极电位电解法两种。

采用恒电流电解法测定铜时，通常在硝酸或硫硝混合酸介质中进行电解，也可在氨性介质中或以 Cu(Ⅰ) 的氰化络合物状态进行电解。但不宜在盐酸介质中进行电解，因为在盐酸介质中电解析出的铜呈海绵状，极易脱落，而且盐酸对铂电极有一定的腐蚀作用，会使电极受损。As、Sb、Sn、Bi、Mo、Au、Ag、Hg、Se、Te 等元素在电解时能与 Cu 一起在阴极上还原，从而干扰铜的测定。当上述各元素的共存量较大时，应预先分离除去；而当各元素的共存量很少时，则可采取掩蔽、氧化等不同的方法消除其干扰。

采用控制阴极电位电解法测定铜具有更好的选择性，与铜的分解电势相差较大的元素不会与铜一起析出。例如，分析锡青铜时可不分离锡，直接进行铜的电解。

无论采用恒电流法或控制电位法测定铜，电解后的溶液中一般都还残留有痕量铜，可采用分光光度法或原子吸收光度法测定其含量，并将其加到电解重量法的结果中。

5.3.3.2 碘量法

碘量法是一种经典的测定铜的方法，其特点是快速、简便，可获得较准确的结果。该方法的基本反应为 Cu(Ⅱ) 与 I^- 定量反应生成碘化亚铜和游离碘，随即用硫代硫酸钠标准溶液滴定所释放出的碘，即可间接计算出试样中铜的含量。

$$2Cu^{2+} + 4I^- \rightleftharpoons 2CuI\downarrow + I_2 \tag{5-11}$$

$$2S_2O_3^{2-} + I_2 \rightleftharpoons S_4O_6^{2-} + 2I^- \tag{5-12}$$

As、Sb、Fe、Mo、V 等元素会干扰铜的测定。

上述反应的适宜酸度范围为 pH＝3～5。当溶液的酸度较高（pH<3）时，As、Sb 也参与反应，从而引起结果偏高，而且空气的氧化作用会使滴定终点反复；当 pH>5 时，将有沉淀生成，使结果偏低。加入适量氟化氢铵作为缓冲剂，可使溶液的酸度控制在 pH＝3.4～4.0，而且还能络合共存的 Fe(Ⅲ)，避免其干扰。

滴定过程中共存的碘化亚铜沉淀表面将吸附一定量的碘，故在滴定将近终点时应加入硫氰酸盐，使碘化亚铜转化为溶解度更小的硫氰酸亚铜，从而释放出所吸附的碘。如将碘化钾的加入量增至 1.7 mol/L，并用乙酸盐作为缓冲控制溶液的 pH＝4.4 ± 0.1，可使 Cu(Ⅰ) 与 I^- 生成 $[CuI_2]^-$ 络阴离子而不生成沉淀，从而避免碘化亚铜沉淀对游离碘的吸附。

5.3.3.3 分光光度法

A IDTC 光度法

氨基二硫代甲酸的衍生物是一类重要的显色剂。例如，二乙氨基二硫代甲酸钠（NaDDTC）作为 Cu(Ⅱ) 的显色剂迄今仍被广泛应用。由于 Cu-$(DDTC)_2$ 螯合物在水溶液中不溶解，故应使用氯仿等溶剂将 $Cu(DDTC)_2$ 萃取入有机相后再进行光度测定。

将氨基二乙酸二硫代甲酸盐（IDTC）显色剂用作测定铜的显色剂，具有显色反应条件容易掌握，所形成的螯合物为水溶性，不需萃取，灵敏度较高和干扰元素容易掩蔽等优点。Cu(Ⅰ)、Cu(Ⅱ) 与 IDTC 在 pH=3~11 酸度范围内会形成水溶性的棕黄色螯合物，其吸收峰在 440 nm 处，吸光度在 24 h 内稳定不变。但当有 EDTA 存在时，螯合物的稳定性随溶液的酸度不同而不同。当 pH=3 时，螯合物只能稳定 20 min；当 pH=4.5 时，螯合物可稳定 45 min；而当 pH=5.7~6.5 时，螯合物则可稳定 3 h。

B 双环己酮草酰二腙光度法

双环己酮草酰二腙（BCO）与 Cu(Ⅱ) 在碱性溶液中会生成蓝色络合物。BCO 试剂在水溶液中有互变异构的作用，结构式为：

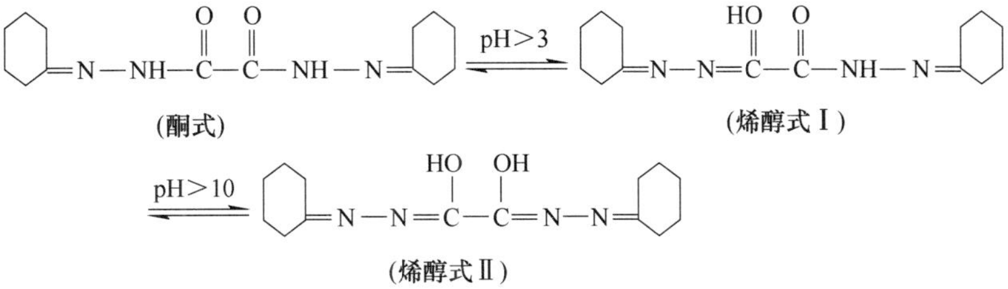

(5-13)

Cu(Ⅱ) 只与 BCO 试液的烯醇式Ⅰ状态反应生成蓝色络合物。而在 pH=7~10 的条件下，BCO 主要以烯醇式Ⅰ的状态存在。因此，铜与 BCO 的显色反应的适宜酸度条件也应为 pH=7~10，当 pH<6.5 时，螯合物不形成；而当 pH>10 时，螯合物的蓝色迅速消退。此外，适宜的酸度范围会受到共存元素及缓冲体系的不同等因素的影响。在柠檬酸铵、氢氧化钠、硼酸钠缓冲介质中，显色反应的适宜酸度为 pH=8.5~9.5，此反应的灵敏度略高于 Cu-DDTC 的反应。铜螯合物的吸收峰值在 595~600 nm 波长处，摩尔吸光系数为 1.6×10^4 L/(mol·cm)。铜的质量浓度为 0.2~4 μg/mL 时遵守比耳定律。BCO 试剂的加入量一般应为铜量的 8 倍以上，需放置 3~5 min 才反应完全。

C 2,9-二甲基-1,10 二氮菲（简称新亚铜灵）光度法

新亚铜灵为 1,10 -二氮菲的甲基衍生物。由于在 1,10 -二氮菲分子的 2,9 位置上引入甲基后产生了空间位阻，使分子中的配位氮原子不能接近 Fe(Ⅱ) 而与 Cu(Ⅰ) 形成 1∶2 正一价的螯合物，它再与溶液中的阴离子结合为 L_2CuX 形式的盐，可用戊醇、异戊醇、正丁醇或二氯甲烷等溶剂进行萃取。显色反应的适宜酸度为 pH=3~8，但在较大量的基体元素存在且加入较多的柠檬酸作为掩蔽剂时，采用 pH=3~5 的酸度条件较好。反应的灵敏度不高，在最大吸收波长 455 nm 处的摩尔吸光系数仅为 7950 L/(mol·cm)。铜的质量浓度为 0.4~8 μg/mL 时遵守比耳定律。

在有一定量的乙醇存在下，可在水溶液中显色。因此，此方法测定 20 μg 以上的铜且取样量较少时可在水溶液中进行测定。当测定的铜含量较低（如 0.001%左右）而需取较多试样时（如 0.5 g 以上），宜采用萃取光度法，此法的突出优点是选择性较好。

5.3.4 分析实例

硫代硫酸钠滴定法测试铝及铝合金中铜的含量，测定范围为 3.00%~70.00%（质量分数）。

5.3.4.1 方法原理

试样用盐酸、硝酸分解。在氟化物存在下，用硫酸除去硅和硝酸，然后在 pH 为 3.0~4.0 的氟化氢铵溶液中，Cu(Ⅱ) 与碘化钾反应生成碘化亚铜并析出等物质的量的碘，用硫代硫酸钠标准溶液滴定，计算出铜含量。

5.3.4.2 试剂

（1）无水碳酸钠。

（2）盐酸（1+1）。

（3）硝酸（1+1）。

（4）硫酸（1+1）。

（5）硫酸（1+17）。

（6）氨水（1+1）。

（7）硫氰酸钾溶液（100 g/L）：称取 10 g 硫氰酸钾溶于 50 mL 水中，稀释到 100 mL，必要时过滤。

（8）氟化氢铵溶液（200 g/L）：称取 200 g 氟化氢铵溶于 800 mL 水中，稀释到 1000 mL，贮存于聚乙烯瓶中。

（9）碘化钾溶液（200 g/L）：称取 200 g 碘化钾溶于 800 mL 水中，稀释到 1000 mL，置于棕色试剂瓶并贮存于暗处。

（10）重铬酸钾标准溶液（$c_{1/6K_2Cr_2O_7}$ = 0.1000 mol/L）：称取 4.9031 g 基准重铬酸钾（预先经过 140 ℃烘干 2 h，并在干燥器中冷却至室温），置于 300 mL 烧杯中，用水溶解。移入 1000 mL 容量瓶中，用水稀释至刻度，混匀。

（11）硫代硫酸钠标准溶液（$c_1 \approx 0.1$ mol/L）：

1）配置：称取 26 g 硫代硫酸钠（$Na_2S_2O_3 \cdot 5H_2O$）或 16 g 无水硫代硫酸钠（$Na_2S_2O_3$）溶于热水，冷却后，移入 1000 mL 容量瓶中，用水稀释至刻度，混匀。

2）标定：移取 20.00 mL（V_1）重铬酸钾标准溶液（$c_{1/6K_2Cr_2O_7}$ = 0.1000 mol/L）于 500 mL 锥形瓶中，加入 10 mL 碘化钾（200 g/L）及 20 mL 硫酸（1+17），混匀，于暗处放置 10 min，加入 50 mL 水，用配置好的硫代硫酸钠标准溶液滴定，近终点时（黄绿色）加入 5 mL 淀粉指示剂，继续滴定至溶液由蓝色变为亮绿色，记录消耗的硫代硫酸钠标准溶液体积 V_2。同时做空白试验。

3）计算：按下式计算硫代硫酸钠标准溶液的浓度：

$$c_1 = \frac{c_{1/6K_2Cr_2O_7} V_1}{V_2 - V_3} \tag{5-14}$$

式中，c_1 为硫代硫酸钠标准溶液的浓度，mol/L；$c_{1/6K_2Cr_2O_7}$ 为重铬酸钾标准溶液的浓度，mol/L；V_1 为移取重铬酸钾标准溶液的体积，mL；V_2 为标定重铬酸钾标准溶液消耗的硫代硫酸钠标准溶液的体积，mL；V_3 为空白试验消耗的硫代硫酸钠标准溶液的体积，mL。

（12）淀粉指示剂（5 g/L）：称取 1 g 淀粉用水润湿，加入 200 mL 沸水，再煮至透明冷却，现用现配。

5.3.4.3 分析步骤

（1）称取试样，试样需要加工成厚度不大于 1 mm 的碎屑，精确至 0.0001 g。当试样中铜的质量分数为 3.00%~10.00%时，称取 0.80 g 试样，加入盐酸（1+1）20 mL；当试样中铜的质量分数为10.00%~20.00%时，称取0.50 g试样，加入盐酸（1+1）15 mL；当试样中铜的质量分数为20.00%~70.00%时，称取0.20 g试样，加入盐酸（1+1）15 mL。

（2）将试样置于500 mL锥形瓶中，按步骤（1）加入盐酸，加热溶解至出现铜粉或铜片后加入2.5 mL氟氢化铵溶液（200 g/L）和10 mL硝酸（1+1），继续加热至试样完全溶解。加入10 mL硫酸（1+1），加热至刚刚冒硫酸烟，冷却，加入约40 mL水，摇匀。

（3）向上述溶液中慢慢滴加氨水至刚刚出现浑浊，加入3 mL氟氢化铵溶液（200 g/L），摇动并用水吹洗杯壁。稀释至100 mL左右摇匀（控制酸度范围在pH值为3~4），冷却至室温，加入10 mL碘化钾溶液（200 g/L），摇匀，此时出现棕黄色沉淀，迅速用硫代硫酸钠标准溶液滴定至溶液呈淡黄色，加入3 mL淀粉指示剂（5 g/L），继续滴定至溶液呈浅蓝色，加入10 mL硫氰酸钾溶液（100 g/L），再滴定至溶液蓝色恰好消失，即为终点，记录消耗的硫代硫酸钠标准溶液体积V_4。

（4）平行做2份实验，取其平均值。

5.3.4.4 分析结果的计算

按下式计算铜的质量分数：

$$w_{Cu}=\frac{c_1V_4\times 63.546\times 10^{-3}}{m}\times 100\% \tag{5-15}$$

式中，w_{Cu}为铜的质量分数,%；c_1为硫代硫酸钠标准溶液的实际浓度，mol/L；V_4为消耗的硫代硫酸钠标准溶液的体积，mL；63.546为铜的摩尔质量，g/mol；m为试样的质量，g。计算结果表示到小数点后两位。

5.4 锰的测定

5.4.1 概述

锰在外形上与铁类似，粉末状的锰呈灰色，致密的块状锰为银白色金属。锰是金属材料中的主要合金元素之一。

锰在钢中通常以固溶体及化合物形式存在，如MnS、Mn_3C、MnSi、FeMnSi等，锰在铁中主要以MnS状态存在，因而在钢铁生产中常用于脱氧除硫，能降低由硫所引起的热脆性，从而提高钢铁中铁素体的强度和硬度。有色金属中少量锰的存在能提高其压力加工性能及耐磨性、耐腐蚀性，因此锰是各类铜合金、铝合金、镍锰合金的主要成分之一。

5.4.2 溶解和分离方法

锰易溶于硫酸、稀硝酸形成二价离子，因而在测定锰时，样品一般都用酸溶或用碱溶解后酸化（铝合金中的锰）。

光度法测锰一般都是依据氧化-还原反应原理，将Mn(Ⅱ）氧化至Mn(Ⅶ）再进行测定的，方法的选择性比较高，因而在实际操作中较少使用预分离步骤。只有在样品中的锰含量极低，已无法用一般测定方法进行测定的情况下，才需要进行分离和富集。

在中性或微酸性介质中，Mn(Ⅱ）以硫化物形式与Fe(Ⅲ）或镧共沉淀。以8-羟基喹啉作为沉淀剂和 Fe(Ⅲ) 作为载体分离痕量的锰。当 pH=6~8 时，可使用氯仿、乙酸乙酯或异戊醇的四氯化碳溶液萃取 $Mn(DDTC)_3$，以分离锰。此外，亚砷酸钠-亚硝酸钠滴定法测定锰的方法中，可采用氧化锌分离法除去 Cr、V 等干扰元素。氧化锌可使 Fe、Cr、Al、V、Cu、Mo、W、Ti 完全沉淀，而 Mn、Ni、Co 则定量留在溶液中。

试样中的大量铬也可用高氯酸将铬氧化成高价后，加浓盐酸或氯化钠固体将铬变成铬酰挥发除去而达到分离。

5.4.3 分析方法

5.4.3.1 滴定法

A 亚砷酸钠-亚硝酸钠滴定法

试样用酸溶解后，锰以 Mn(Ⅱ) 形态存在，在 2~4 mol/L 的硫酸溶液中，以硝酸银为催化剂，用过硫酸铵将 Mn(Ⅱ) 氧化成 Mn(Ⅶ)（此时试液呈紫红色），然后以亚砷酸钠-亚硝酸钠的混合溶液滴定将 Mn(Ⅶ) 还原为 Mn(Ⅱ)（此时紫红色消退）。

如果单独使用亚砷酸钠溶液进行滴定，则只能将 Mn(Ⅶ) 还原为平均化价态为 3.3 的锰离子，终点呈黄绿色，但很难判断；如果单独使用亚硝酸钠溶液进行滴定，则虽然能完全将 Mn(Ⅶ) 还原为 Mn(Ⅱ)，但作用缓慢，且终点不明显。如果两者混用，则可互补其短。实验证明，两者按 1∶1 混合比较适合。

在氧化过程中，多余的银离子应加氯化钠使其沉淀，否则残留的过硫酸铵盐在银离子的催化下，会将已还原的 Mn(Ⅱ) 重新氧化。加氯化钠应在室温下进行，氯离子在热的酸性溶液中会还原高锰酸，且氯离子不宜过量太多，否则会对高锰酸产生影响。

锰氧化时，酸度应小于 4 mol/L 按体积分数为（8+92）~（12+88）的硝酸、硫酸、磷酸、高氯酸。如超过此酸度，则锰氧化会不完全甚至不能氧化；如酸度太小，则会产生二氧化锰沉淀。

氧化时，过硫酸铵的用量为 2.5 g 或 1000 倍于锰量，硝酸银用量为 0.079 g/100 mL，或 15 倍于锰量较合适。

溶解样品所用的酸中通常会加入 4 mL 磷酸，这是由于磷酸能和铁生成无色的 $[Fe(PO_4)_2]^{3-}$ 络合物，降低 Fe^{2+}/Fe^{3+} 电对的氧化还原电位，使终点易于判断，并能防止二氧化锰的产生和增加高锰酸的稳定性。

当每 100 mL 溶液中含有 10 mg 以上的铬、钒、钴及氟离子、氯离子时，会对测定产生干扰。铬、钒等可用氧化锌沉淀分离，大量的铬也可采用氯化铬酰挥发除去。

本方法中使用过硫酸铵氧化锰时煮沸时间不足或过长都会使结果偏高或偏低，因而不适用于高价锰的测定，且不能用理论值计算结果，必须用标准样品换算。

B 三价锰滴定法

在 160~250 ℃的磷酸溶液中，固体硝酸铵能定量氧化 Mn(Ⅱ) 至 Mn(Ⅲ)，反应如下：

$$2MnHPO_4 + 2NH_4NO_3 + 2H_3PO_4 \rightleftharpoons 2NH_4MnH_2(PO_4)_2 + HNO_2 + HNO_3 + H_2O \quad (5\text{-}16)$$

过量的硝酸铵会立即与产生的亚硝酸盐进行反应：

$$NH_4^+ + NO_2^- \rightleftharpoons N_2 + 2H_2O \quad (5\text{-}17)$$

使得反应中生成的亚硝酸盐完全分解，从而使 Mn(Ⅱ) 完全氧化为 Mn(Ⅲ)。然后以 N-苯代邻苯氨基苯甲酸为指示剂，用硫酸亚铁铵标准溶液进行滴定，或加过量的硫酸亚铁铵标准溶液，用高锰酸钾标准溶液进行返滴定。钒也会定量地参与该反应，当试样中含有钒时，滴定结果是锰钒总量，需对钒进行校正。校正系数为每1%的钒相当于1.08%的锰。

用高氯酸代替硝酸铵同样能获得准确的结果，但在高温氧化锰后必须驱尽高氯酸，并加入过量的磷酸，以使铬呈Cr(Ⅲ)状态，不参与锰的滴定。

5.4.3.2 光度法

分光光度测定锰的方法是以Mn(Ⅱ)在酸性溶液中被强氧化剂氧化而成紫色的高锰酸根离子为基础的，它具有很高的选择性，但并不灵敏；而使用甲醛肟的方法则可得到较高的灵敏度；1-(2-吡啶偶氮)-2-萘酚(PAN)萃取光度法的灵敏度甚至更高。

最常用的强氧化剂是高碘酸钾和过硫酸铵，反应如下：

$$2Mn^{2+} + 5IO_4^- + 3H_2O \rightleftharpoons 2MnO_4^- + 5IO_3^- + 6H^+ \tag{5-18}$$

$$2Mn^{2+} + 5S_2O_8^{2-} + 8H_2O \rightleftharpoons 2MnO_4^- + 10HSO_4^- + 6H^+ \tag{5-19}$$

锰的氧化反应在硝酸或硫酸的溶液中进行得较快，但碘酸铁在硝酸溶液中很难溶解。因而需加入磷酸与Fe(Ⅲ)生成无色的络合物，掩蔽Fe(Ⅲ)的干扰，并防止碘酸锰或过硫酸锰的沉淀。

酸度会直接影响锰的氧化速度。采用过硫酸铵氧化法时要求溶液的酸度不大于4 mol/L，一般采用在酸度为1~2 mol/L的混合液中进行氧化。氧化时需加入少量银离子或钴离子，以催化Mn(Ⅱ)氧化成高锰酸根离子。

高碘酸盐氧化法相较于过硫酸盐氧化法能得到更稳定的高锰酸溶液，因而长期被推崇为标准方法，但其氧化反应速度较慢，一般需要煮沸5~15 min。对于微量的锰，则过硫酸盐氧化法氧化得更快些。

少量本身无色的金属离子不会干扰测定，当有色金属离子的含量不超过锰的200~300倍时，可在部分显色溶液中加入数滴亚硝酸钠或EDTA溶液，使高锰酸的色泽褪去，以此作为测定的参比溶液来抵消其干扰。

采用高碘酸钾氧化法时，铋、锡的存在会使溶液产生混浊。如试样中含较高的铋或锡，则应改用过硫酸铵氧化法进行测定。

5.4.4 分析实例

高碘酸钠（钾）分光光度法测定铁、钢、高温合金和精密合金中锰的含量，测定范围为0.001%~4.00%。

5.4.4.1 方法原理

试样经酸溶解后，在硫酸、磷酸介质中，用高碘酸钠（钾）将锰氧化至七价，于分光光度计波长530 nm处进行吸光度测量。

5.4.4.2 试剂

(1) 氢氟酸（ρ=1.13 g/mL）。

(2) 盐酸（ρ=1.19 g/mL）。

(3) 硝酸（ρ=1.42 g/mL）。

(4) 硝酸（1+4）。

(5) 硫酸（1+1）：用硫酸（ρ=1.84 g/mL）稀释。

(6) 高氯酸（1+499）：用高氯酸（ρ=1.67 g/mL）稀释。

（7）磷酸-高氯酸混合酸：3 份磷酸（ρ=1.69 g/mL）和 1 份高氯酸（ρ=1.67 g/mL）混匀。

（8）高碘酸钠（钾）溶液（50 g/L）：称取 5 g 高碘酸钠或高碘酸钾，置于 250 mL 烧杯中，加 60 mL 水、20 mL 硝酸（ρ=1.42 g/mL），温热溶解后，冷却。用水稀释至 100 mL，混匀。

（9）亚硝酸钠溶液（10 g/L）：称取 1 g 亚硝酸钠，置于 250 mL 烧杯中，加入 60 mL 水溶解后，用水稀释至 100 mL，混匀。

（10）锰标准溶液：

1）锰标准溶液（500 μg/mL）：称取 1.4383 g 高锰酸钾，置于 600 mL 烧杯中，加入 300 mL 水溶解，加入 10 mL 硫酸（1+1），滴加过氧化氢（ρ=1.10 g/mL）至红色恰好消失，加热煮沸 5～10 min，冷却。移入 1000 mL 容量瓶中，用水稀释至刻度，混匀。

2）锰标准溶液（100 μg/mL）：称取 20.0 mL 锰标准溶液（500 μg/mL），置于 100 mL 容量瓶中，用水稀释至刻度，混匀。

3）锰标准溶液（20 μg/mL）：称取 20.0 mL 锰标准溶液（100 μg/mL），置于 100 mL 容量瓶中，用水稀释至刻度，混匀。

（11）不含还原物质的水：将蒸馏水或去离子水加热煮沸，每升用 10 mL 硫酸（1+3）酸化，加几粒高碘酸钠（钾），继续煮沸 1～2 min，冷却后使用。

5.4.4.3 分析步骤

（1）称取试样，当试样中锰的质量分数为 0.001%～0.01%时，称取 2.0 g 试样；当试样中锰的质量分数为 0.01%～0.10%时，称取 0.5 g 试样；当试样中锰的质量分数为 0.10%～1.00%时，称取 0.2 g 试样；当试样中锰的质量分数为 1.00%～4.00%时，称取 0.1 g 试样。

（2）将试样置于 150 mL 的锥形瓶中。对于铬含量不大于 5%的试样，加入 15 mL 硝酸，低温加热至停止反应。加 1～2 mL 盐酸，继续加热至完全分解。对于高镍铬试样，加入 10 mL（3+1）、（6+1）或（10+1）的盐酸和硝酸混合酸，低温加热溶解。

加入 10 mL 磷酸-高氯酸混合酸，加热蒸发至冒高氯酸烟 2～5 min（铬含量高的试样需将铬氧化），稍冷，加水溶解盐类。锰含量不大于 2.00%时，加入 10 mL 硫酸（1+1），用水稀释至约 40 mL。锰含量大于 2.00%时，加入 10 mL 硫酸（1+1），用水稀释至约 40 mL，冷却至室温，移入 100 mL 容量瓶中，用水稀释至刻度，混匀。移取 50.0 mL 试液于 150 mL 锥形瓶，补加 5 mL 硫酸（1+1）。

（3）显色：在上述制备的试液中，加入 10 mL 高碘酸钠（钾）溶液，加热至沸并保持 2～3 min（防止试液溅出），冷却至室温，移入 100 mL 容量瓶中，用不含还原物质的水稀释至刻度，混匀。

（4）参比溶液的制备：移取约 25 mL 显色溶液于 100 mL 锥形瓶中，边摇动边滴加亚硝酸钠溶液至紫红色刚好褪去，用此溶液作为参比液。

（5）分光光度测量：根据试样中的锰含量，按表 5-1 选择合适的吸收皿，在波长 530 nm 处，以参比溶液调零后，测量显色溶液的吸光度。

（6）工作曲线的建立：

1）标准溶液的制备：按表 5-1 的规定，在 6 个 150 mL 锥形瓶中加入一定量的标准溶液，加入 10 mL 磷酸-高氯酸，加热蒸发至冒高氯酸烟，稍冷，加入 10 mL 硫酸，用水稀释至约 40 mL，加入 10 mL 高碘酸钠（钾）溶液，摇匀，加热至沸并保持 2~3 min（防止试液溅出），冷却至室温，移入 100 mL 容量瓶中，用不含还原物质的水稀释至刻度，混匀。

表 5-1 校准溶液的制备

锰含量（质量分数）/%	0.001~0.01	>0.01~0.1	>0.1~0.5	>0.5~4.0
锰标准溶液浓度/$\mu g \cdot mL^{-1}$	20	100	100	500
移取锰标准溶液体积/mL	0 1.00 3.00 5.00 8.00 10.00	0 0.50 1.00 2.00 3.00 5.00	0 2.00 4.00 6.00 8.00 10.00	0 2.00 2.50 3.00 3.50 4.00
吸收皿/cm	5	3	2	1

2）工作曲线的绘制：在波长 530 nm 处，以零校准溶液调零后，以此溶液作为参比，依次测量各校准溶液的吸光度，以校准溶液中锰的质量（μg）为横坐标，吸光度为纵坐标，绘制工作曲线。

5.4.4.4 试验数据处理

利用工作曲线将吸光度转换为相应试液中锰的质量，以 μg 表示。锰含量按下式计算：

$$w_{Mn} = \frac{m_1 \times V}{m \times V_1 \times 10^6} \times 100\% \tag{5-20}$$

式中，w_{Mn}为锰的质量分数，%；m_1 为从工作曲线得到的锰的质量，μg；m 为试样的质量，g；V 为试液的总体积，mL；V_1 为分取试液的体积，mL。

5.5 镍的测定

5.5.1 概述

镍具有金属光泽，质硬而有延展性，具铁磁性，有很好的耐腐蚀性。镍是钢中的重要元素之一，在钢中主要以固溶体和碳化物状态存在，起固溶强化的作用。

镍可以增强钢的硬度、弹性、延展性和抗腐蚀性，并能细化晶粒，提高淬透性，使钢具有极高的力学性能（如韧性、防腐抗酸性、高导磁性等），是奥氏体不锈钢的形成元素。当镍与铬共存时，可提高钢的热强性和耐蚀性，是热强钢和奥氏体不锈钢的主要组分。钢中镍的含量各异。普通碳素钢中的镍系由原材料带入，质量分数小于 0.2%；弹簧钢、滚珠轴承钢中镍的质量分级小于 0.5%；在不锈钢中，镍的含量可以从百分之几到百分之几十。

以镍为基体的耐蚀合金解决了一般不锈钢无法解决的工程腐蚀问题，如镍铜合金是耐氢氟酸性能最好的材料之一。此外，镍钼合金、镍铬钼合金及镍铬钼铜合金都对某些特殊介质具有独特的耐蚀性能，因此在工业生产中有重要的用途。

5.5.2 溶解和分离方法

镍在钢中主要以固溶体和碳化物形式存在，并不形成稳定的化合物，所以大多数含镍钢和合金都可以溶于酸中。

镍与盐酸或稀硫酸反应较慢，与浓硫酸共煮时会生成硫酸镍并放出三氧化硫白烟，遇浓硝酸则被钝化，但易溶于稀硝酸和王水等。镍含量低的普碳钢及低合金钢采用稀硝酸（1+3）或稀盐酸（1+1）溶解；高镍铬钢用王水溶解；镍基合金采用稀硝酸（1+1）或王水溶解；铝合金用氢氧化钠溶解后酸化；其他有色金属则可采用盐酸-过氧化氢溶解。

镍与其他元素的分离常采用沉淀分离法和萃取分离法。

5.5.2.1 沉淀分离法

在热的碱性溶液中，当有酒石酸盐（或柠檬酸盐）存在时，可利用有机试剂丁二酮肟与镍生成丁二酮肟镍红色沉淀，而与其他干扰元素分离。采用此分离方法时，Cu(Ⅱ)、Mo(Ⅵ)、As(Ⅲ)、Cr(Ⅵ) 和 V(Ⅴ) 等元素不产生干扰。其他干扰元素包括：Pb(Ⅱ)，可采用乙酸盐掩蔽；Fe(Ⅲ)、Al(Ⅲ)、Cr(Ⅲ)、Sb(Ⅲ)、Bi(Ⅲ) 等，可加入酒石酸盐或柠檬酸盐掩蔽。大量的 Fe(Ⅲ) 和 Co(Ⅱ) 可加入二羟基乙基甘氨酸络合，防止丁二酮肟-钴（铁）的生成。大量的 Mn(Ⅱ) 可用亚硫酸盐除去。大量的 Cu(Ⅱ) 对光度法测定镍有严重干扰，当铜高镍低时需将铜分离。测定铜合金中的镍时，通常采用碘化钾沉淀法或电解法分离铜。

5.5.2.2 萃取分离法

在含有酒石酸盐（或柠檬酸盐）的微氨性介质（pH=7~11）中，可使用氯仿将丁二酮肟镍萃取于有机相中，使镍与大多数干扰元素分离。

为使分析结果更精确，现多采取返萃取方法。将有机相中丁二酮肟镍络合物用稀盐酸（1+5）返萃取于水相中，加入柠檬酸盐、氧化剂（过硫酸铵），调节至碱性，再用丁二酮肟与镍络合，以光度法或丁二酮肟重量法测定镍。

5.5.3 分析方法

5.5.3.1 丁二酮肟重量法

丁二酮肟重量法是所有测定镍的方法中最重要，也是最基本的方法，被认为是标准方法。

丁二酮肟重量法的原理是丁二酮肟与镍离子会在中性或氨性介质中反应生成红色絮状沉淀，即丁二酮肟镍沉淀。于 140 ℃烘干后，镍的含量为 20.31%。此沉淀反应适宜在 pH=7.5~10.2 条件下进行，其灵敏度和选择性均很高。

在氨性溶液中，铁、锰、铬、铝等元素会与镍发生共沉淀，可以加入柠檬酸或酒石酸（酒石酸钾钠）、焦磷酸钠等掩蔽，使之生成可溶性的络合物，不影响镍的测定。铜会和镍发生共沉淀，在室温时尤为严重。为避免铜的干扰，可加入足够的过量的丁二酮肟试剂，并控制沉淀时的温度为 75~80 ℃，或预先用硫代硫酸钠掩蔽铜。大量的铜则可以先用电解法除铜后，再在氨性溶液中用丁二酮肟沉淀镍。较高含量的 Co(Ⅱ) 可用过硫酸铵或过氯化氢氧化为 Co(Ⅲ) 以消除干扰。

一般来说，1 mL 丁二酮肟（10 g/L）可沉淀 1 mg 镍。在实际操作中，加入略微过量的沉淀剂，可使反应不致可逆，并且沉淀完全。沉淀剂的用量不能过多，体积分数一般不宜超过 20%。

丁二酮肟在水中的溶解度很小，因而常配于乙醇中，而在热溶液中，如果乙醇的浓度达到 1/3，则会导致丁二酮肟镍沉淀部分被乙醇溶解，故应控制乙醇的浓度为 1/7~1/5。

丁二酮肟重量法适用于含量在 1%以上的镍的测定。

5.5.3.2 EDTA 滴定法

在 pH=3~12 条件下，镍和 EDTA 反应生成 1∶1 蓝色的络合物，可用 EDTA 标准溶液直接滴定。

5.5.3.3 丁二酮肟光度法测定钢铁中的镍含量

在碱性介质中，当有氧化剂存在时，Ni 与丁二酮肟反应会生成可溶性酒红色络合物，其颜色的深度与镍含量在一定范围内符合比耳定律。

5.5.4 分析实例

采用 Na_2EDTA 滴定法测定铝及铝合金中镍的含量，测量范围为 5.00%~25.00%（质量分数）。

5.5.4.1 方法原理

试样用盐酸溶解，用氟化钠掩蔽铝、铁等干扰元素。在弱酸性溶液中，加入过量的 Na_2EDTA 标准溶液络合试液中的镍离子，以二甲酚橙为指示剂，用锌标准溶液滴定过量的 Na_2EDTA 标准溶液，以此测定镍含量。

5.5.4.2 试剂

（1）氨水（ρ=0.90 g/mL）。

（2）盐酸（1+1）。

（3）氟化钠饱和溶液：称取 55 g 氟化钠于烧杯中，加入 1000 mL 水，加热煮沸 30 min，冷却，将上层溶液移入试剂瓶中。

（4）乙酸铵溶液（500 g/L）。

（5）锌标准溶液（c_0=0.025 mol/L）：称取 1.6348 g 锌（$w_{Zn}\geqslant$99.99%）于烧杯中，加入 30 mL 盐酸（1+1），加热溶解完全，冷却，移入 1000 mL 容量瓶中，用水稀释至刻度，混匀。

（6）乙二胺四乙酸二钠（Na_2EDTA）标准溶液（$c_1\approx$ 0.025 mol/L）。

1）配制：称取 9.3 g Na_2EDTA 于 1000 mL 烧杯中，加入 500 mL 水，加热溶解完全，冷却，过滤于 1000 mL 容量瓶中，用水稀释至刻度，混匀。

2）标定：移取体积（V_1）为 20.00 mL 的锌标准溶液于 500 mL 锥形瓶中，加入 10 mL 盐酸、50 mL 氟化钠饱和溶液、2 滴对硝基酚溶液，用氨水中和至黄色，再用盐酸调至无色，并过量 4 滴，加入 5 mL 乙酸铵溶液，加入少量二甲酚橙-氯化钠固体指示剂，用 Na_2EDTA 标准溶液滴定至红色消失、溶液呈亮黄色为终点，记录消耗的 Na_2EDTA 标准溶液的体积（V_2）。

3）计算：按下式计算 Na_2EDTA 标准溶液的浓度 c_1：

$$c_1 = \frac{c_0 V_1}{V_2} \tag{5-21}$$

式中，c_1 为 Na_2EDTA 标准溶液的浓度，mol/L；c_0 为锌标准溶液浓度，mol/L；V_1 为移取锌标准溶液的体积，mL；V_2 为滴定锌标准溶液所消耗的 Na_2EDTA 标准溶液的体积，mL。

（7）对硝基酚溶液（2 g/L）。

（8）二甲酚橙-氯化钠固体指示剂：称取 1 g 二甲酚橙和 99 g 氯化钠于玻璃研钵中，混合研细，保存于试剂瓶中。

5.5.4.3　分析步骤

（1）称取质量（m）为 0.50 g 的试样，精确至 0.0001 g。

（2）将称量的试样置于烧杯中，分次加入总量为 30 mL 的盐酸（1+1），剧烈反应停止后，加热试样至溶解完全，冷却，移入 100 mL 容量瓶中（V_1），用水稀释至刻度，混匀。

（3）移取体积（V_3）为 20.00 mL 的试液于 500 mL 锥形烧杯中，加入 15 mL 盐酸（1+1），加入 50 mL 氟化钠饱和溶液、2 滴对硝基酚溶液，用氨水中和至黄色，再用盐酸调至无色，并过量 4 滴，加入 5 mL 乙酸铵溶液，加入体积（V_4）为 25.00 mL 的 Na_2EDTA 标准溶液，加入少量二甲酚橙-氯化钠固体指示剂，用锌标准溶液滴定至红色为终点，记录消耗的锌标准溶液体积（V_5）。

（4）平行做 2 份试验，取其平均值。

5.5.4.4　试验数据处理

按下式计算试样中的镍含量：

$$w_{Ni} = \frac{(c_1 V_4 - c_0 V_5) \times 58.69 V_1}{m V_3 \times 1000} \times 100\% \tag{5-22}$$

式中，w_{Ni} 为试样中镍的质量分数，%；c_1 为 Na_2EDTA 标准溶液浓度，mol/L；V_4 为加入的 Na_2EDTA 标准溶液的体积，mL；c_0 为锌标准溶液浓度，mol/L；V_5 为滴定消耗的锌标准溶液的体积，mL；58.69 为镍的摩尔质量，g/mol；V_1 为试液总体积，mL；m 为试样质量，g；V_3 为移取试液的体积，mL。计算结果保留至小数点后两位。

5.6　铬的测定

5.6.1　概述

铬是银灰色金属，质硬而脆。纯的金属铬有延展性，具有良好的光泽和抗腐蚀性，常用于镀在其他金属的表面上。

铬是合金钢中最重要的合金元素之一，常与镍、钒、铝等元素同时加入钢中，形成各种性能的钢。铬能提高钢的机械强度，增加钢的淬透性，并有二次硬化作用，可提高高碳钢的耐磨性。当铬的含量超过 12%时，将使钢产生良好的高温抗氧化性，提高钢在氧化性介质中的耐腐蚀性，并增加钢的热强性。因此，铬是不锈耐酸钢及耐蚀钢中不可缺少的元素。

铬还与镍一起作为镍基耐蚀合金、镍基高温合金和镍铬热电偶合金等多种工业材料的主要合金元素。

5.6.2 溶解和分离方法

铬在钢中的存在形式有金属状态（存在于铁固溶体中）、碳化物、氮化物、硅化物、氧化物等。处于固溶体的铬易溶于盐酸、稀硫酸或高氯酸中；铬的碳化物或氮化物要以浓硫酸或加热至冒硫酸烟、高氯酸烟才能破坏，有时甚至需在冒硫酸烟时滴加硝酸才能破坏。

普碳钢、低合金钢和部分易溶的高合金钢，采用硫磷混合酸溶解，然后用硝酸分解氧化；难溶的高合金钢，采用王水溶解、高氯酸氧化，或用盐酸-过氧化氢溶解，高氯酸冒烟氧化；生铁、普碳钢，采用稀硝酸溶解、高氯酸分解氧化；铝合金，采用碱溶解，再酸化；其他有色金属（如铬青铜），采用盐酸-过氧化氢溶解、高氯酸氧化。

铬的分离与富集方法有沉淀法和萃取法等。

5.6.2.1 沉淀法

（1）碳酸钠能沉淀 Fe(Ⅲ)、Mn(Ⅱ)、Ni、Cu 等元素，而重铬酸盐则转化为铬酸盐保留在溶液中，与这些元素分离。

（2）Cr(Ⅲ) 可在氨水-氯化铵介质中以氢氧化物形式沉淀，而与 Ni、Co、Cu、W、Mo 等元素分离。因氢氧化铬为两性化合物，沉淀时应控制溶液的酸度。另外，虽然铬可完全沉淀，但因沉淀具有强烈的胶体性质，分离时应加入大量的铁或铝作为载体。

（3）在体积分数为 10%的稀硫酸溶液中，铬因不会被铜铁试剂沉淀而与 Fe、Ti、V、Nb、Ta、W、Th、Sn、Hf 和 Cu 等能被沉淀的元素分离，但 Be、Mn、Ni、Al 会与 Cr 一起留在溶液中。

（4）含铬试样在以碱熔融时，在氧化剂的存在下，Cr(Ⅲ) 被氧化成铬酸根，当用水浸出时（$pH>11$），Fe、Mn、Ti、Zr、Ni、Co、Mg、Cu 等会形成沉淀而与铬分离。

5.6.2.2 萃取法

（1）可采用异戊醇、氯仿、己醇或环己醇等萃取 Cr(Ⅵ) 与二苯碳酰二肼的化合物。铁和铜的干扰可用铜铁试剂络合并萃取分离，钒的干扰可在 $pH=4$ 时加入 8-羟基喹啉，然后用氯仿萃取分离。

（2）用甲基异丁基酮（MIBK）从 1~3 mol/L 的盐酸溶液中萃取 Cr(Ⅵ)。该方法中，多数元素如 V、Fe、Mn 和 Ni 等能完全与铬分离，只有较大量的 Sb、Hg、W、RE 等被共萃取。

5.6.2.3 其他方法

（1）离子交换法，如在酸性溶液中，当含铬酸根的溶液通过强碱性阴离子交换树脂时，Cr(Ⅵ) 被树脂吸附而与其他所有的阳离子分离。

（2）用 0.02~12 mol/L 的盐酸作洗提液时，Cr(Ⅲ) 因不保留在阴离子交换树脂上而与其他金属离子分离。

（3）强碱性阴离子能从 $pH=2.5\sim3$ 的醋酸盐溶液中保留 Cr、V 和 Mo，再用 8 mol/L 的盐酸将铬洗提下来，从而与其他元素分离。

（4）元素分析中，对于大量铬的干扰，可采用挥发法除去铬，即在高氯酸介质中，加热至冒烟，将铬氧化为 Cr(Ⅵ) 后，分次加入盐酸或固体氯化钠，使铬生成氯化铬酰挥发除去，但溶液中仍会有少量铬残存。

5.6.3　分析方法

5.6.3.1　氧化还原滴定法

测定铬的方法中应用最广的方法是氧化还原滴定法，其原理是先用氧化剂将 Cr(Ⅲ) 氧化为 Cr(Ⅵ)，再以还原剂将其还原滴定为 Cr(Ⅲ)，根据所消耗还原剂的量来计算铬量。常用的氧化剂有 $(NH_4)_2S_2O_8$、$HClO_4$、$KMnO_4$、PbO_2、$KClO_3$ 等。其中应用最多的是 $(NH_4)_2S_2O_8$，其次是 $HClO_4$、$KMnO_4$。常用的还原剂有亚铁溶液。可直接滴定，或加入过量的亚铁溶液再进行返滴定。指示剂为 N-苯代邻氨基苯甲酸或二苯氨磺酸钠。

A　过硫酸铵法

试样以酸溶解，经硫磷酸冒烟后，以硝酸银作为催化剂，用过硫酸铵将 Cr(Ⅲ) 氧化为 Cr(Ⅵ)，同时锰也被氧化为高锰酸而使溶液呈红色，还原高锰酸后，加入指示剂 N-苯代邻氨基苯甲酸，指示剂被 Cr(Ⅵ) 氧化而呈现红色，用硫酸亚铁铵标准溶液滴定至亮绿色。

$$Cr_2(SO_4)_3 + 3(NH_4)_2S_2O_8 + 7H_2O \rightleftharpoons H_2Cr_2O_7 + 3(NH_4)_2SO_4 + 6H_2SO_4 \tag{5-23}$$

$$2MnSO_4 + 5(NH_4)_2S_2O_8 + 8H_2O \rightleftharpoons 2HMnO_4 + 5(NH_4)_2SO_4 + 7H_2SO_4 \tag{5-24}$$

$$2H_2CrO_4 + 6(NH_4)_2Fe(SO_4)_2 + 6H_2SO_4 \rightleftharpoons Cr_2(SO_4)_3 + 3Fe_2(SO_4)_3 + 6(NH_4)_2SO_4 + 8H_2O \tag{5-25}$$

氧化时，硫酸的酸度以 1～1.25 mol/L 为最佳。过高，则会降低氧化速度，$(NH_4)_2S_2O_8$ 还会分解而使 $Cr_2O_7^{2-}$ 被还原为 $Cr_2(SO_4)_3$；过低，则高锰试样易析出二氧化锰沉淀。硝酸银的用量一般认为与铬相近，氧化剂的用量一般为 4 g 左右，至少为铬量的 100 倍。

经过硫磷酸冒烟，可破坏铬的碳化物和氮化物，磷酸的存在还可防止在煮沸时析出二氧化锰沉淀，并且当试样含钨时可使钨形成可溶性的络合物 $H_3PO_4 \cdot 12WO_3$ 而存在于溶液中，避免因钨酸析出而带出部分铬。

高锰酸会先于 Cr(Ⅵ) 被亚铁滴定而干扰铬的滴定，因而需先将高锰酸还原，可加入稀盐酸或氯化钠溶液煮沸还原，并除去银，煮沸时间不可过长，否则 Cr(Ⅵ) 也可能被还原。

$$2HMnO_4 + 14HCl \rightleftharpoons 2MnCl_2 + 5Cl_2 + 8H_2O \tag{5-26}$$

或用亚硝酸钠还原高锰酸，多余的亚硝酸钠则用尿素分解。

$$2HMnO_4 + 5NaNO_2 + 2H_2SO_4 \rightleftharpoons 2MnSO_4 + 5NaNO_3 + 3H_2O \tag{5-27}$$

$$(NH_2)_2CO + 2NaNO_2 + H_2SO_4 \rightleftharpoons CO_2\uparrow + 2N_2\uparrow + Na_2SO_4 + 3H_2O \tag{5-28}$$

B　高氯酸氧化法

试样以酸溶解后，加入高氯酸，加热至高氯酸冒烟，并将 Cr(Ⅲ) 氧化为 Cr(Ⅵ)。以 N-苯代邻氨基苯甲酸作为指示剂，用硫酸亚铁铵标准溶液滴定至亮绿色。

$$Cr_2O_3 + 2HClO_4 \rightleftharpoons 2CrO_3 + H_2O + Cl_2\uparrow + 2O_2\uparrow \tag{5-29}$$

利用高氯酸氧化法测定的铬的含量容易偏低，原因为 Cr(Ⅵ) 会呈氯化铬酰

(CrO_2Cl_2) 挥发而造成损失；Cr(Ⅵ) 经高氯酸冒烟时可能被产生的过氧化氢还原；氧化不完全。因此，氧化时的冒烟温度需严格控制，一般应加热至高氯酸于瓶壁约二分之一处回流，保持此温度 0.5~1 min。并采用含量相近的标样求滴定度。

C 高锰酸钾氧化法

试样以酸溶解后，具有强氧化能力的高锰酸钾将 Cr(Ⅲ) 氧化为 Cr(Ⅵ)，其氧化能力略弱于过硫酸铵。过量的高锰酸钾加入硫酸锰煮沸会分解为二氧化锰，加入氯化铵煮沸会还原二氧化锰。

$$5Cr_2(SO_4)_3 + 6KMnO_4 + 11H_2O \rightleftharpoons 5H_2Cr_2O_7 + 3K_2SO_4 + 6MnSO_4 + 6H_2SO_4 \tag{5-30}$$

$$2KMnO_4 + 3MnSO_4 + 2H_2SO_4 + 2H_2O \rightleftharpoons 5MnO_2\downarrow + K_2SO_4 + 4H_2SO_4 \tag{5-31}$$

$$MnO_2 + 2NH_4Cl + 2H_2SO_4 \rightleftharpoons MnSO_4 + (NH_4)_2SO_4 + Cl_2\uparrow + 2H_2O \tag{5-32}$$

在氧化过程中，高锰酸钾必须过量以保证氧化完全，但过量太多则会使还原时煮沸时间过长，使铬部分被还原而导致分析结果偏低。

5.6.3.2 光度法

铬常用高灵敏度和特效的二苯碳酰二肼光度法进行测定。此方法要比那些基于铬酸盐或重铬酸盐离子颜色的方法灵敏 100 多倍，因而特别适合于测定低含量的铬。

测定高含量的铬可用铬酸盐法或基于有色的 Cr(Ⅲ)-EDTA 络合物的方法。二苯碳酰二肼能与 Cr(Ⅵ) 在微酸性介质中反应生成紫红色络合物，其最大吸收峰在 540 nm 处。反应过程为 Cr(Ⅵ) 将二苯碳酰二肼氧化为二苯基偶氮碳酰肼，Cr(Ⅵ) 本身还原为 Cr(Ⅲ)，然后两者形成紫红色络合物。

$$2CrO_4^{2-} + 3H_2(RH) + 8H^+ \rightleftharpoons [CrR_2]^+ + Cr^{3+}_{水相} + RH + 8H_2O \tag{5-33}$$

式中，$H_2(RH)$ 表示二苯碳酰二肼；RH 表示二苯基偶氮碳酰肼。

紫红色的络合物 $[CrR_2]^+$ 能被异丙醇、戊醇等有机试剂萃取，仍有一半 Cr(Ⅲ) 留在水相中不被萃取。

由于在硝酸介质中显色反应的稳定区域很窄，所以一般采用在硫酸或高氯酸介质中显色，且盐酸不应存在。显色反应的酸度以 pH≈1 (0.05~0.1 mol/L H_2SO_4) 为最佳，反应在 1 min 内即可完成。显色酸度过低，则反应速度慢；显色酸度过高，则色泽不稳定。

二苯碳酰二肼光度法对于测定铬几乎是特效的，干扰仅仅来自含量比铬高得多的铁、钼、钒、高锰酸、钨、铜、镍及钴等。Fe(Ⅲ) 能与二苯碳酰二肼反应形成棕红色络合物而使吸光度不断上升，其干扰可用磷酸抑制，但应在 5~10 min 内读测吸光度，否则棕红色络合物的色泽会逐渐显现。当 $w_{Mo}<1\%$时，不干扰测定，大量的钼可以用草酸掩蔽。高锰酸能与二苯碳酰二肼生成棕黄色络合物，并降低铬显色的灵敏度，应用亚硝酸钠还原高锰酸后再显色。V(Ⅴ) 能与二苯碳酰二肼反应生成棕黄色络合物，但当其与铬共存时，吸光度并不因钒的存在而增高，只有当 $w_{Cr}<0.03\%$时，结果才稍有偏高。镍和钴会因本身有颜色而干扰测定，可用试剂空白做参比消除。

5.6.4 分析实例

采用过硫酸铵氧化-硫酸亚铁铵滴定法测量铝及铝合金中铬的含量，测量范围为

2.00%~23.00%。

5.6.4.1 方法原理

试样用氢氧化钠和过氧化氢溶解，用硝酸酸化。在硫酸-磷酸介质中，以硝酸银为催化剂，用过硫酸铵将 Cr(Ⅲ) 氧化为 Cr(Ⅵ)，用盐酸还原同时被氧化的 Mn(Ⅶ)，以邻苯氨基苯甲酸为指示剂，用硫酸亚铁铵标准溶液滴定，以此测定铬含量。

5.6.4.2 试剂

(1) 过氧化氢（ρ=1.10 g/mL）。

(2) 硝酸（1+1）。

(3) 氢氧化钠溶液（200 g/L），贮于聚乙烯瓶。

(4) 硫酸-磷酸混合酸：于 300 mL 水中，在不断搅拌下缓慢加入 100 mL 磷酸（ρ=1.69 g/mL）和 200 mL 硫酸（ρ=1.84 g/mL），混匀。

(5) 硝酸银溶液（10 g/L），贮于棕色瓶。

(6) 硫酸锰溶液（10 g/L）。

(7) 过硫酸铵溶液（200 g/L），用时现配。

(8) 盐酸（1+3）。

(9) 氯化钠溶液（100 g/L）。

(10) 重铬酸钾标准溶液（$c_{1/6K_2Cr_2O_7}$ = 0.1000 mol/L）：称取 4.9031 g 基准重铬酸钾（预先经过 140 ℃烘干 2 h，并在干燥器中冷却至室温），置于 300 mL 烧杯中，用水溶解。移入 1000 mL 容量瓶中，用水稀释至刻度，混匀。

(11) 硫酸亚铁铵标准溶液（c≈0.10 mol/L）：

1）配制：称取 40 g 硫酸亚铁铵［$(NH_4)_2Fe(SO_4)_2 \cdot 6H_2O$］于 500 mL 烧杯中，加入 200 mL 水，在搅拌下缓慢加入 50 mL 硫酸（ρ=1.84 g/mL）使其溶解完全，冷却至室温，移入 1000 mL 容量瓶中，用水稀释至刻度，摇匀，用时标定（在溶液中加入纯铝丝或纯铝屑，可使溶液浓度相对稳定）。

2）标定：移取 25 mL（V_1）重铬酸钾标准溶液，置于 500 mL 锥形瓶中，各加入 20 mL 硫酸-磷酸混合酸，80 mL 水，用硫酸亚铁铵标准溶液滴定溶液呈黄绿色，加 3 滴邻苯氨基苯甲酸溶液，继续滴定至溶液由紫红色变为亮绿色为终点。平行滴定 3 份，重铬酸钾标准溶液所消耗的硫酸亚铁铵标准溶液的体积的极差不超过 0.05 mL。取其平均值（V_2）。

3）计算：按下式计算硫酸亚铁铵标准溶液的浓度。

$$c = \frac{c_{1/6K_2Cr_2O_7} V_1}{V_2} \tag{5-34}$$

式中，c 为硫酸亚铁铵标准溶液的浓度，mol/L；$c_{1/6K_2Cr_2O_7}$为重铬酸钾标准溶液浓度，mol/L；V_1 为移取重铬酸钾标准溶液的体积，mL；V_2 为滴定所消耗的硫酸亚铁铵标准溶液的体积，mL。计算结果保留四位有效数字。

(12) 邻苯氨基苯甲酸溶液（2 g/L）：称取 0.2 g 邻苯氨基苯甲酸（N-苯代邻氨基苯甲酸、苯基邻氨基苯甲酸）于 300 mL 烧杯中，加入 0.2 g 无水碳酸钠，加入 20 mL 水，微热溶解，冷却，用水稀释至 100 mL，混匀。贮于滴瓶中。

5.6.4.3　分析步骤

（1）称量：当试样中铬的质量分数为2.00%~7.00%时，称取试样1.00 g（m），加入硝酸33 mL；当试样中铬的质量分数为大于7.00%~15.00%时，称取试样0.50 g（m），加入硝酸25 mL；当试样中铬的质量分数为大于15.00%~23.00%时，称取试样0.30 g（m），加入硝酸22 mL。试样称量前加工成厚度不大于1 mm的碎屑。

（2）将试样置于500 mL锥形瓶中，加入20 mL氢氧化钠溶液，待剧烈反应停止后，缓慢加热至完全溶解，滴加约1 mL过氧化氢，用少量水冲洗锥形瓶内壁，按步骤（1）要求加入硝酸，加入20 mL硫酸-磷酸混合酸，加热至盐类溶解完全。

（3）加水至200 mL，加入5 mL硝酸银溶液、0.5 mL硫酸锰溶液、20 mL过硫酸铵溶液，摇匀。加热煮沸至溶液出现稳定的紫红色后，继续煮沸5 min，取下稍冷。加入5 mL盐酸，煮沸至溶液呈紫红色后，继续煮沸8~10 min，流水冷却至室温。

（4）用硫酸亚铁铵标准溶液滴定至溶液呈淡黄绿色，加入3滴邻苯氨基苯甲酸溶液，继续滴定至溶液由紫红色变为亮绿色为终点，记录消耗的硫酸亚铁铵标准溶液的体积（V_3）。

（5）平行做2份试验，取其平均值。

5.6.4.4　试验数据处理

按下式计算试样中的铬含量：

$$w_{\mathrm{Cr}} = \frac{cV_2 \times 17.33}{m \times 1000} \times 100\% \tag{5-35}$$

式中，w_{Cr}为试样中铬的质量分数，%；c为硫酸亚铁铵标准溶液的浓度，mol/L；V_2为消耗的硫酸亚铁铵标准溶液的体积，mL；17.33为1 mol硫酸亚铁铵相当铬的质量，g/mol；m为试样的质量，g。计算结果保留至小数点后两位。

5.7　钒的测定

5.7.1　概述

钒是钢铁中的重要合金元素之一，是较强的碳化物和氮化物的形成元素，广泛应用于结构钢、弹簧钢、工具钢和高速钢。在钢中，钒能细化晶粒，有利于提高钢的低温冲击韧性；钒固溶于奥氏体中可提高钢的淬透性，但以化合物形态存在时则会降低钢的淬透性；增加钢的回火稳定性；固溶于铁素体中时有极强的固溶强化作用；提高钢的蠕变和持久强度；提高工具钢的耐磨性和使用寿命；当钒、碳的含量的比例大于5.7时，可防止或减轻介质对不锈耐酸钢的晶间腐蚀，并提高钢的高温抗氧化性能。

5.7.2　溶解和分离方法

钒在钢中主要以碳化物和固溶体形式存在。钢中碳化钒很稳定，很难溶于盐酸或硫酸中，只有在高氯酸冒烟、硫磷酸冒烟或硫酸冒烟时，滴加硝酸氧化才能完全溶解。铝合金可采用强碱溶解，再酸化。

钒的分离方法有沉淀法和萃取法。

5.7.2.1 沉淀法

将试样与碳酸钠及少量硝酸钾在铂坩埚中熔融，或用镍坩埚以过氧化氢熔融，熔块用水浸取。沉淀中含有 Fe、Cu、Ti、Ni、Co、Mn 和少量 Al。滤液中除钒外，还含有 As、Cr、P、Mo、W 及剩余的 Al 和 Mn。浸取熔块时，加入少量乙醇或过氧化氢可使 Mn(Ⅵ)、Mn(Ⅶ) 还原而全部留在沉淀中。

在含铁 2~5 mg 的溶液中，加氨水调节 pH=6~7，使铁以 $Fe(OH)_3$ 沉淀析出，定量吸附痕量的 V(Ⅴ) 而富集分离钒。在酸性溶液（pH<1）中，以大量铁作为载体，用铜铁试剂沉淀钒，可很好地从铜和铬中分离钒。除铁以外，钛和锆也一起被沉淀。

5.7.2.2 萃取法

在 pH=2.5~4.5 的弱酸性介质中，V(Ⅴ) 与 8-羟基喹啉的络合物易被氯仿萃取。此时，Fe(Ⅲ) 及部分 Al、Co、Zn、Ni、Mo(Ⅵ)、W(Ⅵ)、U(Ⅵ)、Cu(Ⅱ)、Ti(Ⅳ) 和 Bi(Ⅲ) 也被萃取。当用 pH=9.4 的碱性水溶液返萃取时，V(Ⅴ) 进入水相，而铁和其他元素则留在氯仿相中。

在 pH=2~3 的溶液中，以氯仿萃取钒与二乙基二硫代氨基甲酸钠的络合物，可以使钒与钛和铁分离。有机相中的钒可返萃取至含过氧化氢的硝酸（1+1）溶液中。

在 pH=2~4 的溶液中，以氯仿萃取钒与 α-安息香肟的络合物，可以使钒与铁及其他金属元素分离。

5.7.3 分析方法

5.7.3.1 滴定法

钒溶于硝酸或盐酸和硝酸的混合酸中时，以 V(Ⅳ) 状态存在。V(Ⅳ) 溶液通常呈蓝色，可被强氧化剂（高锰酸钾、重铬酸钾）氧化成 V(Ⅴ) 并形成钒酸。V(Ⅴ) 极易被还原，甚至在冷却的状态下 Fe(Ⅱ) 也能将其还原为 V(Ⅳ)。

滴定法就是基于钒的这个特点，在将钒氧化成 V(Ⅴ) 后，以亚铁标准溶液将 V(Ⅴ) 还原为 V(Ⅳ)，用氧化还原指示剂来确定终点。

5.7.3.2 光度法

A 钽试剂萃取光度法

钽试剂（BPHA）萃取光度法是测定钒的光度法中研究得最多、应用得最广泛的方法。在强酸性介质中，根据介质的不同，V(Ⅴ) 会与钽试剂（N-苯酰苯胲）形成不同颜色的水不溶性络合物，可以用氯仿、苯或己酸乙酯萃取，是一种灵敏、特效的测定钒的光度分析法。

在盐酸介质中萃取 V(Ⅴ) 与钽试剂的络合物，萃取液呈紫色，适宜的萃取酸度为3~6 mol/L。当在浓度较高的盐酸溶液中，V(Ⅴ) 有被还原的倾向，故在加入盐酸后应立即进行萃取。在硫酸介质中进行萃取，萃取液呈橙黄色，灵敏度比盐酸介质低，在 0.75~1.25 mol/L 的硫酸浓度范围内结果一致。也可以在硫酸-磷酸介质中进行萃取显色，两者的浓度选择均为 0.6 mol/L。

在强酸介质中，钽试剂仅与少量几种金属元素形成络合物。相当量（20~40 mg）的 Al、Co、Cr、Fe(Ⅲ)、Mn、Ni、Th、U 和 Zn 不会干扰测定，但 Mo(Ⅵ)、Ti 和 Zr 在强酸介质中会与钽试剂形成可溶于氯仿的有色（黄、红）络合物而干扰测定。

在硫酸介质中，钨、铁和钛的干扰可加入磷酸消除，磷酸含量在 5 mL 以下时不会影响测定。在盐酸介质中，采用硫酸过氧化氢溶液洗涤有机相可以降低钛的干扰。

钢铁中钒含量的测定的具体方法可参考《钢铁及合金化学分析方法　钽试剂萃取光度法测定钒含量》（GB/T 223.14—2000）。

B　二苯胺磺酸钠光度法

二苯胺磺酸钠光度法适用于碳素钢、低合金钢、硅钢和纯铁中质量分数小于 0.5%的钒的测定。试样用酸分解，高氯酸冒烟氧化后，在硫酸和磷酸介质中，V(Ⅴ）将二苯胺磺酸钠氧化成紫红色产物，在分光光度计上于波长 530 nm 处，测量其吸光度，从而计算出钒的质量分数。

Cr(Ⅵ）的干扰，大部分借助高氯酸冒烟时在高温磷酸中被还原，余量用亚砷酸钠还原至低价而消除。Mn(Ⅶ）的干扰，用亚硝酸钠还原后即可消除，过量的亚硝酸可用尿素或氨磺酸进行分解。

5.7.4 分析实例

硫酸亚铁铵滴定法测定铝及铝合金中钒的含量，测定范围为 1.00%~12.00%。

5.7.4.1 方法原理

试样经硫酸-硝酸-磷酸溶解，冒硫酸烟后，在适当的硫酸酸度下，用高锰酸钾将钒氧化至高价，在尿素的存在下，用亚硝酸钠分解过量的高锰酸钾，以 N-苯代邻氨基苯甲酸作指示剂，用硫酸亚铁铵标准溶液进行滴定，以此测定钒含量。

5.7.4.2 试剂

（1）磷酸（ρ=1.69 g/mL）。

（2）硫酸（ρ=1.84 g/mL）。

（3）硝酸（ρ=1.42 g/mL）。

（4）硫酸（1+1）。

（5）高锰酸钾溶液（25 g/L）。

（6）尿素溶液（100 g/L）。

（7）亚硝酸钠溶液（10 g/L），用时现配。

（8）钒标准溶液（c_1=0.01963 mol/L）：称取 2.2962 g 已预先在 100~105 ℃烘干 2 h 并在干燥器中冷却至室温的偏钒酸铵（$w_{NH_4VO_3}$≥99.99%）置于 400 mL 烧杯中，加入约 10 mL 水、100 mL 硫酸，加热溶解完全并微冒硫酸烟，取下冷却，加入 200 mL 水，加热溶解盐类，取下冷却至室温，移入 1000 mL 容量瓶中，用水稀释至刻度，混匀。此溶液 1 mL 含1 mg 钒。

（9）硫酸亚铁铵标准溶液（c≈0.02 mol/L）：

1）配制：称取 7.8 g 硫酸亚铁铵［$(NH_4)_2Fe(SO_4)_2 \cdot 6H_2O$］于 500 mL 烧杯中，加入 300 mL 硫酸（5+95），搅拌溶解。移入 1000 mL 容量瓶中，用硫酸（5+95）稀释至刻度，混匀。放置过夜。

2）标定：移取 15.00 mL（V_1）钒标准溶液 3 份，分别置于 300 mL 锥形瓶中（随同做空白试验），加入 5 mL 磷酸和 30 mL 硫酸，混匀。加水至 100 mL。冷却至室温。加入 5 mL 硫酸亚铁铵标准溶液，摇匀，滴加高锰酸钾溶液至出现微红色不消失，再过量 2 滴，充分混匀，放置 5 min 红色不褪去。加入 10 mL 尿素溶液，滴加亚硝酸钠溶液至红色恰好消失并过量 1 滴，充分混匀，放置 3 min。滴加 3 滴 N-苯代邻氨基苯甲酸指示剂，用硫酸亚铁铵标准溶液滴定溶液由紫红色到亮绿色，即为终点。3 份被滴定的钒标准溶液所消耗的硫酸亚铁铵标准溶液的体积的极差值不大于 0. 10 mL 时，取其平均值（V_2），否则，应重新标定。

3）计算：按下式计算硫酸亚铁铵标准溶液的浓度：

$$c = \frac{c_1 V_1}{V_2 - V_0} \tag{5-36}$$

式中，c 为硫酸亚铁铵标准溶液的浓度，mol/L；c_1 为钒标准溶液的浓度，mol/L；V_1 为移取钒标准溶液的体积，mL；V_2 为滴定钒标准溶液所消耗的硫酸亚铁铵标准溶液的体积，mL；V_0 为空白试验溶液所消耗的硫酸亚铁铵标准溶液的体积，mL。计算结果保留四位有效数字。

（10）N-苯代邻氨基苯甲酸指示剂（2 g/L）：称取 0. 2 g N-苯代邻氨基苯甲酸溶解于 100 mL 碳酸钠溶液中，混匀。

5. 7. 4. 3　分析步骤

（1）称取质量（m）为 0. 50 g 的试样，精确至 0. 0001 g。试样称量前需加工成厚度不大于 1 mm 的碎屑。

（2）随同试样做空白试验，记录消耗的硫酸亚铁铵标准溶液的体积（V_3）。

（3）将试样置于 250 mL 烧杯中，加入 5 mL 磷酸、30 mL 硫酸和 0. 5 mL 硝酸，待剧烈反应停止后，加热至试样全部溶解，蒸发至冒硫酸烟。取下，冷却至室温。移入 100 mL 容量瓶（V_4）中，用水稀释至刻度，混匀。

（4）当试样钒的质量分数为 1. 00%～6. 00%时，移取全部试液；当试样钒的质量分数为大于 6. 00%～12. 00%时，移取 50. 00 mL 试液（V_5）。将移取的试液置于 300 mL 锥形瓶中，加入适量的硫酸，加水至 100 mL，冷却至室温。

（5）加入 5 mL 硫酸亚铁铵标准溶液，摇匀，滴加高锰酸钾溶液至出现微红色不消失，再过量 2 滴，充分混匀，放置 5 min 红色不褪去。

（6）加入 10 mL 尿素溶液，滴加亚硝酸钠溶液至红色恰好消失并过量 1 滴，充分混匀，放置 3 min。

（7）滴加 3 滴 N-苯代邻氨基苯甲酸指示剂，用硫酸亚铁铵标准溶液滴定溶液由紫红色到亮绿色为终点，记录消耗的硫酸亚铁铵标准溶液的体积（V_6）。

（8）平行做 2 份试验，取其平均值。

5. 7. 4. 4　试验数据处理

按下式计算试样中的钒含量：

$$w_{\mathrm{V}} = \frac{c(V_6 - V_3)V_4 \times 50.94 \times 10^{-3}}{mV_5} \times 100\% \tag{5-37}$$

式中，w_{V} 为试样中钒的质量分数，%；c 为硫酸亚铁铵标准溶液的浓度，mol/L；V_6 为滴定试液所消耗的硫酸亚铁铵标准溶液的体积，mL；V_3 为滴定空白试验溶液所消耗的硫酸亚铁铵标准溶液的体积，mL；V_4 为试液总体积，mL；50. 94 为钒的摩尔质量，g/mol；m 为试样的质量，g；V_5 为移取试液体积，mL。计算结果保留至小数点后两位。

6 非金属元素分析

6.1 碳的测定

6.1.1 概述

碳是早为人们所熟悉的非金属元素，单质的碳为灰色固体，熔点在 3500 ℃左右，沸点为 4200 ℃。碳处于自由状态时有三种变体，即金刚石、石墨和无定形碳。碳是钢铁中的一个重要组分，钢与铁主要以碳含量的高低来区别。通常认为，钢中 $w_C = 0.02\% \sim 2.11\%$；铁中 $w_C > 2.11\%$。钢的品种也与碳含量有关，所以在钢铁生产过程中，对碳含量的控制和分析具有十分重要的意义。

钢铁中的碳以两种形式存在：一类是碳化合物，称为化合碳；另一类为无定形碳、退火碳、结晶形碳和石墨碳，统称为非化合碳。化合碳与非化合碳的总和，称为总碳。除非特别注明，平时所测的碳含量均为总碳含量。钢中的碳主要以化合碳 Fe_3C 状态以及合金元素的碳化物 MnC、Cr_3C_2、MoC、WC、VC 等形式存在。

碳对钢铁的性能起到决定性的作用。当钢中的碳含量增加时，其强度和硬度随之增加，但钢的塑性和延展性下降，使钢变脆且难以加工。随着碳含量的减少，钢的韧性得到增强。所以，不锈钢的碳含量一般都很低。钢中碳含量的高低直接决定了钢的热处理工艺和焊接条件，从而可以改善钢的机械性能。碳对生铁性能的影响，主要是由碳的存在形态来决定的。炼钢生铁中的碳大多以化合碳 Fe_3C 状态存在，此类生铁质硬而脆，断面呈灰白色，故称白口铁。铸造生铁中的碳大多以游离态的石墨状态存在，具有良好的铸造性能，质软且易于切削加工，断面呈灰色，故称灰口铁。如果将熔化后的铸铁用镁和稀土进行处理，则其中的片状石墨即转化为球状石墨，称为球墨铸铁。

6.1.2 分析方法

目前，测定碳的方法有很多，现将常用的几种方法介绍如下。

6.1.2.1 *碱石棉重量法*

碱石棉重量法是测定碳的最古老而精确的方法，常被用作仲裁分析，曾被国内外广泛用作标准样品研制中碳的定值方法，但该法操作复杂且较难掌握，现已较少应用。

碱石棉重量法特别适用于常量碳的分析，将试样置于高温炉中通氧燃烧，调节好氧气流速（1500 mL/min），待试样燃烧完全，减速通氧 600～1000 mL/min，吸收 5 min，以确保二氧化碳的完全吸收。碳氧化成二氧化碳，以已知质量的内装碱石棉的吸收瓶吸收二氧化碳并进行称量。由吸收瓶的增量，计算试样中碳的含量。

为获得准确的分析结果，燃烧后的混合气体需通过装有脱脂棉的除尘管，以除去氧化物及其他粉尘；通过装有重铬酸钾-硫酸饱和溶液的洗瓶和装有无水高氯酸镁的干燥塔，以除去三氧化硫、二氧化硫以及水分等干扰组分。

6.1.2.2 气体容量法

气体容量法又称气体容积法。该法为中小型工厂日常分析钢铁和铸铁中的碳最常用的方法，分析结果为碳的绝对值，有较高的准确度，是钢铁中测定碳的国家标准方法，但对于低碳的测定误差较大。

气体容量法是将试样置于高温炉中通氧燃烧，使碳氧化成二氧化碳。混合气体经除硫管除硫后，收集于量气管，然后以氢氧化钾溶液吸收其中的二氧化碳，吸收前后的体积之差为二氧化碳的体积，由此可计算碳的含量。

6.1.2.3 电导分析法

电导分析法是以测量溶液中的电导值为基础的定量分析方法。

电导分析法原理是将钢铁样品在高温炉中通氧燃烧，样品中的碳生成二氧化碳，通入盛有氢氧化钠溶液的电导池，发生 $CO_2 + 2OH^- \rightleftharpoons CO_3^{2-} + H_2O$ 的反应。由于 OH^- 的摩尔电导率比 CO_3^{2-} 的大，所以上述反应的结果将使溶液的电导率发生变化。而电导池中电导率的变化与二氧化碳含量的变化呈函数关系，据此可求得二氧化碳的含量，从而计算出碳的含量。

在电导分析法中，电导池中的吸收液也可以采用氢氧化钡，由于通入二氧化碳后生成 $BaCO_3$ 沉淀，使溶液的电导率下降，即电导池中电导率的变化与二氧化碳的含量呈函数关系，据此可求出碳的含量。

在实际工作中，也可以标准样品测出电导值，作出电导值对碳含量的工作曲线，然后通过测量试样的电导值，从工作曲线中查出试样的含碳量。

氢氧化钠吸收液具有吸收能力强、没有沉淀产生等优点，但灵敏度较差，一般用于高碳的测定。氢氧化钡吸收液具有较高的灵敏度，但吸收能力差，因此只适用于低碳的测定。另外，由于产生的碳酸钡沉淀容易污染电极与吸收杯，会给测定带来不便，故目前此方法采用得不多。

6.1.2.4 红外线吸收法

根据压力固定的气体，其吸收红外线的能力与气体的浓度成正比的原理，通过测出二氧化碳气体进入红外吸收器后能量的变化值，即可计算出含碳量。这类仪器的自动化程度高，测量超低碳时的灵敏度高，得到了越来越广泛的应用。

红外碳硫仪一般由高频熔样炉、除尘器、干燥器、流量控制阀、二氧化硫检测器、二氧化碳检测器等构成。

试样放入经预先灼烧的陶瓷坩埚中进行称量，并加入一定量的助熔剂，然后放到高频炉中通氧燃烧，高频炉可产生 13.6 MHz 的感应电流，其温度可以达到 1900 ℃，此时试样一般都能完全熔融，并有二氧化碳和二氧化硫等其他气体生成。混合气体用氧气作为载气进入除尘器除去粉尘，经过内装高氯酸镁的干燥器对气体进行干燥，除去水分。而后混合气体先后进入硫和碳的红外检测器进行检测，在计算机上显示碳硫的结果。

6.1.3 添加剂的使用

采用燃烧法测定碳和硫时，常会使用各种添加剂。不同的燃烧系统，所用的添加剂也有所不同。例如，高频炉常用钨粒和钨锡粒；电弧炉常用铁粉、硅铝粉；管式炉多用锡粒、V_2O_5 等。由于添加剂的组成不同、性质不同，所以在燃烧过程中所起的作用也不同。

6.1.3.1 添加剂的作用

(1) 助熔作用。铁的熔点为 1535 ℃，在 1250 ℃的温度下难以熔化，虽然铁中含有一些其他元素，使其凝固点有所下降，但不能使铁熔化成液体，CO_2 和 SO_2 不能在固相中逸出，只能在液相中释放，而在添加助熔剂后则能降低其熔点。

(2) 发热作用。添加剂在氧气流中燃烧，能放出大量的热，从而可以提高炉温，使高熔点的金属也能熔化。

(3) 调节介质的酸碱性。选取适量的偏酸性的添加剂加入燃烧体系，可以使介质变成中性或弱酸性，有利于 CO_2 和 SO_2 的释放。

(4) 搅拌作用。有些添加剂受热后会有气体物质生成，当气体逸出时，能对该燃烧体系起到良好的搅拌作用。

(5) 催化作用。有些添加剂，如 CuO，在燃烧过程中，碳和硫都能夺取氧化铜中的氧生成 CO_2 和 SO_2，然后氧再与铜生成 CuO，起到催化加速作用。

(6) 稳燃作用。燃烧时加一些适当的添加剂，特别是粉状和小颗粒状的添加剂，能帮助试样稳定燃烧，以免飞溅。

(7) 抗干扰作用。燃烧生成的 Fe_2O_3、SnO_2 等粉尘，对 SO_2 有吸附作用，会导致测试结果偏低，如加入有关的添加剂，则可阻止吸附，消除干扰。

6.1.3.2 对添加剂的要求

添加剂作为化学制品，有规格要求。常量碳、硫的测定，要用分析纯试剂；低含量的测定，有时用光谱纯或电子纯试剂，要求杂质要少，碳、硫含量要低。另外，还需注意添加剂的几何形状、粒度、孔隙度等。如钨系助熔剂，粒度为 0.84~0.42 mm，孔隙度为 15%左右时，透气性好，反应快，有利于氧化燃烧。表 6-1 所示为化学试剂的纯度等级。

表 6-1 化学试剂的纯度等级

纯度等级	优级纯	分析纯	化学纯	实验试剂
英文代号	G. R. Guarantee Reagent	A. R. Analytical Reagent	C. P. Chemical Pure	L. R. Laboratory Reagent
瓶签颜色	绿色	红色	蓝色	黄色
适用范围	用作基准物质，主要用于精密的科学研究和分析实验	用于一般的科学研究和分析实验	用于要求不高的无机和有机化学实验，或要求不高的分析实验	用于一般的实验和要求不高的科学实验

6.1.4 定碳仪

6.1.4.1 基本原理

试样在高温（1200~1350 ℃）的氧气流中燃烧，其中的碳被氧化成二氧化碳并收集于量气管内，然后将混有二氧化碳的混合气体经氢氧化钾溶液（400 g/L）吸收，根据吸收前后气体体积之差，通过换算确定试样的碳含量。其反应如下：

$$C + O_2 \rightleftharpoons CO_2 \tag{6-1}$$

$$4Fe_3C + 13O_2 \rightleftharpoons 4CO_2 + 6Fe_2O_3 \tag{6-2}$$

$$4Cr_3C_2 + 17O_2 \rightleftharpoons 8CO_2 + 6Cr_2O_3 \tag{6-3}$$

试样在高温燃烧时，其中的硫也被氧化，生成的二氧化硫也会被氢氧化钾溶液吸收而影响碳的测定结果，因此必须在吸收前除去。

$$4FeS + 7O_2 \rightleftharpoons 2Fe_2O_3 + 4SO_2 \tag{6-4}$$

除硫用活性二氧化锰：

$$MnO_2 + SO_2 \rightleftharpoons MnSO_4 \tag{6-5}$$

燃烧生成的二氧化碳用专门设计的仪器——气体容量法定碳仪测定。

6.1.4.2　仪器装置

A　氧气源及燃烧炉

氧气源由氧气钢瓶、减压阀、浮标式气体流量计、洗气瓶、干燥塔（上装碱石灰，下装无水氯化钙）组成，燃烧炉包括管状炉、硅碳棒、控温装置、瓷管。工作温度能达到 1350 ℃。

B　测量部分

定碳仪测量部分包括除尘管、除硫管、冷却管、四通活塞、量气管、温度计、二氧化碳吸收器、水准瓶等，如图 6-1 所示。

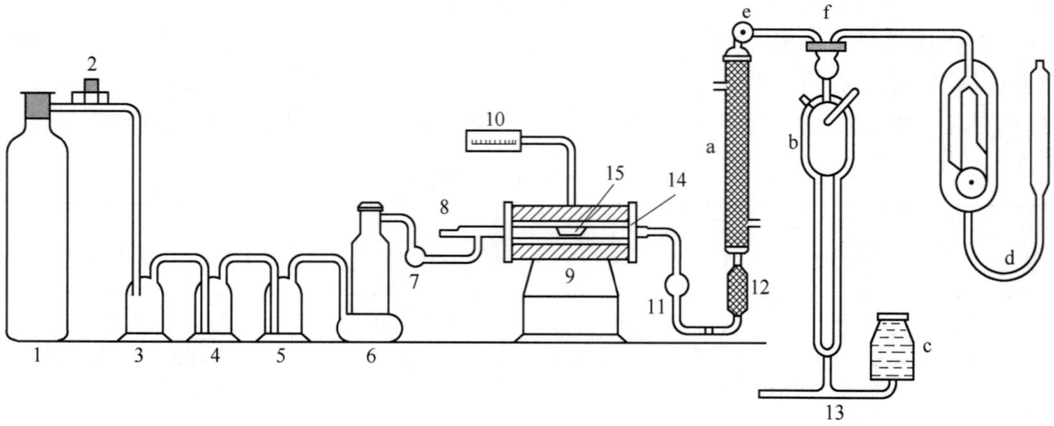

图 6-1　气体容量法定碳装置图

1—氧气瓶；2—分压表（带流量计和缓冲阀）；3—缓冲瓶；4—洗气瓶Ⅰ；5—洗气瓶Ⅱ；6—干燥塔；7—供氧活塞；8—玻璃磨口塞；9—管式炉；10—温度控制器（或调压器）；11—球形干燥管；12—除硫管；13—容量定碳仪（包括蛇形管 a、量气管 b、水准瓶 c、吸收器 d、小活塞 e、三通活塞 f）；14—瓷管；15—瓷舟

C　图中表示的装置及说明

（1）玻璃气瓶：共 3 个。其中，缓冲瓶为空瓶；洗气瓶Ⅰ内装高锰酸钾-氢氧化钾洗液（称取 30 g 氢氧化钾溶于 70 mL 高锰酸钾饱和溶液中，作用是除去氧气中的有机物及残余的二氧化碳），装入量约占瓶高度的三分之一；洗气瓶Ⅱ内盛有硫酸（ρ = 1.84 g/mL，作用是除去水分），装入量约占瓶高度的三分之一。

（2）干燥塔：上层装无水氯化钙，中间隔以玻璃棉，底部及顶端也铺以玻璃棉。

（3）管式炉：附热电偶与温度自动控制器。

（4）球形干燥管：内装干燥玻璃棉（滤掉烟气中的灰尘和水汽）。

（5）除硫管：直径为 10~15 mm，长约 100 mm 的玻璃管。内装 4 g 颗粒状活性二氧化锰（或粒状钒酸银），两端有脱脂棉，除硫剂失效时应重新更换。

（6）瓷管：长约 600 mm，内径为 23 mm（也可采用相近规格的瓷管），使用时应先检查是否漏气，然后分段灼烧。瓷管两端露出炉外部分的长度不小于 175 mm，以便燃烧时管端仍是冷却的。粗口端连接玻璃磨塞，锥形口端用橡皮管连接于球形干燥管（或者瓷管两端分别用耐热硅橡胶塞子连接）。

（7）瓷舟：长 88 mm 或 97 mm，使用前须在 1200 ℃管式炉中通氧灼烧 2~4 min，也可以于 1100 ℃以上的高温炉中灼烧 1 h 以上。冷却后贮于盛有碱石灰及无水氯化钙的未涂油脂的干燥器中备用。

（8）长钩：用低碳镍铬丝、耐热合金丝制成，用以推、拉瓷舟。

（9）量气管刻度标尺：气体容量法所用的量气管上的刻度标尺是根据单位二氧化碳体积碳含量来进行刻度的，通常是在气压为 101.325 kPa（760 mm 汞柱）和温度为 16 ℃情况下刻制的，此时量气管刻度每 1 mL 相当于每 1 g 试样中碳的质量分数为 0.05%。

（10）压力、温度补正系数：在实际分析中，压力和温度是经常变化的，所以在量气管上的读数还需要校正。所谓压力、温度补正系数 f，是在任一压力 p 和温度 T 的状态下，单位体积的二氧化碳相当于在 101.325 kPa，16 ℃条件下，二氧化碳体积的数值。当采用不同的封闭液时，其值不同，详见《钢铁及合金　碳含量的测定　管式炉内燃烧后气体容量法》（GB/T 223.69—2008）。

6.1.4.3　气体容量法的影响因素及操作注意事项

在采用气体容量法测定试样中碳的含量时，必须把握燃烧和测定两个阶段仪器操作的影响因素。

（1）燃烧过程中氧气的供给。燃烧法的关键条件是燃烧过程中氧气的供给，对于钢铁试样而言，燃烧反应的主要反应物只有铁和氧，试样在开始燃烧时，反应非常激烈，耗氧量大，要想取得理想的燃烧效果，必须采用较大的氧气流量；但是在碳的测定阶段，大的氧气流量虽然对试样的燃烧有利，但不利于把瓷管内的二氧化碳全部赶到量气管中，从而会给后面的测量带来困难。

如果采用“先大氧，后控气”的供氧方式，则可以较好地解决这一矛盾。“先大氧”，指试样经预热后，进入瓷管的氧气流量要大（一般应大于 1 L/min）；“后控气”，指燃烧反应快结束时，要对进入测量系统的混合气体的流量加以控制，通过控制氧气的流量来保证把瓷管中燃烧生成的二氧化碳全部赶到量气管中（一般应小于 400 mL/min）。

（2）温度的影响。吸收器、水准瓶内的溶液和混合气体，三者的温度应基本相同。否则会产生温差，而气体的体积变化对于温度非常敏感，会给测量带来较大的误差——正或负空白（0.1 ℃的温差将影响 0.01%的碳的质量分数）。

产生温差的原因：定碳仪安放地点及位置不当，环境温度不一致；混合气体没有得到充分的冷却而产生温差；在大批试样连续分析时，由于量气管冷却水套里的水量有限，致使量气管的温度不断上升，而吸收器中由于吸收液的量大，热容量也较大，温度的升高要比量气管慢得多，从而产生了温差。

减少温差对测定的影响的措施：应适当选择定碳仪的安放地点和位置，使定碳仪远离高温炉（至少大于 0.5 m），避免阳光的直接照射和其他形式的热辐射，并尽可能改善定碳室的通风条件等；必须注意对混合气体的冷却，冷凝管最好通回流冷却水，这在夏天操作时尤为必要；在测定前应通氧气重复数次直至空白值稳定，方可进行试样分析；由于室温变化会引起分析过程中冷凝管中水温的变动，因此分析过程中需经常测量空白，并在结果中扣除。

（3）助熔剂中的碳含量应不超过 0.05%。每批助熔剂在使用前均应做空白试验，若发现空白过高，则应进行处理或丢弃；在每次分析试样前均应做空白试验，并且在最后的分析结果中扣除。国家标准选用的添加剂：生铁、碳钢和低合金钢一般用 Sn、Cu、CuO；高合金用 Sn+ Fe(1+1)、CuO +Fe(1+1)、V_2O_5+Fe(1+1)。

（4）每次分析前必须对系统进行检漏，尤其是四通活塞及量气管与吸收器中间各接头处。

（5）量气管必须保持清洁，当有水滴附着在量气管的内壁上时，需用重铬酸钾洗液洗涤。

（6）燃烧炉的温度调节。生铁、碳钢和低合金钢一般需要炉温保持在 1200~1250 ℃；但对于高铬镍钢及难熔合金，除选用合适的助熔剂外，还应相应地提高炉温至 1350 ℃。

（7）在更换水准瓶所盛溶液、玻璃棉、除硫剂、氢氧化钾溶液后，均应做几次高碳的试样，使该部分二氧化碳能够吸附饱和，方能进行试样的测定。

（8）分析用的瓷舟因产地的不同，均会含有一定量的碳，因此使用前应在 1100 ℃以上的高温进行灼烧预处理。处理后的瓷舟应保存在无油的干燥器中。当然，瓷舟在使用时应尽量避免用手接触，特别是低碳试样。

（9）试样必须不含有机物，如果试样沾污，则必须用合适的有机溶剂，如无水乙醇、丙酮或苯进行清洗，在称量时要特别注意不能用手接触。

（10）吸收器中的氢氧化钾吸收液不能无限制地使用，据计算，800 mL 的氢氧化钾溶液（400 g/L）可吸收碳含量在 0.5%左右的试样约 6000 个。一般为保证吸收完全，使用钢样 5000 个或生铁试样 1500 个后应及时更换；发现混浊时也应立即更换或进行过滤处理。

（11）如分析硫含量较高的试样（0.2%以上），建议增加除硫剂的用量，或多增加一个除硫管。

（12）测定高碳试样后，应空通氧气测定一次，才能接着做低碳试样的分析。

（13）瓷管两端所用的橡皮塞，宜采用耐热的硅橡胶，以免橡皮塞因受热产生有机物，燃烧后生成二氧化碳，对试样的测定产生影响。

（14）试样分析前和分析过程中，应燃烧尽可能同类型的标准样品，以确定分析过程中仪器及操作的可靠性。

6.1.5　分析实例

管式炉内燃烧后采用气体容量法测定钢铁及合金中碳的含量时，测定范围为钢铁中的碳含量在 0.10%~2.00%（质量分数），减少称量时可以测到 4%左右。

6.1.5.1 方法原理

试样与助熔剂在高温（1200~1350 ℃）的管式炉内通氧燃烧，碳被完全氧化成二氧化碳。混合气体在用除硫剂（粒状的活性二氧化锰（或钒酸银））除去二氧化硫后进入有酸性或中性封闭液的量气管，然后以氢氧化钾溶液吸收二氧化碳，再测量剩余气体的体积。吸收前后的气体的体积之差即为二氧化碳的体积，通过仪器上的刻度读出相应的二氧化碳的质量分数。

气体容量法使用一种专门设计的仪器来测定试样中的碳含量。这种仪器实际上测得的是二氧化碳的体积，为了使用方便，在仪器制作时已经将二氧化碳的体积换算成碳的质量分数，再根据封闭液的种类以及分析时的温度和大气压查出相应的校正系数 f，计算出实际的碳含量。

6.1.5.2 试剂和材料

（1）助熔剂：锡粒、铜、氧化铜、五氧化二钒、纯铁等。各助熔剂的碳含量一般均小于 0.005%，在使用前应做空白试验，并在最后的结果中扣除。

（2）氧气：普通氧，纯度不低于 99.5%（质量分数）。如所用的氧气中含有有机杂质，则必须在氧气净化装置之前增加一个温度加热至 450 ℃以上的氧化催化剂（CuO 或 Pt）管予以处理。

（3）除硫剂：粒状的活性二氧化锰或钒酸银。

（4）封闭液：

1）硫酸封闭液，1000 mL 水中加入 1 mL 硫酸（ρ=1.84 g/mL），滴加数滴甲基橙溶液（1 g/L）至溶液呈稳定的浅红色。

2）氯化钠封闭液，26 g 氯化钠溶于 74 mL 水中，滴加数滴甲基橙溶液（1 g/L），滴加硫酸（1+2）至溶液呈稳定的浅红色。

（5）高锰酸钾-氢氧化钾溶液：30 g 氢氧化钾溶于 70 mL 高锰酸钾饱和溶液中。

（6）玻璃棉。

（7）吸收液：氢氧化钾溶液（400 g/L）。

6.1.5.3 分析步骤

（1）装上合适的瓷管，接通电源，升温。一般来说，碳钢、铁以及低合金钢试样应控制温度在 1200~1250 ℃，而高合金钢、高温合金和铁合金则应控制温度至少在 1350 ℃左右。

（2）操作前应先进行气密性检查：通氧气，检查整个装置的管路和活塞是否漏气。通过调节保持仪器装置在正常的工作状态。

在更换水准瓶内的封闭液、玻璃棉、除硫剂和高锰酸钾-氢氧化钾溶液后，均应先燃烧几次高碳试样，使整个管路中的二氧化碳达到吸附饱和后才能开始工作。

（3）空白试验：开始分析前一般应先燃烧几个废样，使吸收瓶、水准瓶内的封闭液与待测气体的温度基本一致。取空瓷舟，加入与试样测量时一样量的助熔剂，按试样操作步骤进行操作，直至得到稳定的空白试验值。

（4）试样测量：视碳含量的高低称取一定量的试样置于瓷舟中，再取适量的助熔剂尽可能地覆盖整个试样。

（5）称量：w_C = 0.10% ~ 0.50% 时，称取（2.00 ± 0.01）g，准确至 5 mg；w_C =

0. 50%~1. 00%时，称取（1. 00±0. 01）g，准确至 1 mg；w_C = 1. 00% ~ 2. 00%时，称取（0. 50±0. 01）g，准确至 0. 1 mg。

（6）助熔剂的选择：铁、碳钢、低合金钢用 0. 25 ~ 0. 5 g 锡粒、铜或氧化铜；高合金钢、高温合金和铁合金用 0. 25 ~ 0. 5 g 锡粒+铁粉（1+1）、氧化铜+铁粉（1+1）或五氧化二钒+铁粉（1+1）。

（7）启开橡皮塞，将装好试样和助熔剂的瓷舟放入瓷管内，用长钩推至瓷管的高温区的中部，立即塞紧塞子，预热 45 s ~ 1 min，通氧燃烧，按照定碳仪的操作规程进行操作，记录读数（二氧化碳的体积或含量），并从读数中扣除空白试验值。

（8）提高水准瓶使量气管中的气体被压至吸收器中吸收，待量气管充满封闭液后，放下水准瓶直至吸收液面超过下面连接吸收管的磨口，再提高水准瓶进行吸收，如此重复吸收 3 次，然后提起水准瓶使水准瓶的液面与量气管中的液面在同一水平线上，读取量气管的刻度值，即二氧化碳的体积。

（9）关闭氧源，启开橡皮塞，用长钩将瓷舟拉出，检查试样是否燃烧完全，如熔渣不平或熔渣断面有气孔，则表明试样的燃烧不完全，需重新测定。

6. 1. 5. 4　分析结果及其计算

当标尺的读数为体积（mL）时，以质量分数表示的碳的含量由下式计算：

$$w_C = \frac{A\Delta Vf}{m} \times 100\% \tag{6-6}$$

式中，A 为当温度为 16 ℃，气压为 101. 3 kPa 时，封闭液液面上每毫升二氧化碳中所含的碳的质量，g。用硫酸封闭液做封闭时，A 的值为 0. 0005000 g；用氯化钠封闭液做封闭时，A 的值为 0. 0005022 g。ΔV 为吸收前与吸收后气体的体积差，即二氧化碳的体积，mL。f 为温度、气压校正系数，采用不同的封闭液时其值不同，详见《钢铁及合金　碳含量的测定　管式炉内燃烧后气体容量法》（GB/T 223. 69—2008）。m 为试样的称样量，g。

当标尺的刻度是碳的质量分数时，以质量分数表示的碳含量的计算公式为：

$$w_C = \frac{AXkf}{m} \times 100\% \tag{6-7}$$

式中，X 为标尺读数，碳的质量分数。k 为单位标尺读数（碳的质量分数）换算成二氧化碳体积（mL）的系数，通常为 20。A 为当温度为 16 ℃，气压为 101. 3 kPa 时，封闭液液面上每毫升二氧化碳中所含的碳的质量，g。用硫酸封闭液做封闭时，A 的值为 0. 0005000 g；用氯化钠封闭液做封闭时，A 的值为 0. 0005022 g。f 为温度、气压校正系数，采用不同的封闭液时其值不同，详见《钢铁及合金　碳含量的测定　管式炉内燃烧后气体容量法》（GB/T 223. 69—2008）。m 为试样的称样量，g。

6. 2　硫 的 测 定

6. 2. 1　概述

硫是一种非金属元素，俗称硫黄，在地壳中的原子百分含量为 0. 03%，是一种分布较广的元素。它在自然界中以单质硫和化合态硫两种形态出现，但游离态的单质硫较为常见。纯单质硫是黄色晶状固体，密度约为水的2倍，熔点为119 ℃，沸点为444.5 ℃。

硫可夺取吸引电负性较弱元素的电子而形成负二价的化合物，例如H_2S。但在多数情况下，硫的正氧化态较为常见，形成正四价或正六价的化合物（如SO_2、SO_3、SO_4^{2-}等）。通常利用硫的此种特性，将其转化为相应的化合物来进行硫的测定。

硫在钢中是有害元素，当硫的含量超过规定范围时，需要降低硫的含量，生产中称为脱硫。硫在钢中的固溶量极小，但能形成多种硫化物，如FeS、MnS、VS、ZrS、TiS、CrS、NbS等。当钢中有大量锰存在时，硫主要以MnS状态存在，其次以FeS状态存在，因而在炼钢过程中常常加入锰铁脱硫，使其进入炉渣中。

硫会使钢铁产生“热脆”，即在热变形时，工件会产生裂缝，危害甚大。硫会降低钢的力学性能，特别是使其疲劳极限、塑性和耐磨性显著下降，影响钢件的使用寿命。当硫的含量较高时，会引起钢铁焊接困难和耐腐蚀性下降等不良影响。但一定量的硫能改善钢的加工性能，易切削钢中硫的含量可达0.2%以上。普通钢中硫的含量（质量分数）一般不超过0.05%；优质钢、工具钢不超过0.045%、0.03%；高级优质钢不超过0.020%；生铁中硫的含量较高，达0.35%；球墨铸铁中一般不超过0.025%。

硫在铜中以Cu-Cu_2S共晶体形式存在，共晶温度为1067 ℃，Cu_2S是脆性相，在冷加工时会使铜材产生“冷脆”，即使铜材在冷加工时塑性降低。当硫的含量超过一定值时，会使铜线的延伸率明显下降，前期铸造过程中铸杆易断，严重时铸杆将难以牵引出来。硫在铜中的最大允许含量为0.005%~0.01%。

6.2.2 分析方法

6.2.2.1 硫酸钡重量法

试样中的硫经酸分解氧化后，转变为硫酸盐，然后在盐酸介质中加入氯化钡，生成硫酸钡沉淀，称为硫酸钡重量法。该法是国内外广为采用的标准分析方法，具有较高的准确度，经常用于硫的准确测定以及仲裁分析中。此法用于钢铁分析时，因钢铁中的元素与硫酸形成的硫酸盐有许多是微溶或难溶的，故共沉淀现象严重，干扰的金属离子多，需要采用合适的方法消除干扰离子。通过提高沉淀时盐酸的浓度来减少共沉淀的影响，大都在约3 mol/L的盐酸介质中进行沉淀。但酸度提高后，会不利于硫酸钡的完全沉淀，适宜的沉淀酸度约为0.2 mol/L。用锌粒、铝片或盐酸羟胺先将铁还原为二价，来减少铁的共沉淀，也可在还原后再加入EDTA作为掩蔽剂，效果会更好。用活性氧化铝色层柱吸附硫酸根，使绝大多数干扰离子得到分离，然后用氨水洗脱色层柱上的硫酸根来进行硫的测定。

进行准确定量时，需要用校正曲线来校正结果。移取数份硫标准溶液，每点取2份，相当于将7~40 mg硫酸钡，置于100 mL烧杯中，按分析步骤进行测定。将加入的硫量（相当于硫酸钡的质量，即理论值，g）为横坐标，以测得的硫酸钡的质量（g）减去理论值所得差的平均值（校正值，g）为纵坐标，绘制曲线。

在一般情况下，如果硫酸钡沉淀量（包括硫标准溶液中的硫）控制在7~40 mg，则其测得的硫酸钡与理论值的相对误差不超过1%，可考虑不必进行校正。

6.2.2.2 燃烧碘量法

试样置于高温炉中通氧气燃烧，使硫氧化成为SO_2，燃烧后的混合气体经除尘管除去各类粉尘，用含有淀粉的水溶液吸收，生成亚硫酸，用碘或碘酸钾标准溶液滴定。过量的碘被淀粉吸附生成蓝色的吸附络合物，即为终点。

采用燃烧碘量法测定硫的含量时会受炉温、助熔剂及仪器设备等各方面因素的影响，硫的转化率往往只是在某一特定条件下的一定的回收率，所以不能直接用理论值计算，只能用与组分相当的标准试样来标定标准溶液，从而求得结果。

燃烧碘量法是目前测定钢铁中的硫应用得最广的分析方法。仪器简单、操作简便、测定速度快、适用范围广，准确度也能满足要求，非常适合于中小型企业，同时也被用作测定硫的国家标准方法。

6.2.2.3 电导法

将试样中的硫经燃烧后生成的 SO_2，导入特定的电导池中，以含有氧化剂（氧化剂以过氧化氢为好）的水溶液进行吸收：

$$SO_2 + H_2O \rightleftharpoons H_2SO_3 \tag{6-8}$$

$$H_2O_2 + H_2SO_3 \rightleftharpoons H_2SO_4 + H_2O \tag{6-9}$$

产生的硫酸使溶液中的氢离子浓度增加，电导率增大，吸收前后电导值的变化与硫的含量成正比，因此通过测定电导值即可计算出硫的含量。

电导法适合测量微量的硫，方法快速，但需使用专用的电导仪，要求采用高质量的蒸馏水。

6.2.2.4 红外线吸收法

SO_2 同 CO_2 一样都能有选择地吸收红外线，利用这一原理制成的红外碳硫仪的自动化程度高，分析速度快，精度有保证，在许多实验室中广泛使用。

国内外的红外碳硫仪器都是同时测定碳和硫的，但是由于 SO_2 对红外线的吸收不及 CO_2 灵敏，加之金属中硫的含量一般都较低，所以对硫的分析的准确度不如碳高。

6.2.2.5 还原蒸馏次甲基蓝光度法

还原蒸馏次甲基蓝光度法目前为测定硫的国家标准方法之一，试样经酸溶解后，还原蒸馏，硫化氢用乙酸锌溶液吸收，然后用 N-N-二甲基对苯二胺溶液和三氯化铁溶液生成次甲基蓝。

最大吸收峰在 667 nm 波长处，0~45 μg 硫/50 mL 符合比耳定律。室温下 15 min 可显色完全，可以稳定 9 h 以上。该法的灵敏度高，干扰元素仅有硒（Se）、碲（Te）。

6.2.3 分析实例

管式炉内燃烧后采用碘酸钾滴定法测定钢铁、高温合金和精密合金中硫的含量时，测定范围为 0.0030%~0.20%。

6.2.3.1 方法原理

试样与定量的助熔剂在 1250 ℃以上的高温管式炉中通氧气燃烧，硫被氧化成二氧化硫气体，用酸性淀粉溶液吸收并以碘酸钾标准溶液进行滴定。根据碘酸钾的耗用量来计算硫的含量。

6.2.3.2 试剂

（1）氧气：普通氧，纯度不低于 99.5%。如所用的氧气中含有有机杂质，则必须在氧气净化装置之前增加一个温度加热至 450 ℃以上的装有氧化性催化剂（氧化铜或铂）的管予以处理。

(2) 无水氯化钙(固体)。

(3) 碘化钾(固体)。

(4) 碱石棉。

(5) 硫酸(ρ=1.84 g/mL)。

(6) 盐酸(ρ=1.19 g/mL)。

(7) 玻璃棉。

(8) 助熔剂:铁粉、五氧化二钒等。

(9) 淀粉吸收液:称取10 g水溶性淀粉,用少量水调成糊状,加入500 mL沸水,搅拌加热煮沸后取下,稍冷后,加入少量碘化钾固体、500 mL水和2滴盐酸(ρ =1.19 g/mL)。使用时取25 mL上层澄清液,加入15 mL盐酸(ρ =1.19 g/mL),用水稀释到1 L,并加入少许碘酸钾溶液,使吸收液呈浅蓝色,保存。

(10) 碘酸钾标准溶液($c_{1/6\ KIO_3}$=0.01 mol/L):称取0.3560 g(准确至0.1 mg)碘酸钾(基准试剂)溶解于水中,加入1 mL氢氧化钾溶液(100 g/L),移入1000 mL容量瓶中,用水稀至刻度,摇匀。

(11) 碘酸钾标准溶液($c_{1/6\ KIO_3}$ = 0.001 mol/L):移取100 mL碘酸钾标准溶液($c_{1/6\ KIO_3}$=0.01 mol/L)于1000 mL容量瓶中,加入1 g碘化钾固体,并摇匀溶解,稀释至刻度。此标准溶液适用于常规含量硫的滴定。

(12) 碘酸钾标准溶液($c_{1/6\ KIO_3}$ = 0.00025 mol/L):移取25 mL碘酸钾标准溶液($c_{1/6\ KIO_3}$=0.01 mol/L)于1000 mL容量瓶中,加入1 g碘化钾固体,并摇匀溶解,稀释至刻度。此标准溶液适用于微量硫的滴定。

采用此法测定硫的含量时,影响结果的因素较多,一般在使用碘酸钾标准溶液前都必须进行该标准溶液对硫的滴定度(每毫升标准滴定溶液相当于被测物质的质量,g或mg)的标定。

标定方法:称取三份与所测试样钢种基本相似(最好含量基本相近)的标准样品,在进行几个废样的燃烧后,按操作规程进行操作,当该三份标准样品所耗的碘酸钾标准溶液毫升数的极差值不超过0.20 mL时,即可取其平均值。

碘酸钾标准溶液对硫的滴定度公式为:

$$T = \frac{w_{S_{标}} m}{(V - V_0) \times 100} \tag{6-10}$$

式中,T为碘酸钾标准溶液对硫的滴定度,g/mL;$w_{S_{标}}$为标准样品中硫的质量分数,%;V为滴定标准样品时消耗碘酸钾标准溶液的平均体积,mL;V_0为滴定空白试样时消耗碘酸钾标准溶液的平均体积,mL;m为试样的质量,g。

6.2.3.3 仪器装置

管式炉燃烧法测定硫含量装置图如图6-2所示。

(1) 缓冲瓶。

(2) 洗气瓶:内盛硫酸(ρ=1.84 g/mL),装入量约占瓶高度的三分之一。

(3) 干燥塔:上层装无水氯化钙,中间隔以玻璃棉,底部及顶端也铺以玻璃棉。

(4) 管式炉:附热电偶与温度自动控制器。

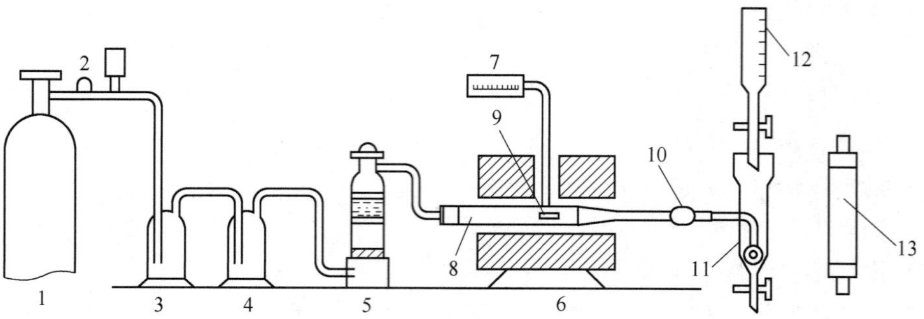

图 6-2　管式炉燃烧法测定硫含量装置图

1—氧气瓶；2—分压表（带流量计和缓冲阀）；3—缓冲瓶；4—洗气瓶；5—干燥塔；6—管式炉；7—温度控制器（或调压器）；8—瓷管；9—带瓷盖的瓷舟；10—球形干燥管；11—吸收杯；12—滴定管；13—日光灯（8 W）

（5）球形干燥管：内装干燥的玻璃棉。

（6）瓷管：长约 600 mm，内径为 23 mm，使用时应先检查是否漏气，然后分段灼烧。瓷管两端露出炉外部分的长度不小于 175 mm，以便燃烧时管端仍是冷却的。粗口端连接玻璃磨塞，锥形口端用橡皮管连接于球形干燥管（或者瓷管两端分别用耐热硅橡胶塞子连接）。

（7）瓷舟：长 88 mm 或 97 mm，使用前需在 1200 ℃管式炉中通氧灼烧 2~4 min，也可以于 1100 ℃以上的高温炉中灼烧 1 h 以上。冷却后贮于盛有碱石灰及无水氯化钙的未涂油脂的干燥器中备用。

（8）滴定管：A 级 25 mL。

（9）长钩：用低碳镍铬丝或耐热合金丝制成，用以推、拉瓷舟。

（10）吸收杯。

6.2.3.4　操作步骤

（1）装上合适的瓷管，接通电源，升温。一般来说，碳钢、铁以及低合金钢试样应控制温度在 1250 ℃左右，而高合金钢、高温合金和铁合金则应控制温度至少大于 1250 ℃。

（2）操作前应先进行气密性检查：通氧气，检查整个装置的管路和活塞是否漏气。通过调节保持仪器装置在正常的工作状态。检测前均应先燃烧几次高硫试样，使整个管路中的二氧化硫达到吸附饱和后才能开始工作。

（3）空白试验：取空瓷舟，加入与试样测量时一样量的助熔剂，按试样操作过程进行操作，直至得到稳定的空白试验值。

（4）滴定度的测定：选取合适的标准样品按操作方法进行测量，几次试验后当耗用碘酸钾标准溶液的量基本稳定时，根据其用量即可计算该标准溶液对硫的滴定度 T。

（5）试样测量：视硫含量的高低称取一定量的试样置于瓷舟中，再取适量的助熔剂尽可能地覆盖整个试样。

（6）称量：w_S=0.003%~0.010%时，称取（1.00±0.01）g，准确至 1 mg；w_S=0.010%~0.050%时，称取（0.50±0.01）g，准确至 1 mg；w_S= 0.050%~0.100%时，称取(0.25±0.01) g，准确至 0.1 mg；w_S= 0.100%~0.200%时，称取（0.10±0.01）g，准确至 0.1 mg。

（7）助熔剂的选择：铁、碳钢、低合金钢用0.10~0.3 g五氧化二钒（粉状）；中高合金钢、高温合金和铁合金用0.40~1.0 g五氧化二钒+铁粉（3+1）或0.40~1.0 g氧化锡+铁粉（3+4）。

（8）调节起始颜色：于淀粉吸收液中加入25 mL淀粉溶液（10 g/L），通氧气，用碘酸钾标准溶液（$c_{1/6\ KIO_3}=0.001$ mol/L）滴定至淀粉吸收液呈浅蓝色，此色为起始颜色。在分析过程中视样品中硫的实际含量适时地更换淀粉吸收液，并调节好起始颜色。

（9）启开橡皮塞，将装好试样和助熔剂的瓷舟放入瓷管内，用长钩推至瓷管的高温区的中部，立即塞紧塞子，预热（铁、碳钢、低合金钢30 s；中高合金钢、高温合金约1 min），通氧气燃烧。

将燃烧后的气体导入吸收杯，待淀粉吸收液的蓝色开始褪色，立即用碘酸钾标准溶液进行滴定，滴定速度以使液面保持蓝色为佳。当褪色速度变慢时，相应降低滴定速度至吸收液颜色与起始颜色一致。以间歇通氧三次颜色仍不改变时为滴定终点。读取此时所消耗的碘酸钾标准溶液的体积。

$$KIO_3 + 5KI + 6HCl \rightleftharpoons 3I_2 + 6KCl + 3H_2O \tag{6-11}$$

$$H_2SO_3 + I_2 + H_2O \rightleftharpoons H_2SO_4 + 2HI \tag{6-12}$$

显色原理：淀粉遇碘变蓝。

（10）关闭氧源，启开橡皮塞，用长钩将瓷舟拉出，检查试样是否燃烧完全，如熔渣不平或熔渣断面有气孔，则表明试样的燃烧不完全，需重新测定。

6.2.3.5 分析结果的计算

按下式计算试样中硫的质量分数：

$$w_S = \frac{T(V - V_0)}{m} \times 100\% \tag{6-13}$$

式中，w_S为硫的质量分数,%；T为碘酸钾标准溶液对硫的滴定度，g/mL；V为滴定样品消耗碘酸钾标准溶液的体积，mL；V_0为滴定空白试验消耗碘酸钾标准溶液的体积，mL；m为试样的质量，g。

6.2.3.6 附注

（1）试样应集中放置，以增加燃烧时的温度；

（2）助熔剂应尽可能覆盖试样的全部；

（3）干燥管的脱脂棉应及时更换；

（4）淀粉吸收液应保持有足够的吸收能力。

6.3 磷的测定

6.3.1 概述

磷属于非金属元素，熔点为44.1 ℃，沸点为280 ℃，磷在地壳中的平均含量为0.08%。在自然界中，磷几乎全部呈正磷酸盐状态存在于有机物和无机物中。磷有白磷、红磷、黑磷三种同素异构体。白磷又叫黄磷，为白色至黄色的蜡性固体，剧毒。白磷是很活泼的物质，易氧化，在空气中能自燃，因此必须储存在水里。白磷在没有空气的条件下，加热到 230 ℃或在光照下就会转变成粉末状的红磷，红磷无毒，较白磷稳定，400 ℃以上才着火。在高压下，白磷可转变为黑磷，它具有石墨的层状结构，能导电，是磷的同素异构体中最稳定的。如果氧气不足，则在潮湿情况下，白磷氧化得很慢，并伴随有磷光现象。白磷可溶于热的浓碱溶液，生成磷化氢和次磷酸二氢盐；干燥的氯气与过量的磷反应会生成三氯化磷，过量的氯气与磷反应会生成五氯化磷。磷在充足的空气中燃烧会生成五氧化二磷，如果空气不足则会生成三氧化二磷。

磷是钢铁中普遍存在的元素之一，通常由冶炼原料、燃料带入，主要以固溶体磷化物状态存在，有时呈磷酸盐夹杂物形式。磷能降低钢的高温性能和增加脆性，影响钢的塑性和韧性，使其易发生冷脆，在凝结过程中易发生偏析，降低其力学性能等。因此，磷一般是钢中的有害元素，应将磷的含量控制在 0.05%以下。但为达到某些特殊性能，有时会特意在钢中加入磷，磷在钢中可提高钢的抗拉强度和耐腐蚀性能，改善钢材的切削加工性能，故易切削钢中磷的含量可达 0.4%左右，生铁和铸铁中磷的含量高达 0.5%左右。

磷在铜的熔炼过程中主要起到脱氧和降低熔体黏度的作用。例如，磷加入锡青铜中，一是为了脱氧，锡青铜中含有氧，将以硬而脆的 SnO_2 状态存在，影响铸件的质量。作为脱氧剂加入的磷，要求其在合金中的残留量不大于 0.015%。二是为了改善合金的韧性、强度、耐磨性和流动性。如在锡青铜中加入 0.1%~0.3%的磷，就可使合金具有很好的力学性能和工艺性能，并具有较高的弹性极限，能进行挤压和冷加工，适合于制造各种耐磨和弹性机械零件。由于磷在锡青铜中的溶解度小，当磷的含量超过 0.3%时，即开始形成 Cu_3P 化合物，使合金发生热脆，故用作热加工的锡青铜中的磷的含量应小于 0.25%。在轴承用锡青铜中加入高达 1%~1.2%的磷，会形成硬而耐磨的 Cu_3P 化合物，成为轴承材料中不可缺少的耐磨组织。

6.3.2 分离与富集方法

磷的分离方法有沉淀法和萃取法。

6.3.2.1 沉淀法

在 pH=5.5 的溶液中，以氢氧化铁或氢氧化铝作为载体，少量的磷以磷酸铁、磷酸铝共沉淀析出，而与 Cu(Ⅱ)、Ni(Ⅱ)、Cr(Ⅵ) 等分离，但部分钨也会沉淀。

在氨性溶液中，EDTA 存在下，以氢氧化铍作为载体，磷呈磷酸铵共沉淀析出，在此条件下钨不沉淀，适用于高钨试样中分离少量磷，但砷共沉淀，需事先用挥发法除去。

在约 2 mol/L 的硝酸溶液中，正磷酸与过量钼酸铵反应，形成磷钼酸铵沉淀而与大量干扰离子分离。大量铌、锆、钛、硅可用氢氟酸掩蔽，钒用盐酸羟胺还原，砷用氢溴酸、盐酸挥发除去。但碘、碲及大量硫酸盐、氯化物会阻碍沉淀，大量钨存在时，最好选用其他分离方法。

在碱性溶液中，以氢氧化钙作为载体，磷呈磷酸钙共沉淀析出，可用于大量 Cr(Ⅵ) 存在下分离痕量磷。

6.3.2.2 萃取法

在适宜的酸度和钼酸盐浓度下，P(Ⅴ)、As(Ⅴ)、Si(Ⅳ)、Ge(Ⅳ) 均能形成相应的杂多酸，通过控制不同酸度和选用不同的有机溶剂进行萃取，可实现磷与砷、硅、锗及过量钼酸盐的分离。各类杂多酸的可萃取性按磷钼酸、砷钼酸、硅钼酸、锗钼酸的顺序降低。凡是能够萃取锗钼酸的溶剂，如甲基异丁酮、乙醚戊醇（5+1），基本上都能萃取磷钼酸、砷钼酸、硅钼酸；相反，某些能萃取磷钼酸的溶剂，如乙酸丁酯、乙酸异丁酯、正丁醇-氯仿（1+4），则不能或难以萃取后三种杂多酸，因而是磷钼酸的选择性萃取剂，以此可将磷与砷、硅、锗分离。

6.3.3 分析方法

常用的磷的化学分析方法有重量法和光度法。

6.3.3.1 重量法

A 磷钼酸铵法

在强酸性溶液中，正磷酸与过量钼酸铵会形成磷钼酸铵黄色沉淀，于 110 ℃左右干燥后，近似组成为 $(NH_4)_3P(Mo_3O_{10})_4$，于 400~500 ℃灼烧后为 $P_2O_5 \cdot 24MoO_3$，两者均可作为称量形式。由于沉淀组成受沉淀条件的影响很大，因此，该方法只适用于少量磷的测定。

B 磷酸铵镁法

在氨性溶液中，磷（以正磷酸状态存在）与氯化镁及氯化铵作用，形成六水合磷酸铵镁沉淀，于 1000 ℃灼烧得到焦磷酸镁。

$$PO_4^{3-} + Mg^{2+} + NH_4^+ + 6H_2O \rightleftharpoons MgNH_4PO_4 \cdot 6H_2O \downarrow \tag{6-14}$$

$$2MgNH_4PO_4 \cdot 6H_2O \xrightarrow{\triangle} Mg_2P_2O_7 + 2NH_3 \uparrow + 13H_2O \tag{6-15}$$

沉淀时所需的 pH 值约为 10.5。pH 值过低，PO_4^{3-} 易被质子化为 HPO_4^{2-}，形成磷酸氢铵（其溶解度比磷酸铵镁大），使结果偏低；pH 值过高，则 NH_4^+ 易释放质子形成氨分子，不利于磷酸铵镁沉淀的形成，且由于 NH_4^+ 的减少，容易形成 $Mg_3(PO_4)_2$、$Mg(OH)_2$ 等沉淀，在灼烧时不能转化为 $Mg_2P_2O_7$，使得到的结果不准确。

由于沉淀反应是在氨性溶液中进行的，因此干扰元素很多。除个别高磷试样，如磷矿石、磷铁矿可用柠檬酸铵作为掩蔽剂直接沉淀外，对于大多低磷试样，通常均需以磷钼酸铵沉淀的形式预先分离。

6.3.3.2 光度法

A 磷钼杂多蓝法

在一定的酸度条件下，正磷酸与钼酸铵作用，形成淡黄色磷钼杂多酸，选择适宜的还原剂和还原条件，可获得磷钼杂多蓝。所用的还原剂有抗坏血酸、硫酸肼、氯化亚锡等。利用氟化钠-氯化亚锡还原钼蓝光度法测定磷是钢铁中直接快速测定磷的方法。

试样用氧化性酸溶解，将亚磷酸氧化成正磷酸，在约 2 mol/L 的酸性介质中，使磷酸与钼酸铵反应生成磷钼杂多酸 $H_3[P(Mo_3O_{10})_4]$，用氯化亚锡还原，大量铁的干扰可加入氟化钠进行掩蔽，消除其影响。

溶液的酸度在很大程度上会影响到磷钼络离子的形成。酸度太小，将导致硅钼络离子的形成，产生干扰，同时，过量的钼酸铵也可能部分被还原，使测定结果偏高；酸度太大，由于磷的显色受到抑制，显色反应将不能完全，使结果偏低。该方法的适宜酸度在 1.6~2.7 mol/L。

将磷钼杂多酸还原为钼蓝。无铁基存在时，色泽呈纯蓝色，形成的磷钼杂多蓝很稳定；当有铁基存在时，在放置过程中，磷钼蓝的色泽逐渐由纯蓝色转变为天蓝色，吸光度值下降。

纯蓝色钼蓝向天蓝色钼蓝转变的速度随温度的升高而加快。在 14 ℃时，20 h 也不能转变完全，但在 55~70 ℃时，则只需 2~3 min 即可转变完全。当转化过程结束后，溶液吸光度又趋于稳定。所以测定钢铁中的磷时，可将试样溶液加热煮沸，取下，加入钼酸铵、氟化钠-氯化亚锡溶液后，放置 3~6 min（此时温度在 55~70 ℃），使纯蓝色完全转化为天蓝色，然后于流水中冷却，获得的天蓝色磷钼蓝至少可稳定 2 h。

当 $w_{As}\leq 0.05\%$ 时，无干扰；一般含量的硅也不会产生干扰，生铁中硅的含量高，可加入酒石酸钾钠进行掩蔽；钒有干扰，可用亚硫酸钠将 V(Ⅴ) 还原为 V(Ⅳ)，消除其影响；Cr(Ⅵ) 会干扰测定，用亚硫酸钠将 Cr(Ⅵ) 还原可消除干扰，但当 Cr(Ⅲ)、Ni(Ⅱ) 的含量较高时，由于本身颜色的影响，需制备空白予以消除；由于采用氟化钠-氯化亚锡作为还原剂，因而有较多的氟离子存在，少量的铌、锆、钛不会干扰测定；钨的影响一般可以钨酸形式滤去，但对于 $w_W>10\%$ 的高钨试样，钨酸将吸附残留磷，使测定结果偏低。

B 磷钒钼酸法

在含有 V(Ⅴ) 的正磷酸溶液中加入钼酸铵，则形成黄色的磷钒钼三元杂多酸，最大吸收波长为 315 nm，摩尔吸收系数为 2.0×10^4 L/(mol·cm)。磷、钒、钼的比例为 1∶1∶11。磷钒钼酸在可见区的灵敏度比磷钼酸高，选择性也较好，因而可在水溶液中利用较长波长测定，也可用甲基异丁酮、异戊醇、丁醇、乙酸丁酯等萃取后测定。

该方法最大的特点是受 As(Ⅴ) 的干扰很小，与磷等量的 As(Ⅴ) 所产生的颜色强度仅为磷的 1%。形成磷钒钼络离子的适宜酸度为 0.2~1.6 mol/L。酸度小于 0.2 mol/L，试剂本身会形成钒钼络合物而呈黄橙色，空白增大，且硅易干扰；酸度过大，则显色慢，再现性差，甚至不显色。硫酸、硝酸、高氯酸、盐酸都可使用，但铁含量较高的试样（如钢铁试样）不能使用盐酸介质。

钼酸盐浓度会受到铁基存在量的影响，因为铁能与钼酸盐络合而影响钼酸盐的有效浓度。无铁存在时，钼酸盐的浓度可低至 0.01 mol/L；有 0.3~0.5 g 铁存在时，宜将钼酸盐的浓度提高至 0.06 mol/L。

试液显色加入试剂的顺序：必须先加钒酸盐，然后加钼酸盐，否则在形成了磷钼酸后再加钒酸盐，将大大降低磷钒钼酸的形成速度。也可将钒酸盐、钼酸盐混合后加入，但混合试剂在较高温度下不够稳定。

温度会影响显色速度。在 20~30 ℃时，显色反应可在 2~5 min 内完成；而在 10 ℃时，则需 15~20 min 才会完成。

采用磷钒钼酸法测定磷时的干扰元素较多。硅形成黄色硅钼酸会产生正误差。采用 1 mol/L 的显色酸度，常见钢铁中的硅量不会产生干扰，室温较高时，应于显色完全后立即测定。对于高硅试样，可用酒石酸阻止硅钼酸的形成或用高氯酸冒烟脱水，将硅分离后显色。铁大量存在时会产生干扰，但用高氯酸作为显色介质，Fe(Ⅲ) 几乎无色。用波长（460 nm）测定，或加氟化物掩蔽，也可消除干扰。本身有色泽的离子，如 Cu^{2+}、Ni^{+}、Co^{2+}、Cr^{6+} 等，可用空白溶液予以抵消。铋、钍、氟等会使显色反应变慢，需延长放置时间予以补偿。铌、钽、锆、钛含量高时，易水解形成不溶性的磷酸盐，使结果偏低，可加氢氟酸络合掩蔽。

6.3.4 分析实例

采用钼蓝分光光度法测定钒铁中磷的含量，测定范围为0.010%~0.250%（质量分数）。

6.3.4.1 方法原理

试样以硝酸、盐酸分解，在氨性介质中用过氧化氢氧化钒，同时磷以磷酸铁形式沉淀，过滤分离，以硝酸溶解沉淀，经高氯酸处理冒白烟后，加入亚硫酸氢钠还原铁，磷与钼酸铵、硫酸肼反应生成磷钼蓝，于分光光度计上825 nm波长处测量其吸光度。在工作曲线上查得磷的质量，计算得出试样中磷的含量。

6.3.4.2 试剂

（1）硝酸（ρ=1.42 g/mL）。

（2）盐酸（ρ=1.19 g/mL）。

（3）高氯酸（ρ=1.67 g/mL）。

（4）过氧化氢（ρ=1.10 g/mL）。

（5）氢氧化铵（ρ=0.90 g/mL）。

（6）硝酸（1+2）。

（7）硝酸（1+50）。

（8）硫酸（1+1）。

（9）亚硫酸氢钠溶液（100 g/L）：称取50 g亚硫酸氢钠（$NaHSO_3$），置于600 mL烧杯中，加入500 mL水溶解，混匀。

（10）氯化铁溶液（50 g/L）：称取5 g氯化铁（$FeCl_3 \cdot 6H_2O$），置于400 mL烧杯中，加入10 mL盐酸（1+1）和90 mL水溶解，混匀。

（11）显色剂溶液：

1）钼酸铵溶液（20 g/L）：称取20 g钼酸铵[$(NH_4)_6Mo_7O_{24} \cdot SO_4$]，溶解于约100 mL温水中，加入700 mL硫酸（1+1），冷却后用水稀释至1000 mL，混匀。

2）硫酸肼溶液（1.5 g/L）：称取1.5 g硫酸肼[$(NH_2)_2 \cdot SO_4$]，加水溶解后，用水稀释至1000 mL，混匀。

3）使用时，取25 mL钼酸铵溶液、10 mL硫酸肼溶液及65 mL水，混匀。

4）移取10 mL硫酸肼溶液，加入15 mL硫酸（7+5）、75 mL水，混匀。

（12）磷标准溶液：称取0.4394 g预先在105~110 ℃烘至恒重并保存于干燥器中的磷酸二氢钾（KH_2PO_4，基准试剂），置于400 mL烧杯中，加入适量水溶解后，移入1000 mL容量瓶中，用水稀释至刻度，混匀。此溶液1 mL含磷100 μg。

6.3.4.3 分析步骤

（1）称取0.500 g（磷含量大于0.100%时，称取0.250 g），准确至0.0001 g。

（2）随同试样进行空白试验。

（3）将试样置于200 mL烧杯中，盖上表面皿，加入10 mL硝酸（ρ=1.42 g/mL）、5 mL盐酸（ρ=1.19 g/mL），低温加热至试样溶解，再加入10 mL硫酸（1+1），继续加热蒸发至冒硫酸白烟约2 min。

（4）放置冷却后，加入8 mL氯化铁溶液（50 g/L）、50 mL温水，加热溶解可溶性盐类，用中速定量滤纸过滤不溶性残渣。用温热的硝酸（1+50）溶液充分洗净，弃去残渣。

（5）将滤液收集于 300 mL 烧杯中，用水稀释至 200 mL，加入 5 mL 过氧化氢（ρ=1.10 g/mL），一边搅拌一边加入氢氧化铵（ρ=0.90 g/mL），中和至沉淀刚好出现并过量 10 mL，搅拌，同时再加入 2 mL 过氧化氢（ρ=1.10 g/mL），立即用中速定量滤纸过滤，用温水充分洗净，弃去滤液和洗液。

（6）分次加入 50 mL 温热硝酸（1+2），溶解滤纸上的沉淀于原烧杯中，用温热硝酸（1+50）洗净滤纸。加入 10 mL 高氯酸（ρ=1.67 g/mL），加热蒸发至高氯酸冒烟，并浓缩至溶液体积约为 5 mL。

（7）取下冷却后，加入约 30 mL 温水加热溶解可溶性盐类、过滤，温水洗净，弃去残渣。滤液收集于 100 mL 容量瓶中，冷却至室温，用水稀释至刻度，混匀。

（8）显色溶液：移取步骤（7）中溶液 10.00 mL，置于 100 mL 容量瓶中，加入 10 mL 亚硫酸氢钠溶液（100 g/L），摇匀，在沸水浴中加热溶液至无色，立即加入 25 mL 显色剂溶液 C，摇匀，再于沸水浴中加热 15 min，取下，流水冷却至室温，用水稀释至刻度，混匀。

（9）参比溶液：移取步骤（7）中溶液 10.00 mL，置于 100 mL 容量瓶中，加入 10 mL 亚硫酸氢钠溶液（100 g/L），摇匀，在沸水浴中加热溶液至无色，加入 25 mL 硫酸肼溶液（显色剂溶液 D），摇匀，再于沸水浴中加热 15 min，取下，流水冷却至室温，用水稀释至刻度，混匀。

（10）将部分显色溶液［步骤（8）］移入适当的吸收皿中，于分光光度计上 825 nm 波长处，以参比溶液调零，测量其吸光度，减去随同试样空白溶液的吸光度，得到试样溶液的净吸光度。从工作曲线上查得相应磷的质量。

（11）工作曲线的绘制：

1）移取 0 mL、1.00 mL、2.00 mL、4.00 mL、6.00 mL、8.00 mL 磷标准溶液分别置于一组 200 mL 烧杯中，各加入 5 mL 高氯酸（ρ=1.67 g/mL）和 5 mL 氯化铁溶液（50 g/L），加热至高氯酸冒烟，取下，冷却后加入约 30 mL 水，加热溶解盐类，冷却至室温，移入 100 mL 容量瓶中，用水稀释至刻度，混匀。将部分显色溶液移入吸收皿中，于分光光度计上 825 nm 波长处，以参比液调零，测量其吸光度。

2）工作曲线中每一溶液的吸光度减去零浓度溶液的吸光度，为磷工作曲线上溶液的净吸光度，以磷的质量（μg）为横坐标，净吸光度为纵坐标，绘制工作曲线。

6.3.4.4　分析结果计算

按下式计算试样中磷的含量：

$$w_{\mathrm{P}} = \frac{m_1 V}{m V_1 \times 10^6} \times 100\% \tag{6-16}$$

式中，w_{P} 为试样中磷的质量分数，%；m_1 为从工作曲线上查得的磷的质量，μg；V 为试液的总体积，mL；m 为试样质量，g；V_1 为分取试液的体积，mL。计算结果保留至小数点后两位。

6.4　氮的测定

6.4.1　概述

绝大多数氮都以单质分子的形式存在于大气中，在自然界中，无机氮的化合物不多，主要矿源是硝酸钠。氮还以铵盐、硝酸盐或亚硝酸盐的形式存在于肥沃的土壤中。一般认为，氮是一种有害的杂质元素，氮随着炉料和炉气进入钢中，当其含量较高时，将导致钢的宏观组织疏松，甚至形成气泡，使钢的韧性下降，硬度增加，同时也会造成缺口的敏感性增加。在不锈钢中，过量的氮将导致产生晶间腐蚀。但在钢中合理地加入一些氮，能使钢的晶粒得到细化，从而提高钢的强度和硬度，所以氮又被认为是一种重要的合金元素，常采用中间合金和渗入的方法加入钢中。目前，在一些桥梁用钢和建筑用的钢筋中会有意地加入氮来改善钢的力学性能。在许多情况下，氮在钢中的作用和铜、钨相似，是一种形成和稳定奥氏体能力很强的元素，可提高钢的强度，其效用约为镍的 20 倍，可以代替一部分的镍使用。

钢中氮主要以氮化物的形式存在，如 Fe_4N、CrN、Mo_2N_2、VN、TiN 等，只有少部分以原子状态固溶于钢中。极少数情况下，氮以分子状态夹杂于气泡中或吸附于钢的表面。由于氮与钢中的共存元素都能形成氮化物，而各种氮化物的溶解特征很不一致，有些氮化物易溶于酸，如 Fe_4N、CrN；铌、钽、钒、锆、钼等形成的氮化物不溶于单独的盐酸或硫酸中，需要经“湿法熔融”处理才能使氮化物分解；CrN 需要以硫酸冒烟处理，因此试样溶解后最好进行冒烟处理；AlN 在水中和酸中溶解得很少，但能溶于碱溶液中。

6.4.2 分析方法

目前，国内外测定氮的方法有许多，化学方法一般采用把氮转化为氨的形式来进行测定，仪器法则采用把试样高温熔融后以氨气的形式来进行测定。

6.4.2.1 滴定法

滴定法是测定氮的经典方法。试样经酸溶解（或冒烟）后，加入过量的碱，将蒸馏分离出来的氨用一定的吸收液加以吸收，然后用标准酸或碱进行滴定。吸收液一般采用稀盐酸或稀硫酸，但目前采用最多的是硼酸溶液，然后用氨基磺酸标准溶液或稀硫酸进行滴定。

6.4.2.2 光度法

A 纳氏试剂光度法

纳氏试剂光度法也是一种经典的氮的测定方法。在碱性介质中，碘化汞钾（纳氏试剂）与氨作用，形成柠檬黄色的碘化汞铵络合物。此络合物在波长 470 nm 处有很好的吸收。适宜的碱度为 0.09 mol/L 的氢氧化钠溶液。由于显色液为胶体溶液，氨的浓度大时将形成红褐色沉淀，因此显色液内的氮的含量一般不宜超过 0.6 μg/mL，否则将有絮状沉淀析出，需加入阿拉伯树胶或动物胶加以保护，以扩大氨的测定范围。纳氏试剂中所用的汞作为有毒的重金属，不宜采用。

B 靛酚蓝光度法

将试样用适当的酸分解，其中的氮转化成相应酸的铵盐，在过量碱的作用下，用水蒸气蒸馏分离氨，然后用稀硫酸吸收蒸出液，在亚硝基铁氰化钠和次氯酸钠的存在下，氨与酚生成蓝色的靛酚络合物，测量其吸光度。该方法现已广泛使用，比纳氏试剂光度法更灵敏，测定范围也较宽，并有良好的选择性，可以在掩蔽剂的存在下，不经分离直接测定金属中的氮，目前已作为国家标准方法使用。

C 脉冲热导法

将金属试样置于石墨坩埚中，用脉冲加热的方法（2000 ℃以上）将试样熔化，氦气作为载气，把释放出来的 H_2、CO、N_2 带入已加热的稀土氧化铜转化管，CO 转化为 CO_2，H_2 转化为水。CO_2 和水被碱石棉和无水高氯酸镁吸收去除。然后气体经过热导检测器，由于氮和氦的热导系数不同，引起热导池钨丝阻值发生变化，转化成电信号输出，经放大后，由积分仪积分，从而计算出氮的含量。商品化氧氮分析仪一般均采用此法分析氮的含量，并已列为标准。

6.4.3 分析实例

采用蒸馏分离-滴定法测定钢铁及高温合金中氮的含量时，测定范围为 0.02%～0.50%。该法不适用于不加铝冶炼的硅钢及其型材中氮的测定。

6.4.3.1 方法原理

试样用适当的酸进行分解，其中的氮转化成相应酸的铵盐，在过量碱的作用下，用水蒸气蒸馏分离氨，然后以硼酸溶液吸收蒸出液，用氨基磺酸标准溶液进行滴定。该方法适用于合金钢及高温合金中氮含量的测定。

6.4.3.2 试剂与装置

（1）硫酸钾（固体）。

（2）氟化钠（固体）。

（3）硫酸（ρ =1.84 g/mL）。

（4）硫酸（1+4）。

（5）氢氟酸（ρ =1.15 g/mL）。

（6）磷酸（ρ =1.70 g/mL）。

（7）硫酸-磷酸混合液：于 200 mL 水中，在搅拌下缓慢加入 10 mL 硫酸（ρ =1.84 g/mL）和 40 mL 磷酸（ρ =1.70 g/mL），混匀。

（8）盐酸（1+1）。

（9）高氯酸（1+1）。

（10）过氧化氢（ρ =1.10 g/mL）。

（11）氢氧化钠溶液：称取 500 g 氢氧化钠，溶于 800 mL 水中，加数粒锌粒或其他金属颗粒，加热煮沸 10 min，捞去残余的金属颗粒，取下冷却，用水稀释至 1000 mL，混匀，贮于塑料瓶中。

（12）硼酸吸收液：1 g/L。

（13）甲基红-次甲基蓝指示剂。

（14）氨基磺酸标准溶液：$c_{NH_2SO_3H}$=0.1000 mol/L：称取 9.7090 g 预先在硫酸真空干燥器内干燥 48 h 的氨基磺酸基准试剂，置于 400 mL 烧杯中，加水溶解，移入 1000 mL 容量瓶中，用水稀释至刻度，混匀。$c_{NH_2SO_3H}$=0.0020 mol/L：称取 20 mL 上述溶液，稀释到 1000 mL。

（15）水蒸气蒸馏仪，如图 6-3 所示。

6.4.3.3 操作步骤

此法要求在无氮化物，特别是无硝酸污染的实验室中进行，并且所使用的水也应为无

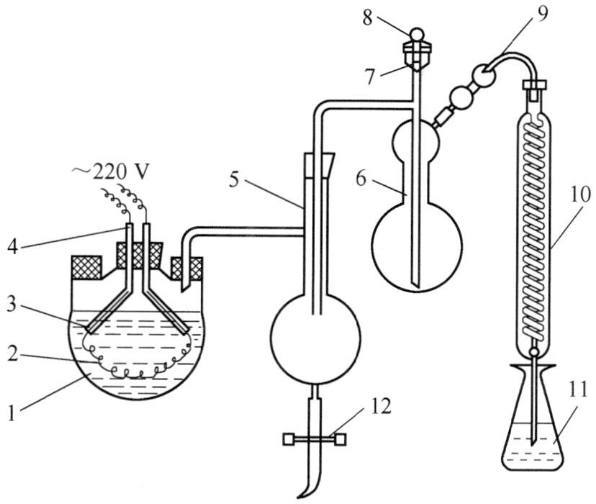

图 6-3 水蒸气蒸馏仪

1—三颈瓶（2000~3000 mL）；2—加热电阻丝；3—接线柱；4—电极；5—废液瓶（500 mL）；
6—蒸馏瓶（500 mL）；7—漏斗；8—磨口罩；9—双球分馏器；10—冷凝管；11—吸收瓶（250 mL）；12—弹簧夹

氨的去离子水。

（1）称量。按表 6-2 称取相应的试样量。

表 6-2 不同氮含量需称取的试样量

w_N/%	0. 020~0. 050	0. 050~0. 15	0. 15~0. 30	0. 30~0. 50
试样量/g	1. 0000	0. 5000	0. 2000	0. 1000

（2）溶解。将所称试样置于 150 mL 锥形瓶中，根据不同的试样类型按下列各项的分解要求进行处理（并随同做试样的空白试验）。

1）一般的合金钢和高温合金试样：加入 50 mL 硫酸（1+4）（如果试样中含有 1%~8%的铝、钨、钛时，可以补加 1~5 mL 磷酸；试样中硅的含量大于 0. 5%~4%，可以滴加氢氟酸助溶），加热溶解。

保持溶液不沸腾，直到试样全部溶解（如溶液中有大量的碳化物，则可在摇动下滴加 10 滴左右的过氧化氢（ρ =1. 10 g/mL））。转移至较高温度处，蒸发至冒白烟，然后加入 5 mL 硫酸（ρ =1. 84 g/mL）、1 g 硫酸钾，置于高温处（330 ℃以下）加热冒烟 20~30 min，取下，冷却，加入 30 mL 水，溶解大部分盐类，冷却，准备蒸馏。

2）不含难溶氮化物的高铬钢（大于 10%）和铬镍锰氮系不锈钢试样：直接加入 40 mL 硫酸（1+4）溶解，冷却，准备蒸馏。

3）含铜（1%~2%）的超低碳不锈钢试样：加入 30 mL 高氯酸（1+1），加热溶解，继续冒烟 5~10 min，取下冷却，加入 30 mL 水，加热溶解盐类，冷却，准备蒸馏。

4）高速工具钢试样：加入 30 mL 硫酸-磷酸混合酸溶解试样，在摇动下滴加 10~20 滴过氧化氢，继续加热至冒烟 20~30 min，取下冷却，加入 30 mL 水，加热溶解大部分盐类，冷却，准备蒸馏。

5）基体难溶于硫酸的试样：先加入 30 mL 盐酸（1+1）溶解，冷却后，边摇动边加入 10 mL 硫酸（ρ =1. 84 g/mL），继续在高温下冒硫酸烟 20~30 min，取下冷却，加入

30 mL 水，加热溶解大部分盐类，冷却，准备蒸馏。

（3）蒸馏氨。

1）蒸馏前检查系统是否漏气，以免造成氨的损失和回收废液困难；加热蒸馏瓶内的水，待有水蒸气冒出，赶尽系统内残留的氨，5 min 后加入 10 mL 氢氧化钠溶液（500 g/L）和 30 mL 水，进行蒸馏，至蒸出液达 80 mL，滴定空白值，滴定所消耗的氨基磺酸钠标准溶液（0.002 mol/L）不大于 0.5 mL，仪器方可使用。

2）在 250 mL 吸收瓶内，加入 10 mL 硼酸溶液（1 g/L），滴加 4 滴甲基红-次甲基蓝指示剂，置于冷凝管下端，使冷凝管下端伸入吸收液内。

3）经漏斗向蒸馏瓶内加入氢氧化钠溶液（500 g/L），其加入量按中和溶解试样所用的酸量之后，再过量 5~10 mL。用水冲洗漏斗，然后缓慢地加入试样溶液，并用水冲洗锥形瓶和漏斗。

4）加盖塞子，通电加热蒸馏，待蒸出液达 80 mL，降低吸收瓶，使冷凝管下端离开液面，再继续蒸馏 30 s，用少量水冲洗冷凝管下端。

5）断电，停止蒸馏。此时蒸馏瓶内的废液自动回吸到废液瓶中，并放出废液。

（4）滴定。取下吸收瓶，用氨基磺酸钠标准溶液（0.002 mol/L）进行滴定，溶液由亮绿色变成玫瑰红，即为终点。

6.4.3.4 分析结果的计算

按下式计算试样中氮的质量分数：

$$w_N = \frac{c(V - V_0) \times 14.00}{m \times 1000} \times 100\% \tag{6-17}$$

式中 w_N 为氮的质量分数,%；V 为滴定试样所消耗氨基磺酸钠标准溶液的体积，mL：V_0 为试样空白所消耗氨基磺酸钠标准溶液的体积，mL；c 为滴定用氨基磺酸钠标准溶液的浓度，mol/L；m 为试样的质量，g；14.00 为氮的摩尔质量，g/mol。

6.5 氧的测定

6.5.1 概述

氧是以化合态和游离态共存的，一般游离态很少，主要以 Fe_2O_3、Fe_3O_4、FeO 以及金属氧化物夹杂、硅酸盐、铝酸盐、含氧硫化物以及类似的夹杂化合物的形式存在，仪器测试的是总氧含量，一般用 T[O] 表示。

氧会对钢的力学性能产生不良影响。不仅是氧的浓度，而且含氧夹杂物的数量、类型及其分布等也有很重要的影响。这类夹杂物是指金属氧化物、硅酸盐、铝酸盐、含氧硫化物以及类似的夹杂化合物。炼钢需要脱氧，因为凝固期间，溶液中氧和碳反应会生成一氧化碳，从而造成气泡。另外，冷却时氧可以 FeO、MnO 以及其他氧化夹杂物形式从溶液中析出，从而削弱其热加工或冷加工性、延展性、韧性、疲劳强度和机械加工性能。氧和氮与碳反应还能引起老化或者硬度在室温下自发地增加。对于铸铁，当铸块凝固时，氧化物与碳可以发生反应，从而造成产品产生孔隙和产品的脆化。

氧在钢中是有害元素。它是在炼钢过程中自然进入钢中的，尽管在炼钢末期要加入锰、硅、铁和铝进行脱氧，但不可能除尽。氧在钢中以 FeO、MnO、SiO_2、Al_2O_3 等夹杂形式存在，会使钢的强度、塑性降低。尤其是对抗拉强度、冲击韧性等有严重影响。

6.5.2 分析方法

金属材料中氧含量的测定方法有熔融法和光谱法。

6.5.2.1 熔融法

熔融法通过电极脉冲式加热炉，利用大功率将上下电极中间的石墨坩埚通过电流后产生大量的热量熔化石墨坩埚内的试样，然后试样将 O、N 元素释放出来，释放后的 O 与石墨坩埚的 C 反应生成 CO_2 和 CO，CO_2 和 CO 可通过红外吸收池进行吸收测定。由于 N_2 是非极性气体，在红外区域无吸收，所以利用 N_2 与纯载气氦气的热导值不同，可通过热导池进行测定。熔融法可以实现 O、N 元素的同时测定。

先将试样用切割机切割为 5 mm 宽（试样过宽容易卡在进样通道，造成试样分析失败）的棒状，通过砂带机去除试样表面的氧化皮，注意制样过程中温度不能过高，之后将去除氧化皮的棒状试样用剪切机切割为 1 g 左右的块状，在无水乙醇溶剂中浸泡清洗 7 min，干燥后进行分析。

6.5.2.2 光谱法

光谱法采用原子发射光谱学的分析原理，将制备好的样品在火花光源的作用下与对电极之间发生放电，在高温和惰性气体中产生等离子体。被测元素的原子被激发时，电子在原子内的不同能级间跃迁，当由高能级向低能级跃迁时，会产生特征谱线。测量选定的分析元素和内标元素特征谱线的光谱强度，根据样品中被测元素谱线强度（或强度比）与浓度的关系，通过校准曲线计算被测元素的含量。目前，常采用直读光谱仪进行氧元素的快速测定。

直读光谱仪需要在惰性气体氩气的保护下进行检测，氩气在整个实验过程可作为保护气体，保护电极和试样表面不被氧化，还可以带走样品激发时产生的热量和粉尘并消除记忆效应，净化分析环境。在高压气体气氛中的气体具有流动性，气体的流动不但可以带走多余的热量，还可以带走大量的粉尘。温度太高，可使样品或电极发生膨胀，导致分析间歇的极距发生变化；粉尘的存在，可使分析过程具有记忆效应或者影响光谱光路，不管是哪种情况，都会影响分析结果的准确度。氩气是原子状态的气体，而空气（氮、氧）则是分子状态，它们经激发后，氩原子所产生的激发光谱要比空气（氮、氧）的激发光谱（分子光谱带）简单，其连续背景要低很多。氩气的价格低廉，为了保证测定结果的准确性，使用氩气净化装置进行净化（氩气纯度为 99.999%），从而消除空气中氧氮的影响。例如，ONH836 测定仪使用氦气作为载气，主要原因是氦气的热导系数为 33.6，和氮气的热导系数相差大，便于氮气的分析。氦气属于惰性气体，在整个实验过程中不会与被测元素发生化学反应，要求氦气纯度为 99.999%。

利用铣床或者砂带将试样表面的凹坑和氧化皮层打磨去掉，打磨出的试样纹路需要顺着同一方向，要求试样直径大于 16 mm（盖住激发孔），厚度大于 2 mm（防止试样过薄击穿，影响测量结果），必须保证试样表面平整，防止分析过程中漏气，试样分析前温度不能太高，不能有灼烧痕迹，以免影响检验的准确度。钢铁中氧含量的测定可参考《钢铁 氧含量的测定 脉冲加热惰气熔融-红外线吸收法》（GB/T 11261—2006），铜及铜合金中氧含量的测定可参考《铜及铜合金化学分析方法　第 8 部分：氧、氮、氢含量的测定》(GB/T 5121.8—2024)。

6.5.3 分析实例

利用脉冲加热惰气熔融-红外线吸收法测定钢铁中氧的含量，适用于钢铁中质量分数在 0.0005%~0.020%的氧含量的测定。

6.5.3.1　方法原理

将预先制备好的试样，投入处在氦（或氩）气流的石墨坩埚中，用低压交流电直接加热至 2300 ℃左右熔融，试样中的氧以一氧化碳形式析出［或经加热（400 ℃）的稀土氧化铜转化成二氧化碳］，导入红外线检测器进行测定。

6.5.3.2　试剂和材料

（1）氦（或氩）气，纯度为 99.99%以上。

（2）动力气：氮气、氩气或压缩空气，其杂质的含量（油和水）小于 0.5%。

（3）四氯化碳（或乙醚）。

（4）丙酮。

（5）稀土氧化铜。

（6）真空油脂。

（7）无水高氯酸镁。

（8）碱性活性陶土。

（9）玻璃棉。

（10）氧有证标准物质。

（11）石墨坩埚：采用高纯或光谱纯石墨加工成特定的形状和尺寸。

6.5.3.3　仪器与设备

脉冲加热红外线吸收仪（附电子交流稳压器）应达到下述指标：系统空白小于 0.00005%，仪器本身显示灵敏度为 0.00001%，精密度为 0.0002%，脉冲加热炉功率不小于 6.6 kW（炉温不低于 2500 ℃）。脉冲加热红外线吸收仪示意图如图 6-4 所示。

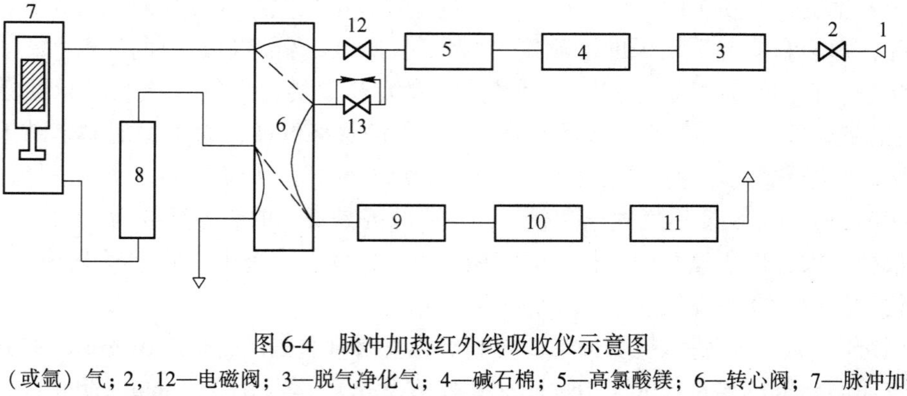

图 6-4　脉冲加热红外线吸收仪示意图

1—氦（或氩）气；2，12—电磁阀；3—脱气净化气；4—碱石棉；5—高氯酸镁；6—转心阀；7—脉冲加热炉；8—玻璃棉；9—稀土氧化铜；10—流量控制器；11—CO_2（或 CO）红外检测器；13—稳压器

6.5.3.4　取制样

（1）试样应车制成直径为 4~5 mm，长度大于 30 mm 的圆棒，其表面粗糙度 *Ra* 在

3.2 μm 以上。在 800 r/min 左右的转速下用碳化硅砂布和鹿皮依次进行抛光至 *Ra* 在 1.6 μm 以上，抛光后用剪线钳剪去端部，剪去所需长度，在超声波清洗器中用四氯化碳（或乙醚）和丙酮依次清洗 3~7 min，用热风吹干后置入干燥器中备用。

（2）操作过程中应避免试样的氧化和沾污，车制应在车速为 800 r/min 左右、加冷却液条件下进行，车刀和剪线钳应事先用四氯化碳（或乙醚）擦洗。

（3）经过洗涤的试样需用干净的镊子夹取，不得用手触摸。测定高氧含量时，也可用其他方法去除试样表面吸附的氧。

6.5.3.5 仪器的准备

分析前仪器应处于正常状态。分析前用氧有证标准物质进行检查，所用实物标准的氧含量应略大于被分析试样的氧含量，三次校正值之间的极差值应小于重复性数值，否则需重新校正。

6.5.3.6 分析步骤

（1）称取试样：称取 0.5~1.0 g 试样，精确至 1 mg。

（2）空白实验：空白值的测定，应将原储存的空白值置零，然后按仪器规定程序和规定条件进行空白实验。测定的氧含量小于 0.0030%时，空白值应小于 0.00005%。

（3）测定：将试样装入加样器，用专用铜刷清扫进样通道和脉冲炉膛，在炉内装入石墨坩埚。按下述条件进行坩埚脱气和试样分析：脱气的加热电流为 1100 A；分析试样的电流为 950~1050 A；分析试样的时间在 20~30 s；脱气的气流速度约为 1000 mL/min；分析试样的气流速度约为 300 mL/min。

（4）测量结果：在保证再现性和重复性的前提下，实验结果取两次测量结果的平均值作为待测钢样中氧含量的最终测量值。

6.6 氢的测定

6.6.1 概述

氢气在炉气中的分压很低，大气中氢的分压为 0.053 Pa。因此，钢中的氢主要由炉气中的水蒸气的分压来决定。氢进入钢液的主要途径有废钢表面的铁锈（xFeO · $y$$Fe_3O_4$ · $2H_2O$）；铁合金中的氢气、增碳剂、脱氧剂、覆盖剂、保温剂、造渣剂（$Ca(OH)_2$）及沥青和焦油中的水分；未烤干的钢包、中间包、中注管；钢锭模的喷涂料；结晶器渗水以及大气中的水分与钢水或炉渣作用而进入钢中。在含氢的还原性气氛中加热钢材或酸洗钢材时，氢也可以被吸收而扩散进入钢材内部。

钢中的氢是以氢原子的形式存在的，在高温条件下，两个氢原子很容易形成一个氢分子。氢原子很活泼，自然放置状态就会形成氢分子而缓慢释放。当钢中氢的含量大于 2 ppm 时，氢在所谓“鳞片剥落”现象中起重要作用。当滚轧和锻造后的冷却过程中出现内裂和断裂现象时，这种剥落现象一般更加明显，而且在大的断面或者高碳钢中更是经常发生这种现象。当铸铁中氢的含量大于 2 ppm 时，容易出现孔隙或一般的多孔性，这种氢造成的多孔性将造成铁的脆化。氢脆主要出现在马氏体钢中，在铁氧体钢中不十分突出。

氢会使钢产生严重白点缺陷和氢脆，危害性极大，必须尽量除去。引起钢产生白点的

氢的极限含量一般在 2~3 ppm，引起钢产生氢脆的极限含量更低，约为 0.5 ppm。白点也称发裂，在调质处理钢的纵向端口上呈现圆形或椭圆形的银白色有光泽的粗晶状斑点，故称为白点。白点的存在会大大降低钢材的力学性能。

氢在铝及其熔体中也是一种有害元素，由于氢的溶解度在熔体中和在固体中有很大的差别，因此铝在凝固过程中会析出氢气，从而导致组织中产生气孔并降低铸件的疲劳寿命。

6.6.2 分析方法

金属中氢元素的测定有热导法或红外法。将试样放入经脱气的高纯石墨坩埚中，加热至刚好低于熔点，以驱除表面氢，然后在载气氛围下继续加热至刚好高于熔点，试样中的氢以分子形态释放出来，再将释放出来的气体进行分离；分离后的氢气被载入热导检测系统，根据热导池输出的电信号，测定试样中的氢含量；或氢分子随载气流通过热的氧化铜后转化为水，在特定的红外池中进行检测，根据红外吸收强度信号的变化，计算出氢的含量。

现有的实验仪器可以实现氧、氮、氢的同时测定。样品被加热熔化后，氧从熔体中扩散出来，并与石墨坩埚的碳反应生成 CO_2 和少量的 CO；氮生成 N_2；氢生成 H_2。高浓度的 CO_2 先被高含量的 CO_2 红外检测器检测，然后分析气体进入氧化铜催化装置，使 CO 转化为 CO_2，H_2 转化为 H_2O，被红外检测器检测。经过氧化后生成的 CO_2 再被低含量的 CO_2 红外检测器检测，以确保氧的含量结果准确。最后气流进入洗气装置，CO_2、H_2O 被吸收，N_2 由载气带入热导检测器中检测。通过空白扣除方式扣除载气、坩埚、助溶剂等物料中的氧、氮、氢，最后软件对检测数据进行处理，将样品检测结果分别以氧、氮、氢的质量分数显示出来。钢铁中氢含量的测定可参考《钢铁　氢含量的测定　惰性气体熔融-热导或红外法》(GB/T 223.82—2018)，铝及铝合金中氢含量的测定可参考《铝及铝合金化学分析方法　第 30 部分：氢含量的测定　加热提取热导法》(GB/T 20975.30—2019)。

6.6.3 分析实例

利用惰性气体熔融-热导或红外法测定钢铁中氢的含量，适用于钢铁中质量分数在 0.6~30.0 μg/g 的氢含量的测定。

6.6.3.1 *方法原理*

将样品置于经脱气的石墨坩埚中，在惰性气氛下加热熔融。样品中的氢以分子的形式释放并进入载气流中，经色谱柱与其他气体分离后，在热导池中进行检测；或氢分子随载气流通过热的氧化铜后转化为水，在特定的红外池中进行检测。根据热导率或红外吸收强度信号的变化，计算出氢的含量。

6.6.3.2 *试剂与材料*

(1) 高纯载气，纯度为 99.99%以上，可以使用氮气、氦气或氩气。

(2) 动力气：氮气、氩气或压缩空气，油和水的含量小于 0.5%。禁用可燃气体。

(3) 四氯化碳、丙酮或乙醚，分析纯试剂。

(4) 无水高氯酸镁，颗粒试剂。

（5）分子筛，其性能能满足测试要求。

（6）Schutze 试剂或线性氧化铜：热导法用 Schutze 试剂，红外法用线性氧化铜。

（7）石墨（电极）坩埚，一次性使用，由高纯石墨制成。

（8）钢（铁）中氢标准物质/标准样品。

6.6.3.3 仪器

惰性气体熔融-热导或红外检测氢分析仪，包括脉冲石墨电极炉、分析气流杂质去除系统、辅助净化系统以及热导池或红外池氢测量系统。

6.6.3.4 取样和制样

A 炉前取制样

炉前取制样应使用专门的取样装置。在采用新的炉前取样方法或新的取样装置使用前，应对其可靠性和有效性进行评估，并出具评估报告备案。炉前取得的样品若需要较长时间保存（不超过 24 h），则可在样品快速冷却后直接存放于干冰或液氮中，样品和容器一起运输或传递；短时间（不超过 1 h）则可保存于干燥器中，在操作时使用镊子并避免水汽在样品表面凝结。

从低温储运容器中取出样品，去除样品表面的碎玻璃等杂物，切除头部不洁或多孔部分；在表面结霜化尽之前，将样棒直接投入无水乙醇中，数分钟后取出，放入四氯化碳、丙酮或乙醚中。待试样接近室温时取出并切成小段，再用四氯化碳、丙酮或乙醚清洗，晾干后尽快进行分析。

B 钢锭或型材上取制样

对于锻件或铸件，推荐使用锯、刨、线切割等方式取样，不推荐使用水焊明火切割取样。

样品制备采用车、锉、磨均可，样品表面光洁度无严格要求。推荐使用车床车制，并使用超声波清洗，以清除粗糙表面微量的油脂和污物。样品表面不能有厚氧化皮或线切割划痕。

截取合适尺寸的柱/条状样品，质量为 0.1~6 g，通常为 0.5~1.0 g，浸在盛有四氯化碳、丙酮或乙醚的容器中，放入功率为 50~100 W 的超声波清洗器，超声清洗约 3 min 后取出，样品自然风干或冷风吹干后进入分析步骤。注意观察容器中清洗剂的清洁度，定期更换。

充氢试样等已制备好的洁净样品，用四氯化碳、丙酮或乙醚清洗、风干或冷风吹干后，可直接使用。

C 粉末状样品

粉末样品需要从大量的、混合均匀的粉体中取样。取样后，短时间可存放于洁净的塑料自封袋中；较长时间则存放于真空包装袋、氩气包装袋、密封的玻璃瓶中，纸质袋由于透水透气，不宜使用。

粉末样品无需制样也难于清洗，可直接用镍箔、锡箔或锡囊包裹。称重后应尽快进行分析，计算氢含量时需扣除镍箔、锡箔或锡囊的空白值；粉末样品的制样与所用粉末标准物质/标准样品保持一致。

D 屑状样品

从型材或铸件上取得的屑状样品，由于加工时的氢转移，不能用作定氢试样。

E　其他试样

异型体就材取样，取样操作可采用剪、锯、线切割等加工方式，应尽量避免过热和污染。丝材可直接取样。

6.6.3.5　分析步骤

A　仪器准备

（1）按仪器说明书的要求开机，确认仪器上流量计和压力表等指示在指定位置。检查仪器的杂质去除装置、辅助净化系统的过滤器和试剂是否有效，若失效，则需进行清洗和更换。

（2）在电源连接和水冷系统开启的情况下，对仪器进行漏气检查。

（3）设置仪器参数，预热稳定仪器。推荐以下分析条件：脱气功率 3000 W 或电流 850 A；分析功率 2500 W 或电流 700 A；分析时间 90 s。

（4）若长时间关机，则开机后应预热 1 h 以上，通过空白测试确定仪器稳定且各项指标达到设定值。更换过滤器、净化试剂后，仪器处于非作业状态，应通过 2~3 次空烧稳定仪器。

B　空白试验

运行分析测量程序前要进行空白试验。每次更换新坩埚后应至少测定 3 次空白值。空白值扣除可选择自动或手动，选择自动空白扣除功能时，仪器显示的空白值应稳定，连续 3 次的空白值相差小于 20%时，输入最后 3 次空白的平均值，进行自动扣除。手动扣除空白主要针对氢含量小于 1 μg/g 的样品，一对一扣除，即先做一个空白，再做一个单样。

C　试样分析

（1）选择合适的分析方法。所用分析条件应与仪器校准时所用的分析条件一致，如测量样品为粉末样品，则应该用相应的标准物质/标准样品进行校准。

（2）通过仪器程序输入样品信息。

（3）称取试样 0.5~1.0 g，精确至 0.0001 g（如有特殊要求，称取试样最多可至 5.0 g）。可通过天平和仪器联机将称量质量自动载入或人工输入试样质量。

（4）将试样放入进样器中，在选定的分析条件下进行分析，分析结束后仪器将自动显示分析结果。氢含量以质量分数（μg/g）计。

第二篇

组织分析

7 金相样品的制备技术与设备

7.1 概 述

金相分析是检验分析材料的手段之一，旨在揭示材料的真实结构。要进行金相分析，就必须制备能用于微观观察检验的样品——金相试样。在金相分析中，选择及制备有代表性的试样是很重要的。通常，金相试样的制备要经过以下几个步骤：取样、镶嵌（有时可以省略）、磨光（粗磨和细磨）、抛光和腐蚀。图 7-1 所示为金相样品的制备流程图。

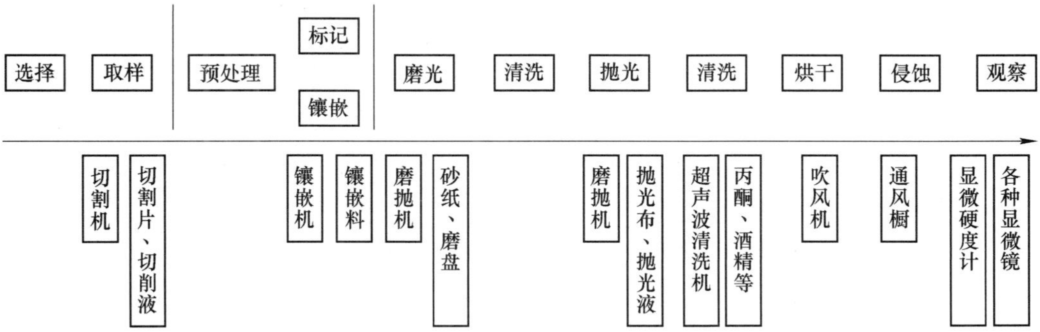

图 7-1 金相样品的制备流程图

用光学显微镜观察和研究金属内部组织，一般要分三个阶段来进行：（1）制备所截取试样的检验面；（2）采用适当的浸蚀操作显示检验面的组织；（3）用显微镜观察和研究试样检验面的组织。当试样的检验面比较粗糙时，由于对入射光产生漫反射，无法用显微镜观察其内部组织，因此，要对试样的检验面进行加工，通常是用磨光和抛光的方法，以得到一个光亮的镜面。这个检验面必须能完全代表样品在取样前所具有的状态。也就是说，不能在制样过程中使检验面发生任何组织变化。仅具有光亮的平面的试样，除某些非金属夹杂物、石墨、孔洞、裂纹外，在显微镜下只能看到白亮的一片，无法辨别出各种组成物及其形态特征，这是由于大多数金属组织中不同的入射光具有相近的反射能力。为此，必须用特定的试剂对试样的检验面进行浸蚀，利用不同组成相在浸蚀剂中的溶解速度不同的原理，使检验面呈现微小的凹凸不平。只要这些凹凸不平控制在光学系统的景深（物空间的清晰深度）范围内，这时用显微镜就可以看清楚试样组织的形貌、大小和分布。只有获得具有这种条件的试样检验面，才算是完成了试样的制备阶段。完成了以上两个阶段后，就可以进入显微分析的第三阶段，即显微组织的观察和分析。

7.2 金相样品的制备设备

金相试样切割机是利用高速旋转的薄片砂轮来截取金相试样的，它广泛适用于金相实验室切割各种金属材料。金相试样切割机附有冷却装置，用来带走切割时所产生的热量，因而避免了试样遇热而改变其金相组织。金相试样切割机的切割砂轮直接固定在电动机的轴上，利用锯架的摆动来切割固定在钳口中的试样。电动机固定在底座上，轴套套在电动机的轴上，砂轮片由螺母和夹片加以固定。固定在电动机前面的支架上装有可绕横轴转动的锯架，可由手柄的转动来移动钳口从而把试样夹紧在钳座中，当转动锯架时，就可以进行试样切割。冷却系统可以用固定在旋塞上的旋钮人工控制流量，冷却液由固定在底座后面上的橡胶管排出。机器工作时，由罩壳将砂轮片等挡住，以防冷却液飞溅和砂轮片碎裂时飞出伤人。图7-2 所示为砂轮切割机。

图 7-2 砂轮切割机

常见的 XQ-1 型金相试样镶嵌机，主要包括加压、加热装置和压模三部分。镶嵌时将磨平的试样观察面朝下放在下模上，在模腔中放入适量的塑料粉后，安装上模及顶压盖（顶压盖的观察窗口朝前），拧紧顶压螺杆。接通电源，设定加热温度（酚醛塑料的加热温度一般设定为 135～170 ℃，转动加压手轮至压力指示灯亮起，镶嵌机即开始加热并自动控温。设定温度与实测温度均为数字显示。加热后由于粉状塑料逐渐软化，造成压力下降，压力指示灯熄灭，此时应及时转动加压手轮增加压力以保持指示灯亮直至镶嵌完成，否则由于压力不足，会导致镶嵌塑料疏松。当达到设定温度并保温约 10 min 后，即可停止加热。稍加冷却，拧松顶压螺杆释放压力并留出上模及试样的上升空间，转动加压手轮顶出试样，在观察窗口确认试样出模后，再拆卸顶压盖，取出试样，镶嵌工作完成。图7-3 所示为 XQ-1 型金相试样镶嵌机。

M-1 型金相试样预磨机是一种湿式磨光机，它利用不同粒度的金相砂纸，对各种金属及合金的试样进行磨光。采用该预磨机，除以机械磨光代替手工操作提高了制备试样的效率以外，还能完全除去试样切割过程中产生的塑性变形和表面加热痕迹，供进一步抛光后进行组织的显微测定。图 7-4 所示为 M-1 型金相试样预磨机。

图 7-3 XQ-1 型金相试样镶嵌机

图 7-4 M-1 型金相试样预磨机

P-1型金相试样抛光机由底座、抛盘、抛光织物、抛光罩及盖等基本元件组成。电动机固定在底座上，固定抛光盘用的锥套通过螺钉与电动机轴相连。抛光织物通过套圈紧固在抛光盘上，电动机通过底座上的开关接通电源起动后，便可用手对试样施加压力使其在转动的抛光盘上进行抛光。抛光过程中加入的抛光液可通过固定在底座上的塑料盘中的排水管流入置于抛光机旁的方盘内。抛光罩及盖可防止灰土及其他杂物在机器不使用时落在抛光织物上而影响使用效果。图7-5所示为P-1型金相试样抛光机。

倒置式金相显微镜，试样观察面向下与工作台表面重合，观察物镜位于工作台的下面，向上观察，不受试样高度的限制，使用方便，仪器结构紧凑，外形美观大方，底座支承面积较大，重心较低，安全平稳可靠，目镜与支承面呈45°倾斜，观察舒适。图7-6所示为倒置式金相显微镜。

图7-5 P-1型金相试样抛光机

图7-6 倒置式金相显微镜

7.3 金相样品制备及观察

7.3.1 取样

7.3.1.1 取样原则

(1) 按照检验对象进行取样。如有技术标准或协议规定的，则必须按规定取样。

(2) 取样部位具有代表性。即所取的试样能如实反映材料的组织特征或零部件的质量，取样部位要根据金相分析的目的来进行选取。

(3) 对于压力加工材料，应同时截取横向试样与纵向试样。

(4) 对于经过一系列整体热处理后的机械零件，其内部组织是较均匀的，可以任意截取一截作为试样。

(5) 对于生产过程中产生的废品及机械零件的失效分析，一般应在破损处和远离破损处同时取样，以便进行比较分析。

(6) 在做材料的工艺研究时，应视研究目的的不同在相应位置进行取样。

(7) 做工艺检验的样品，应包括完整的加工处理和影响区，例如，热处理应包括完整的硬化层；表面处理应包括全部喷涂和渗镀层；铸件应从表面到中心；焊接件应包括焊缝、热影响区和基体。

7.3.1.2 试样的截取方法

试样的截取方法可根据金属材料的性能不同而异。对于软材料，可以用锯、车、刨等方法；对于硬材料，可以用砂轮切片机切割或电火花切割等方法；对于硬而脆的材料，如白口铸铁，可以用锤击方法；在大工件上取样，可用氧气切割等方法。

试样截取时应注意的事项：

（1）防止试样在截取过程中出现过热，以免组织因受热而发生变化。特别是用火焰切割或电弧切割引起局部熔融时，应将熔融部分及附近出现的过热部分完全去除。用砂轮切割或电火花切割时，应采取冷却措施，以避免由于受热而引起试样的组织发生变化。

（2）无论采用何种切割方法，都会在试样的切割面形成不同程度的变形层，这一变形层会对金相组织产生影响，因此在截取试样时应力求将变形层减至最小，并必须在后续工序中将变形层去掉。

（3）截取试样时应注意保护试样的特殊表面，如热处理表面强化层、化学热处理渗层、热喷涂层及镀层、氧化脱碳层、裂纹区等。

（4）金相试样的大小以便于握持、易于磨制为准，通常为 ϕ15 ~ 25 mm、高 15 ~ 20 mm 的圆柱体或边长为 15~20 mm 的立方体。

7.3.2　镶嵌

一般情况下，如果试样大小合适，就可以直接磨制，但对于尺寸过小的试样、形状不规则的试样、需要检查表面薄层组织的试样，则需要进行镶嵌。主要的镶嵌方法有热镶嵌和冷镶嵌。

7.3.2.1　热镶嵌

热镶嵌又分为金属镶嵌和非金属镶嵌。金属镶嵌法是将试样放置在一块光洁平板（如玻璃）上，用一段尺寸合适的钢管、铜管或硬塑料管将试样圈起来，再将低熔点合金熔化后浇注到套管内，冷却后即得到便于磨制的试样，其特点是简单易行。非金属镶嵌主要有热固性塑料镶嵌和热塑性塑料镶嵌两种，目前应用最普遍的是热固性酚醛塑料镶嵌，在金相试样镶嵌机上完成。镶嵌材料可以是纯的酚醛塑料，也可在酚醛塑料中加入少量木屑粉混合变为电木粉后使用。

7.3.2.2　冷镶嵌

对于不能加压（如脆性易碎样品）、不能加热、特薄、特小的试样，可以进行冷镶嵌。常用的冷镶嵌材料是环氧树脂和牙托粉，它们不需要加热加压，无需专用的镶嵌机，只需将配置好的含适量固化剂的环氧树脂（或由适量的牙托水和牙托粉搅拌调制而成的稀胶质状物质）注入已放好试样的模具中，在室温下静置一段时间待树脂固化后即可完成镶嵌工作。冷镶嵌所用的器材简单、价廉，并能满足各种形状、大小的试样要求。

7.3.2.3　机械夹持

机械夹持即用夹具夹持试样。热镶嵌需要专用的镶嵌机，冷镶嵌耗时较长，因此在日常检验工作中，为提高工作效率，常利用预先做好的夹具对异形、较小、较薄的试样进行机械夹持，以方便夹持和磨制。机械夹具的形状主要根据试样的形状、大小及夹持保护的要求选定，常用的有平板夹具、环状夹具和专用夹具，如图 7-7 所示。图 7-8 所示为镶嵌后的金相试样。

7.3.3　磨光

磨光在金相试样制备过程中是一个重要的环节，它不单纯是要将试样磨光，还可以在

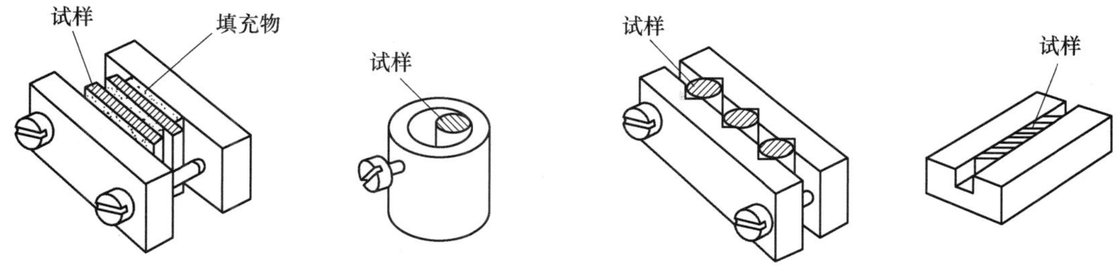

(a)平板夹具　(b)环形夹具　(c)专用夹具

图 7-7　金相试样夹具

图 7-8　镶嵌后的金相试样

磨光过程中去除在截取试样时造成的损伤和变形层。在磨光过程中一方面会去除由于砂轮片切割等引入的严重变形层，同时也会不可避免地产生新的变形层。因此在磨光过程中，应注意砂纸及磨光器材的选用和操作方法，合理制订磨光工艺，尽量将每一道工序产生的变形层减至最小，以便在下一道工序中除去。最后一道磨光工序产生的变形层深度应非常浅，以保证能在下一道抛光工序中除去。

磨光方法一般有两种，即手工磨光和机械磨光。

7.3.3.1　手工磨光

手工磨光是金相实验室最常用的方法。手工磨制时，先用卫生纸将玻璃板清洁干净，再将砂纸摞在一起放在玻璃板上，按照砂砾从粗到细的顺序，由上至下摆放，然后开始磨制样品。在砂纸上制样时要注意应在砂纸最下方竖直放置样品，放置后不要转动样品，手指压稳样品，竖直向前推，应在砂纸上留下一条与样品直径同宽的长方形痕迹，竖直拿起样品，重复上述操作，直至样品表面划痕方向一致且无亮划痕。用脱脂棉球擦拭样品表面残余砂砾，并用卫生纸清理玻璃板，然后将样品旋转 90°进行下一张砂纸的磨制，使新旧磨痕垂直，以便于去除变形层，直到表面无垂直划痕且方向一致再进行下一张砂纸的磨制。在磨制过程中应尽量在每磨完一次后都用脱脂棉球对样品进行擦拭或者水冲一下，防止有砂砾附着在样品表面，导致在下一次磨制时在样品表面产生深划痕，影响后期抛光步骤。如果在磨制后发现砂纸表面出现一道白色的痕迹，则说明砂纸表面会掉砂，且样品表面已经被掉落的砂砾划过，此时应该停止磨制，抖动砂纸，清理表面掉落的砂砾，用棉球擦拭样品表面，旋转 90°再进行磨制，直到表面无垂直划痕，且方向一致。通常使用粒度为 400 号、800 号、1000 号、1200 号、1500 号、2000 号等砂纸依次磨制后，即可进行抛光。图 7-9 所示为手工磨光操作示意图。

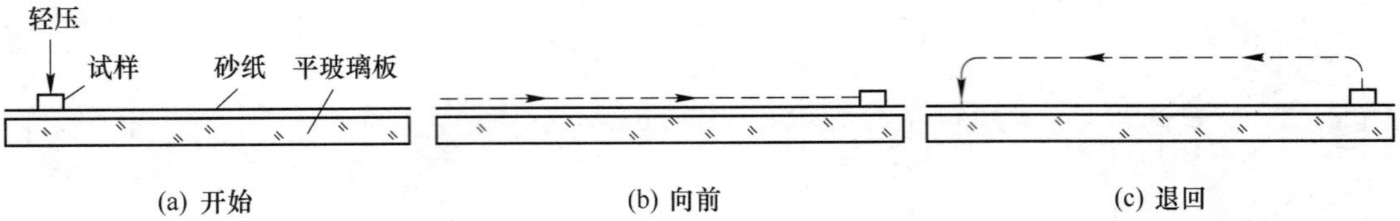

图 7-9　手工磨光操作示意图

磨制注意事项：

（1）为了保证磨面平整不产生塌边和弧度，磨削应遵循单方向向前推动时磨制，然后提起试样退回，在回程中不与砂纸发生接触。

（2）磨制时，对试样的压力应均匀适中，压力太小，则磨削效率低；压力太大，则会增加磨粒与磨面间的滚动产生过深划痕。此外，用力过大还会发热并造成试样表面产生变形层。

（3）当新的磨痕盖过旧的磨痕，而且磨痕是平行时，就可以更换下一号砂纸。

（4）更换砂纸时，不宜跳号过多，因为每号砂纸的切削能力是以保证能在短时间内将前面磨痕全部磨掉来分级的。若跳号过多，则不仅会增加磨削时间，而且前面砂纸留下的表面强化层和扰乱层也难以消除。

（5）更换砂纸时，试样、玻璃板及操作者的双手均应清洗洁净。

（6）每更换一次砂纸，试样应转动 90°，使新磨痕的方向与旧磨痕垂直。这样易于观察粗磨痕的逐渐消除情况，从而获得逐步磨光的正确信息。

（7）砂粒一经变钝，磨削作用就会降低，不宜继续使用，否则磨粒与磨面会产生滚压现象而增加表面扰乱层。

（8）砂纸应分号放置，切勿粗细混放。磨制过硬质材料的砂纸不宜再用来磨制较软的材料。

7.3.3.2　机械磨光

机械磨制过程需要将砂纸浸湿后安装在研磨盘上，并调节冷却水流的大小，水流不能过大，以防止溅出。要注意，不能在预磨机上不加水直接制样。预磨机逆时针旋转，磨制样品时要在研磨盘中心靠右处放置，防止样品不慎飞出时伤及实验人员。首先开始倒角，用右手食指、拇指、中指倾斜 45°捏住样品，将样品磨制面放至预磨机上开始磨制，倒角时注意左右转动进行倒角（倒角深度为 0.5~1 mm，角度为 45°），倒角完成后将磨制面朝下，拿稳样品，竖直将样品放置在研磨盘上开始磨制。样品表面机磨时要注意手持样品的姿势，不能倾斜，试样平面要平行于预磨机的平面，开始机磨时要拿住样品从机磨砂纸靠中心处放置样品，注意保持平稳，一开始不要向样品施加太多压力，拿稳样品，从砂纸中心慢慢向砂纸外侧移动开始磨制，用清水冲洗后观察样品表面的划痕，直到样品表面平整且表面的划痕方向一致。用力过大或者样品倾斜、抖动会导致样品表面出现分块面；若样品表面出现分块面，则可将试样表面水平放在预磨机上磨制一段时间，分块面会逐渐变小，直至消失。注意，机械预磨测试阶段及正式操作过程中不能用手接触正在运转的机器面板，在机磨过程中，由于机器本身原因，可能出现对样品施力时砂纸不随机器转动进行磨抛，出现这种情况时应尽量将样品放在砂纸靠中心位置磨制，不要太用力。

7.3.4 抛光

抛光的目的在于消除试样磨光后留下的细微磨痕，使试样的抛光面光亮无痕，犹如镜面，同时彻底去除变形层，得到一个适用的金相磨面。理想的抛光面应是平滑光亮、无划痕、无浮雕、无塑性变形层和不脱落的非金属夹杂物。

金相试样最终显示前的品质是由抛光品质决定的。而抛光前试样磨面磨制及产生变形层的情况又会直接影响抛光品质。因此，在进行抛光工作以前，必须对磨面进行检查，如果在磨面上有较深的划痕，即使这些深划痕的数量极少，在抛光过程中也难以去除。在这种情况下，应重新对试样进行磨光，直至磨面上只留下单一方向的均匀的细磨痕及较浅的变形层，才能进行抛光。

抛光的方法按其使用本质可分为机械抛光、电解抛光和化学抛光。

7.3.4.1 机械抛光

一般采用抛光机进行机械抛光，将海军呢抛光布粘在抛光盘上，注意平整粘贴，打开抛光机，用洗瓶在抛光布上滴加一定量的水，均匀润湿抛光布后关闭抛光机，按照“十”字形在抛光布上均匀按压式涂抹抛光膏，在样品开始抛光前，先用水流冲洗样品的磨制面，防止样品表面有残留的砂砾，影响抛光。开始抛光时要拿住样品，在抛光布中心靠右处放置样品，样品左右摆动进行抛光，对样品施加的压力越大，摩擦力越大，抛光完成时间也越短，但样品的摩擦力越大，所需的握持力也随之加大，所以压力不宜过大，以防止飞样。注意，在抛光过程中既不能干抛，也不能加水过多。干抛容易引起样品表面过热；加水过多，则会把抛光颗粒冲甩掉，影响抛光进度，也会造成耗材浪费。抛光过程中，可以拿起试样观察抛光表面，如果有一层水膜 2~5 s 内不消失，则不需加水，用水冲洗样品表面，将多余的抛光膏洗掉，当试样表面看不到划痕，整个抛光面平整光滑如同镜面时，抛光完成。用酒精清洗样品表面后，再用吹风机吹干表面，即可进行腐蚀。

机械抛光的注意事项如下：

（1）在抛光之前，必须清洗试样，避免将油污、磨料等脏物带进抛光盘内。

（2）调整好抛光盘的转速，一般情况下，硬的材料选用较快的转速，软的材料选用较慢的转速。

（3）控制好抛光剂的浓度，浓度过大会造成浪费，且不会提高抛光速度；浓度太小则会明显降低抛光效率。

（4）控制好抛光织物的湿度，湿度太小易使磨面产生过热或黏附抛光剂并降低润滑性，使磨面失去光泽；湿度太大则会减弱抛光剂的磨削作用。检验抛光织物上湿度是否合适的方法是观察试样抛光面上水膜蒸发的时间，当试样离开抛光盘后，抛光面上附着的水膜应在 2~5 s 内蒸发完毕。

（5）进行抛光操作时，应先将试样轻轻放下与抛光织物接触，再适当增加压力。用力要均匀适当，压力过大会增加变形层深度；压力过小则会降低抛光效率。抛光时试样要沿抛光盘的径向做往复运动，同时试样自身略加转动，以使试样各部分的抛光程度一致，并避免拖尾现象的出现。抛光后的试样，其磨面应光亮无痕，不存在拖尾现象。

7.3.4.2 化学抛光

化学抛光是指利用化学试剂的溶解作用而得到抛光的表面。常用的化学抛光溶液有磷酸、铬酸、硫酸、硝酸、氢氟酸和过氧化氢等。将化学抛光液滴在经过磨光的试样表面上，由于试样各组成相的电化学电位不同，化学腐蚀作用将使其表面发生选择性溶解，经过数秒至几分钟，就可得到平整光滑的抛光表面。

由于化学抛光时兼有化学浸蚀的作用，因此多数情况下能同时显示组织。抛光结束后将试样用水清洗干净，然后用酒精冲去残留水滴，再用吹风机吹干即可观察组织，不需再做浸蚀显示。

7.3.4.3　电解抛光

电解抛光是将试样放在电解液中作为阳极，用不锈钢板或铝板作为阴极，接通直流电源，在一定的电流作用下，试样表面凸起部分被选择性溶解而达到抛光的目的。电解抛光的优点是速度快，表面光洁，只产生电化学的溶解作用而无机械力的影响，因此抛光过程中不会发生塑性变形。但电解抛光过程不易控制，对金属材料化学成分的不均匀性及显微偏析特别敏感。所以，对于具有偏析的金属材料难以进行良好的电解抛光，甚至不能进行电解抛光。

7.3.5　腐蚀

用木夹夹住抛光完成后的样品，用无水乙醇进行冲洗或者用竹镊子夹住无水乙醇浸湿的脱脂棉球轻轻擦拭样品表面，再用超声波清洗试样，最后用吹风机冷风吹干样品。

样品采用擦拭法进行腐蚀，将腐蚀液滴在脱脂棉球上，用竹镊子夹住均匀擦拭样品表面。注意观察试样抛光面的变化，当其由亮转变成灰白色后，立即停止腐蚀并用水冲洗，再用无水乙醇冲洗或擦拭样品，用吹风机冷风吹干。表 7-1 所示为金属材料常见的腐蚀液。

表 7-1　金属材料常见的腐蚀液

序号	腐蚀剂名称	成分/mL（g）	腐蚀条件	适应范围
1	硝酸酒精溶液	硝酸　1~5 酒精　100	室温腐蚀数秒	碳钢及低合金钢，能清晰地显示铁素体晶界
2	苦味酸酒精溶液	苦味酸　4 酒精　100	室温腐蚀数秒	碳钢及低合金钢，能清晰地显示珠光体和碳化物
3	苦味酸钠溶液	苦味酸　2~5 氢氧化钠　20~25 蒸馏水　100	加热到 60 ℃ 腐蚀 5~30 min	渗碳体呈暗黑色，铁素体不着色
4	混合酸酒精溶液	盐酸　10 硝酸　3 酒精　100	腐蚀 2~10 min	高速钢淬火及淬火回火后晶粒大小
5	王水溶液	盐酸　3 硝酸　1	腐蚀数秒	各类高合金钢及不锈钢组织
6	氯化铁、盐酸水溶液	三氯化铁　5 盐酸　10 水　100	腐蚀 1~2 min	黄铜及青铜的组织显示
7	氢氟酸水溶液	氢氟酸　0.5 水　100	腐蚀数秒	铝及铝合金的组织显示

7.3.6 观察

7.3.6.1 显微观察操作

（1）打开显微镜的电源开关，检查显微镜能否正常工作；

（2）将待观察的样品放置于载物台上，调节粗调手轮，缓慢缩短物镜与载物台的距离，使物镜与样品的间距达到观察所需的最小距离，此时观察目镜，当目镜中出现影像时，停止调节粗调手轮，改为调节微调手轮，将影像调整清晰；

（3）通过调节载物台的移动手柄可以观察通光孔范围内的样品区域，如需观察样品通光孔以外的区域，则可以提起试样，调整待观测区域；

（4）在低倍显微镜下观察结束后，调节粗调手轮增大物镜与载物台之间的距离，再将物镜座调至所需倍镜，重复上述（2）（3）操作进行观察；

（5）观察结束后，将显微镜物镜位置恢复原位，取下样品。

7.3.6.2 显微镜操作注意事项

（1）使用显微镜前，双手、样品都需要保持干燥，禁止湿手操作显微镜；

（2）使用粗调手轮调节过程中，需缓慢操作，不能调节过快，避免样品观察面接触到物镜；

（3）在整个显微镜观察过程中，手、样品等均不能触碰物镜、目镜镜头。

8　钢铁的显微组织

8.1　铁-碳相图及金相解析

钢铁是现代工业中应用最广泛的金属材料，其基本组元是铁和碳两个元素，故统称为铁碳合金。普通碳钢和铸铁均属铁碳合金范畴，合金钢和合金铸铁实际上是有意加入合金元素的铁碳合金。为了熟悉钢铁材料的组织与性能，以便在生产中合理使用，首先必须研究铁碳合金相图。

8.1.1　$Fe\text{-}Fe_3C$ 合金相图分析

由于纯铁具有同素异构性，并且 α-Fe 与 γ-Fe 的溶碳能力各不相同，为了便于研究和分析，可将 $Fe\text{-}Fe_3C$ 合金相图进行简化，简化后的 $Fe\text{-}Fe_3C$ 合金相图如图 8-1 所示，其相图中特性点的含义见表 8-1。

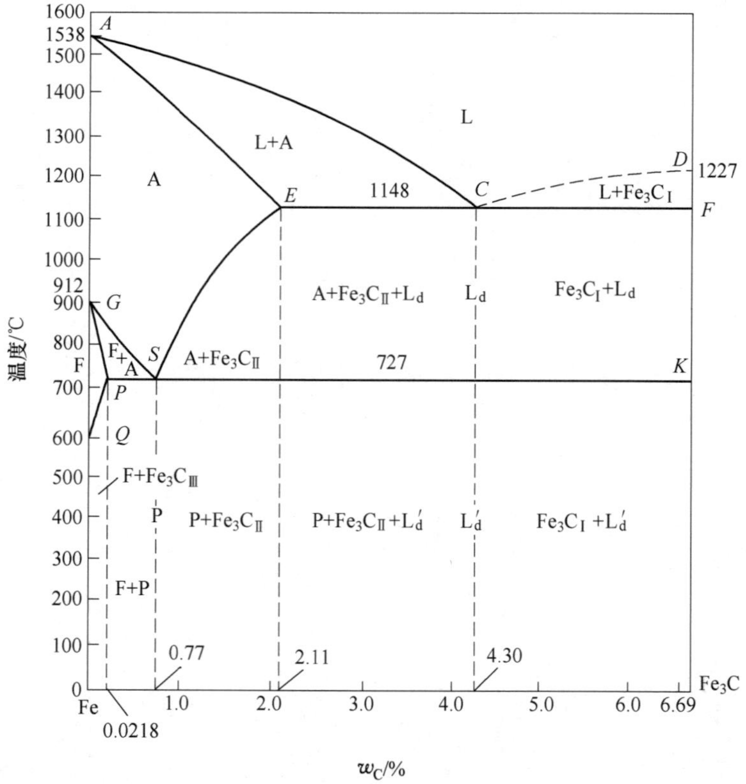

图 8-1　简化后的 $Fe\text{-}Fe_3C$ 合金相图

表 8-1 $Fe\text{-}Fe_3C$ 相图中的特性点

特性点	温度/℃	w_C/%	含 义
A	1538	0	纯铁的熔点
C	1148	4.3	共晶点
D	约 1227	6.69	渗碳体的熔点
E	1148	2.11	碳在奥氏体（或 γ-Fe）中的最大溶解度
F	1148	6.69	沙城体的成分
G	912	0	α-Fe→γ-Fe 同素异构转变点
K	727	6.69	渗碳体的成分
P	727	0.0218	碳在铁素体（或 α-Fe）中的最大溶解度
S	727	0.77	共析点
Q	600	约 0.0057	碳在铁素体（或 α-Fe）中的溶解度

8.1.1.1 $Fe\text{-}Fe_3C$ 相图中各主要特性点

A 点为纯铁的熔点，*D* 点为渗碳体的熔点，*E* 点为 1148 ℃时碳在 γ-Fe 中的最大溶解度（$w_C=2.11\%$）。钢和铁即以 *E* 点为分界，凡 $w_C<2.11\%$ 的铁碳合金称为钢，$w_C>2.11\%$的铁碳合金称为生铁。

C 点为共晶点。该点上的液态合金将发生共晶转变，液相在恒温下，同时结晶析出奥氏体和渗碳体所组成的细密的混合物（共晶体）。其表达式为：

$$L_C \longrightarrow A_E + Fe_3C \qquad (8\text{-}1)$$

共晶转变后获得的共晶体（$A+Fe_3C$）称为莱氏体，用符号 L_d 表示。

G 点为 α-Fe→γ-Fe 的同素异构转变温度；*P* 点为在 727 ℃时碳在 α-Fe 中的最大溶解度（$w_C=0.0218\%$）。

S 点为共析点。这点上的奥氏体将在恒温下同时析出铁素体和渗碳体的细密混合物。这种由一定成分的固相，在一定温度下，同时析出成分不同的两种固相的转变，称为共析转变。其表达式为：

$$A_S \longrightarrow F_P + Fe_3C \qquad (8\text{-}2)$$

共析转变后所获得的细密混合物（$F+Fe_3C$）称为珠光体，用符号 P 表示。珠光体的性能介于两组成相性能之间。

应当指出，共析转变和共晶转变很相似，它们都是在恒温下，由一相转变成两相混合物，所不同的是共晶转变是从液相发生转变，而共析转变则是从固相发生转变。共析转变产生物称为共析体，由于原子在固态下扩散较困难，因此共析体比共晶体更细密。

8.1.1.2 $Fe\text{-}Fe_3C$ 相图中主要特性线

AC 线和 *CD* 线为液相线，液态合金冷却到 *AC* 线温度时，开始结晶出奥氏体；液态合金冷却到 *CD* 线温度时，开始结晶析出渗碳体。*AE* 线和 *ECF* 线为固相线。*AE* 线为奥氏体结晶终了线，*ECF* 线是共晶线，碳含量为 2.11%～6.69%的液态合金冷却到共晶线温度（1148 ℃）时，将发生共晶转变而生成莱氏体。

ES 线为碳在奥氏体中的固溶线，可见碳在奥氏体中的最大溶解度是 *E* 点，随着温度的下降，溶解度减小，到 727 ℃时，奥氏体中的溶碳量仅为 $w_C=0.77\%$。因此，凡是 $w_C>$

0.77%的铁碳合金，在由 1148 ℃冷却到 727 ℃的过程中，过剩的碳将以渗碳体形式从奥氏体中析出。为了与自液态合金中直接结晶出的一次渗碳体（Fe_3C_{I}）区别，通常将奥氏体中析出的渗碳体称为二次渗碳体（Fe_3C_{II}）。

CS 线为冷却时由奥氏体转变成铁素体的开始线，或者说为加热时铁素体转变成奥氏体的终了线；*GP* 线为冷却时奥氏体转变成铁素体的终了线，或者说为加热时铁素体转变成奥氏体的开始线。

PSK 线称为共析线。碳含量为 0.0218%~2.11%的铁碳合金冷却到共析温度（727 ℃）时，将发生共析转变而生成珠光体。因此，在 727~1148 ℃的莱氏体，是由奥氏体与渗碳体组成的混合物，称为莱氏体，用符号 L_d 表示；在 727 ℃以下的莱氏体，则是珠光体与渗碳体组成的混合物，称为变态莱氏体，用 L_d'表示。由于变态莱氏体中含有大量渗碳体，故它是一种硬脆组织，其硬度值约为 560HBW，伸长率 $A=0\%$。

PQ 线为碳在铁素体中的固溶线，碳在铁素体中的最大溶解度是 *P* 点，随着温度的下降，溶解度逐渐减小，室温时，铁素体中的溶碳量几乎为零。因此，由 727 ℃冷却到室温的过程中，铁素体中过剩的碳将以渗碳体的形式析出，称为三次渗碳体（Fe_3C_{III}）。

Fe-Fe_3C 相图中特性线的含义见表 8-2。

表 8-2 Fe-Fe_3C 相图中的特性线

特性线	含义
AC	铁碳合金的液相线，液态合金开始结晶出奥氏体
CD	铁碳合金的液相线，液态合金开始结晶出渗碳体
AE	铁碳合金的固相线，即奥氏体的结晶终了线
ECF	铁碳合金的固相线，即 $L_C \xrightarrow{1148\ ℃} A_E+Fe_3C$ 共晶转变线
GS	又称 A_3 线，奥氏体转变为铁素体的开始线
GP	奥氏体转变为铁素体的终了线
ES	又称 A_{cm}线，碳在奥氏体（或 γ-Fe）中的固溶线
PQ	碳在铁素体（或 α-Fe）中的固溶线
PSK	又称 A_1 线，$A_s \xrightarrow{727\ ℃} F_P+Fe_3C$ 共析转变线

8.1.1.3 Fe-Fe_3C 相图中的相区

（1）单相区有 F、A、L 和 Fe_3C 四个单相区。

（2）两相区有 L+A、L+Fe_3C、A+Fe_3C、A+F 和 F+Fe_3C 五个两相区。

（3）每个两相区都与相应的两个单相区相邻：两条三相共存线，即共晶线 *ECF*，L、A 和 Fe_3C 三相共存；共析线 *PSK*，A、F 和 Fe_3C 三相共存。

8.1.2 典型铁碳合金的结晶过程分析

8.1.2.1 铁碳合金分类

根据铁碳合金的含碳量及组织的不同，可将铁碳合金分为工业纯铁、钢及白口铸铁三类。

（1）工业纯铁（熟铁）。成分为 P 点左面（$w_C<0.0218\%$）的铁碳合金，其室温组织为铁素体，在机械工业中应用较少。

（2）钢。成分为 P 点与 E 点之间（$w_C=0.0218\%\sim2.11\%$）的铁碳合金，其特点是高温固态组织为塑性很好的奥氏体，因而可进行热压力加工。根据相图中的 S 点，钢又可以分为以下三大类：

1）共析钢。成分为 S 点（$w_C=0.77\%$）的合金，室温组织为珠光体。

2）亚共析钢。成分为 E 点左面（$0.0218\%<w_C<0.77\%$）的合金，室温组织是珠光体+铁素体。

3）过共析钢。成分为 S 点右面（$0.77\%<w_C<2.11\%$）的合金，室温组织是珠光体+二次渗碳体。

（3）白口铸铁（生铁）。成分为 E 点右面（$2.11\%<w_C<6.69\%$）的铁碳合金，其特点是液态结晶时都有共晶转变，因而与钢相比有较好的铸造性能。但高温组织中硬脆的渗碳体量很多，故不能进行热压力加工。根据相图中的 C 点，白口铸铁又可以分为以下三大类：

1）共晶白口铸铁。$w_C=4.3\%$的合金，室温组织为变态莱氏体。

2）亚共晶白口铸铁。$2.11\%<w_C<4.3\%$的合金，室温组织为变态莱氏体+珠光体+二次渗碳体。

3）过共晶白口铸铁。$4.3\%<w_C<6.69\%$的合金，室温组织为变态莱氏体+一次渗碳体。

8.1.2.2　典型铁碳合金的结晶过程分析

A　共析钢的结晶过程分析

图 8-2 中的合金Ⅰ为 $w_C=0.77\%$的共析钢。共析钢在 1 点以上时为液态合金；当液态合金冷却到与液相线 AC 相交于 1 点温度时，从液相中开始结晶析出奥氏体；在 1 点和 2 点之间，随着温度的下降，奥氏体量不断地增加，其成分沿着 AE 线改变，而剩余液相逐渐减少，其成分沿着 AC 线改变；冷却到 2 点时，液相全部结晶成与原合金成分相同的奥氏体；在 2 点到 3 点的温度范围内，合金的组织不变；冷却到 3 点温度，即 727 ℃时，发生共析转变，形成珠光体；从 3 点继续冷却到室温，珠光体不发生转变。从铁素体中析出的微量 $Fe_3C_{Ⅲ}$与渗碳体同相，因其量少故可忽略不计。因此，共析钢缓冷到室温的平衡组织为层片状的珠光体。共析钢的结晶过程如图 8-3 所示，其显微组织如图 8-4 所示。

B　亚共析钢的结晶过程分析

图 8-2 中的合金Ⅱ为 $w_C<0.77\%$的亚共析钢。亚共析钢在 1 点到 3 点温度间的冷却结晶过程与共析钢相似；当合金冷却到与 GS 线相交于 3 点温度时，奥氏体开始转变成铁素体，称为先共析铁素体；在 3 点与 4 点之间，随着温度的下降，铁素体量不断地增加，其成分沿着 GP 线改变，而奥氏体量逐渐减少，其成分沿着 GS 线改变；当合金冷却到与共析线 PSK 线相交的 4 点温度时，铁素体中的 $w_C=0.0218\%$，而剩余奥氏体正好为共析成分（$w_C=0.77\%$），因此剩余的奥氏体就发生共析转变而形成了珠光体。4 点以下继续冷却至室温，组织基本上不发生变化。故亚共析钢缓冷到室温的平衡组织为铁素体 F 和珠光体 P，其结晶过程如图 8-5 所示。

所有亚共析钢的结晶过程均相似，它们在室温下的组织都是由铁素体和珠光体组成

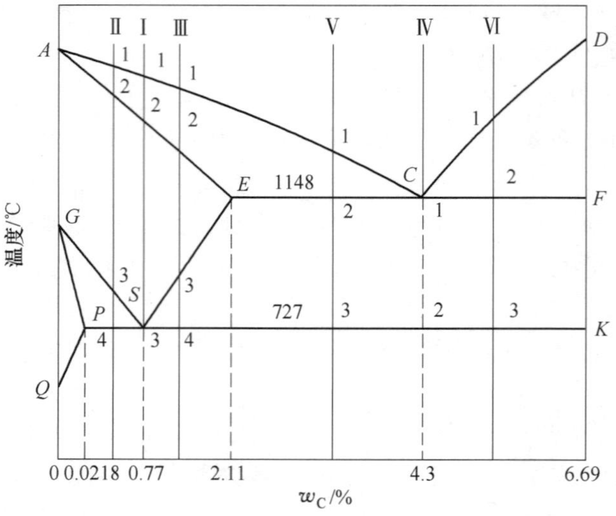

图 8-2　典型铁碳合金的结晶过程分析转变

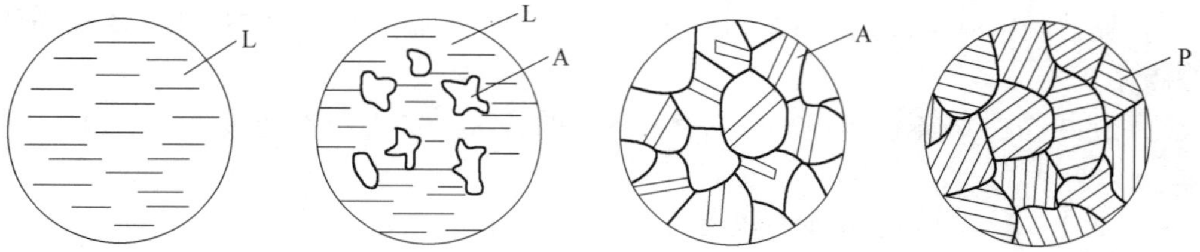

(a) 1点以上　(b) 1～2点　(c) 2～3点　(d) 3点(S)以下

图 8-3　共析钢结晶过程示意图

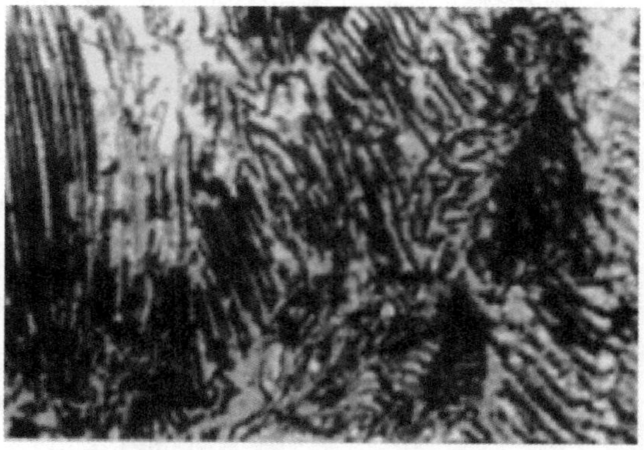

图 8-4　共析钢平衡状态显微组织

的。其差别仅在于二者的相对量有所不同，凡距共析成分越近的亚共析钢组织中所含的珠光体量越多；反之，铁素体量越多。其显微组织如图 8-6 所示，其中白亮部分为铁素体，黑色部分为珠光体。

C　过共析钢的结晶过程分析

图 8-2 中的合金Ⅲ为 0. 77%<w_C<2. 11%的过共析钢。过共析钢在 1 点到 3 点温度间的

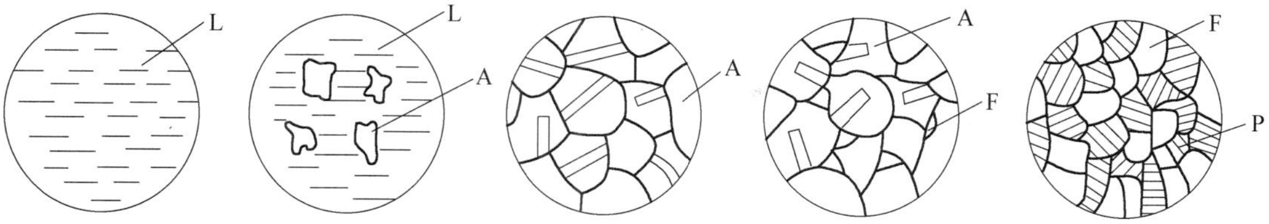

(a) 1点以上　(b) 1～2点　(c) 2～3点　(d) 3～4点　(e) 4点以下

图 8-5　亚共析钢的结晶过程示意图

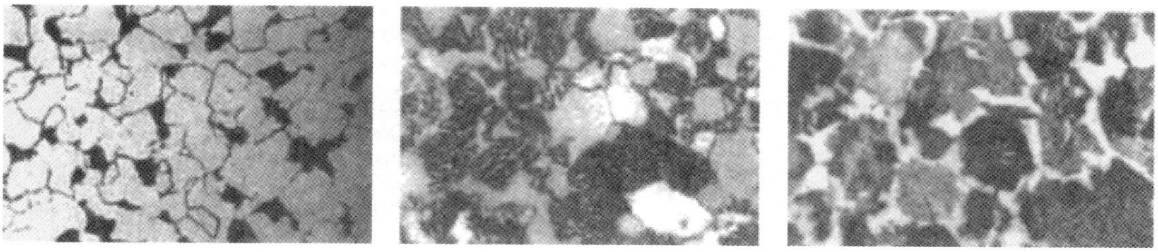

(a) 20钢　(b) 45钢　(c) 65钢

图 8-6　亚共析钢的显微组织

冷却结晶过程也与共析钢相似；当合金冷却到与 *ES* 线相交于 3 点温度时，由于奥氏体中碳达到过饱和而开始从奥氏体中析出二次渗碳体 Fe_3C_{II}，二次渗碳体沿着奥氏体晶界析出而呈网状分布，如图 8-7 所示，这种二次渗碳体称为先析渗碳体；在 3 点到 4 点之间，随着温度的降低，析出的二次渗碳体量不断增加，剩余奥氏体中溶碳量沿 *ES* 线变化而逐渐减少；继续冷却到与共析线 *PSK* 相交于 4 点温度时，剩余奥氏体的含量正好为共析成分，因此就发生共析转变而形成珠光体；4 点以后，温度继续下降到室温时，合金组织基本不变。故过共析钢缓冷到室温的平衡组织为珠光体 P 和二次渗碳体 Fe_3C_{II}，其结晶过程如图 8-8 所示。

图 8-7 所示为过共析钢的显微组织，其中黑色基体组织为片状珠光体，白色网状条纹为二次渗碳体。

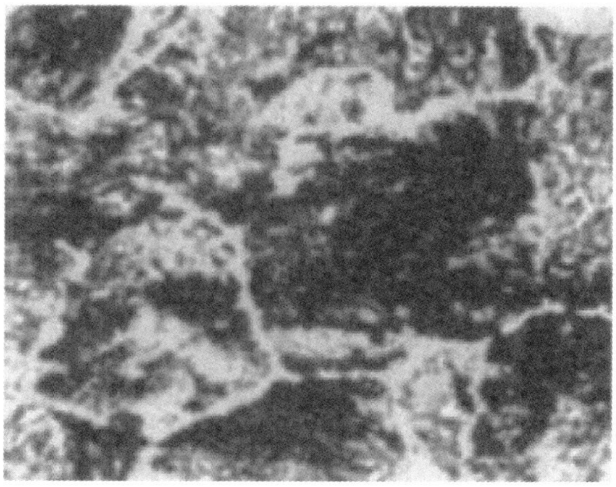

图 8-7　过共析钢的显微组织

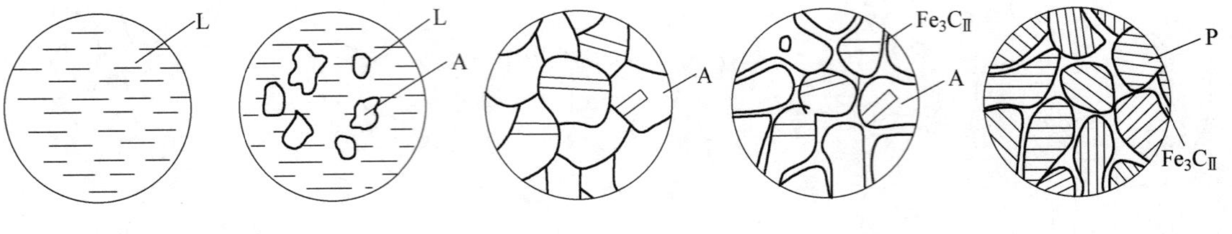

(a) 1点以上　(b) 1～2点　(c) 2～3点　(d) 3～4点　(e) 4点以下

图 8-8　过共析钢的结晶过程示意图

D　共晶白口铸铁的结晶过程分析

图 8-2 中的合金Ⅳ具有 *C* 点的成分（w_C=4.3%），称为共晶白口铸铁。共晶白口铸铁在 1 点以上时为液态合金；当液态合金冷却到与液相线 *ACD* 线相交于 1 点温度（共晶温度为 1148 ℃）时，将发生共晶转变，即 $L_C \xrightarrow{1148\ ℃} A_E + Fe_3C$，形成莱氏体 L_d，这种由共晶转变而结晶析出的奥氏体与渗碳体，分别称为共晶奥氏体 A 与共晶渗碳体 Fe_3C；在 1 点与 2 点之间，随着温度的下降，碳在奥氏体中的溶解度沿着 *ES* 线变化而不断降低，故从奥氏体中不断析出二次渗碳体 Fe_3C_{II}；当温度下降到与共析线 *PSK* 线相交于 2 点的温度时，奥氏体的碳的质量分数正好是共析成分（0.77%），因此奥氏体发生共析转变形成珠光体，而二次渗碳体不变；从 2 点继续冷却到室温，组织基本不变。故共晶白口铸铁室温的平衡组织为珠光体 P、共晶渗碳体 Fe_3C 和二次渗碳体 Fe_3C_{II}，称为低温莱氏体，用符号 L_d'表示。共晶白口铸铁的结晶过程如图 8-9 所示。

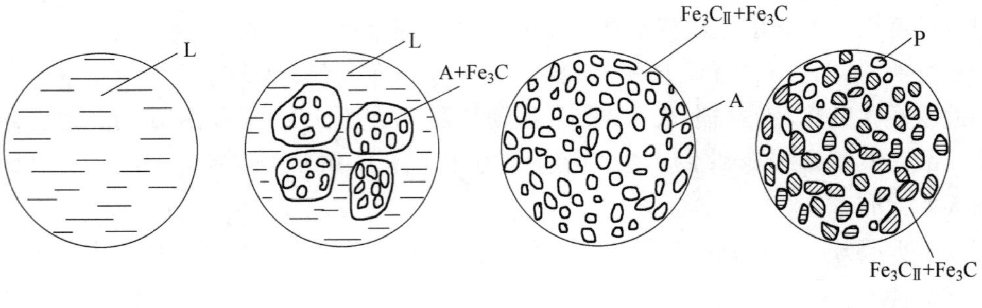

(a) 1点以上　(b) 1点　(c) 1～2点　(d) 2点以下

图 8-9　共晶白口铸铁的结晶过程示意图

图 8-10 所示为共晶白口铸铁的显微组织。图中黑色部分为珠光体，白色部分为渗碳体。二次渗碳体与共晶渗碳体混在一起，在光学显微镜下难以分辨。

E　亚共晶白口铸铁的结晶过程分析

图 8-2 中的合金Ⅴ为 2.11%<w_C<4.3%的亚共晶白口铸铁。亚共晶白口铸铁在 1 点以上时为液态合金；当液态合金冷却到与液相线 *AC* 线相交于 1 点温度时，液相中开始结晶析出初晶奥氏体；在 1 点与 2 点之间，随着温度的下降，奥氏体量不断增加，其成分沿固相线 *AE* 线变化，而剩余液相量则逐渐减少，其成分沿液相线 *AC* 线变化；当冷却到与共晶线 *ECF* 线相交于 2 点温度（1148 ℃）时，初晶奥氏体的成分变为 2.11%，液相碳的质量分数正好是共晶成分（4.3%），因此剩余液相发生共晶转变形成莱氏体 L_d，而初晶奥

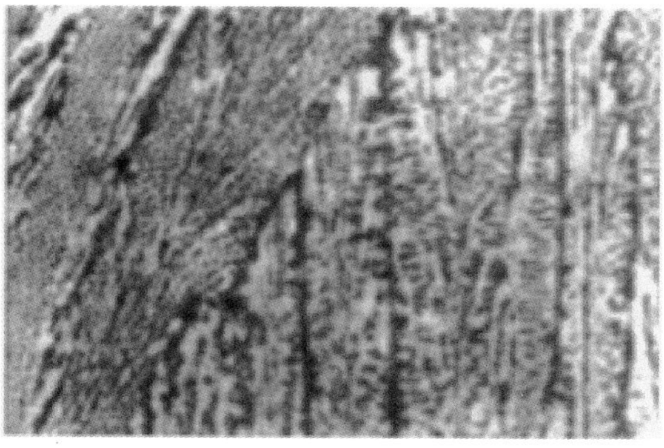

图 8-10 共晶白口铸铁的显微组织

氏体不变；在 2 点到 3 点间冷却时，初晶奥氏体与共晶奥氏体中，均不断析出二次渗碳体 Fe_3C_{II}，并在 3 点的温度（727 ℃）时，这两种奥氏体的成分正好是共析成分（0.77%），所以发生共析转变而形成珠光体；从 3 点继续冷却到室温，组织基本不变。故亚共晶白口铸铁缓冷到室温的平衡组织为珠光体 P、二次渗碳体 Fe_3C_{II} 和低温莱氏体 L'_d，其结晶过程如图 8-11 所示。

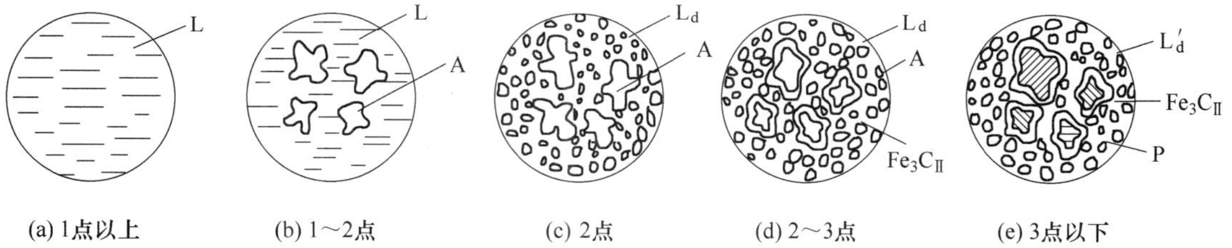

图 8-11 亚共晶白口铸铁的结晶过程示意图

所有亚共晶白口铸铁的结晶过程均相似，只是合金成分越接近共晶成分，室温组织中低温莱氏体的量越多；反之，由初晶奥氏体转变成的珠光体的量越多，图 8-12 所示为亚共晶白口铸铁的显微组织。图中呈黑色块状或树枝状分布的是由初晶奥氏体转变成的珠光体，基体是低温莱氏体。白亮色的二次渗碳体分布在块状或树枝状珠光体周围。

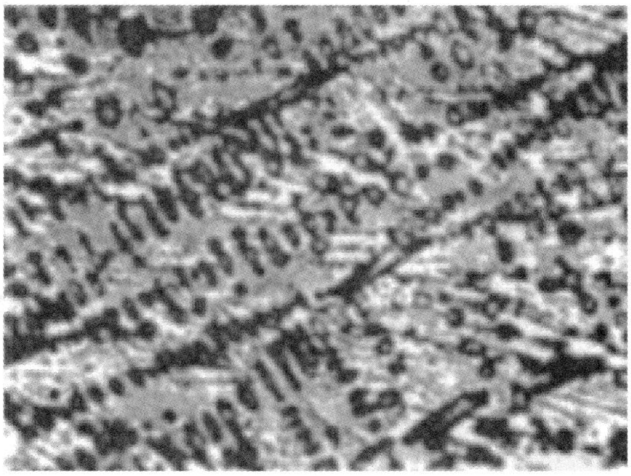

图 8-12 亚共晶白口铸铁的显微组织

F　过共晶白口铸铁的结晶过程分析

图 8-2 中的合金Ⅵ为 $4.3\%<w_C<6.9\%$ 的过共晶白口铸铁。过共晶白口铸铁在 1 点以上时为液态合金；当液态合金冷却到与液相线 *CD* 线相交于 1 点的温度时，液态合金中开始结晶析出一次渗碳体 $Fe_3C_Ⅰ$；在 1 点与 2 点之间，随着温度的下降，一次渗碳体量不断增加，剩余液相量逐渐减少，其成分沿 *CD* 线改变；当温度冷却到与共晶线 *ECF* 相交于 2 点温度（1148 ℃）时，液相的成分正好是共晶成分，因此剩余的液相发生共晶转变而形成莱氏体；继续冷却时，奥氏体中同样要析出二次渗碳体 $Fe_3C_Ⅱ$，并且在 3 点的温度（727 ℃）时，奥氏体发生共析转变而形成珠光体。故过共晶白口铸铁缓冷到室温的平衡组织为一次渗碳体 $Fe_3C_Ⅰ$ 和低温莱氏体 L'_d。其结晶过程如图 8-13 所示。

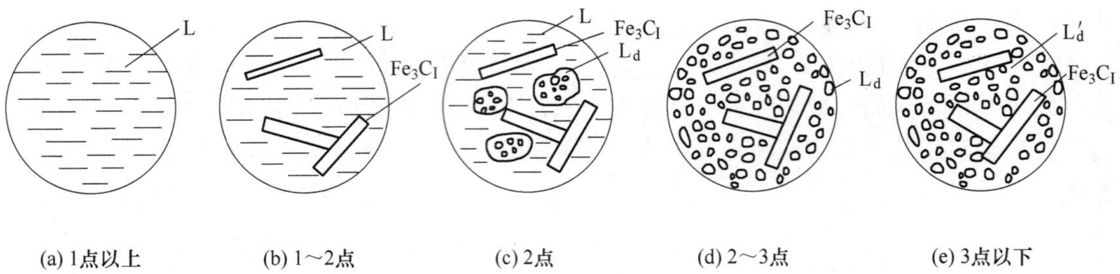

图 8-13　过共晶白口铸铁的结晶过程示意图

所有过共晶白口铸铁的结晶过程均相似，只是合金成分越接近共晶成分，室温组织中的低温莱氏体量越多；反之，一次渗碳体量越多。

图 8-14 所示为过共晶白口铸铁的显微组织。图中白色条块状为一次渗碳体，基体为低温莱氏体。

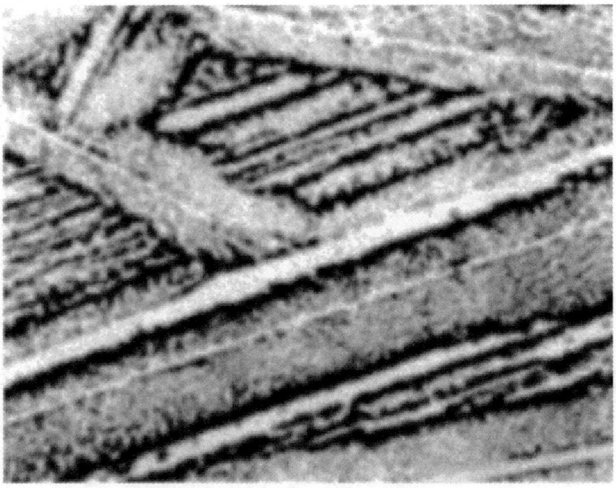

图 8-14　过共晶白口铸铁的显微组织

若将上述各类铁碳合金结晶过程中的组织变化填入相图中，则得到按组织组分填写的 $Fe\text{-}Fe_3C$ 相图，如图 8-15 所示。

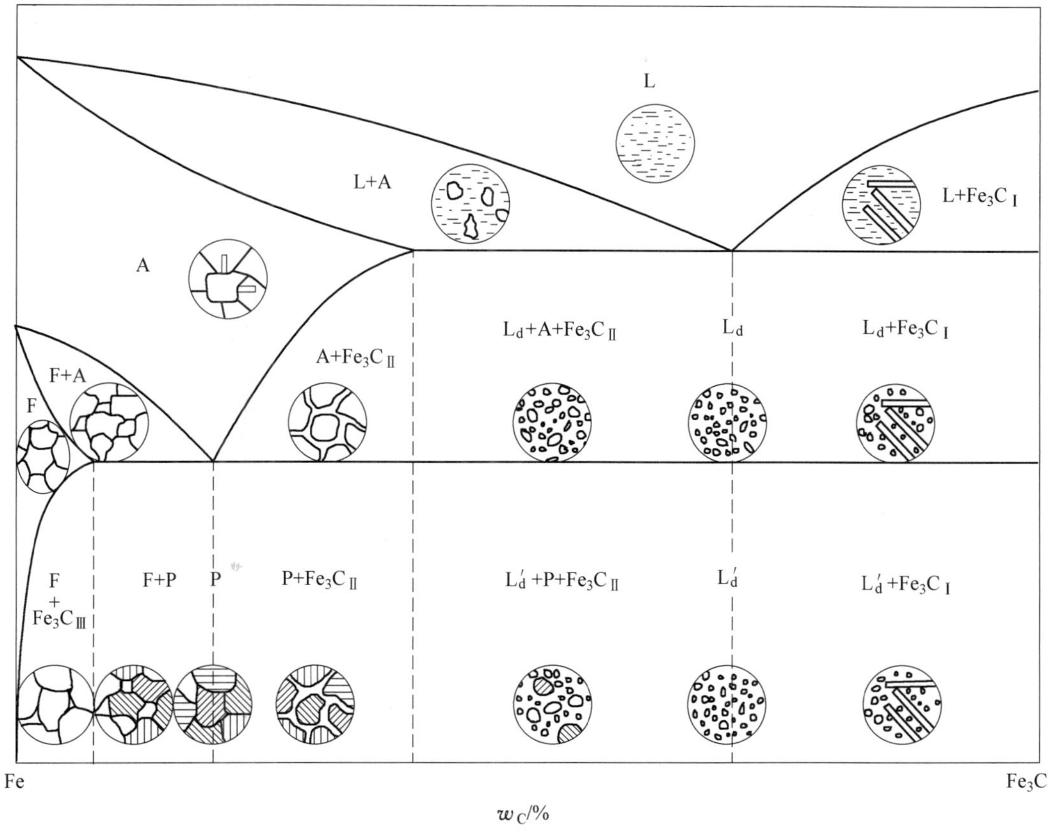

图 8-15 按组织组分填写的 Fe-Fe_3C 相图

8.2 碳 素 钢

碳含量小于 1.5%的铁碳合金称为碳素钢，简称碳钢。碳素钢不含特意加入的合金元素，而含有少量的硫、磷、硅、锰等杂质。由于碳素钢具有良好的力学性能和工艺性能，且冶炼方便，价格便宜，故在机械制造、建筑、交通运输及其他工业部门中得到了广泛的应用。

8.2.1 钢中碳与杂质对性能的影响

8.2.1.1 碳

碳是决定钢性能的最主要的元素。在亚共析钢中，随着碳含量增加，钢中的珠光体增加。铁素体减少，珠光体的强度、硬度比铁素体高，而塑性、韧性则较铁素体低。所以，亚共析钢中，碳含量越多，钢的强度、硬度越高，塑性、韧性则越低。

当碳含量超过共析成分的 0.77%以后，由于析出的网状渗碳体围绕在珠光体晶粒的周围即晶界上，削弱了晶粒间的结合力，降低了钢的强度，增加了钢的脆性。因此，碳含量超过 1.0%以后，随着碳含量的增加，钢的硬度虽然继续增加，但其强度反而降低。

8.2.1.2 磷和硫

硫和磷是钢中的有害杂质。硫与铁元素形成 FeS，FeS 与铁形成低熔点（985 ℃）的共晶体，多存在于晶界，当钢在 800~1200 ℃下进行热加工时，由于共晶体熔化，而使钢沿晶界开裂，这种现象称为钢的热脆性。磷在常温下，会降低钢的塑性和韧性，易使钢脆裂，产生冷脆性，从而使钢的冷加工性能和焊接性能变差。磷不仅会降低钢的塑性，同时还会提高钢的脆性转化温度，对钢材在低温下的使用造成潜在的威胁。

但硫和磷有时也有有利的一面。例如，MnS 对断屑有利，而且可起到润滑作用，减少刀具磨损，所以在自动切削车床上用易切削钢，其硫含量高达 0.15%，用以改善钢的切削加工性，提高加工光洁度。硫还有减摩作用，有些钢制零件或工具在进行表面渗硫后，可提高其耐磨性。在炮弹钢中，磷含量高，其目的在于提高钢的脆性，增加弹片的碎化程度，提高炮弹的杀伤力。但对于碳钢来说，总希望这两种元素越少越好，它们的含量是评定钢质量的主要标准。

8.2.1.3 锰和硅

硅和锰是作为脱氧剂而进入钢中的。一般认为锰（0.5%~0.8%）和硅（0.17%~0.37%）是有益元素，它们能溶于铁素体中，具有固溶强化效果，可提高钢的强度和硬度。锰还能与硫化合成 MnS，减轻硫的有害作用。另外，锰具有一定的脱氧能力，可使钢中的 FeO 还原，降低钢的脆性。

8.2.1.4 非金属夹杂物

钢中的非金属夹杂物有氧化物（FeO、Fe_2O_3、MnO、SiO_2、Al_2O_3）、硫化物（MnS、FeS）和硅酸盐等。这些夹杂物是由炼钢反应产生而未能完全排出钢液，或是由炉渣、炉体、铸锭设备等耐火材料带入的。

非金属夹杂物会降低钢的强度、塑性，因而夹杂物越少，钢的质量越好。

8.2.2 碳钢的分类

（1）按碳的质量分数进行分类，可分为低碳钢（$w_C \leqslant 0.25\%$）、中碳钢（$0.25\% < w_C \leqslant 0.6\%$）、高碳钢（$w_C > 0.6\%$）。

（2）按硫、磷含量进行分类，可分为普通碳素钢（$w_S \leqslant 0.055\%$，$w_P \leqslant 0.045\%$）、优质碳素钢（$w_S \leqslant 0.040\%$，$w_P \leqslant 0.040\%$）和高级优质碳素钢（$w_S \leqslant 0.030\%$，$w_P \leqslant 0.035\%$）。

（3）按用途进行分类，可分为碳素结构钢和碳素工具钢。碳素结构钢用于制造各种工程构件（如桥梁、船舶、建筑构件）和机器零件，碳素工具钢用于制造各种工具（如刃具、量具）。

（4）按冶炼方法进行分类，可分为平炉钢和转炉钢。

8.2.3 碳钢的牌号、性能及用途

碳钢的品种繁多，为了满足生产、选用、加工、处理及交流的需要，国家标准规定碳钢的牌号采用汉语拼音字母、化学元素及阿拉伯数字相结合的方法命名。碳钢主要有普通碳素结构钢、优质碳素结构钢、碳素工具钢及碳素铸钢。

8.2.3.1 普通碳素结构钢

根据《碳素结构钢》（GB/T 700—2006），普通碳素结构钢的牌号以“Q+数字+字母+字母”表示。其中，字母“Q”是钢材的屈服强度“屈”字的汉语拼音首字母，紧跟后面的是屈服强度值，再其后分别是质量等级符号和脱氧方法。牌号中规定了 A、B、C、D 四种质量等级，表示钢材质量依次提高，A 级硫、磷含量最高，质量最差，D 级质量最好。按脱氧制度，沸腾钢在钢号后加字母“F”，镇静钢在钢号后加字母“Z”，特殊镇静钢在钢号后加字母“TZ”。例如，Q235AF 表示屈服强度值为 235 MPa 的 A 级沸腾钢。

普通碳素结构钢简称普碳钢，产量约占钢总产量的 70%。由于普碳钢易于冶炼、价格低廉，性能也基本满足一般工程构件的要求，所以在工程上用量很大。

Q195、Q215、Q235A、Q235B：塑性较好，有一定的强度，通常轧制成钢筋、钢板、钢管等，可用来制作桥梁、建筑物等的构件，也可用来制作普通螺钉、螺帽、铆钉等。

Q235C、Q235D、Q235J：可用来制作重要的焊接件，其中 Q235J 既有较高的塑性又有适中的强度，成为应用最广泛的一种普通碳素构件用钢，既可用来制作较重要的建筑构件、车辆及桥梁等的各种型材，又可用来制作一般的机器零件，还可进行热处理。

Q275：强度较高，伸长率也较大，大量用于建筑结构，可轧制成工字钢、槽钢、角钢、钢板、钢管及其他各种型材作构件用。

此外，尚有一些专门用钢，如造船钢、桥梁钢、压力容器钢等。专门用钢一律为镇静钢，除严格要求规定的化学成分和力学性能外，还规定某些特殊的性能检验和质量检验项目，例如低温冲击韧性、时效敏感性、气体、夹杂和断口等。实践证明，在普通碳素钢中加入少量的铜、磷、钛、铬、镍等，可大大延缓其锈蚀速度，具有较好的耐大气腐蚀性能，它的配方和使用不同于不锈钢，所以被称为耐候钢。我国已采用耐候钢制造客车，而且用量还在不断增加。普通碳素钢材在大气中极易腐蚀，造成十分严重的经济损失。如双型硬座客车的使用寿命为 20～24 年，采用耐候钢制造之后，同一种类型的客车的使用期可达 35 年，且自重减轻了 20%，成本降低了 30%。

普碳钢常在热轧状态下使用，不再进行热处理，只保证力学性能及工艺性能便可。对于某些小零件，也可以进行正火、调质、渗碳等处理，以提高其使用性能。

8.2.3.2 优质碳素结构钢

这类钢的牌号直接用钢的平均碳含量的万分数（两位数字）表示，脱氧方法表示法同碳素结构钢，但镇静钢符号省略。例如，08F 表示平均碳含量为 0.08%的优质碳素结构钢（脱氧方法为沸腾钢）。锰含量较高的钢（0.7%～1.00%Mn）在末尾标出锰元素符号，例如，65Mn 为含锰较高、平均碳含量为 0.65%的优质碳素结构钢。

优质碳素结构钢随钢号数字的增加，其碳的含量增加，组织中的珠光体量增加，铁素体量减少，因此钢的强度也随之增加，而塑性指标则越来越低。优质碳素结构钢比碳素结构钢性能优良，应用很广泛，可以用来制造比较重要的机械零件。

08F、10F 钢的碳含量低，塑性好，焊接性能好，主要用于制造冲压和焊接件。

15、20、25 钢属于渗碳钢，强度低，但塑性和韧性较高，冷冲压性与焊接性能良好，常用于受力不大而韧性、塑性要求较高的零件，如焊接容器、螺钉、杆件、轴套等，还可用于制造冲压件及焊接件。这类钢经渗碳、淬火+低温回火后，表面硬度可达 60HRC 以上，耐磨性好，而心部具有一定的强度和韧性，可用来制作轴、销等零件。

30、35、40、45、50、55钢属于调质钢，经淬火+高温回火后，具有良好的综合力学性能，主要用于强度、塑性和韧性要求都较高的机械零件，如齿轮、连杆及轴类零件。这类钢在机械制造中应用最广泛，其中以45钢尤为突出。

60~85、60Mn、65Mn、70Mn钢属于弹簧钢，经淬火+中温回火后可获得高的规定非比例伸长应力，主要用于制造弹簧等弹性零件及耐磨零件，如农机耐磨件、钢轨、钢丝绳等。

优质碳素结构钢含有较少的有害杂质，使用前一般需要经过热处理以提高其力学性能。

8.2.3.3 碳素工具钢

碳素工具钢的碳的质量分数在0.65%~1.35%，用来制造各种刃具、量具、模具等。这些工具都要求具有高硬度、高耐磨性及一定的韧性。为了满足这些要求，工具钢必须是优质的或高级优质的高碳钢。

碳素工具钢的钢号用碳的平均质量分数的千分数的数字表示，数字之前冠以“T”（“碳”的汉语拼音首字母）。碳素工具钢均为优质钢，若硫、磷含量更低，则为高级优质钢，在钢号后标注字母“A”字。例如，T12A表示碳的质量分数为1.2%的高级优质碳素工具钢。

碳素工具钢在机械加工前一般需要进行球化退火，组织为球状珠光体+细小均匀分布的粒状渗碳体，硬度不超过217HBS。作为刃具，最终热处理为淬火（一般为760~780 ℃）+低温回火（180 ℃），组织为回火马氏体+粒状渗碳体+少量残余奥氏体，硬度可达60~65HRC，耐磨性和加工性都较好，价格又便宜，在生产上得到了广泛应用。

碳素工具钢的缺点是热硬性差，当刃部温度高于250 ℃时，其硬度和耐磨性会显著降低。此外，钢的淬透性也低，水中淬透临界直径约为20 mm，并容易产生变形和开裂。因此，碳素工具钢大多用于制造刃部受热程度较低的手用工具和低速、小进给量的机用工具，也可用于制作尺寸较小的模具和量具。所有碳素工具钢，只有在经过热处理后，才能提高硬度。碳素工具钢在使用前都要进行热处理（淬火+低温回火）。

8.2.3.4 碳素铸钢

在生产中，有些机械零件，例如水压机横梁、轧钢机机架、重载大齿轮等，因其受力复杂、形状也复杂，难以用锻压方法成形，若采用铸铁铸造则不能满足力学性能要求，因此常采用铸钢来生产碳含量为$w_C=0.15\%\sim0.60\%$的碳素铸钢，碳的质量分数过高则塑性差，易产生裂纹。

铸造碳钢牌号的表示方法是，在数字前冠以“ZG”（“铸钢”汉语拼音首字母），后面两组数字表示力学性能，第一组数字表示屈服强度，第二组数字表示抗拉强度。例如，ZG200-400表示屈服强度不小于200 MPa、抗拉强度不小于400 MPa的碳素铸钢。

ZG200-400具有良好的塑性、韧性和焊接性能。

ZG230-500具有一定的强度和较好的塑性、韧性，焊接性能良好，切削加工性尚可。

ZG270-500具有较高的强度和较好的塑性，铸造性能良好，焊接性能尚好，切削加工性能好。

ZG310-570的强度和切削加工性能良好，塑性和韧性较低，用于制作承受载荷较高的各种机械零件。

ZG340-640 具有高的强度、硬度和耐磨性，切削加工性中等，焊接性能较差，流动性好，裂纹敏感性较大。

8.3 合 金 钢

8.3.1 概述

碳钢不能完全满足科学技术和工业的发展要求，在性能上主要有以下几方面的不足：

（1）淬透性低。一般情况下，碳钢水淬的最大淬透直径为 10~20 mm。

（2）强度和屈强比较低。例如普通碳钢 Q235 钢的屈服强度为 235 MPa，低合金结构钢 Q345（16Mn）的屈服强度为 360 MPa 以上；40 钢的屈服强度/抗拉强度仅为 0.43，合金钢 35CrNi3Mo 的屈服强度/抗拉强度高达 0.74。

（3）回火稳定性差。碳钢在进行调质处理时，为了保证较高的强度，需要采用较低的回火温度，这样钢的韧性就偏低；为了保证较好的韧性，若采用高的回火温度，则其强度又偏低，所以碳钢的综合力学性能水平不高。

（4）不能满足特殊性能的要求。碳钢在抗氧化、耐蚀、耐热、耐低温、耐磨损以及特殊电磁性等方面的表现往往较差，不能满足特殊使用性能的需求。

为了提高钢的性能，在铁碳合金中特意加入合金元素，所获得的钢种称为合金钢。只要加入小于 5%的总含量的硅、锰、铁、钛、铌、硼、稀土等合金元素，就可炼出强度高于同等碳含量的普通碳素钢 30%~40%的低合金高强度钢。若在碳含量为 1%的碳素钢中加入 6%~15%的铬，就能炼出各种高级滚珠钢和滚动轴承钢。在钢中加入 13%~19%的铬，就成为有磁性的不锈钢，如在这种钢中再加入 9%的镍，就变成无磁性的不锈钢了。因此，不能用有无磁性来鉴别是否为不锈钢，因为生活中用的大部分不锈钢都是有磁的，可被磁铁吸起来。

碳含量低于 0.06%的钢中加入 8%~27%的铬和 4.5%~6.5%的铝后炼成的钢称为电热合金钢，拉拔成丝缠成电炉丝，最高可加热到 1200 ℃。中碳钢中加入 1%的锰炼成的钢制成的弹簧，弹性特别好。高碳钢中加入 2%的锰和少量的钼，炼成的钢的硬度特别高，可用来制造刀枪、模具和破碎机颚板，使用寿命特别长。钢中加入 9%~18%的钨和少量的钒后就成为高速钢。低碳钢中加入少量的钼和铬，就成为高温下耐热不起皮的钢。低碳钢中加入 2.5%~4%的硅，可炼成导磁性能非常好的钢，可轧制制造电机、变压器的硅钢片。低碳钢中加入 12%的铝和 25%的镍后炼出的就是永磁合金，可用来制造永久性强磁铁。高碳钢中加入适量的硅可生产出石墨钢，既耐磨又有润滑作用，可用来制造在使用过程中不宜使用润滑油而又需要耐磨的机械零件和轴承等部件。钢中加入稀土金属能提高钢的韧性；生铁中加入稀土金属和镁，则可炼成和钢一样强度高又有韧性的球墨铸铁。

在铁和钢中加入各种金属和非金属元素后可使其性能变幻无穷，用途多样。在钢铁中加入各种金属和非金属元素，能创造出多种多样的高科技新金属材料，供工农业、国防、科学技术等各个领域应用。一般按与碳亲和力的大小，可将合金元素分为碳化物形成元素与非碳化物形成元素两大类。碳化物形成元素有 Mn、Cr、Mo、W、V、Ti、Nb、Zr。非碳化物形成元素有 Ni、Co、Cu、Si、Al、N、B，它们不和碳形成碳化物，而溶于铁素体和奥氏体中，形成合金铁素体和合金奥氏体。

8.3.1.1 合金元素在钢中的作用

合金元素会对钢的组织和性能产生很大影响，在钢中的作用也是非常复杂的。下面仅简述其最基本的几个方面的作用。

A 合金元素对基本相的影响

(1) 溶于铁素体。除铅外，大多数合金元素都能溶于铁素体，形成合金铁素体。由于合金元素与铁的晶格类型和原子半径不同而造成铁素体的晶格畸变。另外，合金元素易分布于位错线附近，对位错线的移动起牵制作用，降低位错的易动性，从而提高其塑变抗力，产生固溶强化，使铁素体的强度、硬度提高，而塑性和韧性下降。

(2) 形成合金碳化物。碳化物是钢中的重要相之一，碳化物的类型、数量、大小、形状及分布对钢的性能有很重要的影响。合金渗碳体是指渗碳体中的一部分铁被碳化物形成元素置换后所得到的产物，其晶体结构与渗碳体相同，但比渗碳体略稳定，硬度也略高。

当钢中的合金元素的含量超过一定限度时，可以生成一些碳钢中没有的新相，其中最重要的是由强碳化物形成元素生成的合金碳化物，与碳亲和力强的钒、铌、锆和钛等几乎都会形成特殊碳化物，如 TiC、VC、NbC、WC 等。合金碳化物比合金渗碳体的稳定性更高，熔点和硬度也更高。合金碳化物加热时很难溶于奥氏体中，只有回火时加热到较高温度才能从奥氏体中析出并聚集，长大也较慢。合金元素在钢中可以两种形式存在：一种是溶解于碳钢原有的相中；另一种是形成某些碳钢中所没有的新相。

B 合金元素对铁碳相图的影响

(1) 扩大奥氏体区域。扩大奥氏体区域的元素有镍、锰、碳、氮等，这些元素会使奥氏体的温度降低，使 *S* 点、*E* 点向左下方移动，从而使奥氏体区域扩大。当镍或锰的含量较多时，可使钢在室温下以奥氏体单相存在而成为一种奥氏体钢。如 $w_{Ni}>9\%$的不锈钢和 $w_{Mn}>13\%$的 ZGMn13 耐磨钢均属奥氏体钢。

由于奥氏体的温度降低，会直接地影响热处理加热的温度，所以锰钢、镍钢的淬火温度低于碳钢，同时由于 *S* 点的左移，使共析成分降低，与同样碳含量的亚共析钢相比，组织中的珠光体数量增加，从而使钢得到强化。由于 *E* 点的左移，又会使发生共晶转变的碳含量降低，在碳含量较低时，将使钢具有莱氏体组织。如在高速钢中，虽然碳含量只有 0.7%~0.8%，但是由于 *E* 点左移，在铸态下会得到莱氏体组织，成为莱氏体钢。

(2) 缩小奥氏体区域。缩小奥氏体区域的元素有铬、钼、硅、钨等，这些元素使奥氏体的温度升高，使 *S* 点、*E* 点向左上方移动，从而使奥氏体区域缩小。当加入的元素超过一定含量后，奥氏体可能完全消失，此时，钢在包括室温在内的广大温度范围内获得单相铁素体，通常称为铁素体钢。如 Cr 含量在 17%~28%的 Cr_{17}、Cr_{25}、Cr_{28} 不锈钢就是铁素体不锈钢。由于奥氏体的温度升高了，因此这类钢的淬火温度也相应地提高了。

C 合金元素对热处理的影响

合金元素对钢的热处理的影响主要表现在对加热、冷却和回火过程中的相变等方面。

(1) 阻碍奥氏体的晶粒长大。几乎所有的合金元素（除锰以外）都能减缓钢的奥氏体化过程，阻止奥氏体晶粒的长大，尤其是碳化物的形成元素钛、钒、钼、钨、铌、锆等。在元素周期表中，这些元素都位于铁的左侧，越远离铁，越易形成比铁的碳化物更稳定的碳化物，如 TiC、VC、MoC 等，这些碳化物在加热时很难溶解，能强烈地阻碍奥氏体晶粒的长大。因此，合金钢在进行热处理时，应相应地提高加热温度或延长保温时间，才能保证奥氏体化过程的充分进行，并且与相应的碳钢相比，在同样的加热条件下，合金钢的组织较细，力学性能更好。

（2）提高淬透性。大多数合金元素（除钴以外）在溶解于奥氏体中以后，都能提高过冷奥氏体的稳定性，使 C 曲线的位置右移，临界冷却速度减小，从而提高钢的淬透性。合金元素对钢的淬透性的影响，由强到弱依次为钼、锰、钨、铬、镍、硅、钒，微量的硼（0.0005%~0.003%）也能明显提高钢的淬透性。所以对于合金钢就可以采用冷却能力较低的淬火剂进行淬火，如采用碳钢油淬，以减小零件的淬火变形和开裂倾向。

此外，多数合金元素（除钴、铝外）在溶入奥氏体后，会使马氏体转变温度 M_s 点和 M_f 点下降，使淬火后钢中残余奥氏体的含量增加。

（3）提高回火稳定性。合金元素在回火过程中，由于合金元素的阻碍作用，推迟了马氏体的分解和残余奥氏体的转变，提高了铁素体的再结晶温度，使碳化物不易聚集长大，而保持较大的弥散度。因此，提高了钢对回火软化的抗力，即提高了钢的回火稳定性。和碳素钢相比，在相同的回火温度下，合金钢比同样碳含量的碳素钢具有更高的硬度和强度，这对于工具钢和耐热钢尤为重要；在达到相同强度的条件下，合金钢可以在更高的温度下回火，以充分消除内应力，而使其韧性更好，这对于结构钢尤为重要。

除此之外，一些碳化物的形成元素如铬、钨、钼、钒等，在回火过程中又析出了新的更细的特殊碳化物，发挥了第二相的弥散强化作用，使钢的硬度进一步提高。这种二次硬化现象在合金工具钢中是很有价值的；而对于含铬、镍、锰、硅等元素的合金结构钢，在 450~600 ℃范围内长期保温或回火后缓冷均出现高温回火脆性，因此应在回火后采用快冷。

8.3.1.2 合金钢的分类

合金钢的分类方法有很多，但最常用的是下面两种分类方法：

（1）按用途进行分类，可分为如下三类：

1）合金结构钢，即用于制造机械零件和工程结构的钢；

2）合金工具钢，即用于制造各种加工工具的钢；

3）特殊性能钢，即具有某种特殊物理、化学性能的钢，如不锈钢、耐热钢、耐磨钢等。

（2）按所含合金元素总含量进行分类，可分为如下三类：

1）低合金钢，即合金元素总含量小于 5%；

2）中合金钢，即合金元素总含量为 5%~10%；

3）高合金钢，即合金元素总含量大于 10%。

8.3.1.3 合金钢牌号

A 合金结构钢

采用“两位数字（碳含量）+元素+数字+…”表示，前面两位数字表示钢的平均碳含量的万分之几，元素符号表明钢中含有的主要合金元素，其后的数字表示该元素的含量，一般以百分之几表示。当合金元素的平均含量小于 1.5%时，钢号中一般只标明元素符号而不标明其含量；当平均含量不小于 1.5%、不小于 2.5%、不小于 3.5%、…时，则相应地在元素符号后面标以 2、3、4、…，如为高级优质钢，则在其钢号后加“高”或“A”。钢中的 V、Ti、Al、B、RE 等合金元素，虽然它们的含量很低，但在钢中能起到相当重要的作用，故应在钢号中标出。

例如，45 钢表示平均碳含量为 0.45%的优质碳素结构钢；20CrMnTi 表示平均碳含量为 0.20%，主要合金元素铬、锰的含量均低于 1.5%，并含有微量钛的合金结构钢；60Si2Mn 表示平均碳含量为 0.60%，主要合金元素锰的含量低于 1.5%，硅的含量为 1.5%~2.5%的合金结构钢。

B 合金工具钢

采用“一位数字（或没有数字）+元素+数字+…”表示。其编号方法与结构钢的区别仅在于碳含量的表示方法，采用一位数字表示平均碳含量的千分之几，当碳含量不小于 1%时，则不予标出。

例如，9CrSi 钢的平均碳含量为 0.90%，主要合金元素为铬、硅，含量都小于 1.5%；Cr12MoV 钢的平均碳含量为 1.45%~1.70%，主要合金元素为 11.5%~12.5%的铬，0.40%~0.60%的钼和 0.15%~0.30%的钒。

C 特殊性能钢

和合金工具钢的表示相同，如不锈钢 2Cr13 表示碳含量为 0.20%，铬含量为 12.5%~13.5%。但也有少数例外，例如耐热钢 20Cr3W3NbN，其编号方法和结构钢相同，但这种情况极少。

除此以外，还有一些特殊专用钢，为表示钢的用途，在钢的牌号前面冠以汉语拼音首字母，而不标碳含量，合金元素含量的标注也比较特殊。例如，滚珠轴承钢在编号前标以字母“G”，其后为“Cr+数字”，数字表示铬含量平均值的千分之几，如 GCr15。这里应注意，牌号中铬元素后面的数字表示铬含量为 1.5%，再如，GCr15SiMn 表示铬的含量为 1.5%，硅、锰的含量均小于 1.5%的滚动轴承钢。易切削钢前标以字母“Y”，Y40Mn 表示碳含量约为 0.4%、锰含量小于 1.5%的易切削钢。再如，20G 表示碳含量为 0.20%的锅炉用钢；16MnR 表示碳含量为 1.6%、锰含量小于 1.5%的容器用钢。

8.3.2 合金结构钢

合金结构钢按用途可分为普低钢和机械制造用钢两类。普低钢又称低合金高强度钢，英文缩写为 HSLA 钢。这类钢是在碳素结构钢的基础上加入少量合金元素形成的，主要用于各种工程结构（如大型桥梁、压力容器及船舶等）。机械制造用钢按照用途和热处理特点可分为渗碳钢、调质钢、弹簧钢、滚动轴承钢，通常都是优质钢或高级优质钢，一般须进行热处理，以发挥材料的力学性能潜力，主要用于制造各种机械零件。

8.3.2.1 普通低合金构件用钢

A 成分特点

（1）低碳：由于对韧性、焊接性和冷成形性能的要求高，其碳含量不超过 0.20%。

（2）主加元素：加入以锰为主的少量合金元素，以达到提高力学性能的目的。锰资源丰富，且有显著的强化铁素体效果，还可降低钢的冷脆温度，使珠光体数量增加，进一步提高钢的强度。

（3）辅加元素：再加入少量的铌、钛或钒，在钢中形成细碳化物或碳氮化物，有利于获得细小的铁素体晶粒，提高钢的强度和韧性。

此外，加入少量铜（≤0.4%）和磷（0.1%左右）等，可提高钢的抗腐蚀性能；加入少量稀土元素，可以脱硫、去气，使钢材净化，改善其韧性和工艺性能。

B 性能特征

（1）高强度：一般屈服强度在 300 MPa 以上。

（2）高韧性：要求伸长率为 15%~20%，室温冲击韧性大于 800 kJ/m^2。对于大型焊接构件，还要求具有较高的断裂韧性。

（3）良好的焊接性能和冷成形性能。

（4）低的冷脆转变温度。

（5）良好的耐蚀性。

C 用途

我国列入标准的普低钢，按屈服强度的高低分为 300 MPa 级、350 MPa 级、400 MPa 级、450 MPa 级、500 MPa 级和 650 MPa 级。这类钢是为了适应大型工程结构以减轻结构重量、提高可靠性及节约材料的需要而发展起来的，主要用于制造大型桥梁、船舶、压力容器、输油输气管道、大型钢结构等。普低钢一般在热轧空冷状态下使用，不需要进行专门的热处理。使用状态下的显微组织一般为铁素体+索氏体。

8.3.2.2 合金渗碳钢

A 成分特点

（1）低碳：碳含量一般为 0.10%~0.25%，使零件心部有足够的塑性和韧性。

（2）主加元素：常加入提高淬透性的合金元素铬、镍、锰、硼等。主要加入少量强碳化物形成元素钛、钒、钨、钼等，以形成稳定的合金碳化物，阻碍奥氏体晶粒长大。

B 主要钢种

20Cr：低淬透性合金渗碳钢，淬透性较低，心部强度较低。

20CrMnTi：中淬透性合金渗碳钢，淬透性较高，过热敏感性较小，渗碳过渡层比较均匀，具有良好的力学性能和工艺性能。

18Cr2Ni4WA 和 20Cr2Ni4A：高淬透性合金渗碳钢，含有较多的铬、镍等元素，淬透性很高，且具有很好的韧性和低温冲击韧性。

C 热处理

一般都是渗碳后直接淬火，再低温回火。

D 组织性能

例如，某型号汽车 20CrMnTi 变速箱齿轮的加工工艺路线为：下料→锻造→正火→加工齿形→渗碳、预冷淬火→低温回火→磨齿。

正火作为预备热处理，其目的是改善锻造组织，调整硬度（170~210 HBS），便于机加工，正火后的组织为索氏体+铁素体。最终热处理为：渗碳后预冷到 875 ℃直接淬火+低温回火。

最终热处理后，其组织由表面往心部依次为：回火马氏体+颗粒状碳化物+残余奥氏体→回火马氏体+残余奥氏体→…。而心部的组织则分为两种情况：淬透时为低碳马氏体+铁素体，硬度为 40~48 HRC；未淬透时为索氏体+铁素体，硬度为 25~40 HRC。20CrMnTi 钢经上述处理后可获得高耐磨性渗层，表面硬度为 60~62 HRC，心部有较高的强度和良好的韧性，适宜制造承受高速、中载、抗冲击和耐磨损的零件。

E　用途

主要用于制造在工作中遭受强烈的摩擦磨损，同时又承受较大的交变载荷，特别是冲击载荷的零件，如汽车、拖拉机中的变速齿轮，内燃机上的凸轮轴、活塞销等机器零件。

渗碳钢“外硬里韧”的力学性能要求，可通过选择碳含量较低的钢，并合金化提高零件的淬透性，经过渗碳（930 ℃）、预冷淬火（830 ℃）、低温回火（200 ℃）后满足。

8.3.2.3　合金调质钢

调质钢就是经过淬火加高温回火处理后而使用的结构钢，经调质处理后的组织为回火索氏体，这种组织具有良好的综合力学性能，即高强韧性的统一。

A　成分特点

（1）中碳：碳含量一般为0.25%~0.50%，以0.4%居多。

（2）主加元素：锰、铬、镍、硅等。主要目的是提高淬透性，保证零件整体具有良好的综合力学性能。

（3）辅加元素：钨、钼、钒、钛等。主要作用是细化晶粒，提高回火稳定性和钢的强韧性，钨、钼还可抑制第二类回火脆性的发生。

B　主要钢种

常用调质钢的钢号、热处理工艺、力学性能及用途参见《合金结构钢》（GB/T 3077—2015）。

例如，40Cr为低淬透性合金调质钢，油淬临界直径为30~40 mm，用于制造一般尺寸的重要零件；35CrMo为中淬透性合金调质钢，油淬临界直径为40~60 mm，加入钼，不仅可提高其淬透性，而且可防止第二类回火脆性；40CrNiMo为高淬透性合金调质钢，油淬临界直径为60~100 mm，铬镍钢中加入适当的钼，不但具有好的淬透性，还可消除第二类回火脆性。

C　热处理

调质钢零件的热处理主要是毛坯料的预备热处理（退火或正火）以及粗加工件的调质处理（淬火加高温回火）。当除要求具有综合力学性能外，还需要表面有良好的耐磨性时，应在调质处理后精加工前再进行表面淬火或化学热处理（如氮化处理）等。

D　组织性能

例如，某型号车床主轴为多阶梯中小尺寸轴，工作时承受交变弯曲和扭转应力，有时受冲击作用，花键等部分常有磕碰或相对滑动，其属于中速下载有滚动轴承的工作轴，可选用45钢或40Cr钢，45钢与40Cr钢调质后性能的对比见表8-3。

表8-3　45钢与40Cr钢调质后性能的对比

钢号热处理状态	棒材直径/mm	σ_b/MPa	σ_s/MPa	δ_5/%	ψ/%	α_K/kJ · m^{-2}
45钢850 ℃水淬，550 ℃回火	50	700	500	15	45	700
40Cr钢850 ℃油淬，570 ℃回火	50（心部）	850	670	16	58	1000

主轴的加工工艺路线为：下料→锻造一预备热处理→粗加工→调质→铣键槽→局部感应淬火→磨削精加工→装配。其中，预备热处理为正火处理，可改善锻造组织缺陷，得到细小的索氏体组织，材料硬度为220HBS，适合机械加工。材料经整体最终热处理，即调

质后，组织为回火索氏体，使零件整体的综合力学性能大大提高。而局部硬化则采用表面感应淬火及自回火，得到的表面组织为回火马氏体，使其耐磨性提高，心部的组织性能则保持调质状态不变。

E 用途

合金调质钢广泛用于制造承受多种工作载荷，受力情况比较复杂，要求具有较高的综合力学性能，即具有高的强度和良好的塑性、韧性的重要零件，如机床主轴，汽车和拖拉机的后桥半轴、曲轴、高强螺栓等。

8.4 铸　　铁

8.4.1 概述

铸铁是指碳的质量分数大于2.11%的铁碳合金。它不是简单的铁-碳二元合金，而是以铁-碳-硅为主的多元合金。它的化学成分一般为：$w_C=2.4\%\sim4.0\%$，$w_{Si}=0.6\%\sim3.0\%$，$w_P=0.04\%\sim1.2\%$，$w_S=0.04\%\sim0.2\%$，$w_{Mn}=0.2\%\sim1.2\%$。为了提高铸铁的力学性能，有时也添加少量Cr、Ni、Cu、Mo等合金元素。

铸铁中的碳主要以间隙固溶体、石墨和渗碳体形式存在，所以铸铁的组织是由金属基体和石墨或渗碳体所组成的。铸铁的金属基体有珠光体、铁素体、珠光体+铁素体三类。铸铁的力学性能主要取决于基体组织及石墨（或渗碳体）的数量、形状、大小和分布，铸铁的硬度和抗压强度与钢相当，抗拉强度、疲劳强度和塑性都不及钢。由于石墨的存在，其缺口敏感性较低，耐磨性和切削加工性均较好，同时还具有较好的消振性能，因此广泛应用于机械制造、冶金和矿山等行业。

铸铁主要是以碳存在的形式或根据石墨的形状来进行分类的。

（1）根据碳存在的形式进行分类，可分为以下三类：

1）白口铸铁：碳以渗碳体形式存在，断口呈白亮色。

2）灰口铸铁：碳以片状石墨形式存在，断口呈灰色。

3）麻口铸铁：碳以渗碳体和片状石墨两种形式存在，断口上呈黑白相间的麻点，故得名麻口铸铁，它有较大的脆性，所以工业上很少应用。

（2）根据石墨形状进行分类，可分为以下四类：

1）灰口铸铁：碳全部或大部分以片状石墨形式存在。

2）蠕墨铸铁：碳全部或大部分以蠕虫状石墨形式存在。

3）可锻铸铁：碳全部或大部分以游离团絮状石墨形式存在。

4）球墨铸铁：碳全部或大部分以球状石墨形式存在。

此外，为了获得特殊性能，通过合金化又发展了具有特殊性能的铸铁，如耐磨铸铁、耐热铸铁和耐蚀铸铁等。

8.4.2 灰口铸铁

灰口铸铁的断口呈灰色，碳主要以片状石墨形式存在。由于灰口铸铁的铸造性能、切削性、耐磨性和消振性都较好，因此是目前应用最广的一种铸铁。

8.4.2.1　灰口铸铁的牌号及分类

灰口铸铁的牌号表示方法为 HT×××。“HT”表示“灰铁”二字的汉语拼音首字母，其后的数字“×××”表示抗拉强度，如 HT250 表示最小抗拉强度为 250 MPa 的灰口铸铁。灰口铸铁的牌号有 HT100、HT150、HT200、HT250、HT300、HT350 等。

灰口铸铁的组织可看成由钢的基体+片状石墨组成。片状石墨有 A、B、C、D、E、F 六种类型，如图 8-16 所示，其中 A 型石墨对铸铁的性能影响最小。钢的基体可以是铁素体、铁素体+珠光体和珠光体等类型，其中珠光体基体的灰口铸铁强度最高。此外，灰口铸铁中还可看到磷共晶组织。

灰口铸铁的抗拉强度较低、塑性和韧性较差，但却具有优良的铸造性能和耐磨性、消振性较低的缺口敏感性、良好的切削加工性能以及较好的抗压强度等。

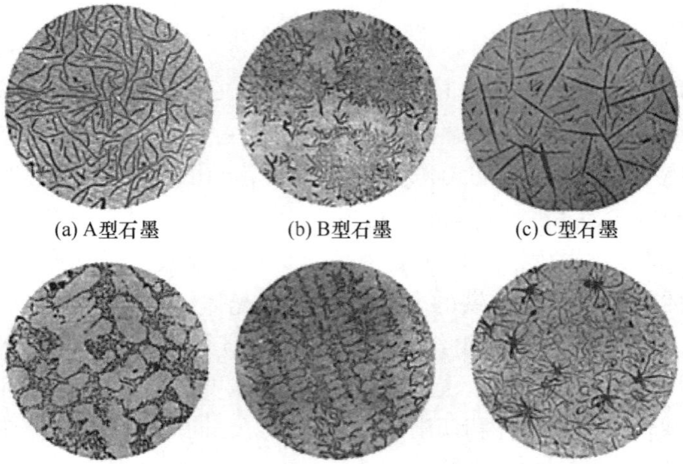

(a) A型石墨　(b) B型石墨　(c) C型石墨

(d) D型石墨　(e) E型石墨　(f) F型石墨

图 8-16　片状石墨的类型（100×）

8.4.2.2　灰口铸铁的金相检验

A　石墨分布形状

在抛光态下观察，首先观察整个受检面，按大多数视场石墨分布形状对照相应的评级图进行评定，放大倍数为 100 倍。如果在同一试样中有不同形状的石墨，则应观察估计每种形状石墨所占的百分数，并在报告中依次注明。石墨分布形状共分为六级，见表 8-4。

表 8-4　石墨分布情况

石墨类型	说　明
A	片状石墨呈无方向性均匀分布
B	片状及细小卷曲的片状石墨聚集呈菊花状分布
C	初生的粗大直片状石墨
D	细小卷曲的片状石墨在枝晶间呈无方向性分布
E	片状石墨在枝晶二次分枝间呈方向性分布
F	初生的星状（或蜘蛛状）石墨

B 石墨长度

在抛光态下观察，应检查整个受检面，选择有代表性的视场，取其中最长的三条石墨的平均值作为石墨长度，放大倍数为 100 倍。石墨长度分为八级，见表 8-5 和图 8-17。石墨越长，性能越差。

表 8-5 石墨长度分级

级别	在 100×下观察到的石墨长度/mm	实际的石墨长度/mm
1 级	100	1
2 级	50~100	0.50~1
3 级	25~50	0.25~0.50
4 级	12~25	0.12~0.25
5 级	6~12	0.06~0.12
6 级	3~6	0.03~0.06
7 级	1.5~3	0.015~0.03
8 级	≤1.5	≤0.015

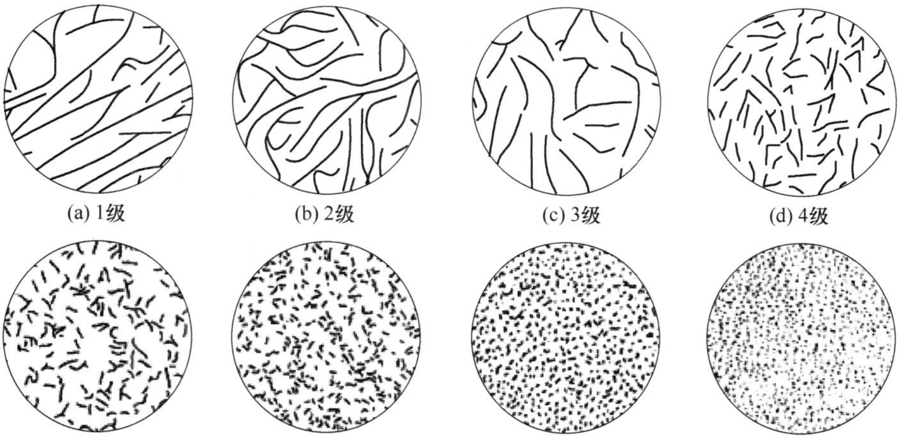
(a) 1级 (b) 2级 (c) 3级 (d) 4级
(e) 5级 (f) 6级 (g) 7级 (h) 8级

图 8-17 石墨长度分级（100×）

C 珠光体数量

珠光体数量是指珠光体与铁素体的相对百分比（珠光体+铁素体=100%）。经 2%~5%的硝酸酒精溶液浸蚀后，以大多数的视场对照相应的 A（薄壁铸件）、B（厚铸件）评级图进行评定，放大倍数为 100 倍，以级别或百分数表示。珠光体数量共分为八级，见表 8-6。

表 8-6 珠光体数量分级

级 别	名 称	珠光体数量/%
1 级	珠 98	≥98
2 级	珠 95	98~95

续表 8-6

级　别	名　称	珠光体数量/%
3 级	珠 90	95~85
4 级	珠 80	85~75
5 级	珠 70	75~65
6 级	珠 60	65~55
7 级	珠 50	55~45
8 级	珠 40	<45

8.4.3　可锻铸铁

可锻铸铁又称马铁、玛钢，它是由白口铸铁经石墨化退火处理形成团絮状石墨而来。与灰口铸铁相比，它的强度与塑性都有明显提高，但可锻铸铁并不是真正的可以锻造，其在汽车、拖拉机等生产中有着广泛的应用。

8.4.3.1　可锻铸铁的分类及化学成分

由于生产时可锻铸铁必须保证先得到白口铸铁，然后才能通过石墨化退火，使渗碳体分解得到团絮状石墨，并且退火后得到的团絮状石墨的量要少且尺寸要小，因此可锻铸铁成分中碳、硅的含量不能太高，如果碳、硅的含量过高，则铸造时得不到白口铸铁，如果硅的含量太低，则退火时的石墨化过程太慢，不利于生产的进行。此外，硫、磷的含量也应严格控制。

根据化学成分、热处理工艺以及由此得到的性能和金相组织的不同，可锻铸铁分为黑心可锻铸铁和白心可锻铸铁。可锻铸铁按石墨化退火工艺的不同，可得到铁素体和珠光体两种基体，其退火过程中会发生两个石墨化阶段，第一阶段（高温阶段）为共晶莱氏体的分解；第二阶段为奥氏体共晶转变为铁素体+石墨。如果这两个阶段进行得较充分，则得到铁素体+团絮状石墨组织，称为铁素体可锻铸铁，因其断口呈灰黑色，故又称黑心可锻铸铁。如果高温退火后以较快的速度冷却，仅完成了石墨化的第一阶段，而第二阶段石墨化不能进行，则得到珠光体可锻铸铁。

白心可锻铸铁是将白口铸铁在氧化性气氛条件下退火时，铸铁断面从外层到心部发生强烈的氧化和脱碳，在完全脱碳层中无石墨存在，基体组织为铁素体。其断面由于心部区域发亮，所以称为白心可锻铸铁。由于黑心可锻铸铁有一定的强度和良好的塑性、韧性，故应用较多，常用于制造承受冲击、振动及扭转负荷的零件。珠光体可锻铸铁的应用较少，主要用于一些耐磨零件，如曲轴、齿轮等。白心可锻铸铁基本不应用。

可锻铸铁的牌号用“可铁”两字汉语拼音首字母“KT”表示。“KTH”表示黑心可锻铸铁，“KTZ”表示珠光体可锻铸铁，符号后面的两组数字表示最低抗拉强度和最低伸长率。例如，KTZ450-06 表示珠光体可锻铸铁，其最小抗拉强度为 450 MPa，最小伸长率为 6%。

8.4.3.2　可锻铸铁的金相检验

可锻铸铁的金相检验按《可锻铸铁金相检验》（GB/T 25746—2010）进行，主要的检验项目有石墨形状、石墨形状分级、石墨分布、石墨颗数、珠光体形状、珠光体残余量分级、渗碳体残余量分级、表皮层厚度。

A 石墨形状特征

观察石墨形状应在未浸蚀的金相试样上进行，放大倍数为 100 倍。石墨形状有球状、团絮状、絮状、聚虫状和枝晶状。根据各形状石墨的数量，将石墨分布形状分五级，见表 8-7 和图 8-18。如果同一试样中有不同形状的石墨存在，则应观察估计每种形状石墨所占的百分数，并在报告中依次注明。

表 8-7 石墨形状分类及特征

名称	特　征
球状	石墨较致密，外形近似圆形，周界凹凸
团絮状	类似棉絮团，外形较不规则
絮状	较团絮状石墨松散
聚虫状	石墨松散，类似蠕虫状石墨聚集而成
枝晶状	由颇多细小的短片状、点状石墨聚集呈树枝状分布

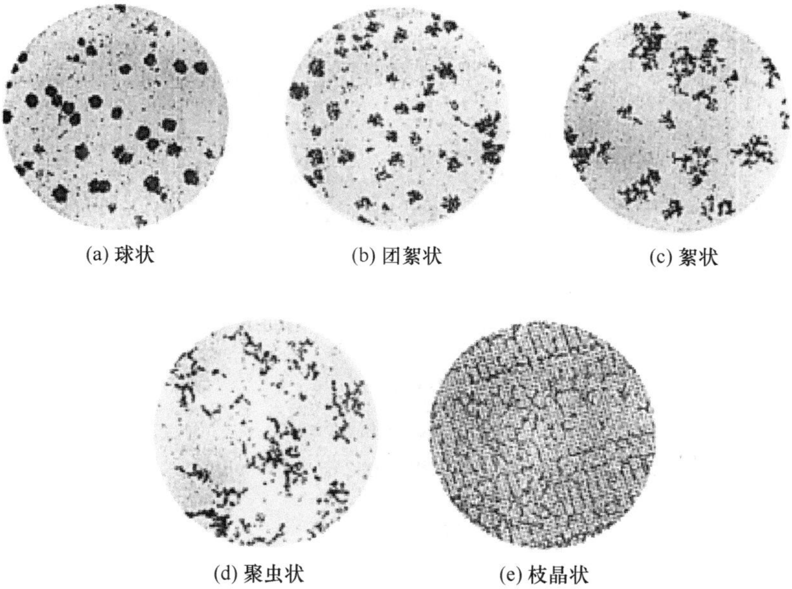

(a) 球状　(b) 团絮状　(c) 絮状

(d) 聚虫状　(e) 枝晶状

图 8-18 石墨形状分类（100×）

B 石墨形状分级

可锻铸铁中，石墨通常不以单一形状出现。鉴于石墨形状对力学性能的影响，将石墨形状分为五级，见表 8-8 和图 8-19。对石墨形状级别的评定，应在未浸蚀的金相试样上进行。

表 8-8 石墨形状分级

级别	说　明
1 级	石墨大部分呈团球状，允许有不大于 15%的团絮状、絮状、聚虫状石墨存在，不允许有枝晶状石墨存在

续表 8-8

级别	说　明
2 级	石墨大部分呈球状、团絮状，允许有不大于 15%的絮状、聚虫状石墨存在，不允许有枝晶状石墨存在
3 级	石墨很大部分呈团絮状、絮状，允许有不大于 15%的聚虫状及小于试样截面积 1%的枝晶状石墨存在
4 级	聚虫状石墨大于 15%，枝晶状石墨小于试样截面积的 1%
5 级	枝晶状石墨大于或等于试样截面积的 1%

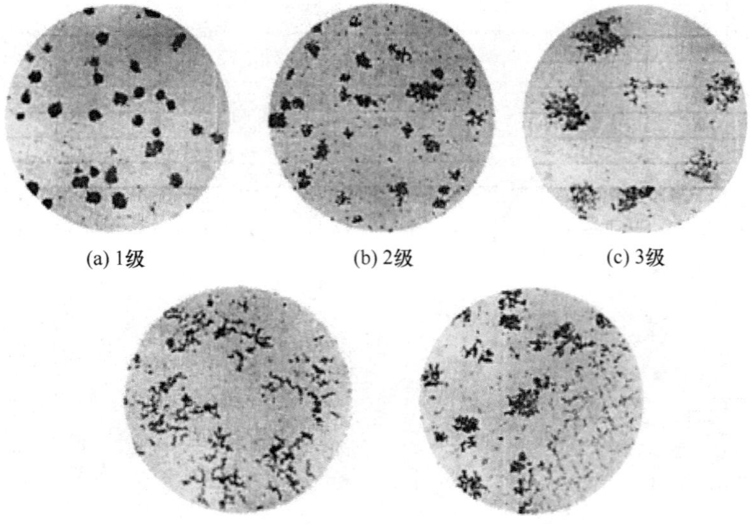

(a) 1级　(b) 2级　(c) 3级

(d) 4级　(e) 5级

图 8-19　石墨形状分级（100×）

C　石墨颗数

石墨颗数是指单位面积内的石墨数，以颗/mm^2 计，共分五级，见表 8-9 和图 8-20。对石墨颗数的评定，应在未浸蚀的金相试样上进行，放大倍数为 100 倍。

表 8-9　石墨颗数分级

级别	石墨颗数/颗 · mm^{-2}	说　明
1 级	>150	颗数大于图 8-20（a）所示
2 级	110~150	颗数大于图 8-20（a）至（b）所示的范围
3 级	70~110	颗数大于图 8-20（b）至（c）所示的范围
4 级	30~70	颗数大于图 8-20（c）至（d）所示的范围
5 级	≤30	颗数小于或等于图 8-20（d）所示

8.4.4　球墨铸铁

可锻铸铁具有较高的强度，塑性和韧性也得到了显著改善，但其对原材料的成分要求严格，生产周期也长，为了克服这些不足，人们又发展了球墨铸铁，简称球铁。

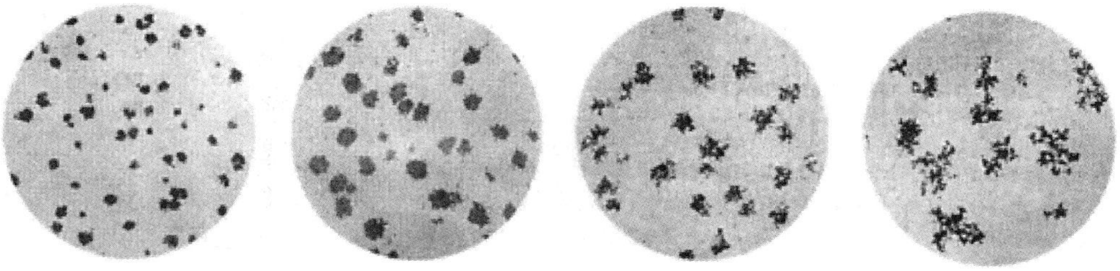

(a) (b) (c) (d)

图 8-20 石墨颗数分级（100×）

8.4.4.1 球墨铸铁的牌号和化学成分

球墨铸铁的牌号表示用“球铁”二字的汉语拼音首字母“QT”表示，其后的两组数字分别表示最低抗拉强度和最低伸长率。例如，QT500-7 表示最低抗拉强度为 500 MPa，伸长率不小于 7%的球墨铸铁。

球墨铸铁的理想组织是由球状石墨和金属基体组成，但由于化学成分或铁水处理不当，石墨也可能出现团状、团絮状、蠕虫状和片状等形态，其基体组织正常为铁素体基体、珠光体基体和铁素体+珠光体基体，经热处理后也可以是马氏体基体和贝氏体基体等。

由于球铁中的石墨呈球状，它对基体的破坏作用较小，因此其强度和塑性有很大的提高。灰铸铁的抗拉强度最高只有 400 MPa，而球墨铸铁则可达 900 MPa 以上，伸长率可达 25%。另外，球墨铸铁具有高的屈强比，一般可达 0.70~0.75，缺口敏感性也较低，耐磨性也较好。

8.4.4.2 球铁的金相检验

球铁的金相检验一般按《球墨铸铁金相检验》（GB/T 9441—2021）进行，检验项目为球化分级、石墨大小、珠光体数量、分散分布的铁素体数量、磷共晶数量、碳化物数量和石墨球数。

8.4.4.3 石墨的分类

石墨形态分为六类，具体见表 8-10 和图 8-21。

表 8-10 石墨的分类

石墨类型	名 称	存在的铸铁类型
Ⅰ	片状石墨	灰铸铁及其他类型铸铁材料的边缘区域
Ⅱ	聚集的片状石墨，蟹状石墨	快速冷却的过共晶灰铸铁
Ⅲ	蠕虫石墨	蠕墨铸铁、球墨铸铁
Ⅳ	团絮状石墨	可锻铸铁、球墨铸铁
Ⅴ	团状石墨	球墨铸铁、蠕墨铸铁、可锻铸铁
Ⅵ	球状石墨	球墨铸铁、蠕墨铸铁

8.4.4.4 球化分级

球状石墨和团状石墨个数占石墨总数的百分比称为球化率。根据球化率可将球化分为六级，见表 8-11 和图 8-22。对石墨球化分级的评定应在未浸蚀的金相试样上进行，放大

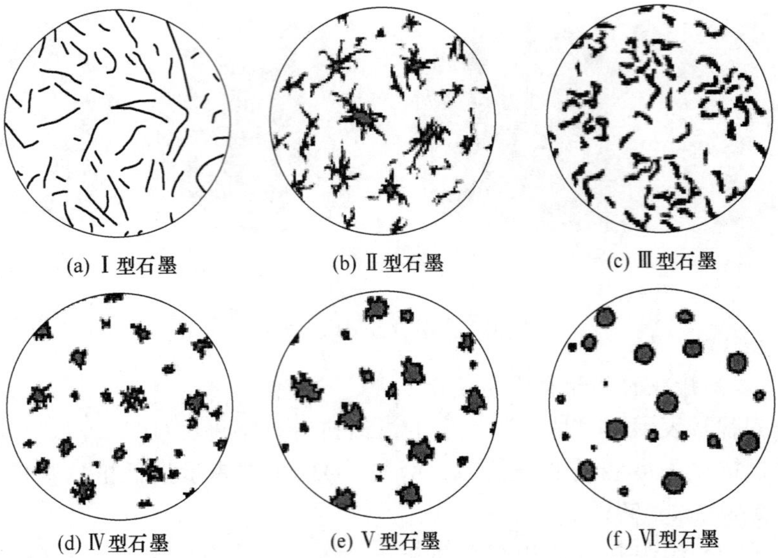

(a) Ⅰ型石墨　(b) Ⅱ型石墨　(c) Ⅲ型石墨

(d) Ⅳ型石墨　(e) Ⅴ型石墨　(f) Ⅵ型石墨

图 8-21　石墨形态分类示意图

倍数为 100 倍。观察整个受检面，选取三个球化差的视场进行评定。计算球化率时，视场直径为 70 mm，被视场周界切割的石墨不计数，少量粒径小于 2 mm 的石墨不计数。当石墨的粒径大多数小于 2 mm 或大于 12 mm 时，可适当变换放大倍数，但应保证视场内的石墨数不少于 20 颗。

表 8-11　石墨球化分级

球化级别	球化率/%	球化级别	球化率/%
1 级	95	4 级	70
2 级	90	5 级	60
3 级	80	6 级	50

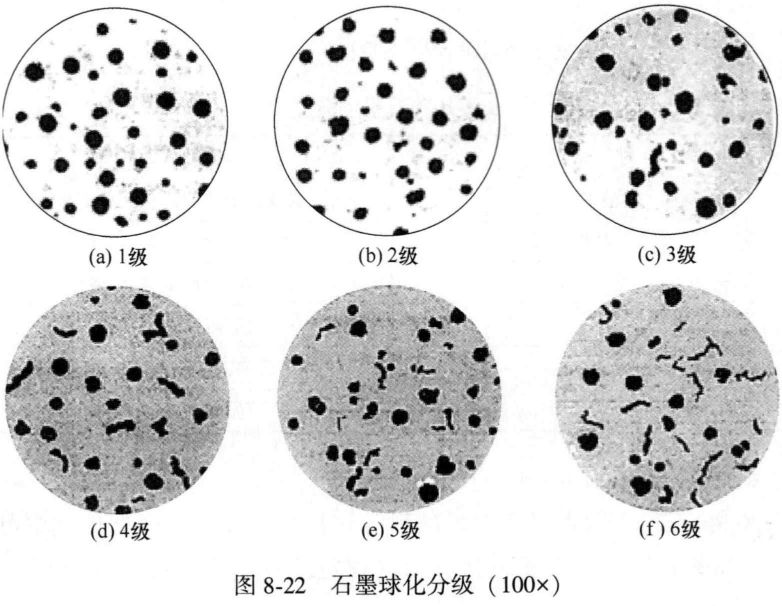

(a) 1级　(b) 2级　(c) 3级

(d) 4级　(e) 5级　(f) 6级

图 8-22　石墨球化分级（100×）

8.4.4.5 石墨大小

石墨大小对铸铁的性能有影响，实际生产中希望得到均匀、圆整、细小的石墨。石墨大小分为六级，见表 8-12 和图 8-23。检验石墨大小应在未浸蚀的抛光态金相试样上进行，放大倍数为 100 倍。

表 8-12 石墨大小分级

级别	在 100×下观察到的石墨长度/mm	实际石墨长度/mm
3 级	25~50	0.25~0.50
4 级	12~25	0.12~0.25
5 级	6~12	0.06~0.12
6 级	3~6	0.03~0.06
7 级	1.5~3	0.015~0.03
8 级	≤1.5	≤0.015

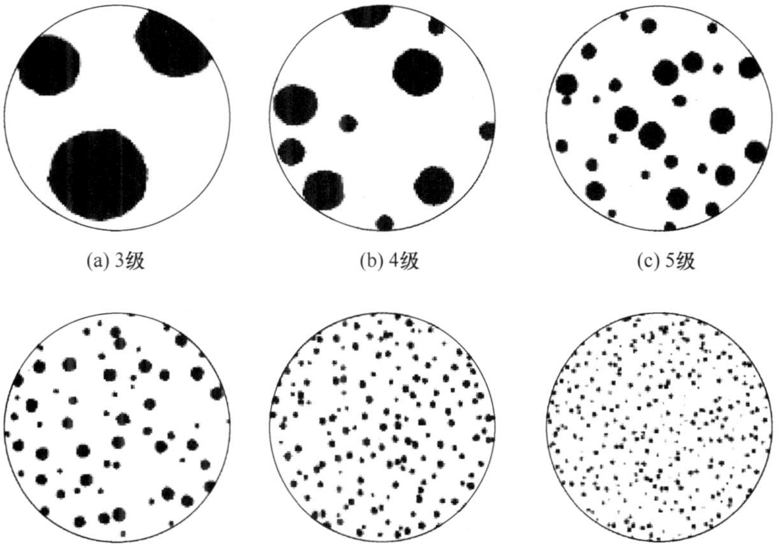

(a) 3级 (b) 4级 (c) 5级

(d) 6级 (e) 7级 (f) 8级

图 8-23 石墨大小分级（100×）

8.4.5 蠕墨铸铁

蠕墨铸铁是将铁水经过蠕化处理所获得的一种具有蠕虫状石墨组织的铸铁。蠕虫状石墨实际上是石墨球化不充分的缺陷形式。蠕虫状石墨是介于片状石墨与球状石墨之间的中间状态类型石墨，它既具有在共晶团内部石墨互相连续的片状石墨组织特征，又有头部较圆钝，结晶位向和球状石墨较相似的特征。

8.4.5.1 蠕墨铸铁性能特点及应用

蠕墨铸铁用“RuT”表示，符号后面的数字表示最低抗拉强度。蠕墨铸铁按单铸或附铸试块加工的试样测定的力学性能进行分级，将蠕墨铸铁分为 5 个牌号，参见《蠕墨铸铁金相检验》(GB/T 26656—2023)，其牌号与性能见表 8-13。蠕墨铸铁的力学性能与石墨的蠕化率、形状和分布及基体组织密切相关，蠕墨铸铁的基体可分为铁素体基体、珠光体基体、铁素体+珠光体基体。

对于同一基体的铸件，蠕墨铸铁的强度要高于灰口铸铁，但要比球墨铸铁低。蠕化率越高，其性能特点越接近于灰口铸铁，蠕化率越低，其性能特点越接近于球墨铸铁。另外，蠕墨铸铁的抗拉强度对碳当量变化的敏感性要低得多，并且对壁厚的敏感性也比灰口铸铁小得多。此外，值得一提的是，蠕墨铸铁的屈强比为 0.72~0.82，是铸造材料中最高的。蠕墨铸铁的韧性、伸长率也均低于球墨铸铁而高于灰口铸铁，其值随石墨的蠕化率和基体组织的不同而存在差异。蠕化率低或基体中铁素体含量高，则韧性及伸长率相对提高。由于强度高，对断面的敏感性小，铸造性能好，导热性较好，因此蠕墨铸铁可以用来制造复杂的大型零件和存在热交换以及有较大温度梯度的环境下工作的零件，如汽车制动盘、排气管、发动机缸体等。

表 8-13　单铸蠕墨铸铁试样的力学性能

牌号	抗拉强度/MPa	0.2%屈服强度/MPa	伸长率/%	典型的布氏硬度范围/HBW	主要基体组织
RuT300	300	210	2.0	140~210	铁素体
RuT350	350	245	1.5	160~220	铁素体+珠光体
RuT400	400	280	1.0	180~240	珠光体+铁素体
RuT450	450	315	1.0	200~250	珠光体
RuT500	500	350	0.5	220~260	珠光体

8.4.5.2　蠕墨铸铁的金相组织

蠕墨铸铁的力学性能和物理性能取决于石墨的蠕化状态、形状和分布及基体组织等因素，其中石墨的蠕化状态影响最大。石墨的蠕化状态用蠕化率作为评定指标。蠕墨铸铁的蠕化率可以用蠕虫状石墨和部分团状、团絮状石墨占石墨总面积的百分比来表示和确定。

$$\text{蠕化率} = \frac{\sum A_{\text{蠕虫状石墨}} + 0.5\sum A_{\text{团状、团絮状石墨}}}{\sum A_{\text{每个石墨}}} \times 100\%$$

式中，$A_{\text{蠕虫状石墨}}$为蠕虫状石墨颗粒的面积；$A_{\text{团状、团絮状石墨}}$为团状、团絮状石墨颗粒的面积；$A_{\text{每个石墨}}$为每个石墨颗粒的面积。

但是，蠕化率本身并不能精确地反映石墨的形状特征。为了正确地评定石墨的形状特征及蠕化程度，通常用圆形系数（RSF）来表示。

$$\text{圆形系数} = \frac{A}{A_m} = \frac{4 \times A}{\pi \times l_m^2}$$

式中，A 为分析研究的石墨颗粒面积；A_m为直径为 l_m的圆的面积；l_m为分析研究的石墨颗粒最大中心线长度，即石墨颗粒周界两点之间的最大距离。

圆形系数是对最大中心线长度大于 10 μm 的石墨进行分类的，最大中心线长度小于 10 μm 和与图像轮廓边界接触的石墨不包括在内。当圆形系数大于 0.625 而不超过 1 时，属于球状石墨；当圆形系数大于 0.525 而不超过 0.625 时，属于团状、团絮状石墨；当圆形系数小于0.525时，属于蠕虫状石墨。按圆形系数对石墨进行分类的示意图如图8-24所示。蠕墨铸铁组织中不允许存在片状石墨和其他不蠕化的石墨组织。蠕墨铸铁的基体组织在铸态下具有较高的铁素体含量（常有40%~50%或更高）。

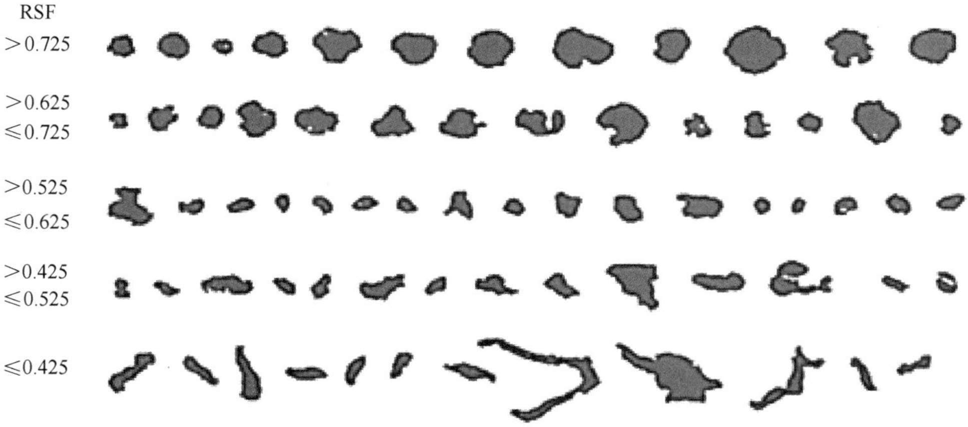

图8-24 按圆形系数对石墨进行分类的示意图

RSF—圆形系数

蠕墨铸铁主要是检验蠕化率、珠光体数量、磷共晶类型和数量、碳化物数量等。主要检验标准参见《蠕墨铸铁金相检验》（GB/T 26656—2023）。

A 蠕化率分级

随机取5个视场对照标准图片进行评定。检验蠕化率时应放大100倍，试样不浸蚀。蠕化率共分8级，可参照表8-14进行评定。

表8-14 蠕化率分级

蠕化率级别	蠕虫状石墨量/%	蠕化率级别	蠕虫状石墨量/%
蠕95	≥95	蠕70	70~80
蠕90	90~95	蠕60	60~70
蠕85	85~90	蠕50	50~60
蠕80	80~85	蠕40	40~50

B 珠光体数量

应在使用2%~5%硝酸酒精溶液浸蚀试样后检验试样中的珠光体数量（珠光体+铁素体=100%），放大倍数为100倍，选取有代表性的视场对照相应的评级图进行评定。珠光体数量分为10级，见表8-15。

表8-15 珠光体数量分级

级别名称	球光体数量/%	级别名称	珠光体数量/%
珠95	>90	珠45	40~50
珠85	80~90	珠35	30~40
珠75	70~80	珠25	20~30
珠65	60~70	珠15	10~20
珠55	50~60	珠5	≤10

9　有色金属的显微组织

9.1　铝及铝合金

9.1.1　概述

9.1.1.1　铝合金的分类

铝及其单质是一种银白色轻金属，在金属品种中，产量仅次于钢铁，为第二大类金属，主要以铝硅酸盐矿石存在，还有铝土矿和冰晶石。商品常制成棒状、片状、箔状、粉状、带状和丝状。在潮湿空气中能形成一层防止金属腐蚀的氧化铝薄膜。氧化铝为一种白色无定形粉末，它有多种变体，其中最为人们所熟悉的是 α-Al_2O_3 和 β-Al_2O_3，有延展性。铝粉在空气中加热能猛烈燃烧，并发出炫目的白色火焰。易溶于稀硫酸、稀硝酸、稀盐酸、氢氧化钠和氢氧化钾溶液，难溶于水。铝的密度为 2.7 g/cm^3，熔点为 660 ℃，沸点为 2327 ℃。铝元素在地壳中的含量仅次于氧和硅，居第三位，是地壳中含量最丰富的金属元素，广泛应用于航空、建筑、汽车三大重要工业领域。

铝合金中常加入的元素有 Cu、Zn、Mg、Si、Mn 以及稀土元素等，这些合金元素在固态铝中的溶解度一般都是有限的，所以铝合金的组织中除了形成铝基固溶体外，还有第二相出现。以铝为基体的二元合金大都按共晶相图结晶，如图 9-1 所示。加入的合金元素不同，在铝基固溶体中的极限溶解度也不同，固溶度随温度的变化以及合金共晶点的位置也各不相同。根据成分和加工工艺特点，铝合金可分为变形铝合金和铸造铝合金（表 9-1）。由图 9-1 可知，成分在 *B* 点以左的合金，当加热到固溶线以上时，可得到均匀的单相固溶体 α，由于其塑性好，适宜于压力加工，所以称为变形铝合金。常用的变形铝合金中，合金元素的总量小于 5%，但在高强度变形铝合金中，合金元素的总量可达 8%～14%。

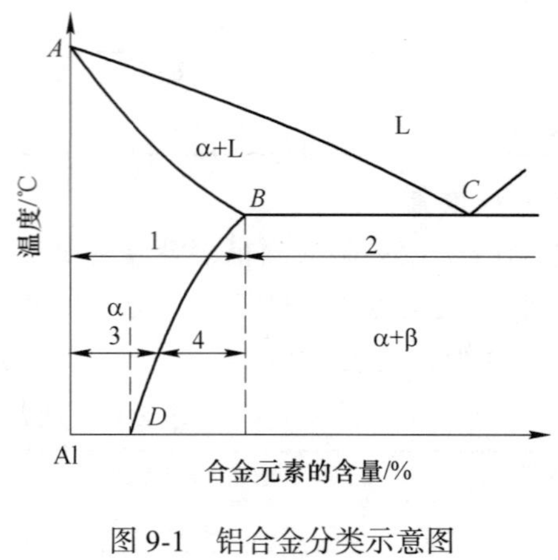

图 9-1　铝合金分类示意图

1—变形铝合金；2—铸造铝合金；

3—不能热处理强化的铝合金；

4—能热处理强化的铝合金

表 9-1　铝合金的分类

<table>
<tr><th colspan="3">项　　目</th><th>主要成分</th><th>特　　点</th><th>典型牌号</th></tr>
<tr><td rowspan="6">铝合金</td><td rowspan="2">变形铝合金</td><td>防锈铝合金</td><td>Al-Mg 和 Al-Mn</td><td>强度比纯铝高，并有良好的塑性、耐蚀性及焊接性，但切削加工性能差</td><td>5A05
3A21</td></tr>
<tr><td>硬铝合金</td><td>Al-Cu-Mg</td><td>既可通过热处理获得较高的强度和硬度，又可进行变形强化，但是抗蚀性不高</td><td>2A01
2A11</td></tr>
<tr><td rowspan="4">铸造铝合金</td><td>铝-硅系</td><td>Al-Si</td><td>具有优良的铸造工艺性能，收缩率较小，强度中等，并可焊接</td><td>ZL102
ZL108</td></tr>
<tr><td>铝-铜系</td><td>Al-Cu</td><td>耐热性高，但铸造性能和抗腐蚀性差，易产生热裂和缩松倾向</td><td>ZL201</td></tr>
<tr><td>铝-镁系</td><td>Al-Mg</td><td>具有较高的强度和良好的抗腐蚀性能，密度小，切削加工性能良好，但铸造性能和耐热性差</td><td>ZL301
ZL302</td></tr>
<tr><td>铝-锌系</td><td>Al-Zn</td><td>最便宜的铸造铝合金，强度较高，热稳定性和铸造性较好，但密度较大，耐腐蚀性差</td><td>ZL401</td></tr>
</table>

变形铝合金可分为以下两种：

（1）不能热处理强化的铝合金，即合金元素的含量小于图 9-1 中 *D* 点成分的合金，这类合金具有良好的抗蚀性能，故称为防锈铝。

（2）能热处理强化的铝合金，即成分处于图 9-1 中 *B* 点与 *D* 点之间的合金，通过热处理能显著提高力学性能，这类合金包括硬铝、超硬铝和锻铝。

一般来说，共晶成分的合金具有优良的铸造性能，但在实际使用中，还要求铸件具备足够的力学性能。因此，铸造铝合金的成分只是合金元素的含量比变形铝合金高一些，其合金元素的总量为 8%~25%。

9.1.1.2　铝及铝合金的牌号、成分及性能

常用铝及铝合金的牌号及化学成分参见《变形铝及铝合金牌号表示方法》（GB/T 16474—2011），常用铝及铝合金的力学性能见表 9-2。

表 9-2　常用铝及铝含金的力学性能

类别	合金牌号	材料状态	抗拉强度 R_m/MPa	屈服强度 $R_{p0.2}$/MPa	伸长率 A/%	断面收缩率 Z/%	硬度 HBW
工业纯铝	1A99	固溶态	45	10	30	—	17
	BA06	退火	90	30	30	—	25
	1035	冷作硬化	140	100	12	—	32

续表 9-2

类别	合金牌号	材料状态	抗拉强度 R_m/MPa	屈服强度 $R_{p0.2}$/MPa	伸长率 A/%	断面收缩率 Z/%	硬度 HBW
防锈铝	3A21	退火	130	50	20	70	30
		冷作硬化	160	130	10	55	40
	5A02	退火	200	100	23	—	45
		冷作硬化	250	210	6	—	60
	5A05 5B05	退火	270	150	23	—	70
	2A11	淬火+自然时效	420	240	18	35	100
		退火	210	110	18	58	45
		包铝的，淬火+自然时效	380	220	18	—	100
		包铝的，退火	180	110	18	—	45
硬铝	2A12	淬火+自然时效	470	330	17	30	105
		退火	210	110	18	53	42
		包铝的，淬火+自然时效	430	300	18	—	105
	2A01	包铝的，退火	180	100	18	—	42
		淬火+自然时效	300	170	24	10	70
		退火	160	60	24	10	38
锻铝	6A02	淬火+人工时效	323.4	274.4	12	20	95
		淬火	215.6	117.6	22	50	65
		退火	127.4	60	24	65	30
超硬铝	7A04	淬火+人工时效	588	539	12	—	150
		退火	254.8	127.4	13	—	150

9.1.1.3 铝合金热处理强化特点

铝合金的热处理强化虽然工艺操作与钢的淬火工艺操作基本相似，但强化机理与钢有着本质上的不同。尽管铝合金在淬火加热时，也是由 α 固溶体加第二相转变为单相的 α 固溶体，淬火时得到单相的过饱和 α 固溶体，但它不发生同素异构转变。因此，铝合金的淬火处理称为固溶处理，由于硬脆的第二相消失，所以其塑性有所提高。过饱和的 α 固溶体虽有强化作用，但是单相的固溶强化作用是有限的，所以铝合金在固溶处理后其强度、硬度提高并不明显，而塑性却有明显提高。铝合金经固溶处理后，获得过饱和固溶体。在随后的室温放置或低温加热保温时，第二相从过饱和固溶体中析出，引起强度、硬度以及物理和化学性能的显著变化，这一过程称为时效。室温放置过程中使合金产生强化的效应称为自然时效；低温加热过程中使合金产生强化的效应称为人工时效。因此，铝合金的热处理强化实际上包括了固溶处理与时效处理两部分。

9.1.1.4 影响时效强化的主要因素

A 时效温度的影响

对同一成分的合金而言，当时效时间一定时，时效温度与时效强化效果之间存在如图 9-2 所示的关系，即在某一时效温度下，合金能获得最大的强化效果，则这个温度称为最佳时效温度。不同合金的最佳时效温度是不同的。据统计，$T_a=(0.5\sim0.6)T_{熔}$。其中，T_a 为最佳时效温度，$T_{熔}$为熔点。

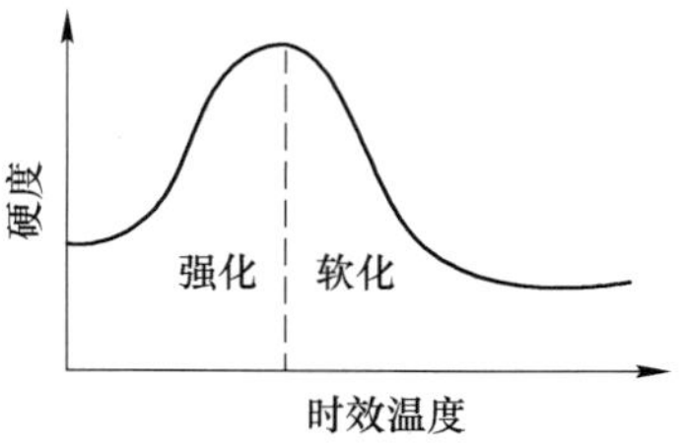

图 9-2 时效温度与硬度关系曲线

B 时效时间的影响

在一定时效温度下，为获得最大的时效强化效果，对应有一个最佳时效时间。

9.1.2 变形铝合金分类及组织

9.1.2.1 变形铝及铝合金牌号和表示方法

变形铝合金需经过不同的压力加工方式生产成型材。这些变形铝合金是机械工业和航空工业中重要的结构材料。由于其密度小，比强度高，在航空工业中占有特殊的地位。

根据国家标准《变形铝及铝合金牌号表示方法》（GB/T 16474—2011），凡是化学成分与变形铝及铝合金国际牌号注册协议组织命名的合金相同的所有合金，其牌号直接采用国际 4 位数字体系牌号，未与国际 4 位数字体系牌号接轨的变形铝合金采用 4 位字符牌号命名，并按要求标注化学成分。4 位字符体系牌号的第 1、3、4 位为阿拉伯数字，第 2 位为英文大写字母（C、I、L、N、O、P、Q、Z 字母除外）。牌号的第 1 位数字表示组别：1 为纯 Al；2 为以 Cu 为主要合金元素的铝合金；3 为以 Mn 为主要合金元素的铝合金；4 为以 Si 为主要合金元素的铝合金；5 为以 Mg 为主要合金元素的铝合金；6 为以 Mg 和 Si 为主要合金元素，并以 Mg_2Si 相为强化相的铝合金；7 为以 Zn 为主要合金元素的铝合金；8 为以其他元素为主要合金元素的铝合金；9 为备用合金组。除改型合金外，铝合金组别按主要合金元素来确定。主要合金元素指极限含量算术平均值最大的合金元素。当有一个以上的合金元素极限含量算术平均值同为最大时，应按 Cu、Mn、Si、Mg、Mg_2Si、Zn、其他元素的顺序来确定合金组别。

铝合金的牌号用 2×××~8×××系列表示。牌号的最后两位数字没有特殊意义，仅用来区别同一组中不同的铝合金。牌号第二位的字母表示原始合金的改型情况。A 表示原始合金；B~Y 表示原始合金的改型合金。例如，2A06 表示主要合金元素为 Cu 的 6 号原始铝合金。

9.1.2.2 防锈铝合金

防锈铝合金包括 Al-Mn 和 Al-Mg 两个合金系。防锈铝代号用“3A”或“5A”加一组顺序号表示。这类合金具有优良的抗腐蚀性能，并有良好的焊接性和塑性，适合于压力加工和焊接。这类合金不能进行热处理强化，一般只能用冷变形来强化。由于防锈铝的切削加工性能差，故适用于制作焊接管道、容器、铆钉、各种生活用具以及其他冷变形零件。

A Al-Mn 系防锈铝合金

Mn 在 Al 中的最大溶解度为 1.82%。Mn 和 Al 可以形成金属间化合物 $MnAl_6$，这种弥散析出的质点可阻碍晶粒的长大，故可细化合金的晶粒。Mn 溶于 α 固溶体中会起到固溶强化的作用。当 Mn 的含量大于 1.6% 时，由于形成大量的脆性 $MnAl_6$，合金的塑性显著降低，压力加工性能较差，所以防锈铝中 Mn 的含量一般不超过 1.6%。图 9-3 所示为 Al-Mn 系防锈铝合金的金相组织。

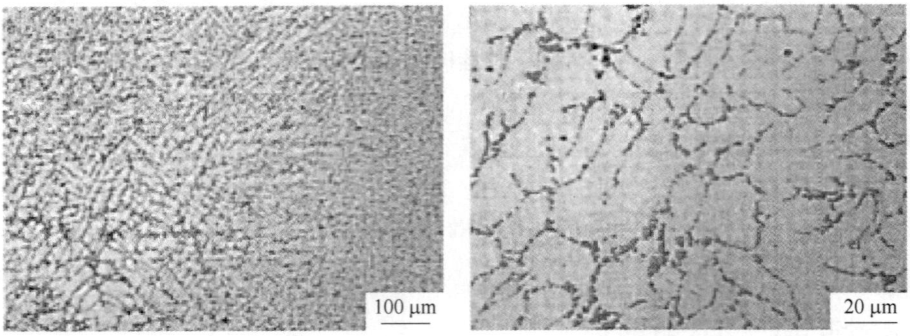

(a)　　(b)

图 9-3　Al-Mn 系防锈铝合金的金相组织

Al-Mn 合金具有优良的耐蚀性。$MnAl_6$与基体的电极电位相近，产生的腐蚀电流很小。Fe 和 Si 是合金的主要杂质。Fe 会降低 Mn 在 Al 中的溶解度，形成脆性的（Mn,Fe)Al_6化合物，使合金的塑性降低，所以要限制 Fe 的含量在 0.4%~0.7%。Si 是有害元素，它会增大合金的热裂倾向，降低合金的铸造性能，故应严格控制其含量，一般控制在小于 0.6%。

Al-Mn 系防锈铝因其时效强化效果不佳，故不采用时效处理。3A21 合金制品的热处理主要是退火。为了防止在退火过程中产生粗大晶粒，可提高退火时的加热速度，或在合金中加入少量 Ti 的同时，加入约 0.4%的 Fe 来细化晶粒。此外，相对于 Al 来说，Mn 是高熔点金属，容易产生偏析，特别是半连续浇注锭坯中 Mn 的偏析较严重。为了减少或消除晶内偏析，可在 600~620 ℃进行锭坯的均匀化退火。

B　Al-Mg 系防锈铝合金

Mg 在 Al 中的固溶量较大。一般 Mg 含量小于 5% 的合金为单相合金。经扩散退火及冷变形后退火的防锈铝合金，组织和成分较均匀，耐蚀性较好。Mg 含量大于 5% 的合金经退火后，组织中会出现脆性的 β(Mg_5Al_8）相。由于该相电极电位低于 α 固溶体，β 相成为阳极，导致合金的耐蚀性恶化，塑性、焊接性也变差。

9.1.2.3　硬铝合金

硬铝属于 Al-Cu-Mg 系合金，具有强烈的时效强化作用，经时效处理后具有很高的硬度、强度，故 Al-Cu-Mg 系合金称为硬铝合金。这类合金具有优良的加工性能和耐热性，但塑性、韧性低，耐蚀性差。常用来制作飞机大梁、空气螺旋桨、铆钉及蒙皮等。铸态硬铝合金的金相组织如图 9-4 所示。

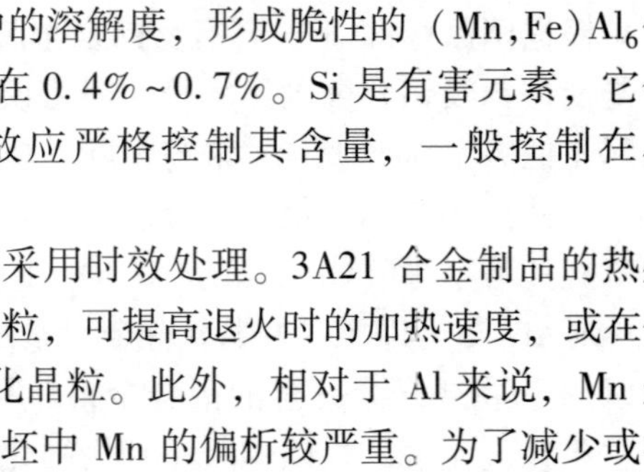

图 9-4　铸态硬铝合金的金相组织

硬铝的代号用“2A”加一组顺序号表示。

不同牌号的硬铝合金具有不同的化学成分，其性能特点也不相同。Cu、Mg 含量低的硬铝强度较低，而塑性高；Cu、Mg 含量高的硬铝则强度高而塑性较低。在 Al-Cu-Mg 系中，有 θ($CuAl_2$)、S($CuMgAl_2$)、T(Al_6CuMg_4) 和 B(Mg_5Al_6) 四个金属间化合物相，其中前两个是强化相。S 相有很高的稳定性和沉淀强化效果，其室温和高温强化作用均高于 θ 相。当硬铝以 S 相为主要强化相时，合金有最大的沉淀强化效应。当 Cu 与 Mg 的比值一定时，Cu 和 Mg 的总量越高，强化相数量越多，强化效果越大。

硬铝合金按合金元素的含量及性能的不同，可分为三种类型：低强度硬铝，如 2A01、2A10 等合金；中强度硬铝，如 2A11 等合金；高强度硬铝，如 2A12 等合金。其中，2A12 是使用最广的高强度硬铝合金。

2A12 合金的 θ 相和 S 相完全溶入 α 固溶体的温度非常接近于三元共晶的熔点（507 ℃）。因此，硬铝淬火加热的过烧敏感性很大。为了获得最大固溶度的过饱和固溶体，2A12 合金最理想的淬火温度为（500±3）℃，但在实际生产条件下很难做到，所以 2A12 合金常用的淬火温度为 495~500 ℃。硬铝合金的人工时效比自然时效具有更大的晶间腐蚀倾向。所以硬铝合金除高温工作的构件外，一般都采用自然时效。为了防止淬火过程中 θ 相沿晶界大量析出，从而导致自然时效强化效果减弱和晶间腐蚀倾向增大，硬铝合金淬火时，在保证不变形开裂的前提下，冷却速度越快越好。

9.1.3 铸造铝合金分类及组织

铸造铝合金应具有较高的流动性，较小的收缩性，热裂、缩孔和疏松倾向小等良好的铸造性能。成分处于共晶点的合金具有最佳的铸造性能，但由于此时合金组织中会出现大量硬脆的化合物，使合金的脆性急剧增加。因此，实际使用的铸造合金并非都是共晶合金，它与变形铝合金相比只是合金元素的含量高一些。

铸造铝合金的牌号用“铸铝”二字的汉语拼音首字母“ZL”加三位数字表示。第一位数字表示合金的系别：1 为 Al-Si 系合金；2 为 Al-Cu 系合金；3 为 Al-Mg 系合金；4 为 Al-Zn 系合金。第二、三位数字为合金的顺序号。例如，ZL102 表示 2 号 Al-Si 系铸造合金。

9.1.3.1 Al-Si 系铸造合金

Al-Si 系铸造合金的用途很广，常用牌号见表 9-3。含 Si 的共晶合金是铸造铝合金中流动性最好的，能提高铝合金的强度和耐磨性。这种合金具有密度小，铸造收缩率低和优良的焊接性、耐蚀性以及足够的力学性能。但合金的致密度较差，适合制造致密度要求不太高的、形状复杂的铸件。共晶组织中 Si 晶体呈粗大的板片状，过共晶合金中还有少量的初生 Si，呈块状。这种共晶组织的塑性较低，还需要细化组织。

表 9-3 典型铸造铝合金牌号及主要合金元素含量

合金系	合金牌号	代号	主要合金元素/%
Al-Si	ZAlSi12	ZL102	10.0~13.0Si
	ZAlSi9Mg	ZL104	8.0~10.5Si，0.17~0.35Mg，0.2~0.5Mn
	ZAlSi5Cu1Mg	ZL105	4.5~5.5Si，1.0~1.5Cu，0.4~0.6Mg
	ZAlSi7Cu4	ZL107	6.5~7.5Si，3.5~4.5Cu
	ZAlSi12Cu2Mg1	ZL108	11.0~13.0Si，1.0~2.0Cu，0.4~1.0Mg，0.3~0.9Mn
	ZAlSi5Cu6Mg	ZL110	4.0~6.0Si，5.0~8.0Cu，0.2~0.5Mg

续表 9-3

合金系	合金牌号	代号	主要合金元素/%
Al-Cu	ZAlCu5Mn	ZL201	4.5~5.3Cu，0.6~1.0Mn，0.15~0.35Ti
	ZAlCu4	ZL203	4.0~5.0Cu
Al-Mg	ZAlMg10	ZL301	9.5~11.0Mg
	ZAlMg5Si1	ZL303	4.5~5.5Mg，0.8~1.3Si，0.1~0.4Mn
	ZAlMg8Zn1	ZL305	7.5~9.0Mg，1.0~1.5Zn，0.1~0.2Ti
Al-Zn	ZAlZn11Si7	ZL401	9.0~13.0Zn，6.0~8.0Si，0.1~0.3Mg
	ZAlZn6Mg	ZL402	5.0~6.5Zn，0.50~0.65Mg，0.15~0.25Ti

Al-Si 系铸造合金中最基本的合金为 ZL102 二元铸造合金，Si 的含量为 10%~13%，具有共晶组织。铸造 Al-Si 合金一般需要进行变质处理，以改变共晶 Si 的形态。变质处理后，共晶温度由 578 ℃降为 564 ℃，共晶成分 Si 由 11.7%增加到 14%，所以 ZL102 合金处于亚共晶相区，合金中的初晶 Si 消失，而粗大的针状共晶 Si 细化成细小的条状或点状，并在组织中出现初晶 α 固溶体。ZL102 合金变质处理前后的组织如图 9-5 所示。

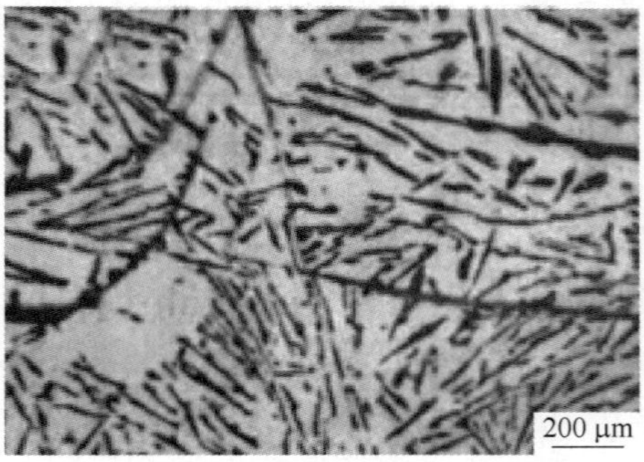

(a) 变质前

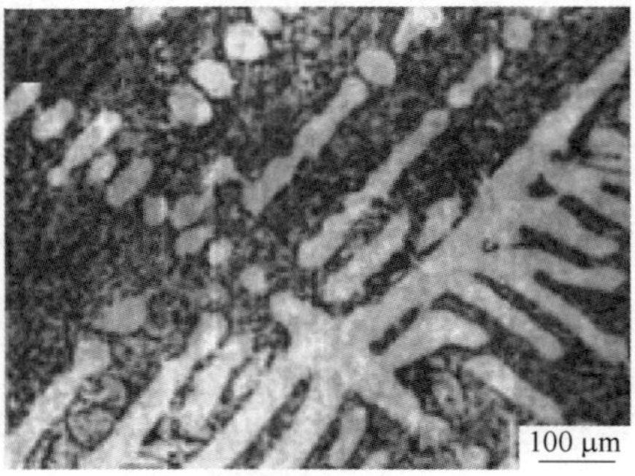

(b) 变质后

图 9-5　ZL102 变质处理前后的组织形貌

9.1.3.2　Al-Cu 系铸造合金

Al-Cu 系铸造合金的主要强化相是 $CuAl_2$。Al-Cu 系铸造合金最大的特点是耐热性高，是所有铸造铝合金中耐热性最高的一类合金。其高温强度随 Cu 含量的增加而提高，而合金的收缩率和热裂倾向则减小。但由于 Cu 含量的增加，使得合金的脆性增加，此外还使得合金的密度增大，所以导致合金的耐蚀性降低，铸造性能变差。

如 ZL201，其室温组织为 α 固溶体和 θ 相（$CuAl_2$）。θ 相呈网状或半网状分布，在显微镜明场下观察，呈浅红灰色，反差不大，如图 9-6 所示。

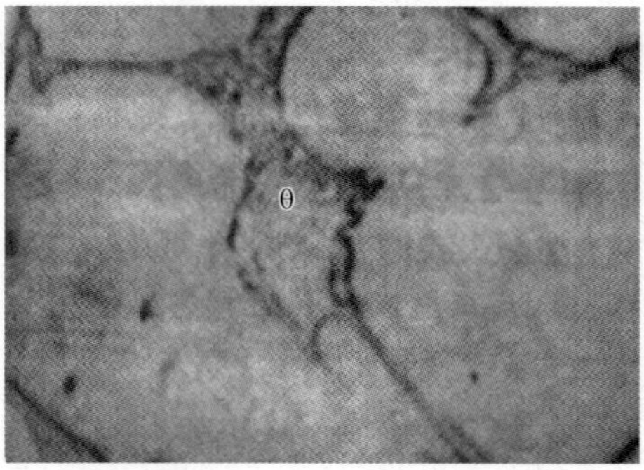

图 9-6　ZL201 显微组织（500×）

9.1.3.3　Al-Mg 系铸造合金

Al-Mg 系铸造合金的优点是密度小，强度和韧性较高，并具有优良的耐蚀性、切削性和抛光性。Al-Mg 系铸造合金的结晶温度范围较宽，故其流动性差，形成的疏松倾向大，其铸造性能不如 Al-Si 合金好，且熔化浇铸过程中易形成氧化夹渣，使铸造工艺复杂化。此外，由于合金的熔点较低，所以热强度较低，工作温度不超过 200 ℃。

Al-Mg 二元合金的强度和塑性综合性能最佳的 Mg 含量为 9.5%～11.0%，这就是常用的 ZL301。过高的 Mg 含量会因 β-Al_8Mg_5 相难以完全固溶而使合金的性能下降。ZL301 合金铸态组织中除 α 固溶体外，还有部分 Al_8Mg_5 离异共晶存在于树枝晶边界。图 9-7 所示为 ZL301 经固溶处理后的组织。经固溶处理后，β 相大多固溶到 α 相中，黑色呈蝴蝶状的 Mg_2Si 未溶入。由于 Al-Mg 合金时效处理过程不经历原子偏聚区（G. P. 区）阶段，而直接析出 Al_8Mg_5 相，故其时效强化效果较差，且会强烈降低合金的耐蚀性和塑性，因此，ZL301 合金常以淬火状态使用。

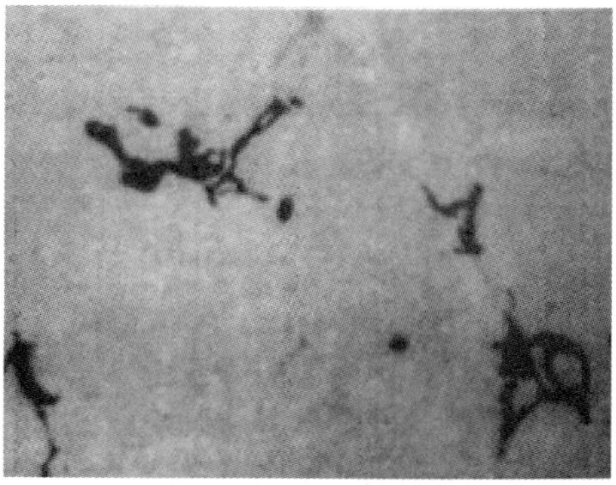

图 9-7 ZL301 固溶处理后的组织（200×）

为了改善 Al-Mg 系铸造合金的铸造性能，常加入 0.8%～1.3%的 Si。Al-Mg 系铸造合金常用于作制造需承受冲击、振动载荷，耐海水或大气腐蚀，且外形较简单的重要零件和接头等。

9.1.3.4 Al-Zn 系铸造合金

图 9-8 所示为 Al-Zn 二元合金相图。根据相图，在 Al-Zn 二元合金中，不形成金属间化合物。Zn 在 Al 中有很大的溶解度，其极限溶解度为 31.6%。固溶的 Zn 起固溶强化的作用。在 Al-Zn 合金中，Zn 的含量可达 13%，在铸造冷却时不发生分解，可获得较大的固溶强化效果，故 Al-Zn 系铸造合金具有较高的强度，是最便宜的一种铸造铝合金，其主要缺点是耐蚀性差。

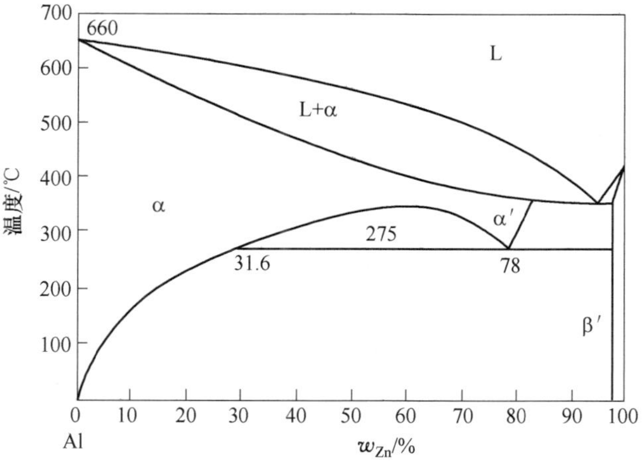

图 9-8 Al-Zn 二元合金相图

Al-Zn 系铸造合金中常用的是 ZL401 合金。由于这种合金中 Si 的含量较高（6.0%～

8.0%)，又称含 Zn 特殊 Al-Si 合金。在合金中加入适量的 Mg、Mn 和 Fe，可以显著提高合金的耐热性能。主要用于制作工作温度在 200 ℃以下，结构形状复杂的汽车及飞机零件、医疗器械和仪器零件。

9.2　钛及钛合金

9.2.1　概述

钛金属最早是于 1791 年被英国一位名叫格雷戈尔的业余矿物学家发现的。1795 年，德国化学家克拉普鲁斯以希腊神“Titans”命名了这种未知的金属物质，中文译为“钛”。钛在地球上的储量丰富，已知的钛矿物有 140 多种，但工业应用主要是钛铁矿和金红石。中国钛铁矿的储量占全球储量的 28%，排名全球第一。

钛是世界上公认的无毒元素，开采和生产成本高，价格昂贵。由于钛具有耐高低温、抗强酸碱、高强度、低密度等一系列优点，成为 NASA 同款火箭卫星专用材料，也被应用于我国的玉兔号、歼 20、山东舰航母等超级项目。在 20 世纪 80 年代走入民用领域后，钛以其天然具有的抑菌性与亲生物性，一跃成为食器界的“荣誉金属王”。

我国的钛工业起步于 20 世纪 50 年代，到 60 年代中期，我国分别在遵义和宝鸡建成了海绵钛和钛加工生产厂。中国已经成为全球钛工业强国之一，并已进入加速发展的新时期，钛产能位居全球前列。

9.2.2　钛合金分类及组织

9.2.2.1　α 型钛合金

α 型钛合金又分为全 α 合金及近 α 合金。工业纯钛属于 α 合金，此外，一般 α 合金含有 6%左右的 Al 和少量中性元素，退火后几乎全部是 α 相，典型合金包括 TA1～TA7 合金等。近 α 合金中除含有 Al 和少量中性元素外，还有少量（不超过 4%）的 α 稳定元素，如 TA16、TA17 合金等。

工业纯钛按杂质元素的含量分为 TA1、TA2、TA3 三个牌号，相变点为 900 ℃。工业纯钛主要应用于要求具有高塑性、适当的强度、良好的耐蚀性以及可焊性的场合。它们的冷热加工性能好，可生产各种规格的板材、棒材、型材、带材、管材和箔材。一般在退火状态下交货使用。TA1 板材和 TA2 棒材的退火态金相组织如图 9-9 所示。TA1 板材 650 ℃/1 h退火态组织为等轴 α+少量晶间 β（暗），TA2 棒材 600 ℃/1 h 退火态组织为等轴 α 组织。

9.2.2.2　α+β 型钛合金

α+β 型钛合金含有一定量的 Al（6%以下）和不同量的 β 稳定元素及中性元素，退火后有不同比例的 α 相及 β 相。这类合金的可焊性较好，一般冷成形及冷加工能力差。典型合金包括 TC4、TC11、TC21 等。

TC4 合金（Ti6A14V）是国内外使用最广泛的钛合金牌号，具有良好的综合性能，相变点为 980～1010 ℃，可加工制备成板材、棒材、环材、丝材及锻件等品种。其常见金相组织如图 9-10 所示，其中（a）为白色等轴 α+灰色晶间 β；（b）为等轴初生 α+片层 β 转变组织；（c）中 β 晶界被破碎形成网篮组织；（d）为晶间 α+全片层 β 转变组织；（e）为粗片层 β 转变组织；（f）为细片层 β 转变组织。

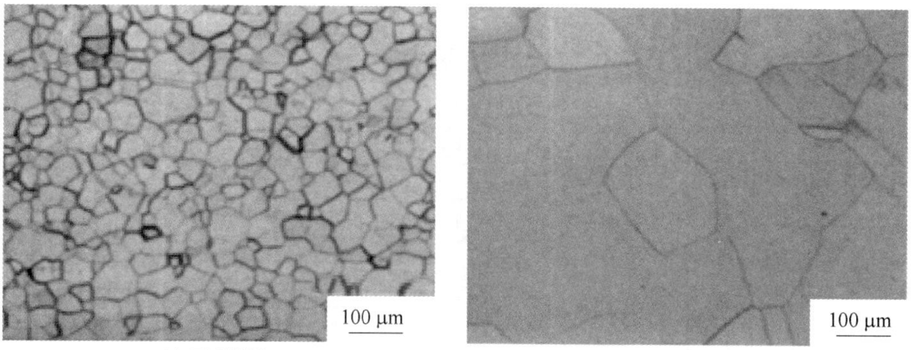

(a) TA1板材　(b) TA2棒材

图 9-9　TA1 板材和 TA2 棒材退火态组织

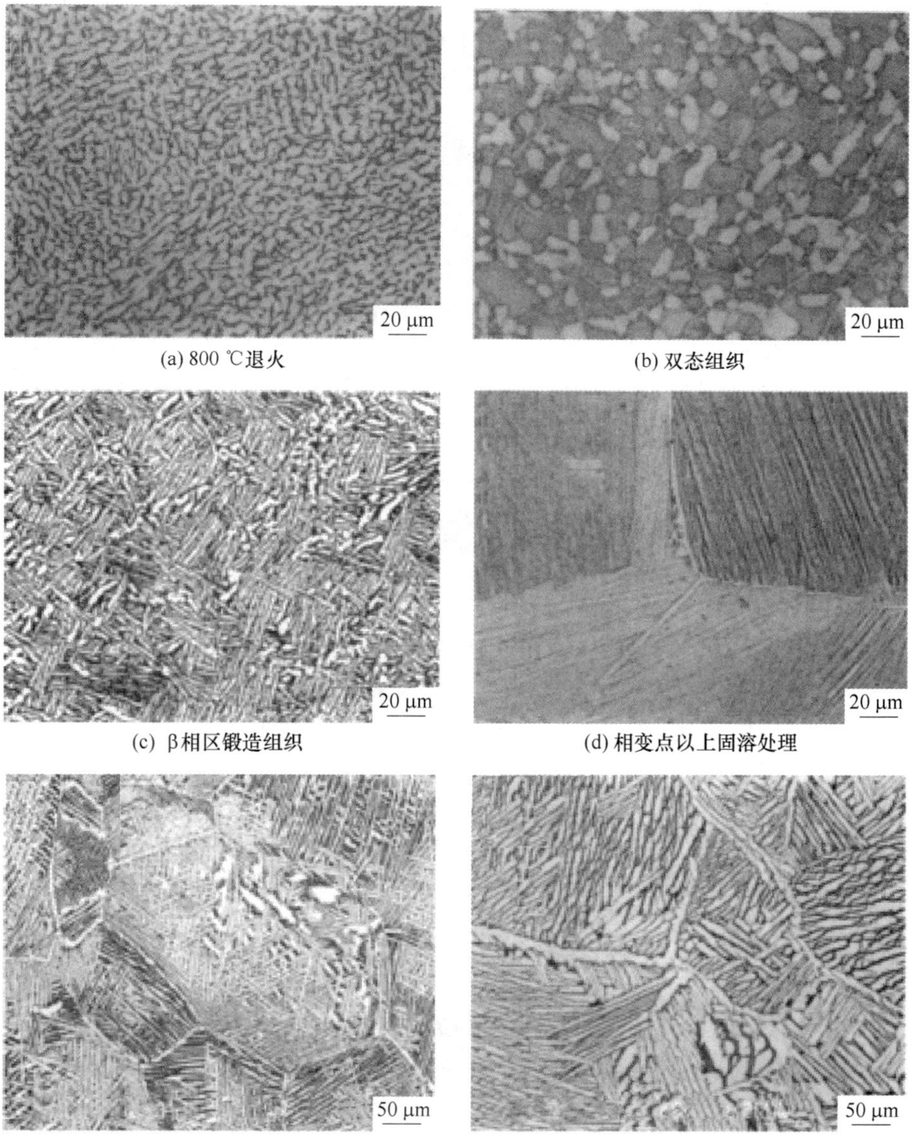

(a) 800 ℃退火　(b) 双态组织

(c) β相区锻造组织　(d) 相变点以上固溶处理

(e) β相区炉冷退火　(f) β相区加热后空冷

图 9-10　TC4 合金的金相组织

9.2.2.3　β 型钛合金

β 型钛合金分为稳定 β 合金、亚稳定 β 合金和近 β 合金。稳定 β 合金含有大量的 β 稳定元素，退火后全部为 β 相。其室温强度较低，冷成形性好，在还原性介质中耐蚀性较好；典型合金有 Ti40。亚稳定 β 合金含有临界浓度以上的 β 稳定元素、少量的 Al（一般不大于 3%）和中性元素，从 β 相区固溶处理（水淬或空冷）后，几乎全部为亚稳定 β 相，这类合金的冷加工性好，时效强度高。近 β 合金含有临界浓度左右的 β 稳定元素和一定量的中性元素及铝，从 β 相区固溶处理后有大量亚稳定 β 相及其他亚稳定相（α 或 ω 相），时效后，主要是 α 相和 β 相，这类合金适合加工成锻件产品，具有优良的强韧性匹配。

Ti40 合金是 20 世纪 90 年代中期由西北有色金属院研制的一种 Ti-Cr-V 系阻燃钛合金，属于稳定 β 型钛合金，合金相变点约为 400 ℃，可应用于高性能航空发动机机匣等部位。图 9-11 所示为 Ti40 合金常见的微观组织，其中（a）为弯曲状 β 晶界；（b）为弯曲状 β 晶界+少量加工流线；（c）为等轴 β 组织；（d）为等轴 β 组织（β 晶界平直化）。

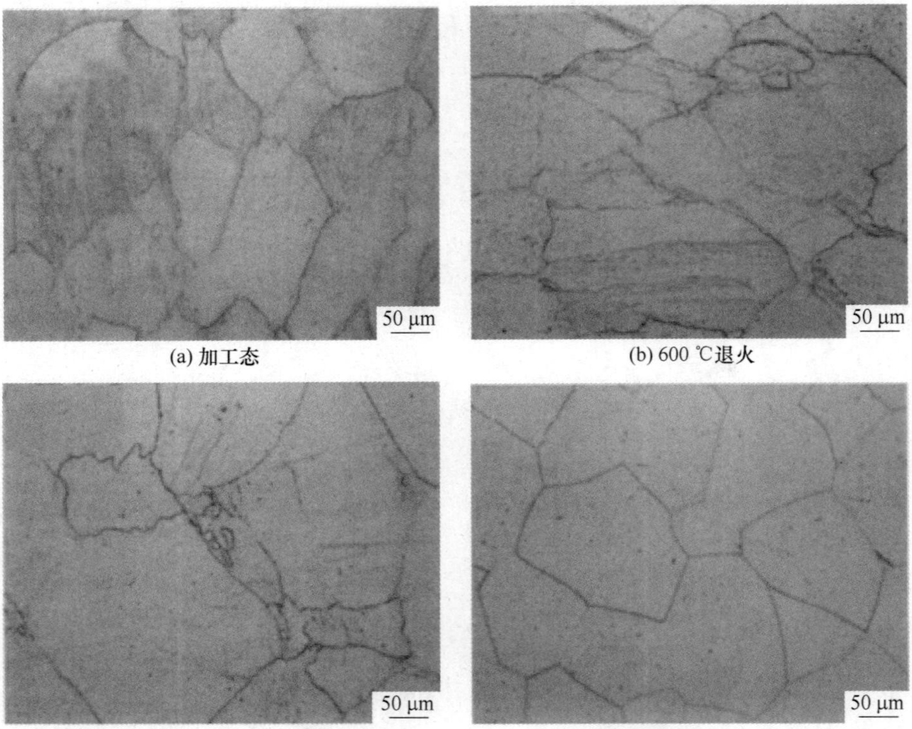

(a) 加工态　(b) 600 ℃退火　(c) 700 ℃退火　(d) 800 ℃退火

图 9-11　Ti40 合金的退火组织

9.3　铜及铜合金

9.3.1　概述

铜（Cu）是一种过渡金属元素，原子序数为 29。纯铜是柔软的金属，表面刚切开时为带金属光泽的红橙色，单质呈紫红色，延展性好，导热性和导电性高，广泛用于电缆、电气、电子元件，也可用作建筑材料，可以组成多种合金。铜合金的性能优异，其电阻率很低。此外，铜也是耐用的金属，可以多次回收而无损其性能。铜质建筑结构受腐蚀后会产生铜绿（碱式碳酸铜），铜是人类最早使用的金属之一。

铜的许多特性，包括抗磁性，也存在于其合金中，多种合金元素增加了其功能特性。虽然铜的价格相对较高，但其合金黄铜、青铜在各个领域中仍有着不可撼动的地位。

9.3.2 铜合金分类及组织

铜合金按添加元素的不同可分为两大类，即青铜和黄铜。不以锌为主加元素的称为青铜，按主加元素的不同又分为锡青铜、铝青铜、铅青铜、铍青铜等；以锌为主加元素的称为黄铜，按第二种合金元素的不同又分为锰黄铜、铝黄铜、硅黄铜、铅黄铜等。

9.3.2.1 纯铜组织

纯铜具有良好的导电性、导热性和耐蚀性。经退火后的组织为具有孪晶的等轴晶粒。工业纯铜按其氧含量的增加分为 T1、T2、T3、T4 四个等级；无氧铜分为 TU1、TU2、磷脱氧铜 TUP、锰脱氧铜 TUMn 等；此外，还有微合金化的磷铜、银铜等。纯铜主要用于制作导线、电气开关、电真空器件、冷凝器及各类管道等。

纯铜的显微组织为 α 铜晶粒。其铸锭的低倍组织多为粗大而发达的柱状晶，高倍下为单晶铜晶粒。经冷加工变形后，晶粒被破碎并拉长，得到纤维状组织。经再结晶退火后，得到等轴晶粒。由于铜为面心立方晶系，加工退火后易产生孪晶，故其组织为等轴晶，伴有相当数量的孪晶，并存在明显的位向差。图 9-12 所示为纯铜的显微组织，存在大量孪晶。

图 9-12 纯铜的显微组织（200×）

9.3.2.2 黄铜的基本组织

常见黄铜中锌含量小于 45%。锌含量小于 39%的黄铜具有单相 α 组织，晶粒呈多边形，并有大量的孪晶产生。单相黄铜由于晶粒位相的差别，使其受侵蚀的程度不同，其晶粒颜色有明显差异，与纯铜相似，单相黄铜具有良好的塑性，可进行冷塑性变形。

根据铜-锌二元合金相图，当黄铜中的锌含量较低时，为单相黄铜，如 H96、H80、H75 等黄铜，其显微组织为 α 固溶体，即锌在铜中的固溶体。随着锌含量的增加，其显微组织中出现 α+β 两相组织，即为两相黄铜，如 H62、H59 等黄铜，β 相是以 ZnCu 电子化合物为基体的固溶体，属体心立方晶格。因此，根据黄铜合金的成分，可以利用铜-锌二元合金相图轻易地判断出该合金的显微组织，如当锌含量为 50%时，该黄铜即为单相 β 黄铜。随着锌含量的不断增加，黄铜的强度首先开始增加，然后在达到峰值后随之下降，因而锌含量过高的黄铜没有使用价值。

单相 α 黄铜的铸态组织具有明显的树枝晶及偏析特征，枝轴的铜含量较高，难浸蚀，在显微镜下色泽发亮；枝间的锌含量较高，易浸蚀，色泽发暗。

铸态 α+β 两相黄铜在凝固过程中首先析出 β 晶粒，冷却时由 β 相中析出 α 相，两相之间存在位相关系。冷却速度越快，α 相越细。在使用三氯化铁盐酸水溶液浸蚀时，α 相因为铜含量较高而不易被腐蚀，明场下呈白亮色，β 相易被腐蚀，颜色较深。经热变形后，其组织为具有带状分布特点的 α 相加 β 相，其中 α 晶粒内有孪晶。

锌含量为 39%～45%的黄铜，具有 α+β′两相组织，称为双相黄铜。H62 黄铜的显微组织中，α 相呈亮白色，β′相为黑色，如图 9-13（a）所示，β′相是以 CuZn 电子化合物为基体的有序固溶体，在室温下较硬而脆，但在高温下有较好的塑性，所以双向黄铜可以进行热压力加工。

9.3.2.3　锰黄铜的基本组织

为了改善铜合金的性能，在黄铜中加入锰元素，其目的是提高合金的强度和对海水的抗蚀性能，但使其韧性有所下降；如在加入锰元素的同时再加入铁元素，则能明显提高黄铜的再结晶温度和细化晶粒，合金元素的加入只改变了组织中的 α 相和 β′相组成的比例。在显微镜下观察其组织与铸态黄铜相似，不出现新相，如图 9-13（b）所示。

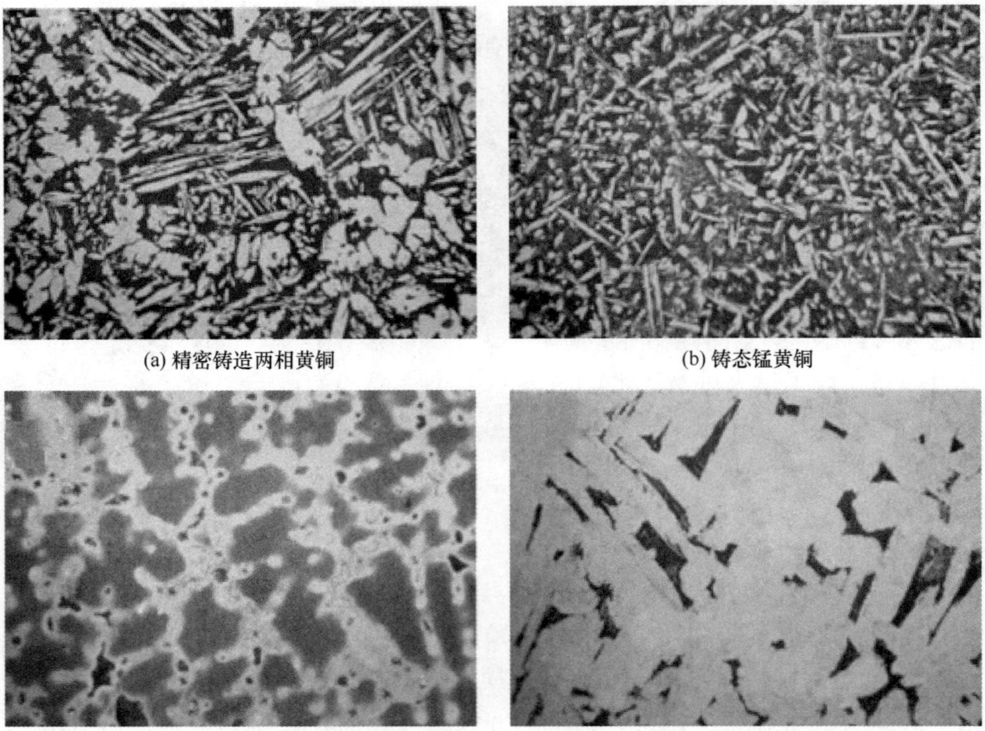

(a) 精密铸造两相黄铜　(b) 铸态锰黄铜　(c) 铸态锡青铜　(d) 铸态铝青铜

图 9-13　几种铜合金的显微组织

9.3.2.4　锡青铜的基本组织

锡青铜是最常用的青铜材料。由于锡原子在铜中的扩散速度极慢，因此实际生产条件下的锡青铜按不平衡相图进行结晶。锡含量小于 6%的锡青铜，其铸态组织为树枝状的单相固溶体。这种合金经变形及退火后的组织为具有孪晶的 α 等轴晶粒。锡含量大于 6%的锡青铜，其铸态组织为 α 固溶体+(α+δ）共析体，如图 9-13（c）所示。δ 相是以 $Cu_{31}Sn_8$

为基体的固溶体，性硬而脆，不能进行变形加工。

9.3.2.5 铝青铜的基本组织

铝青铜是以 Cu-Al 为基体的合金，其铝含量不超过 11%，常用的铝青铜的平衡组织有两种：一种是铝含量小于 9.4%的组织为单一的树枝状 α 相，用于压力加工；另一种是铝含量在 9.4%~11.8%的组织为树枝状的 α 固溶体与层片状的（$\alpha+\gamma_2$）共析体，如图 9-13（d）所示。

铸态组织与平衡组织的区别比较大，只要铝含量大于 7.5% 就可能出现（$\alpha+\gamma_2$）共析体。γ_2 相是以 Cu_2Al_2 为基体的化合物，质硬而脆。为了得到 $\alpha+\beta$ 组织，可以采取急冷的办法避免 β 相的分解，或在合金中加入 Ni、Mn 元素扩大 α 相区，减少 β 相区。

10 金属材料的化学热处理

10.1 渗 氮

10.1.1 渗氮基本原理

10.1.1.1 Fe-N 状态图

Fe-N 状态图是研究氮化层组织、相结构及氮浓度沿渗层分布的一个重要依据。铁和氮在不同条件下可以形成五个相：

（1）α 相：氮在 α-Fe 中的间隙固溶体。氮原子在 α-Fe 晶格中位居八面体间隙。氮在 α-Fe 中的最大溶解度在 590 ℃时约为 $w_N = 0.1\%$。

（2）γ 相：氮在 γ-Fe 中的间隙固溶体，即含氮奥氏体。γ 相在 590 ℃以上存在，在此温度时发生共析反应 $\gamma = \alpha + \gamma'$，共析点 $w_N = 2.35\%$，在 650 ℃时溶解度达到最大值，此时 $w_N = 2.8\%$。γ 相中，氮原子处于八面体间隙。

（3）γ′相：成分可变的间隙相。在化合物中，氮原子有序地占据着由铁原子组成的面心立方晶格的位置。它存在于 $w_N = 5.7\% \sim 6.1\%$。当 $w_N = 5.9\%$时，化合物为 Fe_4N，γ′相于 680 ℃以上将发生分解，并溶于 ε 相中。

（4）ε 相：一种成分可变的氮化物 $w_N = 4.55\% \sim 11.0\%$，它是以氮化物为基的固溶体。在化合物中，氮原子有序地占据着由铁原子组成的密排六方晶格的间隙位置。

（5）ξ 相：是以 Fe_2N 化合物为基体的具有正交菱形点阵的间隙固溶体，$w_N = 11.0\% \sim 11.35\%$。性脆，在 500 ℃以上将转变成 ε 相。

10.1.1.2 氮在钢中的扩散

在渗氮过程中，氮化层的形成需要氮原子的扩散。随着钢中碳的质量分数的增加，碳原子占据铁素体中的间隙位置增加，阻碍氮原子在 α-Fe 中的运动，而且随着钢中碳的质量分数的增加，钢中铁素体的含量减少，导致氮在 α-Fe 中的扩散系数降低。

在渗氮过程中，表面形成氮化物之后，渗层厚度的增加受到氮在氮化物中的扩散的控制，扩散层深度随氮化物层的厚度增加而减小。

钢中大多数合金元素都可不同程度地提高氮的扩散激活能，从而降低氮的扩散系数，降低渗层深度。其中以 W、Ti、Ni、Mo 的作用最为显著，而 Si、Mn、Cr 的影响较小，氧略能提高氮的扩散系数。

10.1.1.3 合金元素与氮的相互作用

钢中加入合金元素能改变氮在 α 相中的溶解度。强氮化物形成元素 W、Mo、Cr、Ti、V 溶于铁素体中，会提高氮在 α 相中的溶解度，可使氮在 α 相中的溶解度由 0.1%提高到 1.9%左右。部分合金元素会形成复合氮化物，提高金属材料的硬度和耐磨性。

10.1.1.4 氮化层形成及相变特点

氮化时在渗氮罐内通入氨气，在一定温度下，由于钢件表面的催化作用，氨将发生分解：$Fe+NH_3 = Fe[N] + \frac{3}{2}H_2$，式中，Fe[N] 为氮在铁中的固溶体。在炉气中，NH_3、H_2 与固溶体中的氮之间存在着一定的关系，当温度一定时，不同的氨含量范围将形成不同的相。

渗氮后渗层组织与渗氮温度、冷却方式和渗层深度有关。渗氮过程不同于渗碳，它是一种典型的反应扩散过程，依据 Fe-N 相图可得出不同温度下缓冷后渗层中各相的形成顺序及各层次的相组成物，见表 10-1。

表 10-1 渗氮层中各相的形成顺序及平衡状态下各层的相组成物

温度/℃	相形成顺序	氮化层缓冷后由表及里的相组成物
<590	$\alpha \to \alpha_N \to \gamma' \to \varepsilon$	$\varepsilon \to \varepsilon + \gamma' \to \gamma' \to \alpha_N + \gamma'$(过剩) $\to \alpha$
590~680	$\alpha \to \alpha_N \to \gamma \to \gamma' \to \varepsilon$	$\varepsilon \to \varepsilon + \gamma' \to \gamma' \to (\alpha_N + \gamma')$共析组织$\to \alpha_N + \gamma'$(过剩) $\to \alpha$
>680	$\alpha \to \alpha_N \to \gamma \to \varepsilon$	$\varepsilon \to \varepsilon + \gamma' \to (\alpha_N + \gamma')$共析组织$\to \alpha_N + \gamma'$(过剩) $\to \alpha$

钢中的合金元素多数都能与氮形成硬度高、稳定性好的合金氮化物，如 Ti、Al、V、W、Mo、Cr、Mn、Fe。它们以细小弥散状态分布于渗氮层中，与基体保持共格和半共格关系，使其弥散强化，显著提高基体的硬度（可达 1200HV）和耐磨性。

在高于共析温度氮化时，可得到含氮奥氏体，随后冷却将发生相变，与含碳奥氏体相变非常相似，也有三种相变，即共析相变、中温相变和马氏体相变。

10.1.2 渗氮层的性能

10.1.2.1 硬度和耐磨性

工件经氮化后表面具有高的硬度，如 38CrMoAlA 钢工件渗氮层的硬度可达 1200HV，远高于渗碳层表面的硬度，因此其耐磨性特别好。

渗氮层的高硬度是由于合金氮化物弥散强化的作用。氮化物具有很高的硬度，而且晶格常数比基体 α-Fe 大得多，当它与基体保持共格联系时，将使 α-Fe 晶格产生很大的畸变，从而产生显著的强化效果。但当氮化温度升高，氮化物长大并和基体脱离共格联系时，渗氮层的硬度将降低。

加入多种合金元素的合金钢比一种元素的合金钢产生的畸变大，因此表现为具有较高的基体硬度。同时，合金元素将促使 α-Fe 基体溶解更多的氮原子，使其微观应力显著增大，硬度提高；氮化后的快冷将使过饱和固溶体发生时效，也可增加基体的硬度。

10.1.2.2 疲劳强度

工件经渗氮后大大提高了抗疲劳能力，这是由于渗氮层内析出比容较大的氮化物相，产生较大的残余压应力。表面残余压应力的存在能部分抵消在疲劳载荷下产生的拉应力，延缓疲劳破坏过程，使疲劳强度显著提高，并降低缺口敏感性。渗氮层越厚，疲劳抗力越大。但若出现大量的脆性相，则会引起疲劳强度降低。因此，从疲劳强度来看，渗氮层深度一般以 0.5 mm 为宜。

10.1.2.3 红硬性

渗氮层的抗回火能力一般可保持到氮化温度，因此在 500 ℃以下可长期保持高硬度；短时间超过 600 ℃，硬度不降低；若超过 600~625 ℃，则渗氮层中弥散分布的氮化物将发生聚集，基体组织将发生转变，从而导致硬度下降。但即使加热到 900~1000 ℃，硬度也不可能降低到未渗氮状态的硬度。

10.1.3 渗氮层的质量检验

10.1.3.1 外观

正常的氮化零件表面应呈银灰色，若表面出现黄或蓝等颜色，则说明在氮化或冷却过程中零件表面被氧化。在氮化后期产生的氧化色仅影响零件的外观，不影响其使用性能。

10.1.3.2 渗层硬度测定

用维氏硬度计或洛氏硬度计测定渗氮层的表面硬度。为避免载荷过大压穿氮化层，以及载荷过小使测量不准确，可根据氮化层的深度选择负荷，见表 10-2。

表 10-2 测量渗氮层表面硬度计负荷选用表

渗氮层厚度/mm	< 0.35	0.35~0.5	> 0.5
洛氏硬度计负荷/kN	≤147	≤294	588
维氏硬度计负荷/kN	≤147	≤294	588

对于氮化后还要精磨的零件，可将试样磨去 0.05~0.10 mm 后再检查其硬度，以便能真实地反映工件实际使用时的性能。

10.1.3.3 渗氮层的脆性检验

渗氮层的脆性是根据维氏硬度计压头的棱锥在工件表面上的压痕形状来评定的。试验力为 98.07 N，对工件缓慢加载，卸去载荷后观察压痕状况，依其边缘的完整性将渗氮层脆性分为五级：

1 级，不脆，压痕边缘完整无缺；

2 级，略脆，压痕边缘略有崩碎；

3 级，脆，压痕边缘崩碎较轻；

4~5 级，极脆，压痕边缘严重脆裂。

通常 1 级、2 级合格，3 级、4 级、5 级不合格。但若经扩散处理或磨削后再次进行脆性检验，如符合 1 级、2 级标准则仍为合格。

采用压痕法时受主观因素的影响较多，目前应用的更为客观的方法是声发射技术，通过测量渗氮试样在弯曲或扭转过程中出现第一根裂纹的挠度来定量描述脆性。

10.1.3.4 渗氮层深度的测定

从表面至与基体组织有明显分界为止的距离为氮化层深度，其测量方法有断口法、金相法、硬度法三种。

断口法是将带缺口的试样打断，用 25 倍放大镜进行测量。由于氮化层组织较细呈现瓷状断口，而心部组织较粗呈现塑性破断的特征，因此能直接测出渗氮层深度。此法方便迅速，但精度较低。

金相法是利用渗氮层组织与心部组织抗腐蚀性能不同的特点来测量渗氮层的深度。将金相试样用3%~4%硝酸酒精溶液或4%苦味酸酒精溶液浸蚀后，在放大100倍或200倍的显微镜下，从试样表面垂直方向测至与基体组织有明显的分界处为止，此深度即为渗氮层深度。对于渗氮层显微组织与扩散层无明显分界线的试样，可加热至接近或略低于A_c（700~800 ℃）的温度，然后水淬，利用渗氮层含氮而使A_c点降低的特点测定层深，此时渗层淬火成为抗蚀性能较好的马氏体组织，而心部则为抗蚀性能较差的高温回火组织。

硬度法是将渗氮后的试样从表面沿层深方向测得一系列硬度值，维氏硬度为500HV（试验力为2.94 N）以上者皆可算在氮化层内。

10.1.3.5 金相组织检查

金相组织检查包括渗氮层组织检查和心部组织检查两部分。合格的渗氮组织应是索氏体加氮化物，不应有白色的针状、脉状、网状及鱼骨状氮化物，否则会使渗层变脆、剥落。最外层出现的ε脆性相应磨去，合格的心部组织应为回火索氏体组织（调质处理），不允许有大量的游离铁素体存在。

10.2 渗　　碳

渗碳是金属表面处理技术，采用渗碳的多为低碳钢或低合金钢。具体方法是将工件置入具有活性的渗碳介质中，加热到900~950 ℃的单相奥氏体区，保温足够时间后，使渗碳介质中分解出的活性碳原子渗入钢件表层，从而获得表层高碳，心部仍保持原有成分的组织，这是金属材料常见的一种热处理工艺。

渗碳与其他化学热处理一样，包含三个基本过程：

（1）分解：渗碳介质的分解产生活性碳原子。

（2）吸附：活性碳原子被钢件表面吸收后，溶入到表层奥氏体中，使奥氏体中碳含量增加。

（3）扩散：表面碳含量增加使得其与心部碳含量出现浓度差，表面的碳遂向内部扩散。碳在钢中的扩散速度主要取决于温度，同时与工件中被渗元素内外浓度差和钢中合金元素的含量有关。

按照渗碳剂的不同，渗碳法可分为气体渗碳、固体渗碳、液体渗碳三种。渗碳的目的是提高材料的表面硬度、耐磨性和心部韧性，使其能够承受较大的冲击载荷。渗碳的深度不等，表面碳含量在0.7%~1.05%。

经渗碳淬火之后，钢件表面具有高碳钢淬火后的硬度和耐磨性，心部则具有低碳马氏体或临界区淬火的强韧性，有利于提高零件的承载能力和使用寿命。例如，重载齿轮用“硬齿面”（低碳合金钢渗碳淬火）替代“软齿面”（合金钢调质），质量减轻2/3，而使用寿命则提高几倍至十几倍，生产成本降低40%，综合经济效益十分显著。

渗碳处理广泛应用于诸如汽车齿轮和各种传动零件，以及机械制造工业中许多大批量制造的零件，是应用最广的典型化学热处理工艺。图10-1所示为典型的渗碳后缓冷的渗碳层组织，由表及里依次是过共析层、共析层和亚共析层，过共析层中出现珠光体和细网状的渗碳体，共析层是珠光体组织，亚共析层中的铁素体量随着深度的增加而逐渐增多，离开表面一定距离之后过渡到心部原始组织。

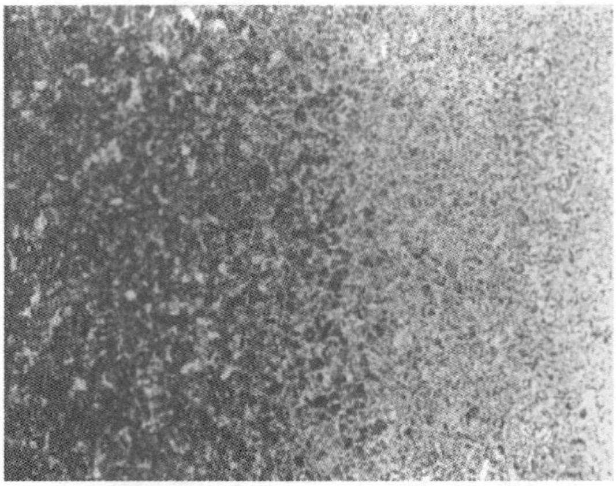

图 10-1 15 钢于 910 ℃渗碳 3 h 后缓冷的渗碳层组织（4%硝酸酒精浸蚀）（125×）

10.3 渗 硫

渗硫是指在钢铁表面制备具有一定厚度的硫化物层。经过渗硫处理的钢铁零部件表面具有优良的减摩耐磨性能，同时抗疲劳和抗咬合性能均得到提高。为了使渗硫层在工业上得到充分应用，人们开发出多种渗硫方法，分为固体渗硫、液体渗硫和离子渗硫。

10.3.1 固体渗硫

固体渗硫是一种在固体粉末中进行的渗硫方法，也称作粉末渗硫。固体渗硫剂一般由 50～100 目的细粉状供硫剂、催化剂和防黏结剂混合制成。常用的渗硫剂有 $FeS+Al_2O_3+NH_4Cl$ 和 FeS+石墨+NH_4Cl($K_4Fe(CN)_6$)，其中 NH_4Cl 和 $K_4Fe(CN)_6$起催化作用，用来促进渗剂分散均匀，防止其与零件表面发生黏结。

在使用常见的固体渗硫剂进行处理后，试样表层除形成 FeS 外，还有 FeS_2 化合物或 FeS-FeS_2 共晶组织生成。同时还观察到氮的渗入，有 γ′相（Fe_4N）及 Fe_3C 型含氮碳化铁 $Fe_3(C,N)$ 出现。由于氮的渗入，在硫化层下还出现被碳素增浓的区域。

10.3.2 液体渗硫

目前应用较多的渗硫方法是液体渗硫，尤其是低温液体电解渗硫使用较多。根据处理的温度不同，可分为中温渗硫和低温渗硫两大类。中温液体渗硫处理多在 540～560 ℃的中性或还原性盐浴中进行。通常在盐浴中添加少量的 $CaCl_2$、NaOH 来提高盐液的流动性，之后在盐浴表面撒上一层石墨隔绝空气，从而减少盐浴的蒸发和氧化。保温 1～3 h 就可以获得质量较好的渗硫层。中温液体渗硫主要用于提高高速钢刀具的耐磨性，以便延长其使用寿命。由于其渗硫温度与高速钢的回火温度相同，所以渗硫处理与回火可同时进行，以节约时间、降低成本。低温液体渗硫主要用于提高碳钢和合金工具钢刀具及冷冲模具的耐磨性，一般在 150～200 ℃的中性或还原性盐浴中进行。由于低温渗硫的温度低于零件的回火温度，所以不会导致零件硬度的明显下降，也可将低温渗硫与淬火后的低温回火合并进行。该方法成本较低，易实现流水线生产，较之中温盐浴液体渗硫适用性更广。

10.3.3 离子渗硫

低温离子渗硫技术是在传统渗硫技术的基础上，结合现代真空技术和等离子技术而形成的一种绿色高效的新型渗硫技术。它的出现有效地弥补了传统渗硫工艺的不足，大大推进了渗硫技术的工业应用。图 10-2、图 10-3 给出了 GCr15 钢渗硫层的表面形貌和截面形貌。渗层表面呈多孔状，渗层结构疏松，且渗层与基体之间无过渡层。EDX 成分分析结果发现，渗硫层内除含有大量 Fe、S 元素之外，还有 Cr 元素存在。

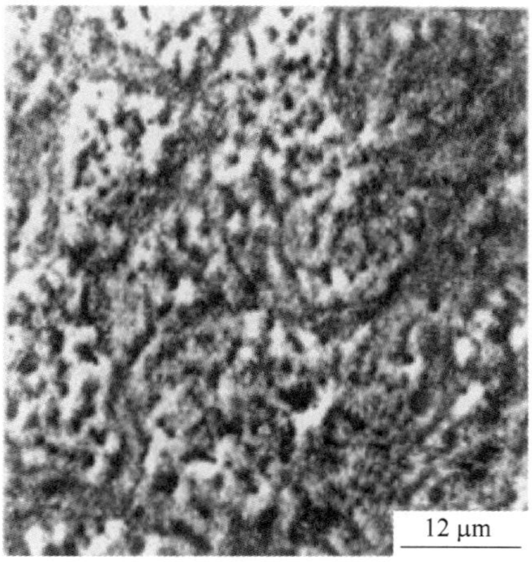

图 10-2 GCr15 钢渗硫层表面形貌

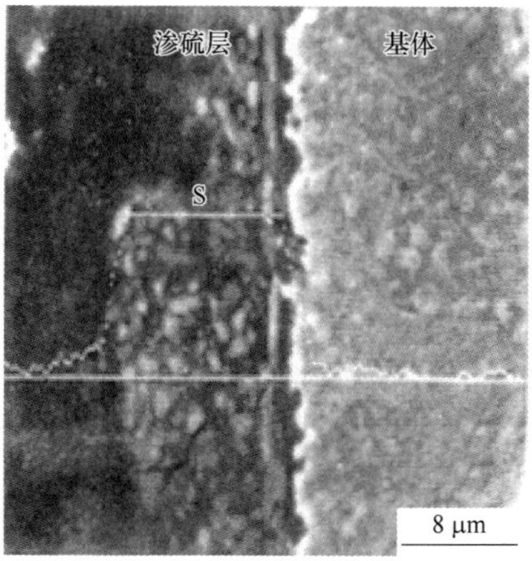

图 10-3 GCr15 基体渗硫层截面形貌

10.4 渗 硼

在工件表面渗入硼元素以获得铁的硼化物的工艺称为渗硼。渗硼能显著提高钢件的表面硬度（1300~2000$HV_{0.1}$）和耐磨性，以及具有良好的红硬性及耐蚀性，因此获得了很快的发展。在石油化工机械、汽车拖拉机制造、纺织机械、工模具等方面的应用日渐增多。

渗硼方法有很多，根据所使用的渗剂的不同，渗硼可分为固体渗硼（包括粉末法和膏剂法)、气体渗硼和液体渗硼（盐浴渗硼和电解盐浴渗硼）三种。目前应用较多的是固体法和液体法，下面主要介绍这两种方法。

10.4.1 固体渗硼

固体渗硼是把工件埋入装有粉末状（或粒状）的渗硼剂中，或将工件涂以膏（糊）状渗硼剂装箱密封（或不密封)，然后加热、保温的渗硼方法。与液体法相比，固体渗硼不需专门设备，操作简单，渗硼后表面清洗容易；但拆装箱劳动量大，粉末介质导热性差，加热时间长。根据渗剂的形态特点，固体渗硼分为粉末渗硼和膏剂渗硼两种。

粉末渗硼是将粉末渗剂和工件同时装入耐热钢（或普通碳钢）制的箱或罐中，将工件埋入粉末中加盖密封，然后加热形成渗层。该法工艺简便、操作容易、设备简单、清理方便、质量稳定，近年来颇受重视。但工件装箱和取出时，粉尘大、工作环境差、劳动强度高，并且难以实现工件局部渗硼。

膏剂渗硼是在粉末渗硼的基础上发展起来的，其方法是将粉末渗剂加上黏结剂调成膏状，涂在需要渗硼的工件表面上，压实贴紧工件，涂层厚度一般为 2~3 mm，经自然干燥或烘干（< 150 ℃）后便可进行加热渗硼。无需渗硼的部位可用水玻璃将三氧化二铬调成糊状涂在表面上加以保护。加热方式一般为装箱（用木炭或三氧化二铝作为填充剂）密封后在空气中加热；或不装箱，在保护气氛中加热，也可置于感应器中加热。

10.4.2　液体渗硼

液体渗硼是将工件置于熔融盐浴中的渗硼方法。与固体渗硼法相比，具有设备简单、操作方便、渗层组织容易控制、加热均匀且速度快、渗后可直接淬火等优点，在生产中应用较多。主要缺点是渗硼后黏附在工件表面的盐难以清理，而且熔盐对坩埚的腐蚀也比较严重。液体渗硼有熔盐法和电解法两种。

10.4.2.1　熔盐法

根据熔盐成分可分为硼砂熔盐渗硼和渗硼剂-中性盐盐浴渗硼两种。

硼砂熔盐渗硼的盐浴由供硼剂硼砂、还原剂（铝粉、碳化硅等）和促进剂，以及改善盐浴流动性和用于渗后残盐清洗的添加剂（氟化钠、氟硅酸钠、氯化钠等）组成，利用各物质间的反应产生活性硼原子来渗硼。该方法具有成本低、生产效率高、处理加工稳定、渗硼层致密、缺陷少、质量好等特点，但残盐难以清洗掉，一般用于形状简单的工件。

渗硼剂-中性盐盐浴渗硼是用盐浴作为载体，另加入渗硼剂，使之悬浮于盐浴中，利用盐浴的热运动使渗剂与工件表面接触来实现渗硼的。常用的配方由碳化硼或由硼砂+还原剂组成的渗硼剂和中性盐（如氯化钠、氯化钾、氯化钡等）组成。中性盐的加入极大地改善了工件渗硼后的残盐清洗状况和盐浴的流动性。

10.4.2.2　电解法

先将熔盐加热熔化，放入阴极保护电极，达到温度后放入工件，并接阴极，保温相应时间后，切断电源，把工件从盐浴中取出淬火或空冷。熔盐多数以硼砂为基，该法具有生产效率高、处理过程稳定、渗硼层质量好、适合大规模生产的优点。但坩埚和夹具的使用寿命低，夹具的装卸工作量大，形状复杂的工件难以获得均匀的渗硼层。

图 10-4 所示为典型的渗硼层金相照片。为了区分 FeB 和 Fe_2B，可用 PPP 试剂［$1\ g\ K_4Fe(CN)_6 \cdot 3H_2O + 10\ g\ K_3Fe(CN)_6 + 30\ g\ KOH + 100\ mL\ H_2O$］腐蚀。外表面是 FeB 相，次表面是 Fe_2B 相。腐蚀后 FeB 呈深褐色，Fe_2B 呈黄褐色，但基体组织不显露。

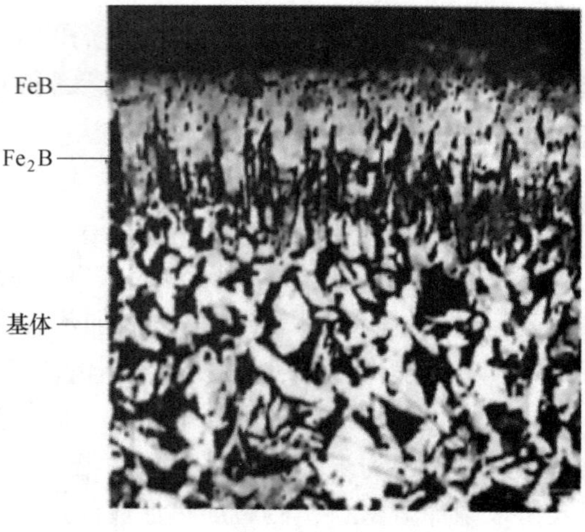

图 10-4　35CrMo 钢固体渗硼组织

10.5 多元共渗

随着科技水平的提高和制造业的不断发展，对工件表面性能的要求也在不断提高，在某些情况下，单一元素的渗入已不能满足要求，因此发展了多元共渗技术，多元共渗的目的是保持单一渗金属的优点而克服其缺点，以得到综合性能更优良的多元共渗层，提高零件的使用寿命或提高工艺效率。目前应用最多的多元共渗是碳氮共渗、氮碳共渗、氮碳硫共渗、铬铝共渗和硼铝共渗。

11 焊接接头组织

11.1 钢铁的焊接

11.1.1 概述

碳钢的焊接性主要取决于碳含量。随着碳含量的增加，焊接性逐渐变差。碳钢中的 Mn 和 Si 对焊接性也有影响，随着它们含量的增加，焊接性变差，但不及碳的作用强烈。把钢中合金元素的含量按其作用换算成碳的相当含量，叫作碳当量。它可作为评定钢材焊接性的一个参考指标。这样，就可以把 C、Mn 和 Si 对焊接性的影响汇合成一个适用于碳素钢的碳当量 Ceq 经验公式：

$$\mathrm{Ceq} = w_{\mathrm{C}} + 1/6w_{\mathrm{Mn}} + 1/24w_{\mathrm{Si}}$$

Ceq 值增加，产生冷裂纹的敏感性增大，焊接性变差。通常，当 Ceq 值小于 0.4%时，钢材的淬硬倾向不大，焊接性良好，无须预热；当 Ceq 值在 0.4%～0.6%时，钢材的淬硬倾向大，冷裂纹的敏感性将增大，焊接性一般，焊接时需采用一些工艺措施，如预热等；当 Ceq 值大于 0.6%时，焊接性变得很差。

碳钢中的杂质（如 S、P、O、N）和一些微量元素（如 Cr、Mo、V、Cu）等对焊接接头的裂纹敏感性和力学性能都有着重大的影响。实际上，焊接性的好坏不只取决于合金元素的含量，还取决于焊接接头的冷却速度。

尤其是中、高碳钢在某种焊接热循环的作用下，冷却速度较快，碳钢可能在焊缝和热影响区中形成马氏体组织，马氏体的量越多，硬度越高，焊接性越差，产生裂纹的倾向越大，因此，焊接时控制冷却速度也成为至关重要的问题。

采用预热、控制层间温度和后热，或使用大焊接热输入，都能降低焊接接头的冷却速度，从而控制组织和硬度，减小产生冷裂纹的可能性。

此外，母材焊前热处理状态对焊接性的影响也是碳钢焊接时不容忽视的问题。

11.1.2 碳钢的焊接

11.1.2.1 低碳钢的焊接特点

低碳钢的碳含量较低，锰、硅含量又少，所以通常情况下不会因焊接而引起严重的硬化组织或淬火组织。这种钢材的塑性和冲击韧性优良，焊成的接头塑性和冲击韧性也很好，焊接时，一般无须预热、控制层间温度和后热，焊后也不必采用热处理改善组织。可以说，整个焊接过程中不需要特殊的工艺措施，其焊接性能优良。但在少数情况下，低碳钢的焊接性也会不好，焊接时出现困难，例如，低碳钢母材成分不合格，硫、磷、氧等杂质含量过高，焊接方法选择不当等。

总之，低碳钢是最容易焊接的钢种，但有时也会出现某些问题。许多焊接方法都适用于低碳钢的焊接，并能获得良好的焊接接头。目前，焊条电弧焊、二氧化碳气体保护焊、氩弧焊、埋弧焊、电渣焊、气焊、电阻焊等都是焊接低碳钢的成熟焊接方法。

11.1.2.2　焊接方法和焊接材料的选择

（1）焊条电弧焊。焊接低碳钢时大多采用焊条电弧焊，低碳钢选用焊条的主要原则是等强度原则，大多使用E43××系列的焊条，因为低碳钢通常的抗拉强度平均值为417.5 MPa，而E43××系列的焊条熔敷金属的抗拉强度不小于420 MPa，在力学性能上正好与之匹配。这一系列的焊条有多种型号，商品牌号更多，可根据具体母材、受载情况等加以选用，比较重要的结构或受载情况复杂的结构，应尽量选用低氢型焊条。

（2）二氧化碳气体保护焊。近年来，二氧化碳气体保护焊用来焊接低碳钢也很普遍。二氧化碳气体保护焊用焊丝可分为实心焊丝和药芯焊丝两大类，低碳钢选用焊丝的主要原则也是等强度原则，焊接用的 CO_2 气体纯度应不低于99.5%。

（3）埋弧焊。低碳钢的焊接采用埋弧焊的也很多，尤其是中厚度钢板。低碳钢埋弧焊一般选用实心焊丝H08A或H08MnA等，它们与高锰高硅低氟熔炼焊剂HJ430、HJ431或HJ433配合，应用甚广。烧结焊剂的应用也日益广泛，有的烧结焊剂附加铁粉，可以在衬垫上单面焊双面成形，焊缝美观，效率很高。

（4）手工TIG焊。在比较重要的结构中，如低碳钢管对焊时，一般要求焊接接头必须是全焊透结构。许多工厂采用手工TIG焊封底，焊条电弧焊填充和盖面的方法或全部采用手工TIG焊接。低碳钢TIG焊用焊丝尽量选用专用焊丝以减少化学成分的变化，保证焊缝一定的力学性能，焊接时所用氩气的纯度应不低于99.99%。

低碳钢焊接可采用的焊接方法还有很多，比如窄间隙埋弧焊、气焊、电渣焊等。在锅炉和压力容器制造中，还有不少其他焊接技术以及它们的各种组合形式，主要根据具体条件和工艺要求来选择。

11.1.2.3　焊接热影响区的组织

焊接过程中，焊缝两侧虽未熔化，但因受到热影响而发生金相组织和力学性能变化的区域叫作热影响区或近缝区。熔焊时，焊接接头由两个相互联系，而其组织和性能又有区别的两个部分组成，即焊缝区和热影响区。焊接时，由于焊接热循环的作用，热影响区的金属实际上经受了一次相当于热处理的过程。因此，焊后热影响区的组织和性能都会随之发生相应的变化。由于母材的成分不同，热影响区各点经受的热循环不同，所以焊后热影响区发生的组织和性能变化也不相同。实践证明，焊接接头的质量不仅取决于焊缝区，同时还取决于热影响区，有时热影响区存在的问题比焊缝区还要复杂，特别是在合金钢焊接时更是如此。

用于焊接的结构钢，从热处理特性来看，可分为两类：一类是淬火倾向很小的钢，如低碳钢及含合金元素很少的普通低合金钢，称为不易淬火钢；另一类是含碳或其他合金元素较多的钢，如中碳钢、低中碳调质高强钢等，称为易淬火钢。由于淬火倾向不同，这两类钢的焊接热影响区的组织和性能也不相同。

A　不易淬火钢的热影响区组织

不易淬火钢，如低碳钢和含合金元素较少的低合金高强度钢（16Mn、15MnTi、15MnV），其热影响区可分为过热区、正火区、部分相变区和再结晶区四个区域，如图11-1所示。

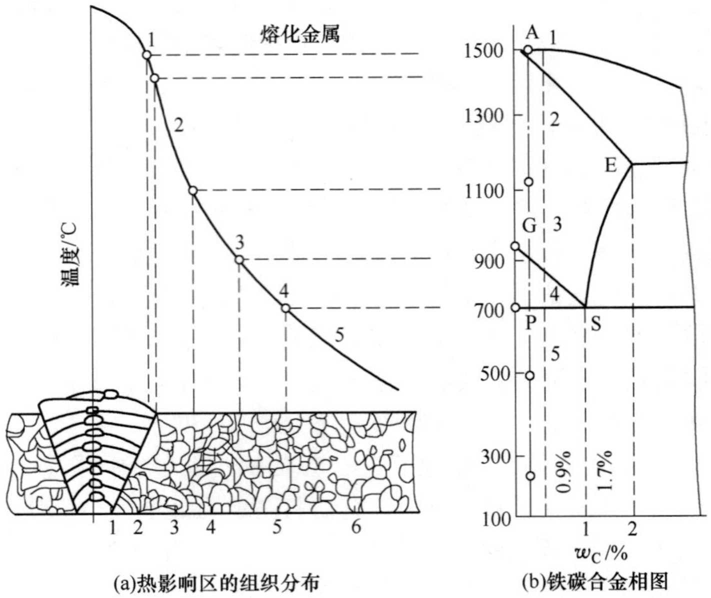

图 11-1　低碳钢热影响区的组织分布

1—过热区；2—正火区；3—部分相变区；4—再结晶区；5—部分淬火区；6—回火区

（1）过热区：焊接热影响区中，具有过热组织或晶粒显著粗大的区域，对低碳钢为1100~1490 ℃。该区母材中的铁素体和珠光体全部变为奥氏体，所以奥氏体晶粒急剧长大，冷却后使金属的冲击韧性大大降低，一般比基本金属低 25%~30%，是热影响区中的薄弱区域。在焊接刚性较大的结构时，常在过热区产生脆化和裂纹。过热区的大小与焊接方法、焊接线能量及母材的板厚等因素有关。

（2）正火区：过热区以下，加热温度在 A_{c3} 以上的区域，对低碳钢为 900~1100 ℃。该区母材中的铁素体和珠光体全部变为奥氏体，由于温度升得不高，晶粒长大的速度较慢，空冷后得到均匀而细小的铁素体和珠光体，相当于热处理中的正火组织。正火区由于晶粒细小均匀，既具有较高的强度，又有较好的塑性和韧性，是热影响区中综合力学性能最好的区域。

（3）部分相变区：加热温度在 A_{c1}~A_{c3} 的区域，对低碳钢为 750~900 ℃。该区母材中的珠光体和部分铁素体转变为晶粒比较细小的奥氏体，但仍保留部分铁素体。冷却时，奥氏体转变为细小的铁素体和珠光体，而未熔入奥氏体的铁素体不发生转变，晶粒比较粗大，故冷却后的组织晶粒大小极不均匀，所以力学性能也不均匀，强度有所下降。该区又称不完全重结晶区。

（4）再结晶区：加热温度在 450 ℃~A_{c1} 的区域，对低碳钢为 450~750 ℃。对于经过压力加工，即经过塑性变形的母材，晶粒发生破碎现象，在此温度区域内发生再结晶。该区域的组织没有发生变化，仅塑性稍有改善。对于焊前未经塑性变形的母材，该区不会出现。

B　易淬火钢的热影响区组织

易淬火钢，包括中碳钢（35、40、45、50 钢）、低碳调质高强钢（w_C<0. 25%）、中

碳调质高强钢（0.25%<w_C<0.45%）、耐热钢和低温钢等，其热影响区的组织分布与母材焊前的热处理状态有关。如果母材焊前是正火或退火状态，则焊后热影响区的组织可分为完全淬火区和不完全淬火区；如果母材焊前是调质状态，则还要形成一个回火区，如图 11-2 所示。

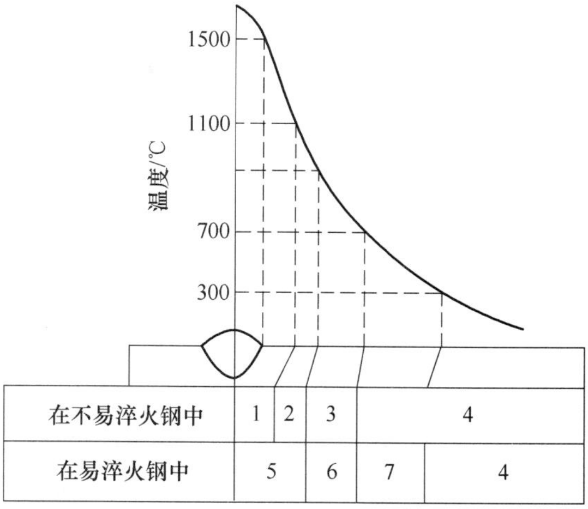

图 11-2 低合金钢热影响区的组织分布
1—过热区；2—正火区；3—不完全重结晶区；
4—母材；5—完全淬火区；6—不完全淬火区；7—回火区

（1）完全淬火区：加热温度超过 A_{c3}以上的区域。由于钢种的淬硬倾向较大，故焊后冷却时得到淬火马氏体组织。在焊缝附近（相当于低碳钢的过热区），由于晶粒发生严重长大，故为粗大的马氏体；而相当正火区的部分则将得到细小的马氏体，当冷却速度较慢或碳含量较低时，会有索氏体和马氏体同时存在，用大线能量焊接时，还会出现贝氏体，从而形成以马氏体为主的共存混合组织。该区由于存在淬火组织，强度和硬度增高，塑性和韧性下降，并且容易产生冷裂纹。

（2）不完全淬火区：母材被加热到 A_{c1} ~ A_{c3} 的热影响区。由于焊接时的快速加热，母材中的铁素体很少熔解，而珠光体、贝氏体和索氏体等转变为奥氏体。在随后的快速冷却过程中，奥氏体转变为马氏体，原铁素体保持不变，仅有不同程度的长大，最后形成马氏体-铁素体的组织，故称为不完全淬火区。该区的组织和性能很不均匀，塑性和韧性下降。

（3）回火区：如果母材焊前是淬火状态，则在温度低于 A_{c1} 的区域，还要发生不同程度的回火处理，称为回火区。由于回火区的温度不同，所得组织也不一样，紧靠 A_{c1} 温度区，相当于瞬时高温回火，具有回火索氏体组织；温度降低，则淬火金属的回火程度降低，相应获得回火屈氏体、回火马氏体等组织。

11.1.3 奥氏体不锈钢的焊接

奥氏体不锈钢是不锈钢中最重要的钢种，在石油化工、食品机械、生物医学、轻工等领域中得到广泛应用，使用量约占不锈钢总用量的 70%以上。

11.1.3.1 奥氏体钢焊接接头的耐蚀性

A 晶间腐蚀

有代表性的 18-8 钢焊接接头，有三个部位可能出现晶间腐蚀现象，如图 11-3 所示。但在同一个接头并不能同时看到这三种晶间腐蚀的出现，这取决于钢和焊缝的成分。如出现敏化区腐蚀，就不会有熔合区腐蚀出现。焊缝的腐蚀主要决定于焊接材料。

（1）焊缝区晶间腐蚀。根据贫铬理论，为防止焊缝发生晶间腐蚀：1）通过焊接材料，使焊缝金属或者成为超低碳情况，或者含有足够的稳定化元素 Nb（Ti 因不易过渡到焊缝中而不采用），一般希望 $w_{Nb} \geq 8w_C$ 或 $w_{Nb} \approx 1\%$；2）调整焊缝的成分以获得一定的铁

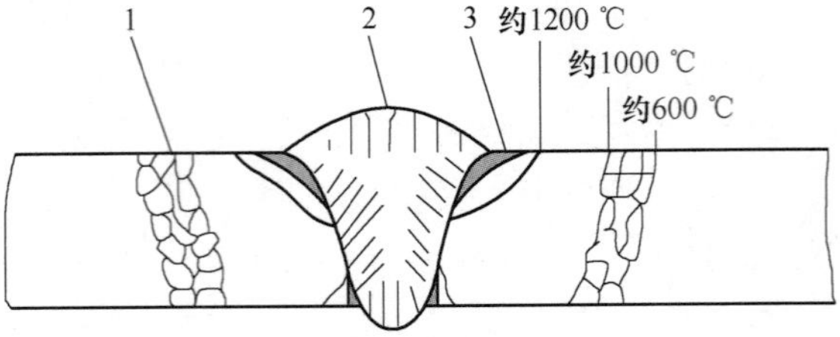

图 11-3 不锈钢焊接接头可能出现晶间腐蚀的部位
1—HAZ 敏化区；2—焊缝区；3—熔合区

素体相。

（2）HAZ 敏化区晶间腐蚀。所谓 HAZ 敏化区晶间腐蚀，是指焊接热影响区中加热峰值温度处于敏化加热区间的部位所发生的晶间腐蚀。不过对于 18-8 钢的热影响区，发生敏化的区间并非平衡加热时的 450~850 ℃，而是有一个过热度，可达 600~1000 ℃。因为焊接是快速加热和冷却的过程，而铬碳化物沉淀则是一个扩散过程，所以为足够扩散，需要一定的过热度。

（3）刀口腐蚀。在熔合区产生的晶间腐蚀，有如刀削切口形式，故称刀口腐蚀。腐蚀区的宽度初期不超过 3~5 个晶粒，逐步扩展到 1. 0~1. 5 mm（一般为电弧焊）。

B 应力腐蚀开裂

（1）焊接应力的作用。焊接接头应力腐蚀开裂（SCC）是焊接中最不易解决的问题之一。如在化工设备破坏事故中，不锈钢的 SCC 超过 60%；其次是点腐蚀，约占 20%以上；晶间腐蚀只占 6%左右。而应力腐蚀开裂的拉应力来源于焊接残余应力的超过 30%。焊接拉应力越大，越易发生 SCC。图 11-4 所示为焊接应力腐蚀裂纹典型实例。

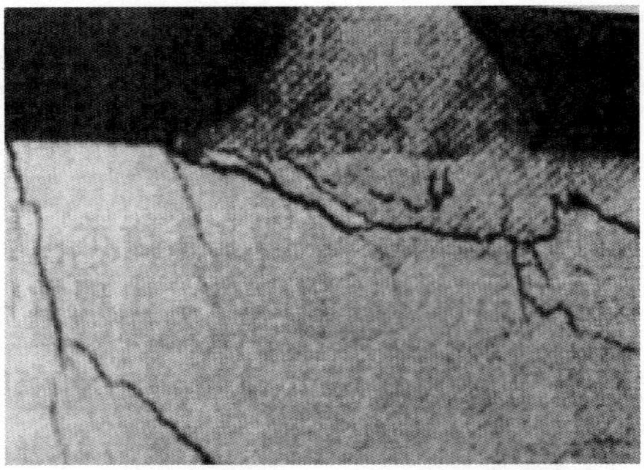

图 11-4 焊接应力腐蚀裂纹

（2）合金成分的作用。从组织上看，焊缝中含有一定数量的 δ 相有利于提高氯化物介质中的耐 SCC 性能，但却不利于防止阴极氢脆开裂（HEC）型的 SCC，因而在高温水或高压加氢的条件下，工作就可能有问题。硅能使氧化膜致密，因而对提高抗应力腐蚀是有利的，加钼则会降低硅的作用。但如果 SCC 的根源是点蚀坑，则钼有利于防止点蚀，会提高耐 SCC 性能。超低碳有利于提高抗应力腐蚀开裂性能。

C 点蚀

为提高耐点蚀性能，一方面须减少铬、钼的偏析；另一方面采用铬、钼的含量较母材更高的所谓“超合金化”的焊接材料。提高镍的含量，晶轴中铬、钼的负偏析显著减少，因此采用高镍焊丝应该有利。

11.1.3.2 奥氏体焊接接头热裂纹

奥氏体钢焊接时，在焊缝及近缝区都有产生裂纹的可能性，主要是热裂纹，最常见的是焊缝凝固裂纹。HAZ 中近缝区的热裂纹多半是所谓的液化裂纹。

A 奥氏体钢焊接热裂纹的产生原因

与一般结构钢相比较，Cr-Ni 奥氏体钢焊接时有较大的热裂倾向，主要与下列特点有关：

（1）奥氏体钢的导热系数小，线膨胀系数大，在焊接局部加热和冷却条件下，接头在冷却过程中可形成较大的拉应力。焊缝金属凝固期间存在较大的拉应力是产生热裂纹的必要条件。

（2）奥氏体钢易于形成方向性强的柱状晶的焊缝组织，有利于有害杂质偏析，促使形成晶间液膜，易于产生凝固裂纹。

（3）奥氏体钢及焊缝的合金组成较复杂，不仅 S、P、Sn、Sb 之类的杂质可形成易溶液膜，一些合金元素因溶解度有限（如 Si、Nb），也能形成易溶共晶。

B 热裂纹与凝固模式

凝固裂纹最易产生于单相奥氏体组织的焊缝中，如果为 $\gamma+\delta$ 双相组织，则不易产生凝固裂纹。总之，凡溶解度小而能偏析形成易熔共晶的成分，都可能引起热裂纹的产生。凡可无限固溶的成分（如 Cu 在 Ni 中）或溶解度大的成分（如 Mo、W、V），都不会引起热裂。奥氏体钢焊缝，提高 Ni 的含量时，热裂倾向会增大；而提高 Cr 的含量，对热裂不发生明显影响。在 Ni 的含量较低的奥氏体中加入铜时，焊缝热裂倾向也会增大。

C 焊接工艺的影响

为避免焊缝枝晶粗大和过热区晶粒粗化，以致增大偏析程度，应尽量采用小的焊接线能量，而且不应预热，并降低层间温度。不过，为了减小线能量，不应过分增大焊接速度，而应适当降低焊接电流。增大焊接电流，焊接热裂纹的产生倾向也随之增大。过分提高焊接速度，焊接时反而更易产生热裂线。

11.1.3.3 不同部位热影响区组织分析及硬度性能

焊缝接头是由热影响区、熔合线和焊缝三部分构成的。通常，热影响区晶粒粗化，恶化材料的塑韧性，成为焊接结构的薄弱环节之一。图 11-5 所示为铸造 316L 焊接接头的组织形貌，采用金相照片拼接的方式，展示了焊缝、熔合线、热影响区和母材一个完整连续的组织形貌。无论是焊缝顶部、中部和根部，熔合线都清晰可见；无论熔合线附近的母材还是等轴的奥氏体晶粒，其尺寸大小和远处母材的奥氏体晶粒相差无几，长大的母材晶粒很难辨认，此外，也没有观察到其他第二相在熔合线附近的母材。这意味着 TIG 窄间隙自动焊接后，整个熔合线附近的母材晶粒没有显著长大，热影响区也并不明显；也就是说除了焊缝之外，熔合线以外的大部分母材组织都是一样的。从 316L 母材到焊缝中心处的硬度分布来看，从焊缝顶部到根部整个材料中，焊缝的硬度是最高的，其最大值可达 229HV；母材硬度最低，可低至 175HV，而且熔合线附近母材的硬度和基体母材的硬度相差无几，很难分辨其高低。相同的焊接接头的硬度变化规律接近，这是因为相应部分的材料相同且组织分布一样均匀。

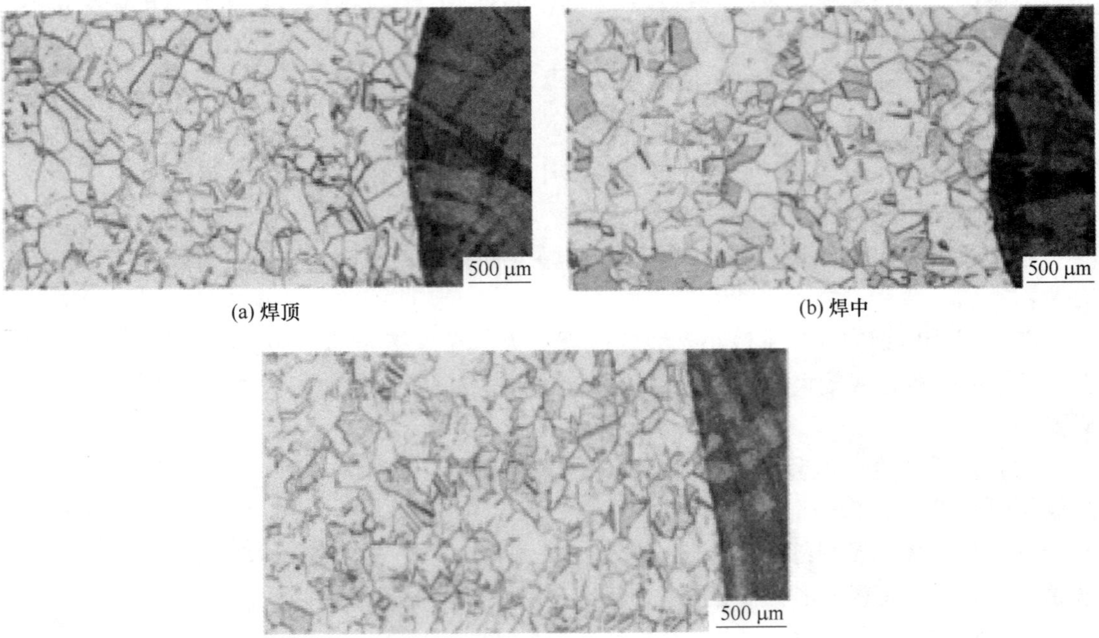

(a) 焊顶　　(b) 焊中

(c) 焊根

图 11-5　316L 奥氏体不锈钢焊件的热影响区

11.1.3.4　奥氏体钢焊缝的脆化

A　焊缝低温脆化

为了满足低温韧性要求，有时采用 18-8 钢，焊缝组织希望是单一的 γ 相，成为完全面心立方结构，尽量避免出现 δ 相。δ 相的存在，会恶化低温韧性。虽然单相 γ 焊缝低温韧性比较好，但仍不如固溶处理后的 1Cr18Ni9Ti 钢母材的韧性（$\alpha_{kv}(+20\ ℃)\approx 280\ J/mm^2$，$\alpha_{kv}(-160\ ℃)\approx 230\ J/mm^2$）。

B　焊缝 σ 相脆化

σ 相是一种脆硬而无磁性的金属间化合物相，具有复杂的成分和晶体结构。σ 相的产生，是 γ→σ 或是 δ→σ。在奥氏体钢焊缝中，Cr、Mn、Nb、Si、Mo、W、Ni、Cu 均可促使 γ→σ，其中 Nb、Si、Mo、Cr 的影响最为显著。

11.2　铝合金的焊接

11.2.1　铝及铝合金的焊接性

铝及其合金的化学活性很强，表面极易形成难熔氧化膜（Al_2O_3，熔点约为 2050 ℃；MgO，熔点约为 2500 ℃），加之铝及其合金的导热性强，焊接时易造成不熔合现象。由于氧化膜密度与铝的密度接近，也易成为焊缝金属的夹杂物。同时，氧化膜（特别是有 MgO 存在的不很致密的氧化膜）可吸收较多水分，成为出现焊缝气孔的重要原因之一。

此外，铝及其合金的线膨胀系数大，焊接时容易产生翘曲变形。这些都是焊接生产中颇感困难的问题。对铝合金进行焊接可用不同的焊接方法，表 11-1 列出了部分铝及铝合金的相对焊接性。

表 11-1 部分铝及铝合金的相对焊接性

焊接方法	焊接性及适用范围							说明
	工业纯铝	铝锰合金	铝镁合金		铝铜合金	适用厚度/mm		
	1070 1100	3003 3004	5083 5056	5052 5454	2014 2024	推荐	可用	
TIG 焊（手工、自动）	好	好	好	好	很差	1~10	0.9~25	填丝或不填丝，厚板需预热；交流电源
MIG 焊（手工、自动）	好	好	好	好	差	≥8	≥4	焊丝为电极，厚板需预热和保温；直流反接
脉冲 MIG 焊（手工、自动）	好	好	好	好	差	≥2	1.6~8	适用于薄板焊接
气焊	好	好	很差	差	很差	0.5~10	0.3~25	适用于薄板焊接
焊条电弧焊	尚好	尚好	很差	差	很差	3~8	—	直流反接，需预热，操作性差
电阻焊（点焊、缝焊）	尚好	尚好	好	好	尚好	0.7~3	0.1~4	需要电流大
等离子弧焊	好	好	好	好		1~10	—	焊缝晶粒小，抗气孔性能好
电子束焊	好	好	好	好	尚好	3~75	≥3	焊接质量好，适用于厚件

铝及其合金熔焊时最常见的缺陷是焊缝气孔，特别是对于纯铝和防锈铝的焊接。

11.2.1.1 铝及其合金熔焊时形成气孔的原因

氢是铝及其合金熔焊时产生气孔的主要原因，氢的来源是弧柱气氛中的水分、焊接材料以及母材所吸附的水分，其中焊丝及母材表面氧化膜的吸附水分对焊缝气孔的产生有着重要的影响。

（1）弧柱气氛中水分的影响。弧柱空间或多或少地存在一定量的水分，尤其是在潮湿季节或在湿度大的地区进行焊接时，由弧柱气氛中水分分解而来的氢，溶入过热的熔融金属中，凝固时来不及析出成为焊接气孔。这时所形成的气孔具有白亮内壁的特征。

弧柱气氛中的氢之所以能使焊接形成气孔，与它在铝中的溶解度变化有关。平衡条件下，氢的溶解度在凝固点时可从 0.69 mL/100 g 突降到 0.036 mL/100 g，相差约 20 倍（在钢中只相差不到 2 倍），这是氢易使铝焊缝产生气孔的重要原因之一。铝的导热性很强，在同样的工艺条件下，铝熔合区的冷却速度为高强钢焊接时的 4~7 倍，不利于气泡浮出，更易于促使形成气孔。

不同合金系对弧柱气氛中水分的影响是不同的。纯铝对气氛中的水分最为敏感。Al-Mg 合金中随着 Mg 含量的增多，氢的溶解度和引起气孔的临界氢分压 p_{H_2} 随之增大，因而对吸收气氛中的水分不太敏感。相比之下，在同样的焊接条件下，纯铝焊缝产生气孔的倾向要大些。

不同的焊接方法对弧柱气氛中水分的敏感性也不同。钨极氩弧焊（TIG 焊）或熔化极惰性气体保护焊（MIG 焊）时，氢的吸收速率和吸氢量有明显差别。MIG 焊时，焊丝以细小熔滴形式通过弧柱落入熔池，由于弧柱的温度高，熔滴比表面积大，熔滴金属易于吸收氢；TIG 焊时，熔池金属表面与氢气反应，因比表面积小和熔池温度低于弧柱温度，吸收氢的条件不如 MIG 焊时容易。同时，MIG 焊的熔深一般大于 TIG 焊的熔深，也不利于气泡的浮出。所以，在同样的气氛条件下，MIG 焊时，产生焊缝气孔的倾向要比 TIG 焊时大。

（2）氧化膜中水分的影响。在正常的焊接条件下，对于气氛中的水分已严格限制，这时，焊丝或工件氧化膜中所吸附的水分将是生成焊缝气孔的主要原因。氧化膜不致密、吸水性强的铝合金（如 Al-Mg 合金），比氧化膜致密的纯铝具有更大的气孔倾向。因为 Al-Mg 合金的氧化膜由 Al_2O_3 和 MgO 构成，而 MgO 越多，形成的氧化膜越不致密，更易于吸附水分；纯铝的氧化膜只由 Al_2O_3 构成，比较致密，相对来说吸水性要小。Al-Li 合金的氧化膜更易吸收水分而促使产生气孔。

MIG 焊由于熔深大，坡口端部的氧化膜能迅速熔化，有利于氧化膜中水分的排出，氧化膜对焊缝气孔的影响就小得多。焊丝表面氧化膜的清理对焊缝氢含量的影响很大（焊丝是纯铝），若是 Al-Mg 合金焊丝，则影响将更显著。严格限制弧柱气氛水分的 MIG 焊接条件下，用 Al-Mg 合金焊丝要比用纯铝焊丝具有更大的气孔倾向。

TIG 焊时，在熔透不足的情况下，母材坡口根部未除净的氧化膜所吸附的水分是产生焊缝气孔的主要原因。这种氧化膜不仅提供了氢的来源，而且能使气泡聚集附着。刚形成熔池时，如果坡口附近的氧化膜未能完全熔化而残存下来，则氧化膜中水分会因受热而分解出氢，并在氧化膜上萌生气泡；由于气泡是附着在残留氧化膜上的，不易脱离浮出，且因气泡是在熔化早期形成的，有条件长大，所以常造成集中的大气孔。这种气孔在焊缝根部未熔合时会更严重。坡口端部氧化膜引起的气孔，常沿着熔合区原坡口的边缘分布，内壁呈氧化色，这是其重要特征。由于 Al-Mg 合金比纯铝更易于形成疏松而吸水性强的厚氧化膜，所以 Al-Mg 合金比纯铝更容易产生这种集中的氧化膜气孔。因此，焊接 Al-Mg 合金时，焊前须仔细清除坡口端部的氧化膜。

Al-Mg 合金气焊或 TIG 焊在慢焊速条件下，母材表面的氧化膜也会在近缝区引起气孔。这种气孔以表面密集的小颗粒状的鼓泡形式呈现出来，也被认为是皮下气孔。

11.2.1.2　减少氢的来源，防止焊缝气孔产生

使用的焊接材料（包括保护气体、焊丝、焊条等）要严格限制含水量，使用前需进行干燥处理。一般认为，氩气中的含水量小于 0.08%时不易形成气孔。氩气的管路也要保持干燥。

焊前处理十分重要。焊丝及母材表面的氧化膜应彻底清除，采用化学方法或机械方法均可，若两者并用则效果更好。在 5A03（板厚 1.8 mm）手工 TIG 焊时，仅经过化学清洗仍不能防止气孔。化学清洗后，焊前应用细钢丝刷再全面刷一遍近缝区，并用刮刀刮削坡

口端面，装配时要防止再度弄脏。机械清理后的表面氧化速度很快，应及时进行焊接。

化学清洗有两个步骤，即脱脂去油和去除氧化膜。处理方法和所用溶液的示例见表11-2。清洗后到焊前的间隔时间（即存放时间）对气孔的产生有一定影响。存放时间延长，焊丝或母材吸附的水分增多。所以，化学清洗后应及时施焊。一般要求化学清洗后2~3 h内进行焊接，一般不要超过12 h。对于大型构件，清洗后不能立即焊接时，施焊前应再用刮刀刮削坡口端面并及时施焊。

表 11-2　铝合金化学清洗溶液及处理方法

作用	配方		处理方法
脱脂去油	N_3PO_4 Na_2CO_3 Na_2SiO_5 H_2O	50 g 50 g 30 g 1000 g	在60 ℃溶液中浸泡5~8 min，然后用30 ℃热水冲洗，再用冷水冲洗，用干净的布擦干
清除氧化膜	NaOH（除氧化膜） HNO_3（光化处理）	5%~8% 30%~50%	50~60 ℃ NaOH中浸泡（纯铝20 min，铝镁合金5~10 min），用冷水冲洗，然后在30% HNO_3中浸泡（≤1 min），最后在50~60 ℃热水中冲洗，放在100~110 ℃干燥箱中烘干或风干

正反面全面保护，配以坡口刮削是有效防止气孔的措施。将坡口下端根部刮去一个倒角（成为倒"V"形小坡口），对防止根部氧化膜引起的气孔很有效。焊接时铲焊根有利于减少产生焊缝气孔的倾向。在MIG焊时，采用粗直径焊丝要比用细直径焊丝时的气孔倾向小，这是由于焊丝及熔滴的比表面积降低。

铝及铝合金具有较好的冷热加工性能和焊接性，可以采用常规的熔焊方法进行焊接。常用的焊接方法有氩弧焊（TIG、MIG）、等离子弧焊、电阻焊和电子束焊等，也可采用冷压焊、超声波焊、钎焊等。热功率大、能量集中和保护效果好的焊接方法对铝及铝合金的焊接较为合适。气焊和电弧焊在铝合金焊接中已逐渐被氩弧焊取代，仅用于修复和焊接不重要的焊接结构。

铝及铝合金焊丝分为同质焊丝和异质焊丝两大类。为了得到性能良好的焊接接头，应根据焊接构件的使用要求，选择适合于母材的焊丝作为填充材料。选择焊丝首先要考虑焊缝的成分要求，还要考虑抗裂性、力学性能、耐蚀性等。选择熔化温度低于母材的填充金属，可减小热影响区液化裂纹倾向。非热处理强化铝合金的焊接接头强度，按1000系、4000系、5000系焊丝的次序增大。

焊接铝及铝合金使用的惰性气体有氩气和氦气。TIG焊时，交流加高频焊接选用纯氩气，适用于大厚板；直流正极性焊接选用氩气+氦气或纯氦气。MIG焊时，当板厚小于25 mm时，采用纯氩气；当板厚为25~50 mm时，采用添加体积分数为10%~35%氦气的氩气+氦气混合气体；当板厚为50~75 mm时，采用添加体积分数为35%~50%氦气的氩气+氦气混合气体；当板厚大于75 mm时，推荐用添加体积分数为50%~75%氦气的氩气+氦气混合气体。

11.2.1.3　焊前清理和预热

（1）化学清理效率高，质量稳定，适用于清理焊丝以及尺寸不大、批量生产的工件。

小型工件可采用浸洗法。表 11-3 所示为去除铝表面氧化膜的化学处理方法。

表 11-3 去除铝表面氧化膜的化学处理方法

溶液	组成	温度/℃	容器材料	工 序	目的
硝酸	50%水 50%硝酸	18~24	不锈钢	浸 15 min，在冷水中漂洗，然后在热水中漂洗，干燥	去除薄的氧化膜，供熔焊用
氢氧化钠+ 硝酸	5%氢氧化钠 95%水	70	低碳钢	浸 10~60 s，在冷水中漂洗	去除厚氧化膜
	浓硝酸	18~24	不锈钢	浸 30 s，在冷水中漂洗，然后在热水中漂洗，干燥	所有焊接方法和钎焊方法
硫酸 铬酸	硫酸 CrO_3 水	70~80	衬铝的钢罐	浸 2~3 min，在冷水中漂洗，然后在热水中漂洗，干燥	去除因热处理形成的氧化膜
磷酸 铬酸	磷酸 CrO_3 水	93	不锈钢	浸 5~10 min，在冷水中漂洗，然后在热水中漂洗，干燥	去除阳极化处理镀层

焊丝清洗后可在 150~200 ℃烘箱内烘 0.5 h，然后存放在 100 ℃烘箱内随用随取。清洗过的焊件应立即进行装配、焊接。大型焊件受酸洗槽尺寸限制，难以实现整体清理，可在坡口两侧各 30 mm 的表面区域用火焰加热至 100 ℃左右，涂擦氢氧化钠溶液，并加以擦洗，时间略长于浸洗时间。除净焊接区的氧化膜后，用清水冲洗干净，经中和、光化后，用火焰烘干。

（2）机械清理。先用丙酮或汽油擦洗工件表面的油污，然后根据零件形状采用切削方法，如使用风动或电动铣刀，也可使用刮刀、锉刀等。较薄的氧化膜可采用不锈钢钢丝刷进行清理，不宜采用砂纸或砂轮打磨。

工件和焊丝清洗后如不及时装配，工件表面会重新氧化，特别是在潮湿环境以及被酸碱蒸气污染的环境中，氧化膜生长得很快。清理后的焊丝、工件的焊前存放时间一般不要超过 12 h。

（3）焊前预热。焊前最好不进行预热，因为预热可加大热影响区的宽度，降低铝合金焊接接头的力学性能。但对于厚度超过 5~8 mm 的厚大铝件，焊前需进行预热，以防止变形和未焊透，减少气孔等缺陷。通常预热到 90 ℃即足以保证在始焊处有足够的熔深，预热温度很少超过 150 ℃。

11.2.1.4 焊接工艺要点

A 铝及铝合金的气焊

气焊主要用于厚度较薄（0.5~10 mm）的铝及铝合金件，以及对质量要求不高或补焊的铝及铝合金铸件。

a 气焊的坡口形式及尺寸

气焊铝及铝合金时，不宜采用搭接接头和“T”形接头，因为这种接头难以清理缝隙中的残留熔剂和焊渣，应采用对接接头。为保证焊件既焊透，又不塌陷和烧穿，可采用带槽的垫板（一般用不锈钢或纯铜等制成），带垫板焊接可获得良好的反面成形，提高焊接生产率。

b 气焊熔剂的选用

气焊熔剂分为含氯化锂和不含氯化锂两类。含氯化锂熔剂的熔点低，熔渣的熔点低、黏度小、流动性和湿润性好，与氧化膜形成低熔点的熔渣上浮到焊缝表面，焊后焊渣易清除，适用于薄板和全位置焊接。缺点是吸湿性强，氯化锂价格较贵。不含锂的熔剂熔点高、黏度大、流动性差，焊缝易形成夹渣，适于厚件焊接。对于搭接接头、不熔透角焊缝和难以完全清理掉残留熔渣的焊缝，以及含镁较高的铝镁合金，不宜采用含钠组成物的熔剂。

将粉状熔剂和蒸馏水调成糊状（每 100 g 熔剂约加入 50 mL 蒸馏水）涂于工件坡口和焊丝表面，涂层厚 0.5~1.0 mm；或用灼热的焊丝直接蘸熔剂干粉使用，这样可减少熔池中水分的来源，减少气孔。调制好的熔剂应在 12 h 内用完。

c 气焊操作

采用中性焰或微弱碳化焰，若用氧化较强的氧化焰则会使铝强烈氧化；而乙炔过多，则会促使焊缝产生气孔。

为防止焊件在焊接中产生变形，焊前需要进行定位焊。由于铝的线膨胀系数大、导热速度快、气焊加热面积大，因此定位焊缝应较钢件密一些。定位焊用的填充焊丝与焊接时相同，定位焊前应在焊缝间隙内涂一层气剂。定位焊的火焰功率比气焊时稍大。

铝及铝合金加热到熔化时颜色变化不明显，会给操作带来困难，可根据以下现象掌握施焊时机：当加热表面由光亮银白色变成暗淡的银白色，表面氧化膜起皱，加热处金属有波动现象时，即达到熔化温度，可以施焊；用蘸有熔剂的焊丝端头触及加热处，当焊丝与母材能熔合时，可以施焊；与母材边棱有倒下现象时，母材达到熔化温度，可以施焊。

气焊薄板可采用左焊法，焊丝位于焊接火焰之前，这种焊法因火焰指向未焊金属，故热量会散失一部分，有利于防止熔池过热、热影响区金属晶粒长大和烧穿。母材厚度大于 5 mm 时可采用右焊法，焊丝在焊炬后面，火焰指向焊缝，热量损失小，熔深大，加热效率高。

d 焊后处理

焊后 1~6 h 之内，应将熔剂残渣清洗掉，以防引起焊件腐蚀。

B 铝及铝合金的钨极氩弧焊（TIG 焊）

适于焊接厚度小于 3 mm 的铝及铝合金薄板，工件变形明显小于气焊。交流 TIG 焊具有去除氧化膜的清理作用，不用熔剂，避免了焊后熔剂残渣对接头的腐蚀，接头形式不受限制，焊缝成形良好、表面光亮。氩气流对焊接区的冲刷使接头的冷却速度加快，改善了接头的组织性能，适用于全位置焊接。由于不用熔剂，因此焊前清理要求要比其他焊接方法严格。

焊接铝及铝合金最适宜的方法是交流 TIG 焊和交流脉冲 TIG 焊。交流 TIG 焊可在载流能力、电弧可控性以及电弧清理等方面实现最佳配合，大多数铝及铝合金的 TIG 焊都采用交流电源。采用直流正接时，热量产生于工件表面，熔深大。即使是厚截面也无须预热，且母材几乎不发生变形。虽然很少采用直流反接 TIG 焊方法来焊接铝，但这种方法对于连续焊或补焊壁厚在 2.4 mm 以下的铝合金件仍有着熔深浅、电弧易控制等优点。

11.2.2 铝及铝合金焊接缺陷分析

焊接缺陷是指焊接接头中产生的不符合设计或工艺文件要求的缺陷。按焊接缺陷在焊缝中的位置，可分为外部缺陷与内部缺陷两大类。外部缺陷位于焊缝区的外表面，肉眼或用低倍放大镜即可观察到。例如，焊缝尺寸不符合要求、咬边、焊瘤、弧坑、烧穿、下塌、表面气孔、表面裂纹等。内部缺陷位于焊缝内部，需用破坏性实验或探伤方法来发现。例如，未焊透、未熔合、夹渣、内部气孔、内部裂纹等。铝及铝合金常见的焊接缺陷如图 11-6 所示。

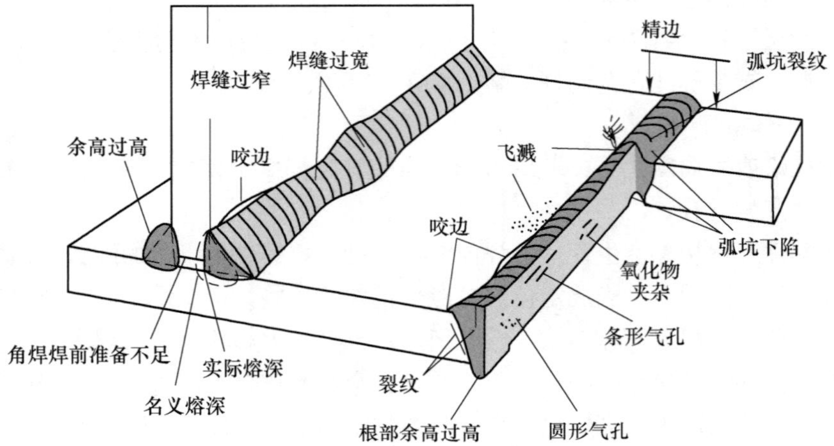

图 11-6 常见的焊接缺陷

11.2.2.1 常见焊接缺陷

（1）焊缝尺寸不符合要求。主要指焊缝宽窄不一、高低不平、余高不足或过高等。焊缝尺寸过小会降低焊接接头的强度；尺寸过大将增加结构的应力和变形，造成应力集中，还会增加焊接的工作量。焊接坡口角度不当或装配间隙不均匀，焊接电流过大或过小，运条方式或速度及焊条施焊角度不当等均会造成焊缝尺寸不符合要求。

（2）咬边。由于焊接参数选择不当，或操作工艺不正确，沿焊趾的母材部位产生的沟槽或凹陷即为咬边。咬边使得母材金属的有效截面减小，减弱了焊接接头的强度，而且在咬边处易产生应力集中，承载后有可能在咬边处产生裂纹，甚至引起结构的破坏。产生咬边的原因有操作方式不当，焊接规范选择不正确，如焊接电流过大、电弧过长、焊条角度不当等。当咬边超过允许值时，应予补焊。

（3）焊瘤。焊接过程中，熔化金属流淌到焊缝之外未熔化的母材上，所形成的金属瘤即为焊瘤。焊瘤不仅会影响焊缝外表的美观，而且焊瘤下面常有未焊透缺陷，易造成应力集中。对于管道接头来说，管道内部的焊瘤还会使管内的有效面积减少，严重时会使管内产生堵塞。焊瘤常在立焊和仰焊时发生。焊缝间隙过大、焊条角度和运条方法不正确、焊条质量不好，焊接电流过大或焊接速度太慢等均可引起焊瘤的产生。

（4）烧穿。焊接过程中，熔化金属自坡口背面流出，形成穿孔的缺陷称为烧穿。烧穿常发生于打底焊道的焊接过程中。一旦发生烧穿，焊接过程将难以继续进行，因此烧穿是一种不允许存在的焊接缺陷。造成烧穿的主要原因是焊接电流太大或焊接速度太低；坡口和间隙太大或钝边太薄以及操作不当等。为了防止烧穿，要正确设计焊接坡口尺寸，确保装配质量，选用适当的焊接工艺参数。单面焊可采用加铜垫板或焊剂垫等办法防止熔化金属下塌及烧穿。手工电弧焊焊接薄板时，可采用跳弧焊接法或断续灭弧焊接法。

（5）未焊透。焊接时接头根部未完全熔透的现象称为未焊透。未焊透常出现在单面焊的根部和双面焊的中部。未焊透不仅会使焊接接头的力学性能降低，而且会在未焊透处的缺口和端部形成应力集中点，承载后会引起裂纹。

（6）裂纹。在焊接应力及其他致脆因素的共同作用下，焊接接头中局部区域的金属原子结合力遭到破坏，形成新界面而产生的缝隙称为焊接裂纹。铝及铝合金的焊接裂纹属热裂纹。裂纹是最危险的焊接缺陷，严重地影响着焊接结构的使用性能和安全可靠性，且是许多焊接结构破坏事故的主要原因。

产生焊接裂纹的原因有：1）焊丝选用不当，当焊缝中的 Mg 含量小于 3%或 Fe、Si 杂质含量超出规定值时，裂纹倾向就增大。当焊接温度偏高时，会引起热影响区出现液化裂纹。2）焊接顺序选择不当。3）焊接结束或中断时，如果热源撤离过快，常容易出现弧坑裂纹。4）焊缝过于集中或受热区温度过高，变形应力过大。5）熔剂、焊丝保护气体含杂质过多。6）结构设计不合理，焊缝过于集中，造成焊接接头的拘束应力过大。

11.2.2.2　焊接缺陷分析

A　气孔形成原因

在铝合金焊接时，存在最多的一类缺陷是气孔，如图 11-7 所示。气孔的出现，不仅会使焊缝的致密度降低，而且会减小接头的承载面积，进而使得焊接接头的塑性、强度显著下降，尤其是冲击韧性和冷弯性能。

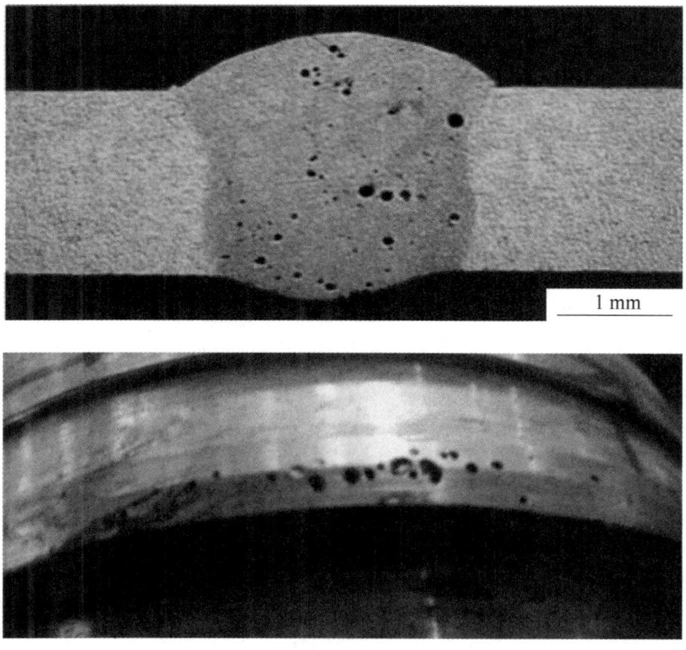

图 11-7　铝合金焊接气孔

在铝合金的焊接过程中，应尽量避免气孔的形成。形成的气孔，主要有 CO 气孔、N_2 气孔、H_2 气孔。由于液态铝中不溶解 N_2，因此产生气孔的主要根源可归结为 H_2。铝合金车体高铁列车焊接时，氢气主要来源于以下几个方面：（1）焊接前，由铝合金和焊接材料表面黏附的水汽、腐蚀产物、有机物等分解所形成的氢；（2）铝合金材料和焊接材料自身固溶的氢；（3）保护气氛中所带有的氢；（4）电弧气氛中进入空气的水气等；（5）在进行氩弧焊过程中，气流量小或不稳定，流量小、速度快，焊嘴清洁不够或存在水分等，均可形成氢气。

B　裂纹产生的原因

在进行铝合金焊接时，出现焊接裂纹的概率并不大，然而对于高速铝合金车体来说，裂纹的危害是巨大的。裂纹的存在可使焊接结构的强度下降，易于形成裂纹扩展从而导致整个结构件的疲劳损坏，铝合金典型的焊接裂纹如图 11-8 所示。依据裂纹形成的机理，焊接区域所出现的裂纹称为热裂。裂纹形成的原因主要有：（1）铝合金和焊接材料选取不当从而产生裂纹，且焊接裂纹易于在焊接处形成；（2）焊接时易于在坡口缝隙宽的区域或卷边接头形成纵裂纹；（3）焊接操作工序不当，使得内应力达到一定程度从而产生裂纹。

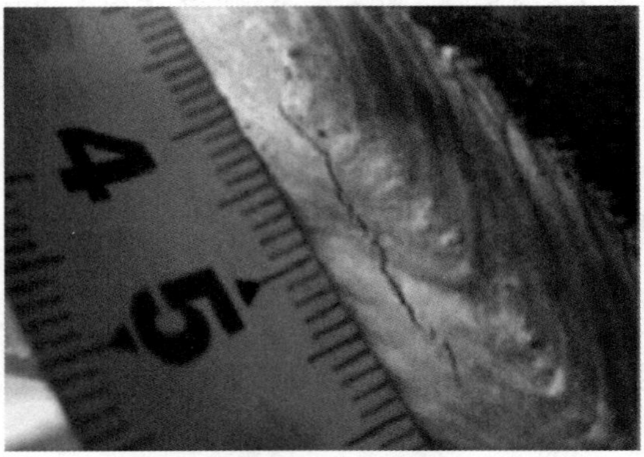

图 11-8　铝合金焊接裂纹

11.3　钛合金的焊接

11.3.1　钛及钛合金的焊接特点

钛及钛合金的焊接性能具有许多显著的特点，这些特点是由钛及钛合金的物理性能所决定的。

11.3.1.1　化学活性大

不仅是在熔化状态，即使是在 400 ℃以上的高温固态下，钛也极易被空气、水分、油脂、氧化膜等污染，吸收氧、氮、氢、碳等杂质，使焊接接头的塑性和韧性显著降低，并易引起气孔。因此，焊接时对熔池、焊缝及温度超过 400 ℃的热影响区都要加以妥善保护。

A　氧和氮的影响

氧、氮均是 α 相稳定元素，氧在 α 钛 、β 钛中的最大溶解度分别为 14.5%和 1.8%，氮则为 7%和 2%。钛与氧在 600 ℃以上发生强烈反应，当温度高于 800 ℃时，氧化膜开始向钛溶解扩散。氮则在 700 ℃ 以上与钛发生强烈的作用，形成硬脆的 TiN。氧和氮在高温的 α 钛和 β 钛中都容易形成间隙固溶体，造成钛晶格的严重变形，使钛的强度、硬度提高，但塑性、韧性显著降低。氮与钛形成的固溶体造成的晶格畸变较氧更加严重。因此，氮会比氧更剧烈地提高钛的强度和硬度，降低钛的塑性。

B 氢的影响

氢是β相稳定元素，在β钛中溶解度较高，而在α钛中的溶解度很小。钛与氢在325 ℃时发生共析转变β→α+γ。在325 ℃以下，氢在钛中的溶解度急剧下降，常温时仅为0.00009%。共析转变析出的氢化物TiH_2（γ相），以细片状或针状存在，其断裂强度很低，在钛中会成为微裂纹源，从而引起接头塑性和韧性下降。

为防止氢造成的脆化，焊接时要严格控制氢的来源。首先从原料入手，限制母材和焊材中的氢含量以及表面吸附的水分，提高氩气的纯度，使焊缝中的氢含量控制在0.015%以下。其次可以采取冶金措施，提高氢的溶解度。添加5%的铝，在常温下可使氢在α钛中的溶解度达到0.023%。添加β相稳定元素Mo、V，可使室温组织中残留少量的β相，溶解更多的氢，降低焊缝的氢脆倾向。

当焊接重要构件时，可将焊丝、母材放入真空度为0.0130~0.0013 Pa的真空退火炉中，加热至800~900 ℃，保温5~6 h进行脱氢处理，将氢的含量控制在0.0012%以下，从而提高焊接接头的塑性和韧性。

C 碳的影响

碳主要来源于母材、焊丝和油污等，常温时碳在α钛中的溶解度为0.13%。在溶解度的范围内，碳以间隙的形式固溶于α钛中，使钛的强度提高，塑性下降，但影响不如氧和氮显著。当碳超过溶解度时，会析出硬脆的TiC，并呈网状分布，其数量随碳含量的增高而增加，使得焊缝的塑性迅速下降，在焊接应力的作用下容易产生裂纹。因此，碳在钛及钛合金中的含量不得不超过0.1%，当钛及钛合金中的含碳量达到0.28%时，焊接接头变得很脆。此外，焊缝中的含碳量应小于母材的含碳量。焊前应仔细清理焊件和焊丝上的油污，避免焊缝增碳。

D 合金元素的影响

在钛中加入Al、Ni、Si、Nb、Cr、Mn、V、Mo等合金元素能够提高钛合金的强度，有时为获得某些特殊的性能，如抗氧化性能等，还会加入不同的合金元素。这些合金元素的加入，将会使钛合金的相变温度及组织结构都发生较大的变化，影响钛及其合金的焊接接头性能。

11.3.1.2 熔点高、热容量大、电阻系数大、导热性差

钛的物理特性使焊接熔池具有更高的温度和较大的熔池尺寸，热影响区金属在高温下停留时间长。因此，焊接接头易产生晶粒长大倾向（特别是β钛合金），从而引起接头的塑性降低。故在选择焊接规范时，应尽量保证焊接接头（特别是热影响区金属）既不过热，又不产生淬硬组织。通常采用小电流、高速焊的焊接规范。

11.3.1.3 焊接变形大，而且校正较困难

钛的纵向弹性模量约比钢小一半，在同样的焊接应力作用下，钛及钛合金的焊接变形量约比不锈钢大一倍。因此，焊接时宜采用垫板和压板将焊件压紧，以减少焊接变形量。此外，还可起到加强焊缝冷却的效果。焊接5~6 mm钛板时需通水冷却。有循环水冷却的夹具与无循环水冷却的夹具相比，前者可使焊接区的高温停留时间缩短，焊缝的表面色泽得以进一步改善（即氧化程度减轻）。图11-9所示为钛合金的焊缝外观，焊缝致密，具有金属光泽。

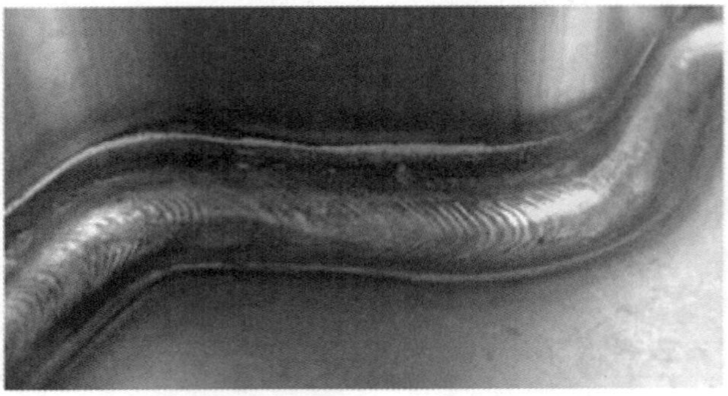

图 11-9 钛合金焊缝外观

11.3.1.4 焊缝有形成气孔的倾向

气孔是最常见的缺陷，它占钛合金整个焊接缺陷的 70%以上，尽管在焊接过程中常采用多种预防措施，但是气孔仍不能完全避免。气孔不仅是造成应力集中的因素，而且气孔边缘的金属的氢含量高、塑性低，使得整个焊缝的塑性和疲劳寿命降低，甚至导致某些钛合金结构发生断裂、破坏。

形成气孔的因素有很多，且很复杂，表 11-4 列出了影响钛及钛合金焊缝气孔的各种因素。通常认为，氢气是引起气孔的主要原因。在焊缝金属冷却过程中，氢的溶解度会发生变化，如当焊接区周围气氛中氢的分压较高时，焊缝金属中的氢不易扩散逸出，而聚集在一起形成气孔。

表 11-4 影响钛及钛合金焊缝气孔的各种因素

直接因素	焊接区的气氛	在熔池中混入氧气、氢气、氮气等不纯气体
	焊丝	焊丝表面吸附有不纯的气体
		焊丝表面存在灰尘及油脂
		焊丝表面有氧化物
		焊丝内部固溶有不纯的气体
	焊件	焊件表面吸附有不纯的气体
		焊件表面存在灰尘及油脂
		焊件表面有氧化物
		焊件中固溶有不纯的气体
间接因素	焊接条件	钨极氩弧焊时焊接电流太大
		焊接速度过快
	坡口形状	坡口角度太小

当钛焊缝中的碳含量大于 0.1%，氧含量大于 0.133%时，由氧与碳反应生成的一氧化碳气体也可导致产生气孔。

为防止气孔的产生，必须采取以下措施：

(1) 严格控制基体金属、焊丝、氩气中的氢气、氧气、氮气等杂质气体的含量。

（2）彻底清除板材、焊丝表面上的氧化皮及油污等有机物。

（3）正确选择焊接规范，延长熔池的停留时间，便于气泡浮出，一般可减少气孔 5~6 倍，这是值得推荐的措施。

（4）用等离子弧焊代替钨极氩弧焊可以减少气孔，这是因为等离子弧焊的熔池温度高，对熔池前沿的焊接坡口的热清理作用大，放气过程快。

（5）尽量缩短焊件从清理到焊接的时间。临焊前对焊件、焊丝进行清理具有良好的效果，可减少气孔 1.5~2 倍。从清理到焊接的时间一般不超过 2 h，否则要用玻璃纸包好存放，以防止吸潮。

（6）焊前对坡口断面进行机械加工，去掉剪切痕，可有效预防气孔的产生。

（7）对熔池施以良好的气体保护，控制好氩气的流量及流速，可防止紊流的产生。

（8）应保持较低的氩气露点，焊炬上通氩气的管道不宜采用橡皮管，最好采用尼龙软管。

11.3.1.5 接头区的脆化

常温下，由于表面氧化膜的作用，钛能保持较高的稳定性和耐蚀性能。但钛在高温下，特别是在熔融状态下，对气体有很大的化学活性。当温度在 540 ℃以上时，钛表面生成的氧化膜较疏松，随着温度的升高，容易被空气、水分、油脂等污染，使钛与氧、氮、氢的反应速度加快，降低焊接接头的塑性和韧性。无保护的钛在 300 ℃以上吸氢，600 ℃以上吸氧，700 ℃以上吸氮，这些气体被钛吸收后，会引起接头的脆化。

11.3.2 焊接裂纹

钛的熔点高、热容量大、导热性差，因此焊接时容易形成较大的熔池，并且熔池的温度高。这使得焊缝及热影响区金属在高温的停留时间较长，晶粒长大的倾向大，降低了接头的塑性和断裂韧性，导致产生焊接裂纹。尤其是工业纯钛、α 钛合金和 β 钛合金，焊缝及热影响区粗大的晶粒难以用热处理的方法恢复，且焊缝为铸态，焊后强度下降大，因此焊接时应严格控制焊接的热输入量。熔化焊时，应采用能量集中的热源，减小焊接的热影响区；或采用较小的焊接电流和较快的焊接速度，避免产生焊接裂纹。对于 α+β 钛合金，如果 β 组织含量较少，则焊接性较好，但焊接接头的塑性比 α 钛合金低；β 组织较多的合金在冷却过程中会出现各种马氏体相，如 α′、α″、ω 相，塑韧性将进一步下降，冷却速度越大，下降越严重，裂纹倾向越大，所以焊接 α+β 钛合金时宜采用较大的热输入进行焊接。此外，进行合适的焊后热处理，也可以减少焊接裂纹。

当焊缝中的氧、氢、氮含量较多时，焊缝和热影响区的性能变脆，在较大的焊接应力的作用下，容易产生冷裂纹，这种裂纹是在较低温度下形成的，在焊接钛合金时，热影响区有时会产生延迟裂纹，这种裂纹可以延迟到几个小时、几天甚至几个月后发生。其原因是熔池中的氢和母材金属低温区中的氢向热影响区扩散，引起氢在热影响区的增加，并析出 TiH_2，使热影响区的脆性增大。此外，氢化物析出时的体积膨胀会引起较大的组织应力，再加上氢原子的扩散与聚集，最终使接头形成裂纹。防止这种延迟裂纹的方法是尽可能地降低焊接接头中的氢含量。为此，应选用氢含量低的母材、焊丝和气体，注意焊前的清理，焊后进行去氢处理，并进行消除应力处理。必要时，可进行真空退火处理。

钛及钛合金由于高温塑性好，液相线与固相线的温度区间窄，而且凝固时的收缩量也比较小，再加上硫、磷、碳等杂质元素的含量少，在晶界上很少形成低熔共晶物，所以一般很少产生热裂纹。但当母材和焊丝质量不合格时，特别是焊丝有裂纹、夹层时，会在夹层和裂纹处积聚大量的杂质而使焊缝产生热裂纹。所以钛合金在焊接时应注意母材和焊接材料的成分标准是否符合要求。图 11-10 所示为钛合金热影响区、焊缝区、熔合带示意图。

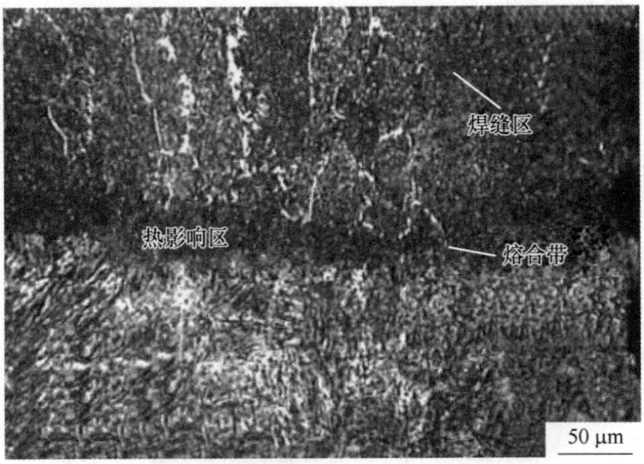

图 11-10 钛合金热影响区、焊缝区、熔合带示意图

11.3.3 钛及钛合金的钨极氩弧焊

钛及钛合金的性质非常活泼，所以普通的焊条电弧焊、气焊、CO_2 气体保护焊不适合其焊接。钛及钛合金的主要焊接方法及特点见表 11-5。

表 11-5 钛及钛合金主要焊接方法及特点

焊接方法	特 点
钨极氩弧焊	可以用于薄板及厚板的焊接，板厚在 3 mm 以上时可以采用多层焊，熔深浅，焊道平滑，适用于修补焊接
熔化极氩弧焊	熔深大，熔敷量量大，飞溅大，焊缝成形较钨极氩弧焊差
等离子弧焊	熔深大，10 mm 的厚板可以一次焊成，手工操作困难
电子束焊	熔深大，污染少，焊缝窄 ，热影响区小，焊接变形小，设备价格高
激光焊	熔深大，不用真空室，可以进行精密焊接，设备价格高
扩散焊	可以用于异种金属或非金属的焊接，形状复杂的工件可以一次焊成，变形小

钨极氩弧焊是钛及钛合金最常用的焊接方法，常用于焊接 3 mm 以下的构件。其可分为敞开式焊接和箱内焊接两种类型，它们又各有手工和自动两种方式。敞开式焊接是在大气环境中的普通钨极氩弧焊，利用焊枪的喷嘴、托罩和背面保护装置，通以适当流量的氩气和氩氦混合气，把焊接高温区的空气隔开，以防止空气的侵入而沾污焊接区的金属。这是一种局部的气体保护方法。当焊接结构复杂，难以实现托罩或背面保护时，应采用箱内焊接，箱体在焊接前要进行抽真空处理，然后充氩气，焊件在箱体中处于惰性气体保护之下，是一种整体气体保护的焊接方法。

11.4 铜合金的焊接

11.4.1 铜及铜合金的焊接性

铜及铜合金经轧制或拉伸成不同厚度的铜板及铜合金板、不同规格的管子或各种不同形状的材料，都可以用焊接的方法制成各种不同的产品。铸造的铜及铜合金是通过模型直接浇铸成需要形状的部件或产品的，焊接只用于修复或补焊。在焊接与补焊中易产生下列不良影响：

（1）难熔合：铜及铜合金的导热性要比钢好得多，铜的导热系数是钢的 7 倍，大量的热被传导出去，母材难以像钢那样局部熔化。对于厚大铜及铜合金材料的焊接，应焊前预热，采用功率大、热量集中的焊接方法进行焊接或补焊。

（2）易氧化：铜在常温时不易被氧化。但随着温度的升高，当温度超过 300 ℃时，其氧化能力很快增大；当温度接近熔点时，其氧化能力最强，氧化的结果是生成氧化亚铜（Cu_2O）。焊缝金属结晶时，氧化亚铜和铜形成低熔点（1064 ℃）结晶，分布在铜的晶界上，加上通过焊前预热，并采用功率大、热量集中的焊接方法，使被焊工件的热影响区很宽，焊缝区域的晶粒较粗大，从而大大降低了焊接接头的力学性能，所以铜的焊接接头的性能一般低于母材。

（3）易产生气孔：铜的导热性好，焊接熔池比钢的凝固速度快，液态熔池中气体上浮的时间短，来不及逸出也会形成气孔。

11.4.2 焊接方法的选择

选择铜及铜合金的焊接方法，主要应考虑被焊工件的焊接性、焊件的材质、厚度、生产条件、空间位置及焊接质量要求，表 11-6 给出了常用铜及铜合金的焊接性及适用的厚度范围。

表 11-6 常用铜及铜合金的焊接性及适用的厚度范围

焊接方法	材料牌号及焊接性				适用的厚度范围/mm
	紫铜	黄铜	青铜	镍白铜	
钨极氩弧焊	好	较好	较好	好	1~10
熔化极半自动氩弧焊	好	较好	较好	好	4~50
气焊	差	较好	差	—	0.5~6
碳弧焊	尚可	尚可	较好	—	6~25
焊条电弧焊	差	差	尚可	较好	2~10
埋弧自动焊	较好	尚可	较好	—	6~30
等离子弧焊	较好	较好	较好	好	1~16

变压器调整机构机头系大型铸铜件，其成分为 Cu 66.9%、Al 5.6%、Mn 1.6%、Zn 22.1%。由于浇铸温度偏低，因此出现了铸造缺陷，造成缩孔一处（面积约 750 mm^2，

深 25 mm)、裂纹一条(深 8 mm、长 140 mm),如图 11-11 所示。

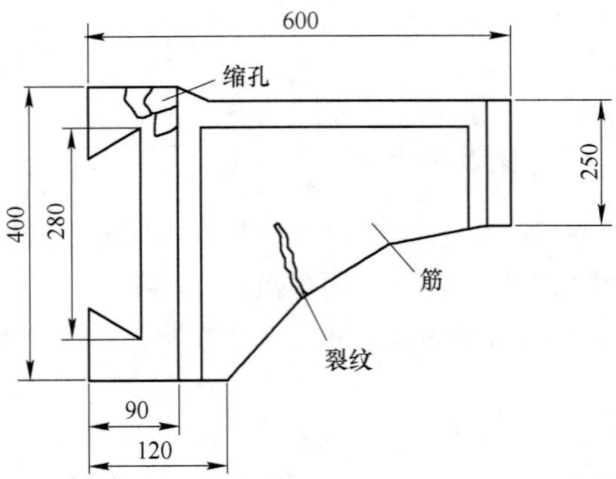

图 11-11 缺陷位置示意图(单位:mm)

由于铸件的尺寸厚大、受热面积大、散热快,因此补焊时应集中热源,采用焊条电弧焊进行补焊,具体补焊工艺如下:

(1) 坡口制备。裂纹处开 60° ~ 70° “V”形坡口;缩孔处用扁铲铲除杂质后开“U”形坡口。坡口两侧 15 mm 处清理干净,露出金属光泽。

(2) 焊条及焊机的选择。选用 ϕ4 mm 的铜 107 焊条,焊前经 250 ℃,2 h 烘干。焊机选用 AX1-500 型直流焊机,直流反接。

(3) 补焊工艺。将工件放入炉中加热至 400 ℃,出炉后置于平焊位置。先焊裂纹,用短弧施焊,第一层焊接电流为 170 A,从裂纹的两端往中间焊,焊接时焊条做往复运动,焊速要快;第二层的焊接电流比第一层略小(160 A),焊条做适当的横向摆动,使边缘熔合良好。焊缝略高出工件平面 1 mm,整条焊缝连续焊成,焊速越快,质量越好。

缩孔处因呈“U”形坡口状,填充金属量较大,故采用堆焊方法完成,焊道顺序如图 11-12 所示。堆焊至高出工件平面 1 mm 即可。焊接电流第一层大些,其余层小些(大的 160 A,小的 150 A)。各层之间要严格清渣。

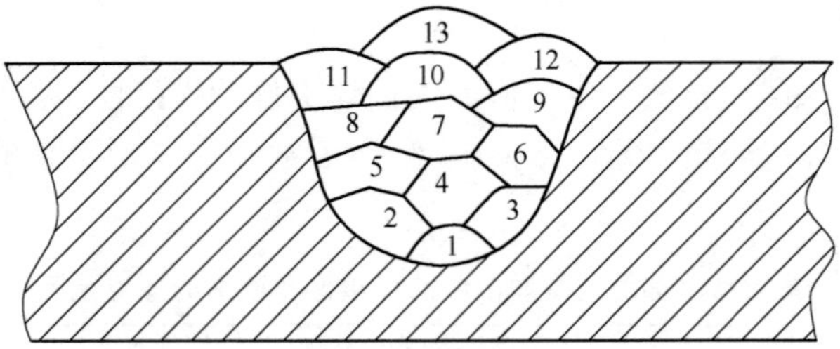

图 11-12 焊接顺序图

整个焊接过程中,搬动和翻动焊件时要细心,因为焊件处于高温状态,容易变形、损坏。

(4) 焊后处理。焊后用平头锤敲击焊缝,消除应力,使组织致密,改善其力学性能。焊件置于室内自然冷却即可。经机械加工,除焊缝颜色与母材略有不同外,未发现有裂纹、夹渣、气孔等缺陷。

12 金属材料的断口分析

12.1 断口分析的步骤

12.1.1 断口的保护

对待研究断口试样的保护是很重要的，如果断口表面受到化学浸蚀或机械损伤，就会破坏或掩盖原始的断口表面的形貌特征，给分析带来困难。因此，断裂的试样或零件，如果不立即进行断口表面检验，就应当尽可能快地将断口存放和保护起来，防止环境污染及意外损伤。

存放断口的最好方法是首先用干燥的压缩空气吹干断口，随后将其储存在干燥器皿或真空储存器中，存放在有干燥剂的塑料袋中。当不具备这些条件时，可用防腐蚀表面涂层保护断口表面，防止其氧化或腐蚀。但使用表面涂层有一个缺点，即断口表面上一些能够给断裂分析提供重要信息的物质可能在去除涂层时被一起去掉，不过，从溶解涂层的溶剂中把粘走的断口表面物质过滤回收，仍可进行断口分析。

对表面涂层的主要要求是不应当和基体发生化学反应，能防止环境对断口的化学浸蚀，必须能够容易地完全去掉而不损伤断口，如果断口在短期内就能进行检验时，可用对基体金属没有任何浸蚀作用的新鲜机油或轴承油脂，有时可用清洁的丙烯酸保护断口，这些涂层可用有机溶剂去掉。然而这些涂层要把粗糙的断口完全覆盖上，并且又能被完全去掉是困难的。

12.1.2 断口的清洗

暴露于不同环境的断口表面，一般附有脏物以及腐蚀或氧化产物，在进行断口金相分析前必须予以清除。但是，在任何清洗前后，都必须用实体显微镜或低倍显微镜检查确定断口是否要清洗及清洗的效果，并用文字、绘图或照相方式做出记录。应当特别注意的是，断口表面的堆积物中可能含有导致断裂发生的重要信息，因此必须首先检查清楚，否则轻率地清洗断口就可能清除了重要的证明。

一般清洗断口表面的技术有：（1）干燥的空气流和柔软的毛刷清洗；（2）有机溶剂清洗；（3）复型剥离；（4）洗净剂水溶液清洗；（5）阴极清洗；（6）化学清洗。

清洗的一般原则是首先选用对断口没有浸蚀或浸蚀最小的方法进行简单而有效的清洗。清洗后，用实体显微镜进行检查，如果堆积物没有去除，则应考虑采用较强烈的清洗方法。

用干燥的空气流或软毛刷则可以清除断口表面附着不牢的脏物。应当记住，不能用金属丝等，否则将机械损伤断口的形貌细节。

有机溶剂主要用于去除油污，把样品长时间浸泡在适宜的有机溶剂中或放在装有溶剂的烧杯中超声波清洗几分钟，就能得到满意的效果。将锈蚀的钢铁试样或零件断口浸入汽油中，用毛刷清洗的效果也较好。

在大多数情况下，反复用塑料纸剥离的方法清洗断口，其效果是令人满意的。其缺点是对于粗糙的断口往往难以剥离干净，因此在分析时，应将经过多次复型剥离的样品放在丙酮中浸泡或用超声波清洗。

12.1.3　样品的制备

12.1.3.1　样品的切取

供扫描电镜观察断口的样品，其直径一般应小于 25 mm，高度应小于 15 mm。如果断口太大，则应将想要观察分析的各部分，主要是包含断裂源的部分，按尺寸要求切割下来。在切割过程中，既要防止样品过热而改变金相组织，又要防止断口受腐蚀、污染和损伤。为此，可采用砂轮机缓慢切割，切口与断面至少保持 10 mm 的距离，并且不能用水冷却，以免腐蚀断口。

如果原始断口被严重损伤或腐蚀，不能提供足够的信息和判据，则可以打开二次裂纹进行研究，这些裂纹一般未受腐蚀或腐蚀较轻，能够比主断口提供更多的依据。打开裂纹时，切勿使其受压而造成断口表面损伤。一般是从裂纹前面一侧用锯锯到靠近裂纹尖端处，或将裂纹尖端前方的材料全部锯掉，但要格外仔细，以防割到裂纹尖端，然后沿裂纹张开的方向打开。

12.1.3.2　样品的喷镀

对于不导电或导电性不好的样品表面，应当在表面喷镀一层薄薄的导电材料，以增加二次电子的产额，并防止电荷在样品表面堆集，从而提高成像质量，导电层可以真空蒸发沉积或喷金的方法实现。

12.1.3.3　样品的去磁

带磁性的样品，由于其对电子束有聚焦作用，会降低图像质量。因此，即使样品的磁性很弱，也应该进行退磁处理。

12.1.3.4　样品的腐蚀

有时为了解材料组织结构对断裂过程的影响，可以轻微腐蚀显示断口表面的显微组织，使用的腐蚀剂通常就是该材料的金相腐蚀剂。但腐蚀时间要短一些，以免腐蚀太重，而将某些断口形貌腐蚀。

12.1.3.5　样品的复型

当断口太大又不允许切割时，也可采用复型技术在扫描电镜中进行检验分析。真空沉积的碳层或金属（铝、金等）层应较厚，以保证表面有良好的导电性和导热性，同时不致使塑料纸烧焦或融化。

12.1.3.6　样品的安放

在样品上粘上少量导电胶，以保持样品与样品座之间有良好导电性。放置复型样品时，应注意使复型面朝上，并用导电胶将其边缘与样品座连接起来，样品座应经常擦洗，保持干净，如有氧化层则可用细砂纸或溶剂擦掉。样品的切割面应平整并清洗干净。

12.1.3.7　复型样品制备技术

断口的一次复型方法是直接将清洗后的断口放进真空镀膜机中，先以一定的角度喷镀某种重金属投影，再垂直于断口表面进行喷碳，然后取出样品，用针尖把试样上的碳膜划成样品网能放下的方块，再用化学腐蚀或电解腐蚀的方法进行脱模，所用的腐蚀剂或电解液通常与制备该断口材料的金相试样的试剂相同，不过腐蚀和电解的速度不宜太快，否则会损伤复型。

断口的二次复型法是首先根据断口的粗糙度选择适当厚度的塑料纸，并将它的一面用丙酮软化，然后在需要复型的部位滴几滴丙酮，再将塑料纸的软化面粘上，用手指或橡皮压紧，干燥后轻轻揭下，如果断口过于粗糙，塑料纸不易揭开，则可将复型后的试样放在烘箱内加热至100~150 ℃，保温15 min左右，然后取出冷至室温，再将复型揭开。

将复型的正面朝上，粘贴在光滑的玻璃片上，放入真空镀膜机进行投影和喷碳；然后取出复型，将需要观察的部位剪成1~2 mm^2的小块，放入丙酮中溶去塑料纸，即可得到断口的碳膜复型。

复型用的塑料纸的厚度随断口的粗糙度而定，比较平坦的断口可选用较薄的塑料纸，粗糙的断口可选用加厚的塑料纸。所选用的塑料纸越薄，复型效果越好，分辨能力越高，而且当溶解它时，也不会因膨胀过大而使碳膜变形或破裂。因此，应该尽可能选用较薄的塑料纸。

12.1.3.8 投影技术

因为使用透射电镜观察复型时利用的是透射电镜的质厚衬度成像原理，为了增加图像的反差，获得断口形貌的立体效果，一般都要应用投影技术，向断口表面喷镀一层对电子散射能力较强的重金属。由于复型上各处沉积的投影金属的厚度不同，当电子束通过时，各处电子的散射能力也不同，厚的地方的散射能力强，图像就变清晰，薄的地方则正好相反，这就形成了反差。但投影层不能太厚，以免掩盖断口的细节，降低复型的分辨率，导致相反的结果。

断口的复型投影不仅要根据断口的粗糙度来选择适合的投影角度，而且要考虑投影的方向，一般应与裂纹扩展方向基本一致。这一点对于疲劳断口尤其重要，如果垂直于裂纹扩展方向投影，则会使间距很小的疲劳条带变得模糊不清，甚至难以分辨。

复型技术不仅可用于观察断口形貌，也可用来分析断口表面第二相质点或夹杂物的结构，判断其属性及其在断裂过程中所起的作用，确定其对材料性能的影响。

一次复型或二次复型都可进行萃取复型。与一般复型不同的是，复型前要选择适当的腐蚀剂对断口表面进行深腐蚀，使分析的第二相或夹杂物与基体的结合减弱，甚至分离，然后用上述的复型制备方法就可使松动或基本分离的质点嵌入碳膜中。为确保复型的真实性，避免人为假象，操作一定要仔细，防止产生气泡或影响未复型断口的形貌，并且一定要等待塑料纸复型完全干燥后才能剥离，否则会使复型局部变形、撕裂或擦伤，造成假象。此外，在喷镀过程中，蒸发源和样品间要保持一定的距离，否则会使复型过热而变形，导致观察到的断口形貌失真。

12.2 脆性断口

12.2.1 脆性断裂的现象与特征

12.2.1.1 脆性断裂的现象

随着工业生产和科学技术的发展，高速运转、高压承载、低温使用的大型设备和复杂组合结构不断涌现。从军用的火箭、导弹、舰艇、飞机和核反应堆到民用的轮船、桥梁、锅炉、交通工具、电站设备和化工高压容器等，往往在符合设计要求，满足常规性能指标的情况下，却不断发生脆性断裂事故，造成严重的后果和巨大的经济损失。

12.2.1.2　脆性断裂的特征

（1）脆性断裂时的工作力是很低的，破坏时应力往往低于材料的屈服强度，甚至低于设计时的许用应力。在该名义应力下的工作往往被认为是安全的，但却发生了破坏。因此，人们把脆性断裂称为低应力脆性断裂。高强度钢可能发生脆性断裂，低强度钢也可能发生脆性断裂。

（2）中低强度钢的脆性断裂一般是在比较低的温度下发生的，因此脆性断裂也叫作低温脆性断裂。与面心立方金属比较，体心立方金属随着温度的下降，塑性将明显下降，而屈服强度却随之升高。根据系列冲击试验可以得到材料从延性向脆性转化的温度。在低于脆性转化的温度下工作，即使是延性材料，也可能发生脆性断裂。中、低强度钢的断裂事故一般发生在较低的温度（例如 1015 ℃以下）下，高强度钢则没有明显的温度效应。

（3）脆性断裂是从金属内部的裂纹源开始的。由于裂纹是在具有一定强度的应力场的作用下，依靠弹性应变能的释放克服解理面两边原子间的结合力而扩展的，所以裂纹扩展时所消耗的能量较小。因此，裂纹一旦产生，特别是当裂纹长度达到临界尺寸时的扩展速度极大（其速度接近于声速）时，常造成构件灾难性的总崩溃。因此，脆性断裂总是突然间发生的，断裂前总的宏观变形量极小，无任何明显先兆，使得人们无法觉察。

（4）脆性断裂通常在体心立方和密排六方金属材料中出现，而面心立方金属材料只有在特定的条件下才会出现脆性断裂。

12.2.2　脆性断裂的断口形态

12.2.2.1　断口的宏观形态

脆性断裂大多数是穿晶解理型的，其断口的宏观形态具有两个明显的特征：

（1）小刻面，脆性解理断裂的断口是平滑、明亮、结晶状的。一个多晶体金属材料的解理断口，由于其每个晶体倾向于断裂在单一的平面上，且各个晶体的取向不同，所以其解理面与断裂面所取的位向也不相同，形如剥落的云片。当把断口放在手中旋转时，将闪闪发光，像存在许多分镜面似的，一般称这些发光的小平面为小刻面。根据这个宏观特征，可以很容易地判别脆性解理断口。

（2）人字条纹或山形条纹，脆性解理断口还具有另一个特殊的宏观形态特征，即从断裂源点处形成的所谓人字条纹（图 12-1）或是山形条纹（图 12-2）。随着裂纹的发展，解理撕裂台阶越来越大，人字条纹或山形条纹也变粗。因而根据断口人字条纹或山形条纹的图形可以判断脆性断裂的裂纹扩展方向和寻找断裂起源点。人字条纹或山形条纹从细变粗的方向为裂纹扩展的方向；相反的方向，即人字条纹矢形指向的方向和山形条纹汇集的方向指向裂纹起源点。

图 12-1　1GCr15 钢轴承套圈的人字条纹

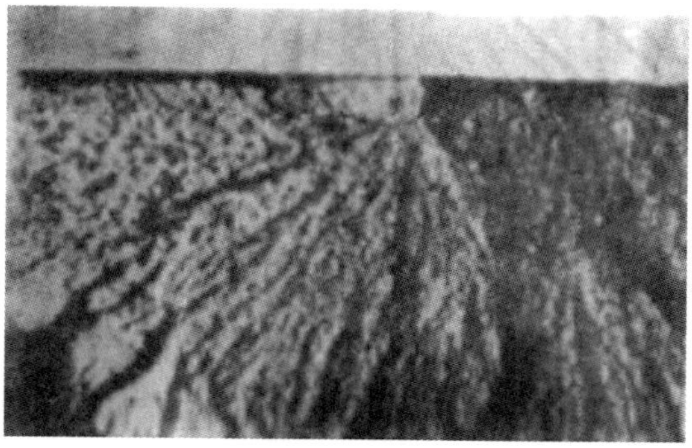

图 12-2　脆性断裂的山形条纹

12.2.2.2　断口的显微形态

A　河流条纹

脆性解理断裂的电子显微断口形貌的一个独特特征是呈现河流条纹。图 12-3 所示为从断口河流条纹寻找断裂起源点示意图。由于实际晶体内部存在着许多缺陷（如位错、析出物、夹杂物等），所以在一个晶粒内的解理并不是只沿着一个晶面，而是沿着一族相互平行的（具有相同的晶面指数）、位于不同高度的晶面解理。

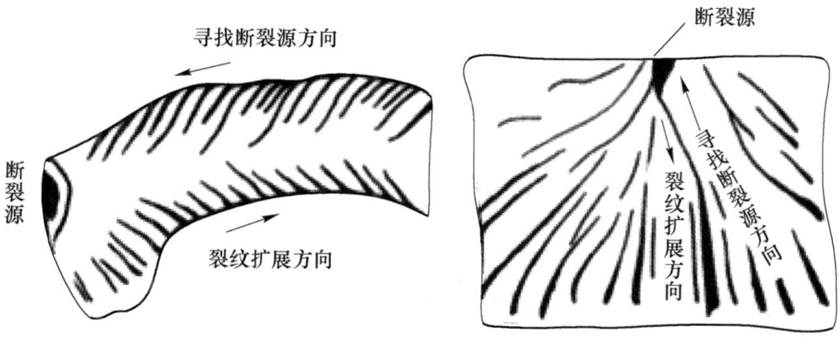

图 12-3　从断口河流条纹寻找断裂起源点示意图

不同高度的解理面之间的裂纹相互贯通便形成解理台阶，许多的解理台阶的相互汇合便形成河流条纹。所以河流条纹实际上是断裂面上的微小解理台阶在图像上的表现，河流条纹相当于各个解理平面的交割。河流条纹的流向也是裂纹扩展的方向，河流的上游（即河流分叉方向）是裂纹源。河流条纹特点与宏观人字条纹或山形条纹类似。关于河流条纹或解理台阶的形成机制，一种认为是由两个不在同一平面上的解理裂纹产生的二次解理断裂；另一种认为是在解理断裂过程中随着少量的塑性变形，河流条纹相当于由剪切而引起的撕裂脊线或塑性形变脊线。但一般都认为其是由晶体中存在着大量螺型位错而引起的，即在解理面的裂纹扩展过程中，裂纹前沿与一螺型位错相交后，裂纹便沿相差一个原子间距的两个解理面向前发展（图 12-4）。

这些极小的台阶倾向于汇合起来，如果是由异号螺型位错而引起的，则台阶相互抵消；若是由同号螺型位错而引起的，台阶则相交起来，聚成一个可以观察到的解理台阶。

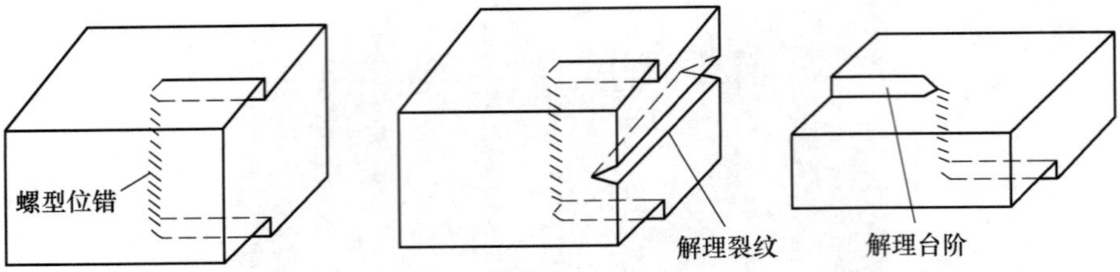

图 12-4　解理裂纹与螺型位错相互产生台阶示意图

多晶体的晶界是螺型位错集中的地方，因此裂纹往往起源于晶界。

河流条纹在扩展过程中，当解理裂纹穿过晶界时，将发生河流的激增或突然终止；也可能穿过晶界绵延至相邻晶粒，其具体情况与晶界的性质有关。

当裂纹前沿与一简单的倾斜小角度晶界相遇时，由于晶界两侧的解理面仅倾斜一个小角度，有着共同的交截线，解理台阶也有共同的交点，因此裂纹可以连续地穿过晶界，解理河流也将穿过晶界而绵延至相邻晶粒，河流并不增减。

当裂纹前沿与扭转晶界相遇时，因晶界两侧的晶体以晶界为公共面，旋转了一个小角度（图 12-5），当裂纹从晶界的一侧穿过晶界向另一侧扩展时，解理面的位向与原解理面之间会存在小角度位向差，所以裂纹不能简单地越过晶界，而必须重新形核，裂纹将沿若干组新的相互平行的解理面扩展，从而使台阶激增，形成众多的河流（图 12-6）。扭转晶界是新的解理台阶的起点。

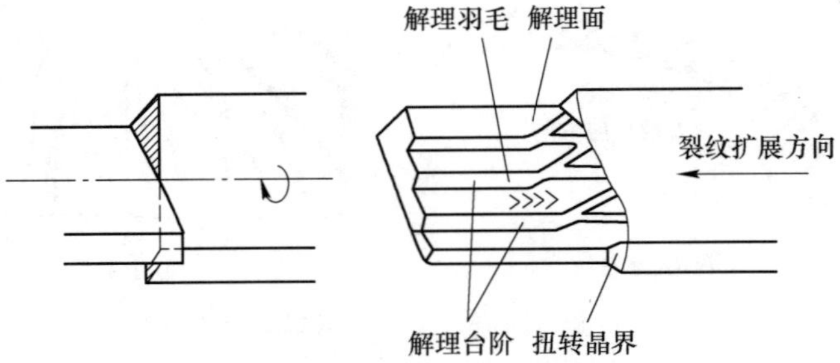

图 12-5　裂纹穿越扭转晶界示意图

当裂纹穿过大角度晶界时，由于晶界上聚集了大量的位错（螺型位错和刃型位错），相邻晶粒的位向差很大，因而河流的数目增加，河流台阶的高度差增大。

解理裂纹除与晶界交截会使河流发生形貌改变之外，还可因裂纹在扩展过程中的暂时停歇后又重新启动而使河流激增。这是在停歇过程中裂纹前端产生大量螺型位错的结果。一般来说，只要解理裂纹发展得不太快，螺型位错有足够的时间移动到裂纹前端，就可能产生此类现象。因此，促进螺型位错的运动均有利于河流条纹的形成。

B　舌状花样

脆性解理断裂的电子显微断口形貌的另一个独特特征是出现舌状花样（图 12-7）。它之所以称为“舌”，是因其金相形态像“舌”的缘故。当材料的脆性大、温度低，临界应力增大时，滑移变形困难，晶体变形容易以形变孪晶的方式进行。体心立方金属的解理舌状花样形成的示意图如图 12-8 所示。当沿主解理面｛100｝面扩展的裂纹从 *A* 处扩展到 *B* 处，并在 *B* 处与晶面｛112｝相遇时，裂纹会在孪晶面｛112｝面发生次级解理而改变方向，使裂纹从主解理面局部地转移到形变孪晶的晶面上，即扩展到 *C* 处，然后沿 *CD* 断开，与此同时，主裂纹也从孪晶两侧越过孪晶面而沿 *DE* 继续扩展，形成解理舌状花样。

图 12-6 河流激增形貌

图 12-7 脆性解理断裂的舌状花样

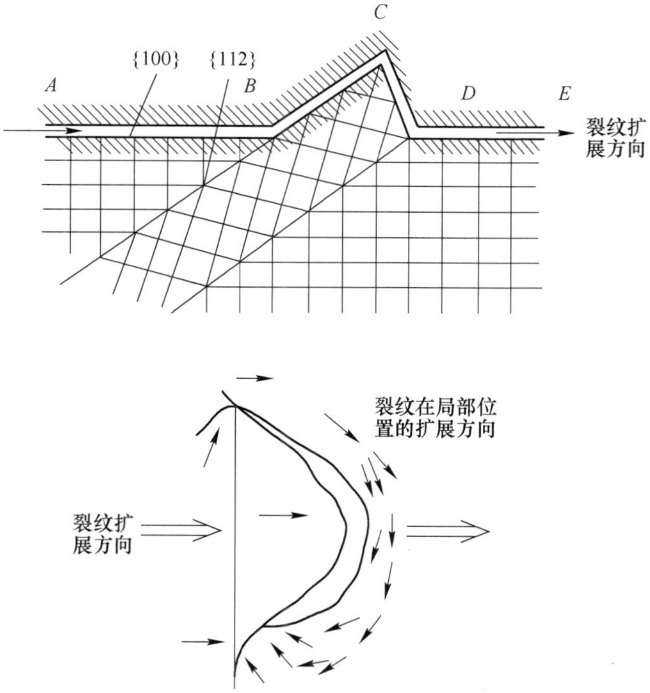

图 12-8 解理舌状花样形成的示意图

C 其他花样

（1）羽毛花样及青鱼骨状花样，在脆性解理断口上有时还可以见到羽毛状花样（或称为解理扇形花样）以及青鱼骨状花样（图 12-9 及图 12-10）。

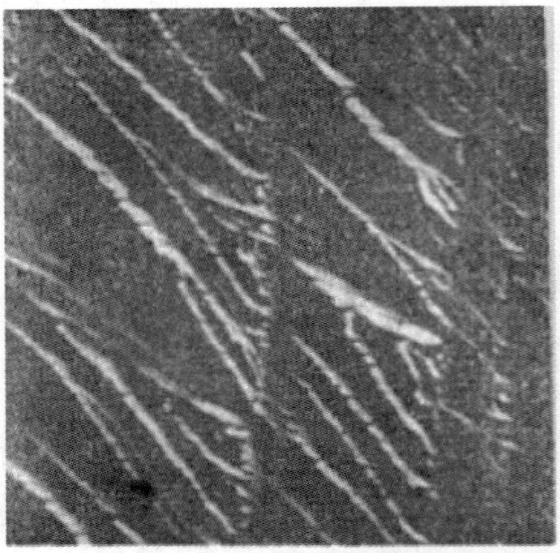

图 12-9 羽毛状花样

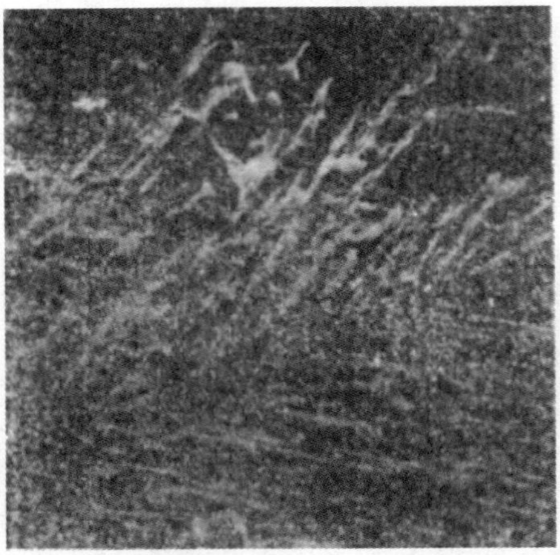

图 12-10 青鱼骨状花样

（2）瓦纳（Wallner）线花样，在极脆的金属解理断裂时，会出现一种所谓瓦纳线的解理特征，它通常是在体心立方结构的金属材料或非金属材料断裂时被观察到的。瓦纳线花样与宏观人字条纹相似，但其裂纹扩展方向则恰恰相反。它是由裂纹快速扩展时裂纹尖端与弹性冲击波相互干涉而造成的。脆性断裂的断口显微形貌一般是解理特征，不同组织的解理断口具有不同的形貌。铁素体的解理断口呈河流条纹；珠光体和贝氏体的解理断口呈不连续片层状（图 12-11），这种片层状的条纹也称辉纹状条纹；下贝氏体和马氏体的解理断面由许多细小的解理面组成，可观察到针状刻面，解理面的尺寸与下贝氏体和马氏体的尺寸有关。几乎所有的解理断口上均有二次裂纹。

在回火马氏体组织（有时也在贝氏体组织）的脆性断口上观察到特别的断口形态，其解理面对于原奥氏体晶粒是穿晶的，但不一定与体心立方铁素体的解理面｛100｝相对应，这种脆性断口形态称为准解理（图 12-12）。

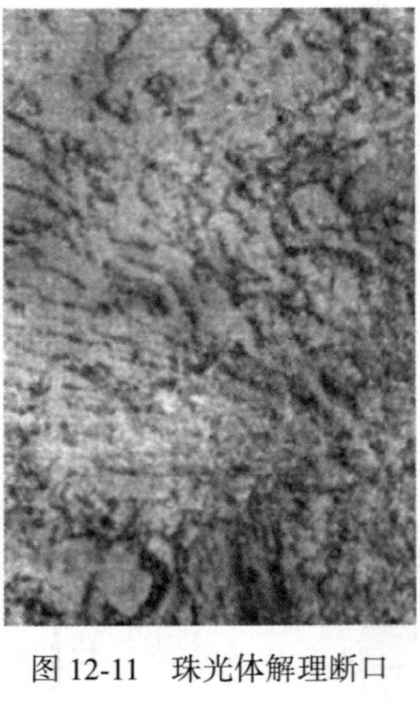

图 12-11 珠光体解理断口

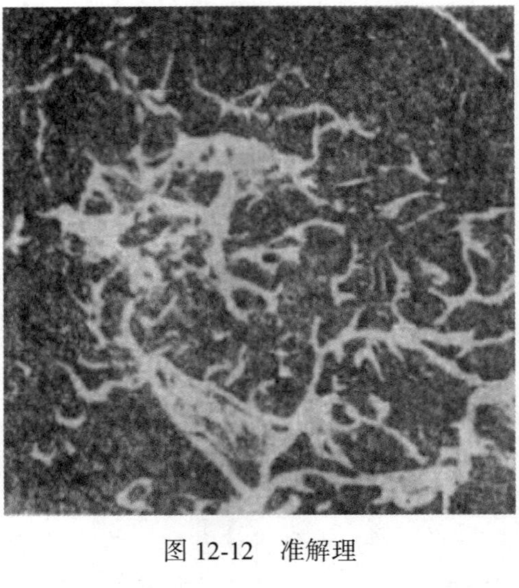

图 12-12 准解理

准解理断口的显微形态特征是具有起源于解理面心部向四周扩展的辐射状河流条纹，

以及由隐蔽裂纹扩展的接近产生塑性变形而形成的撕裂纹和微坑结构。在准解理断口中有时也会出现舌状花样，所以准解理断口的显微形态是介于解理断口与塑性断口之间的一种断口形态，即具有解理断口形态特征（河流条纹、舌状花样）和塑性断口形态特征（韧窝、撕裂棱等）。

有些脆性断裂并不是沿晶粒内一定解理面裂开的，而是沿着晶粒边界或相界裂开的。当晶界有脆性析出物、晶界偏析、回火脆性以及在某些条件下的蠕变、氢脆、疲劳、应力腐蚀和焊接热影响区时，将会出现晶间脆性断裂。晶间脆性断裂的断口特征是呈现较大浮凸，可以看到多面体的晶粒外形和三叉边界（图 12-13）。

例如，不锈钢中的 $M_{23}C_6$ 沿晶界析出，常会引起沿晶界脆断（图 12-14，2Cr13 钢，晶界上有条状析出物）；某些合金钢中的磷（P）、锡（Sn）、砷（As）、锑（Sb）等元素沿晶界偏析时，将导致回火脆性而引起晶间断裂（图 12-15）。

图 12-13 沿晶氢脆断裂

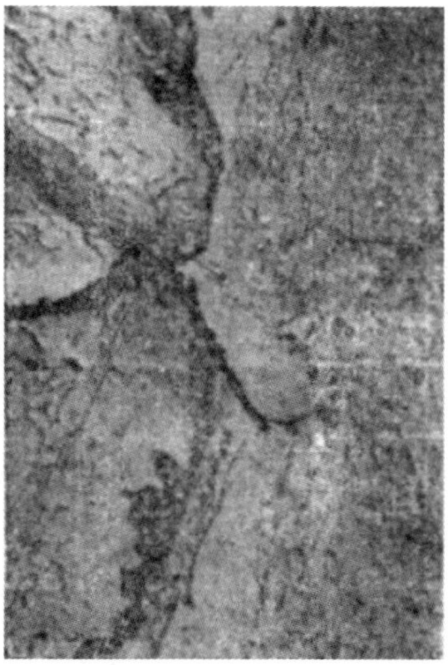

图 12-14 沿晶断裂

图 12-15 回火脆性的晶间断裂

12.3 塑 性 断 口

12.3.1 塑性断裂现象与特征

当零件所受的实际应力高于材料的屈服强度时，将产生塑性变形。当应力进一步增加，并且该零件与其他零部件的匹配关系又允许时，塑性变形将继续进行，从而可能发生断裂（破裂）。这种形式的失效称为塑性断裂失效。塑性断裂的特点是在零件断裂之前有一定程度的塑性变形。

塑性断裂本质上属微孔聚集型断裂，裂纹的形成与扩展有赖于微孔的形成、长大和连接。在塑性金属光滑试样的拉伸断裂中，微孔首先在颈缩部位的中心形成；缺口试样或零件受载荷作用后，塑性变形首先在应力集中部位或某些薄弱环节发生。材料组织中的夹杂物或第二相阻碍滑移，在其与基体的界面处造成应变集中，当塑性应变达到某一临界值时，基体与夹杂物或第二相间的界面开裂，或者第二相折断，形成微孔。无论是哪一种情况下形成的微孔，都是材料在变形中产生不连续的因素。以后的变形在微孔附近集中进行，促使已形成的微孔长大，同时在其附近形成新的微孔并长大。相邻微孔之间的材料犹如颈缩试样，称为内颈缩。随着变形的继续进行，微孔借助于内颈缩而长大，至颈缩试样断裂时，相邻微孔便连接起来，多个微孔的连接将形成微裂纹。同样，微裂纹的扩展也是借助于微孔形成、长大与连接而实现的。

微孔的形成、长大与连接，以及裂纹的形成与扩展都是塑性变形累积的结果，在这一过程中，材料吸收了大量的塑性变形功。裂纹源部位的宏观断口呈纤维状，暗灰色，无金属光泽。当裂纹扩展至临界尺寸时，裂纹失稳，快速扩展，在断口上留下放射状花样。当裂纹前沿接近试样或零件表面时，应力状态由内部的三向应力状态转变为平面应力状态，塑性变形充分、自由地发展，形成断口上的剪切唇。剪切唇与主应力成45°方向。

12.3.1.1 塑性断裂的主要特征

塑性断裂的主要特征如下：

(1) 在裂纹或断口附近有宏观塑性变形，或者在塑性变形（截面收缩）处有肉眼可见或用探伤仪能检测出的裂纹。

(2) 用扫描电镜观察，断口上存在大面积的韧窝。

(3) 用高倍金相显微镜观察，裂纹或断口附近的组织有明显的塑性变形层。

12.3.1.2 塑性断裂的判断依据

当零件断裂或出现裂纹，同时又具有下列特征之一时，可判定为塑性断裂。

(1) 有肉眼可见的塑性变形特征，如扭角、挠曲、变粗、颈缩和鼓包等形状变化。

(2) 零件表面覆盖的脆性膜开裂。

(3) 断口两侧不能拼合。

(4) 裂纹源区断口粗糙，呈纤维状，色泽灰暗。

12.3.2 塑性断裂的断口形态

塑性金属静载拉伸试验中，试样经弹性变形后，在颈缩前的塑性变形和形变强化阶段，试样上的变形是均匀的。颈缩开始以后，变形便集中于颈部。拉伸断裂发生于颈部的危险截面处，形成杯锥状断口，如图12-16所示。断口中心（杯底部分）是在三向应力状态下裂纹首先形成的地方，因吸收大量塑性变形功而丧失了金属光泽，呈纤维状，称为纤维区。纤维区外面有一圈形似山脊的放射状花样，称为放射区。最外层有与拉力轴线成45°的斜断口部分，这是由最终断裂时在最大切应力方向上的大量滑移变形形成的，表面光滑，称为剪切唇。宏观断口上的纤维区、放射区和剪切唇合称为金属断口三要素。三个区域所占断口总面积的相对比例取决于材料的塑性和实验条件，如试验温度、试样形状和加载条件等。随着试验温度的降低，材料的脆性倾向增大，反映脆性特征的断口形貌所占断口面积的比例增大，如图12-17所示。

在上述断口的三个区域中，纤维区裂纹形成得最早，扩展缓慢，待其长大成为宏观裂纹，并且剩余的有效截面积不足以承受当时的载荷时，即裂纹达到临界尺寸，便进入快速扩展阶段。放射花样就是裂纹快速扩展留下的痕迹，放射源发散的方向与裂纹的扩展方向平行，而垂直于裂纹前沿。因此，按放射花样收敛的方向上溯，可找到裂纹源。

对于缺口圆试样的拉伸断裂，一般情况下，断裂由周边的缺口开始向内扩展，纤维区沿圆周分布，向内为放射区，中心为最后断裂区，断口如图 12-18 所示。

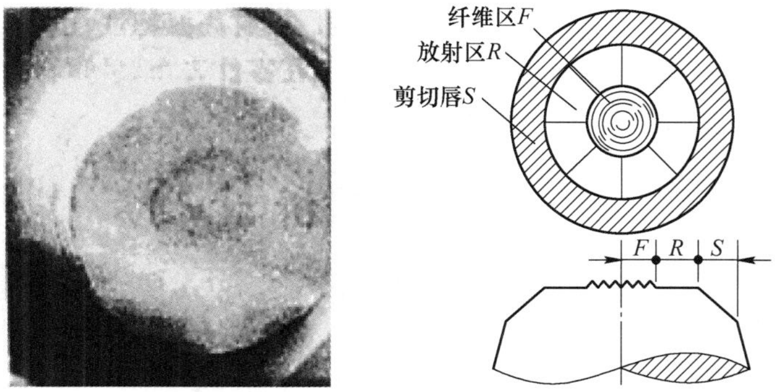

(a) 黄铜的拉伸断口　(b) 断口三要素示意图

图 12-16　光滑圆柱试样的拉伸断口

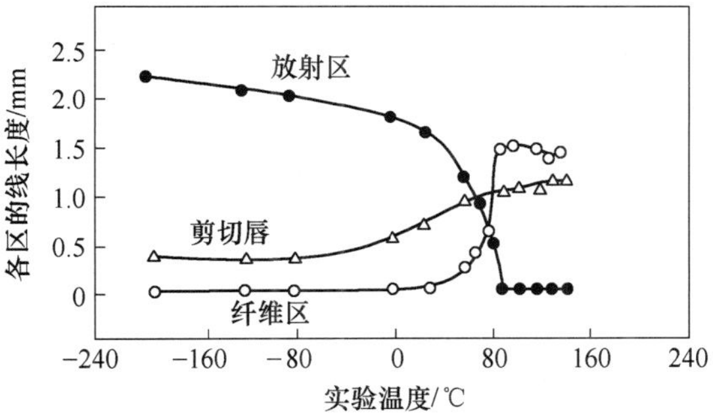

图 12-17　温度对断口三要素各区大小的影响

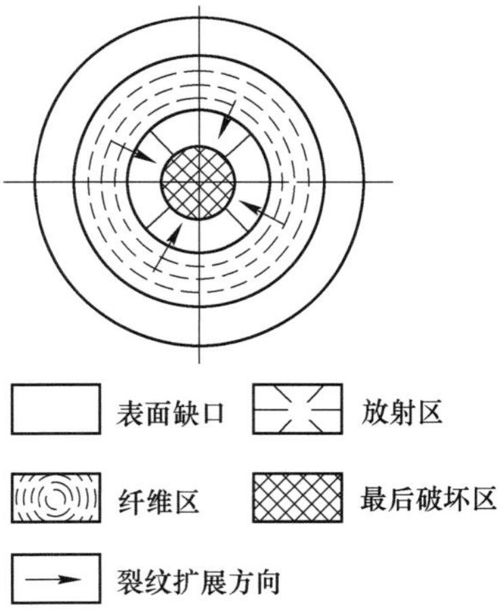

图 12-18　断口圆试样拉伸断口示意图

但是，缺口圆试样的拉伸试验如果在很低的温度下进行，或者材料存在冶金缺陷，则断裂表现为完全脆性形式，形成结晶状特征的平断口。对着阳光转动断口，可见很多闪光刻面，此类断裂形式称为解理断裂。

还有另外一种静拉伸断口，称为塑性沿晶断口，形成原因是热处理过热或工作过程中时效导致的第二相沿晶界析出。有这种组织特点的材料，在静应力的作用下，仍有相当可观的塑性变形能力，但由于晶界区的变形强化潜力比晶内弱，所以经一定量的塑性变形后，晶界区的塑性首先被耗尽，在晶界区形成微孔开裂，并沿晶界扩展。此类断裂属于塑性断裂，但裂纹是沿晶界扩展的。从宏观上看，断口为颗粒状特征，称为石状断口，如图 12-19 所示。

对于矩形截面试样，其拉伸断口与圆试样相似，由于试样中心的变形约束最大，裂纹首先在试样中心形成，并缓慢扩展，形成纤维状断口。放射区呈“人”字形特征。当放射区的快速断裂发展到接近试样表面时，将在断口周边形成剪切唇，其断口形貌特征如图 12-20 所示。矩形截面试样断口上的三个特征区的面积比例与试样厚度有关，截面厚度越大，应力状态越复杂，变形受到的约束越大，反映脆性特征的断口形貌所占断口面积的比例越大。试样厚度对断口形貌的影响如图 12-21 所示。

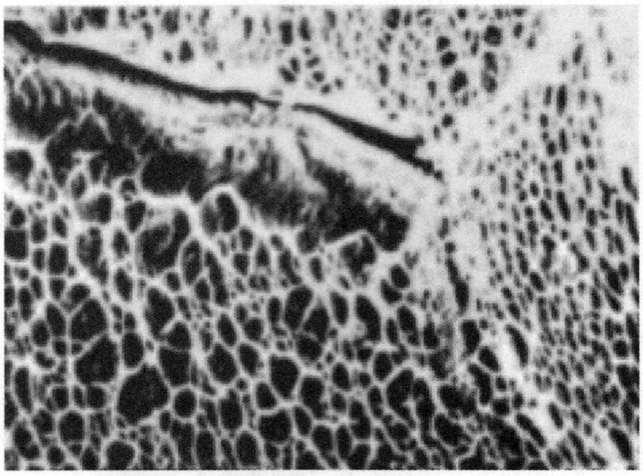

图 12-19　石状断口

矩形截面缺口试样的断裂，由于缺口引起的应力集中效应，裂纹首先在缺口根部形成并向内扩展，形成纤维状断口特征区，此后形成放射区和剪切唇。单边缺口试样和表面不穿透缺口试样的断口特征如图 12-22 所示。

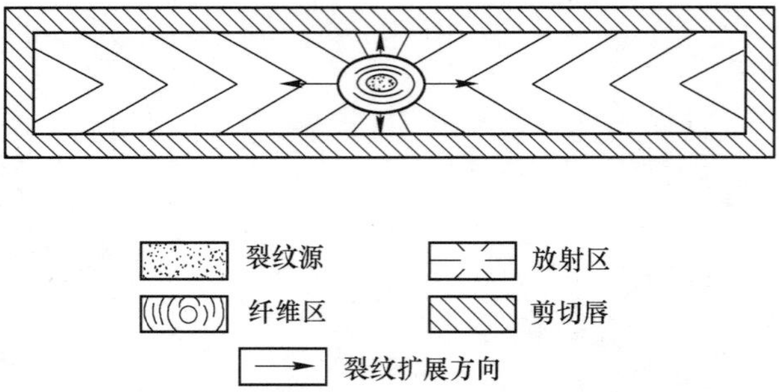

图 12-20　矩形拉伸试样断口形貌示意图

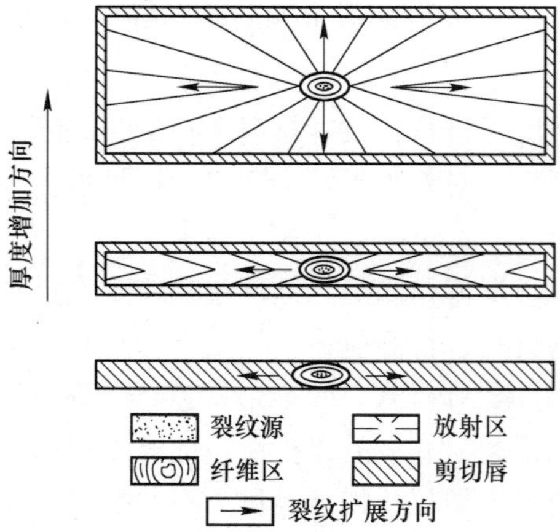

图 12-21　矩形试样厚度对断口形貌的影响

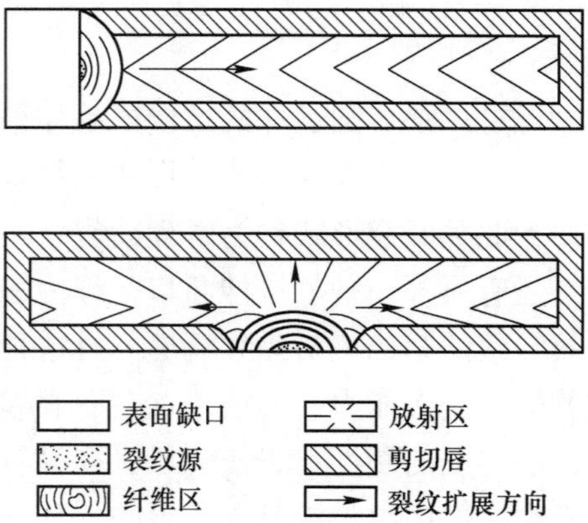

图 12-22　矩形试样拉伸断口示意图

12.4 疲劳断口

12.4.1 疲劳断裂现象与特征

机械零件部件在循环变应力的作用下，将会出现疲劳断裂。在所有机械零部件工作过程中的失效，疲劳失效占断裂失效的50%~90%，其中，航空零件的疲劳失效所占的比例最高。开展疲劳失效分析，研究预防疲劳失效的各种措施和手段，对于机械零件的正确设计及提高产品的质量具有重要意义。

机械零件在循环变应力下的疲劳断裂，与在静应力下的失效是有本质区别的。静应力失效发生于零件的危险截面中，会产生过大的残余变形或造成最终断裂；而疲劳断裂则发生于零件的局部高应力区，较弱的晶粒在变应力的作用下形成微裂纹，随着循环数的增加，裂纹继续扩展，最终导致疲劳断裂。疲劳断裂的特征如下：

(1) 断裂方式：在疲劳的过程中，于疲劳扩展区内，零件不发生肉眼可见的宏观塑性变形。对于低应力疲劳，在疲劳断裂发生后，也未能见到疲劳零件的宏观塑性变形现象，断口平齐。所以，在一般情况下，疲劳断裂归入脆性断裂。在多数情况下，零件的疲劳断裂是突发性的，因此这种类型的断裂失效给预报和预防带来了很大的困难。

在低于屈服应力下进行循环时，滑移带在疲劳过程中变得很明显。这些滑移带中的某一些是十分强烈的，而裂纹最后由其中发源。在较高应力下，出现的强滑移带的数目增多，因此裂纹产生得较早。

疲劳过程中出现的滑移带常与非循环载荷中出现的滑移带有很大的不同。在低应力（小于屈服应力）下，高循环周次疲劳小，滑移不一定遍及试样的整个表面，而是集中于某些区域。

图 12-23 所示为汽车前轴疲劳断裂情况，从图中可看出在疲劳断口附近均无明显的宏观塑性变形。

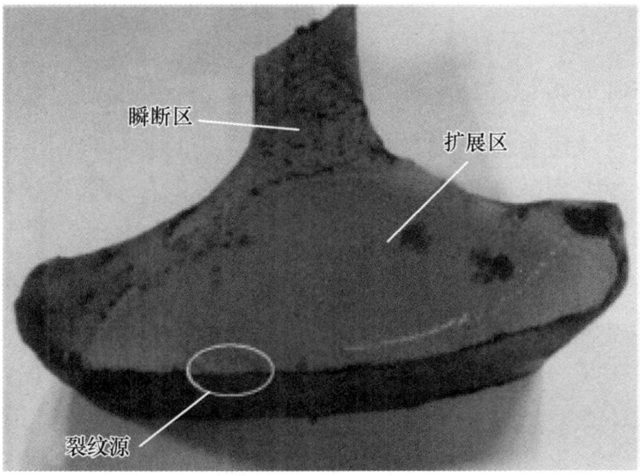

图 12-23　汽车前轴疲劳断裂情况

(2) 断口形貌：疲劳断口与其他任何性质断裂的断口形貌都不同，它具有独特的断口形貌。疲劳断口由疲劳裂纹源区 A、裂纹扩展区 X 和瞬时断裂区 S 三个部分组成，如图 12-24 所示。

疲劳源区多处于表面。在断口上，源区多呈半圆形或半椭圆形。由于在源区内裂纹扩展缓慢，因此源区断口较其他两区更平坦，有时呈反光镜面，而且所占的面积比其他两区小。

当表面层存在足够高的压应力时，裂纹源向次表面方向移动，形成所谓鱼眼状的疲劳断口。有时在疲劳断口上也会出现多个疲劳源，每个源区所占的面积比仅有单个源区的情况小，而且其特征不一定都像单个源区那样典型。

在断口上，疲劳裂纹扩展区位于源区和瞬断区之间，但它不像源区那样平坦。在该区上，常出现海滩状的疲劳条纹（贝纹），有时会呈现出一些间距不等的休止弧线和以源区为中心的放射线。图 12-24 中的箭头表示裂纹扩展方向。在裂纹扩展过程中，由于两表面的挤压和摩擦作用，断口疲劳区的突起部分被磨光或呈贝壳状的光泽表面。当源区的裂纹向前扩展时，由于裂纹的前面阻力不同，于是将发生扩展方向上的偏离。此后裂纹开始在各自的平面上继续扩展，不同的断裂面相交而形成台阶，这些台阶在断口上构成了放射状线，如图 12-25 所示。断口上扩展区的形状和其所占的面积，与材料的性质、几何形状、应力集中程度、加载方式等因素有关。

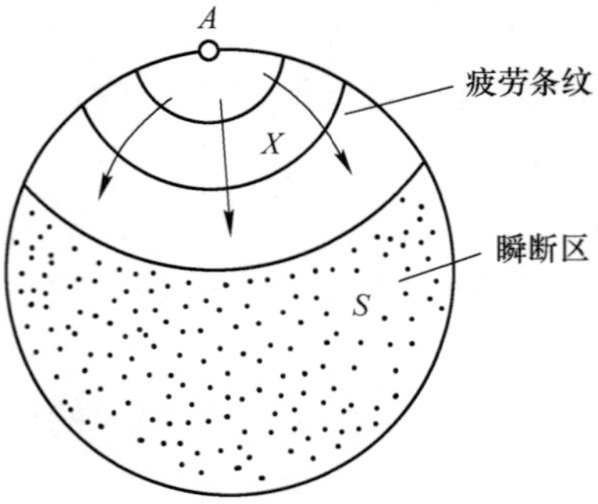

图 12-24　疲劳断口

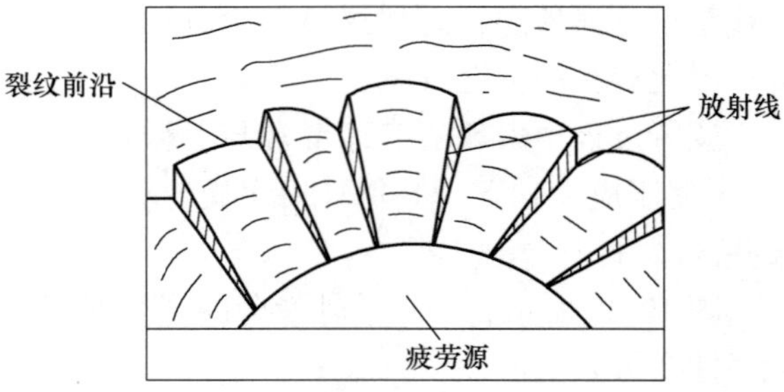

图 12-25　疲劳断口上裂纹扩展区放射线形成示意图

瞬时断裂区的断口形貌与材料的性质有很大的关系。若是塑性材料，则在瞬断区便发生瞬时塑性断裂；若是脆性材料，则在瞬断区便发生瞬时脆性断裂。瞬时断裂是一种静载断裂，所以它具有静载断裂的断口形貌。与其他两个区相比，瞬断区则表现为不平坦的粗糙表面。

（3）表征疲劳性能的 S-N 曲线：标准试样的疲劳试验，一般是在转动弯曲疲劳试验机上进行的。试验时，试样受到对称循环弯曲应力，直到试样破坏为止。从试验机上的计数器，可以读得试样在某一最大应力作用破坏时的循环数 N。对每个试样施加不同的载荷，就得到相应的循环数 N。以最大应力 σ_{max} 为纵坐标，到达破坏时的循环数 N 为横坐标，根据试验结果可绘制出如图 12-26 所示的 σ-N 曲线。同理，用拉压疲劳试验得到疲劳试验数据，可得到拉压的 σ-N 曲线，如扭转疲劳试验，则可得到扭转的 τ-N 曲线。这些疲劳曲线，统称为 S-N 曲线，即材料的疲劳极限与寿命曲线，这里 S 表示为强度。由图 12-26 可看出，每一应力相对应的破坏循环次数，即为相应的疲劳寿命。曲线的水平部分，表示材料经无限次应力循环而不破坏，此时相应的最大应力，表示光滑试样对称循环时的疲劳极限 σ_{-1}。除低碳钢以外，合金钢、铝合金、钛合金、镍基合金等金属材料，它们的 *S*-*N* 曲线不存在水平部分。这些材料通常以 $N=107$ 或 $N=108$ 次循环不发生断裂所对应的交变应力值定义为条件疲劳极限。

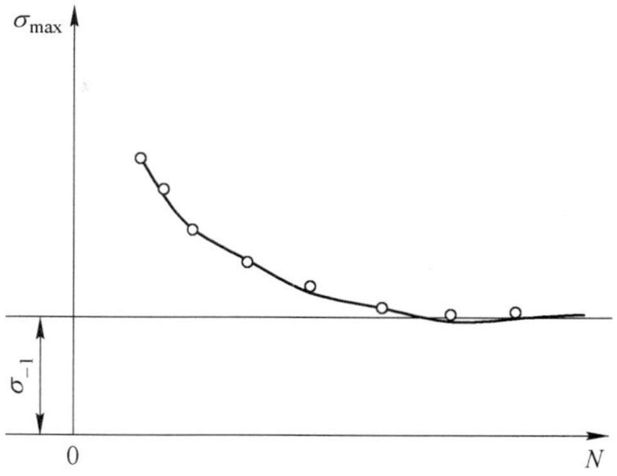

图 12-26 疲劳试验的 σ-N 曲线

进行疲劳试验时，所得的结果是非常分散的，其原因有很多，包括工艺上的因素、试验条件的因素和金属内部的结构因素等。即使是同一牌号的金属，由于冶炼情况不完全一致，加上取样的位置、试样的尺寸以及形状、夹持试样的方法不同，使每个试样都不可能做到完全一样，因此试验数据的分散性是不可避免的。通常，光滑试样数据的分散性要比有应力集中的试样的大；高强度金属试验数据的分散性要比软钢或其他软金属的大；应力水平低的试验数据的分散性要比应力水平高的大。

12.4.2 疲劳失效分析

分析疲劳失效的目的是查明断裂原因，作为制订改进措施及新设计的依据。由于疲劳断口与零件形状、载荷类型和大小以及应力集中情况等有关，因此失效分析对设计工作者来说是很重要的。

分析一个失效件是否属于疲劳失效，首先必须要了解和弄清判断疲劳失效的各种根据。通常，根据零件的实际工作条件、裂纹产生的部位、断口的宏观和微观形貌等特征来判断失效的性质。

12.4.2.1 工作条件

工作条件主要是指零件在工作时所承受的应力状况和工作环境等。因为承受恒载的零件是不会发生疲劳失效的，只有承受循环载荷的零件才有可能发生疲劳失效。零件的疲劳失效形态不仅取决于加载方式，而且还依赖于加载水平。因此，判断零件是否属于疲劳失效，首先应通过各种途径尽可能地了解零件的具体工作条件。

12.4.2.2 疲劳源的位置

对于实际工作中的零件，存在着复杂的外界因素。在大多数情况下，疲劳源总是局限于一定的部位上。在一般情况下，这些外界因素包括内、外圆角，键槽，截面突然过渡等区域的应力提升处；锻、铸、焊、热处理等造成的表面裂纹或其他缺陷，表面机械划伤，表面残余应力，在工作中产生的表面局部蚀坑、晶间腐蚀等。凡是具有上述情况的零件，该局部区域的应力均高于其他部位的应力，所以疲劳裂纹的扩展优先在这些部位上开始。因此，表面上的缺陷和裂纹的存在，本身就是先天的疲劳源。在循环载荷的作用下，这些部位不需经历裂纹成核阶段就会立即发生裂纹扩展。由此可知，在分析判断零件是否属于疲劳失效时，首先应观察零件是否在上述部位及其附近出现裂纹或断裂，以此作为判断疲劳失效的根据之一。

12.4.2.3 疲劳断口的宏观形貌

疲劳断裂是在循环变应力的作用下，裂纹缓慢扩展而导致的断裂。在宏观上，这是一种脆性断裂，断裂后在疲劳扩展区以内的断口附近不出现宏观塑性变形，断口上呈现出三个具有不同形貌特征的区域。

12.4.3 影响疲劳性能的因素

由于疲劳断裂常常从零件最薄弱的部位或内部及外部缺陷所造成的应力集中处开始，因此疲劳失效对于许多因素都是很敏感的，可能会影响疲劳性能的一些因素见表 12-1。

表 12-1 影响疲劳性能的因素

外因	工作条件	载荷特性（应力状态、应力循环对称度、过载损害） 载荷变化频率 使用温度 环境介质
内因	零件几何形状及表面状态	尺寸因素 表面粗糙度、表面防腐蚀情况 缺口效应
	材料本质	化学成分 金相组织 纤维方向 内部缺陷
	表面处理及残余内应力	表面冷作硬化 表面热处理 表面镀层

12.4.3.1 超载

当零件所受的载荷应力超过材料的疲劳极限时，定义为超载。零件承受循环应力的大小，常用超载程度来衡量。当超载不大，零件到疲劳破坏的循环数较大时，称为高周疲劳。对于高周疲劳，增大应力则会出现以下几种情况：（1）容易产生多个裂纹；（2）疲劳辉纹之间的距离增大；（3）最终瞬断区的面积增大。

当超载很大时，就会发生低周疲劳。在工程上一般认为，循环次数为 10^5 是高周疲劳与低周疲劳的分界线，有人也以循环次数为 10^3 ~ 10^4 作为分界线。

高周疲劳与低周疲劳的区别，在于在循环变载荷的作用下是产生弹性应变分量还是塑性应变分量。若是弹性的，就认为是高周疲劳；若是塑性的，就认为是低周疲劳。有时也把低周疲劳称为塑性疲劳。

机械零件中有槽、孔、圆角、缺口、螺纹等常见的外形不连续形式，由于外形不连续，因此会产生应力集中。大的应力集中对疲劳裂纹的形成和扩展有很大的作用。塑性材料在静载条件下，缺口试样的抗拉强度通常高于光滑试样。但是在承受循环应力下，缺口试样的疲劳极限通常低于光滑试样的疲劳极限。材料的塑性越高，缺口试样的疲劳极限越接近于光滑试样；而材料的塑性越低，则两种试样的疲劳极限差距越大。因为材料塑性越低，其疲劳缺口的敏感性越高。因此，疲劳强度的降低，要用应力集中系数，更确切地讲要用有效应力集中系数来估计。因为在应力集中区的局部峰值应力，常超过屈服极限，使塑性材料的部分区域产生塑性变形，从而造成应力的重新分布，于是缺口试样的疲劳强度相对于光滑试样有所下降。

载荷类型、名义应力大小及应力集中情况对零件的疲劳断口外貌有很大的影响，图12-27所示为各种载荷、名义应力及应力集中情况下的疲劳断口宏观形貌示意图，该图可作出如下说明：

（1）对称拉压应力状态下的疲劳断口形貌特征：在高名义应力作用下，疲劳裂纹萌生于表面，经过较短的时间扩展后发生瞬时断裂。扩展区与瞬时区交界的曲线，在大多数情况下向疲劳源中心弯曲。瞬断区所占面积比其他条件下断裂时所占面积都大。具有应力集中的试样，疲劳源总是萌生于缺口底部，瞬断区仍占断口的大部分面积。

低名义应力光滑棒表面上的疲劳源经过相当一段扩展后才发生瞬断。扩展区比瞬断区

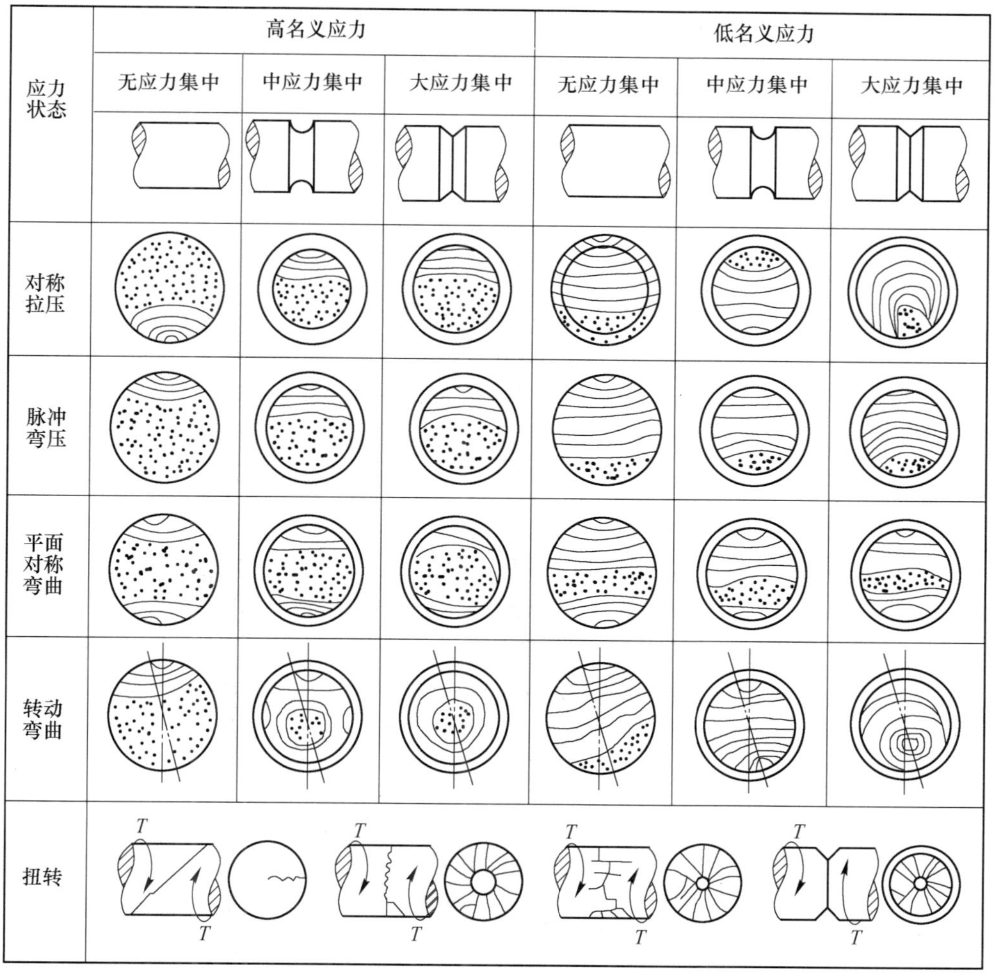

图12-27 各种载荷、名义应力及应力集中情况下的疲劳断口形貌

的面积大，扩展区与瞬断区的交界处，其曲率半径中心位于源区一侧。

（2）脉冲弯曲应力状态下的疲劳断口形貌特征：在高名义应力作用下，光滑和缺口棒的断口形貌与拉压疲劳断口基本相同，即瞬断区占最大的断口面积。而在低名义应力作用下，三个区域的形貌与拉压疲劳断口相似。

（3）平面对称弯曲应力状态下的疲劳断口形貌特征：这时断口两个极点上都会产生疲劳源，然后共同向心部扩展。在高名义应力作用下，光滑的和有应力集中的棒，瞬断区的面积都大于扩展区，且位于中心部位，形状似腰鼓形。随着载荷水平和应力集中系数的增高，瞬断区的形状逐渐变成椭圆形，且面积变小，不过仍位于中心。在低名义应力作用下，疲劳源往往不是在上下两个极上同时萌生的，先萌生的则优先扩展，由此导致扩展区在瞬断区两侧不对称，瞬断区虽位于心部，但偏离中心。

（4）转动弯曲应力状态下的疲劳断口形貌特征：在高名义应力作用下，光滑棒的疲劳源往往萌生于一侧，经过很短的时间扩展便发生瞬断，瞬断区占据断口的大部分面积。随着应力集中系数的增大，疲劳源在圆角根部较均匀地萌生，并共同向心部扩展，瞬断区成为圆形，并位于中心。在低名义应力作用下，光滑棒出现疲劳源的数目少，且多萌生于表面的一侧，经过相当长的时间扩展后才发生瞬断。瞬断区通常靠近表面的另一侧，其面积远小于扩展区。随着应力集中系数的增大，表面上萌生的疲劳源的数目逐渐增多，扩展的结果将瞬断区赶入心部，形状多为椭圆形。转动弯曲疲劳断口的瞬断区位置是有其特点的，即如以最先出现的疲劳源为原点，由此点沿初期扩展方向引直线与源区对应的圆周相交，此直线将断口平分两半，则瞬断区的位置总是位于与旋转方向相反的一侧。根据这一特点就可判断失效件的旋转方向及所承受的加载方式。

12.4.3.2 表面状态

表面的粗糙度对材料的静强度影响不大，但对疲劳强度则有非常明显的影响。在交变载荷作用下，疲劳裂纹常开始产生于零件表面。在弯曲及扭转载荷作用下，表面应力最高。因此，表面加工质量及表面的缺陷存在的情况，对疲劳极限有很大的影响。

零件表面经喷丸、碾压或渗氮、渗碳热处理后，疲劳极限能得到明显的提高。因为这些处理方法都会使表面产生双向残余压应力。例如，滚压过的螺纹，疲劳极限比车削和磨削的螺纹提高一倍以上。镀镍、铬的零件，疲劳极限一般都会下降，但镀前先进行喷丸处理，镀后再经轻微喷丸则可提高其疲劳极限。

12.4.3.3 温度

低于室温时，随着温度的降低，多数金属的疲劳强度增加。但是对于有缺口的碳钢，其疲劳极限随温度降低的增加幅度低于光滑试样。对低温下光滑试样和缺口试样的 *S-N* 特性试验表明，低温有利于光滑试样的 *S-N* 疲劳特性。对塑性应变起主导作用的低周疲劳来说，材料的抗疲劳性能一般会随温度的降低而降低。

随着使用温度的升高，材料的疲劳极限下降。这是因为金属的变形抗力下降，使疲劳裂纹容易形成。高温下金属通常不存在疲劳极限。对于碳钢，当温度升高时，疲劳曲线上的水平部分会消失，一般规定循环数为 10^8 次为疲劳强度极限（即条件疲劳极限）。

12.4.3.4 环境介质

腐蚀性环境对材料的静强度虽然有一定的影响，但其影响程度远不如它对疲劳极限的影响。通常，对腐蚀环境敏感的材料，其疲劳性能降低得比较显著。对于一般中等强度的合金结构钢，腐蚀环境可使其疲劳极限下降 1/3~1/2，甚至能使碳钢的疲劳极限消失。因此，它们只有条件疲劳极限。零件在腐蚀环境下工作，其表面的腐蚀产物如同楔子一样嵌入金属中，造成应力集中，而使疲劳极限下降。

腐蚀与疲劳叠加在一起，会发生交互作用，于是腐蚀条件下的疲劳极限比无腐蚀条件下的疲劳极限低。腐蚀环境的种类对金属的腐蚀疲劳极限有很大的影响。通常，金属在腐蚀环境中的疲劳极限，主要由环境的特性而定，而与金属的强度极限无关。也就是说，在腐蚀环境中工作的零件，增加材料的抗拉强度，并不能提高其疲劳极限。因此，在腐蚀环境中工作的零件，提高其腐蚀疲劳极限的有效措施是采用表面强化工艺及防腐措施。

12.4.3.5 合金元素及热处理的影响

不同成分的低合金结构钢随碳含量的增加，疲劳极限也增加。也就是说，淬火、回火后的硬度及强度提高，其疲劳极限也提高，这是因为马氏体硬度主要取决于碳含量。但如硬度过高，材料变脆，则疲劳极限又会下降。钼、铬和镍是通过提高钢的淬透性来提高疲劳极限的。对钢来说，回火马氏体具有最优的疲劳性能，而混合组织，如粗珠光体、游离铁素体、残余奥氏体等将使疲劳强度降低，因为它们起着微观缺口的作用。在铜合金中，尤其是 Cu-Zn、Cu-Sn 合金，用固溶热处理方法能改善其疲劳性能。

12.4.3.6 晶粒大小及第二相

晶粒大小对奥氏体不锈钢、黄铜、镍基合金等材料的疲劳极限影响较大。细化晶粒可以有效地提高疲劳极限。因为晶粒细化后，在交变应力作用下可以减小不均匀滑移的程度，从而推迟疲劳裂纹核心源的产生。例如，GH135 合金晶粒从 1~2 级降低到 7~8 级时，650 ℃的疲劳极限将会提高 20%。但细化晶粒会使循环韧性下降，缺口敏感性增加。

合金中小的第二相对疲劳裂纹的形成有着重要的影响。例如，镍合金中小的碳化物，钢中的氧化物、硫化物，铝合金中的金属间化合物等，由于高的应力集中，从而加速裂纹形成。因此，控制第二相及夹杂物的尺寸和形状对改善疲劳性能有重要的作用。

第三篇

性能分析

13　金属材料的室温拉伸试验

13.1　拉伸术语和定义

金属材料的室温拉伸实验是测定金属材料力学性能的基本实验，通常用来测定材料的强度、塑性、泊松比及弹性模量，这些力学性能指标是工程设计及应用的重要依据。

本节将介绍金属材料的室温拉伸常用术语和定义。

13.1.1　与标距有关的术语

原始标距 L_0：施力前的试样标距。

断后标距 L_u：试样断裂后的标距。

平行长度 L_c：试样两头部或两夹持部分之间平行部分的长度。

伸长：试验期间任一时刻原始标距 L_0 的增量。

伸长率：试样断裂后标距长度的相对伸长量，通常用 A 来表示：

$$A = \frac{L_u - L_0}{L_0} \tag{13-1}$$

引伸计标距 L_e：用引伸计测量试样时所使用的平行长度部分的长度。

延伸：试验期间任一给定时刻引伸计标距 L_e 的增量。

残余延伸率：试验施加并卸除应力后引伸计标距的延伸与引伸计标距 L_e 之比的百分率。

屈服点延伸率 A_e：呈现明显屈服（不连续屈服）现象的金属材料，屈服开始至均匀加工硬化开始之间引伸计标距的延伸与引伸计标距 L_e 之比的百分率。

最大力总延伸率 A_{gt}：最大力时原始标距的总延伸（弹性延伸加塑性延伸）与引伸计标距 L_e 之比的百分率。

最大力塑性延伸率 A_g：最大力时原始标距的塑性延伸与引伸计标距 L_e 之比的百分率。

断裂总伸长率 A_t：断裂时刻原始标距的总延伸（弹性延伸加塑性延伸）与引伸计标距 L_e 之比的百分率。

13.1.2　与应力有关的术语

应力 R：试验期间任一时刻的力与试样原始横截面积 S_0 之比。

抗拉强度 R_m：试样拉断前的最大载荷与试样原始横截面积之比：

$$R_m = \frac{F_b}{S_0} \tag{13-2}$$

式中，F_b 为试样拉断前的最大载荷；S_0 为试样原始横截面积。

屈服强度：当金属材料出现屈服现象时，在试验期间达到发生塑性变形而力不增加的应力点。屈服强度分为上屈服强度和下屈服强度，分别用 R_{eH} 和 R_{eL} 来表示，上屈服强度为试样发生屈服时应力开始降低的点，下屈服强度为试样在屈服期间，不计初始瞬时效应时的最小应力。

断面收缩率：试样断裂后标距段横截面积的相对收缩率，通常用 Z 表示：

$$Z = \frac{S_0 - S_u}{S_0} \tag{13-3}$$

式中，S_u 为试样断裂后的最小横截面积；S_0 为试样原始横截面积。

13.2 试样的形状和尺寸

试样的形状与尺寸取决于金属产品的形状与尺寸，压制坯、铸锭、无恒定横截面的产品需要进行加工制样，机加工后试样的形状如图 13-1（a）所示；有恒定横截面的型材、棒材、线材、铸造试样（铸铁和铸造非铁合金）无须进行加工制样，例如图 13-1（b）所示的棒材拉伸试样不需要进行机加工。根据原材料横截面的形状可分为圆形、矩形、多边形及环形拉伸试样。

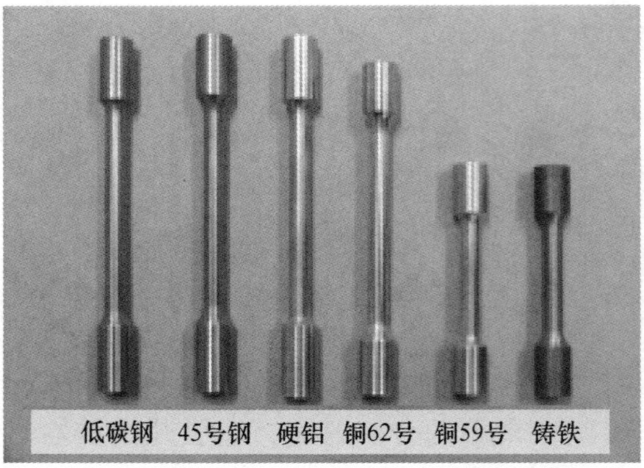

(a) 经过机加工的拉伸试样

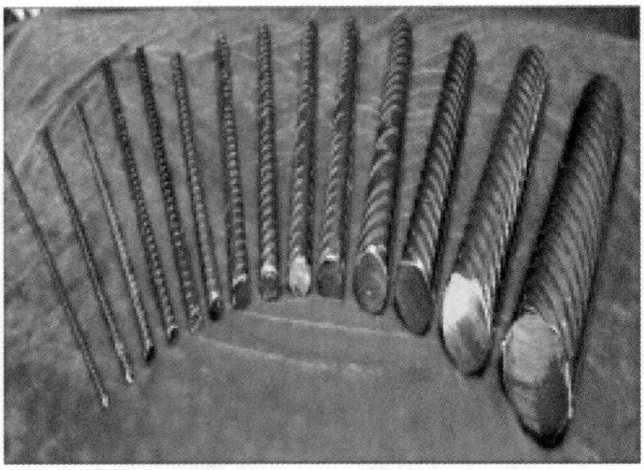

(b) 无须经过机加工的拉伸试样

图 13-1 拉伸试样的形状

经过机加工的拉伸试样由夹持段、过渡段和平行段构成，如图 13-2（a）所示。其中夹持段即试样两端的较粗部分，其形状和尺寸必须与试验机夹头的钳口相匹配，最常用的是抬肩头、螺纹头及平板销孔头，如图 13-2（b）所示。过渡段常采用圆弧形状，使夹持段与平行段光滑连接，以消除应力集中。平行段必须保持光滑均匀以确保材料表面的单向应力状态，其有效工作部分 L_0 称为原始标距，d_0、S_0 分别代表标距部分的直径和面积，L_c 为平行部分长度。

按照国家标准《金属材料　拉伸试验　第 1 部分：室温试验方法》（GB/T 228. 1—2021）中的规定，拉伸比例试样的原始标距与横截面的面积满足以下比例关系：

$$L_0 = k\sqrt{S_0} \tag{13-4}$$

式中，L_0 为试样的原始标距，L_0 通常不小于 15 mm；S_0 为试样横截面的面积；k 为比例系数，国际上常用的 k 值为 5.65，当试样横截面的面积太小，采用的比例系数 k 不符合原始标距和横截面面积之间的比例关系时，可以采用较高的 k 值，如 11.3，或采用非比例试样。对于圆形截面试样，$S_0 = \pi d^2/4$，当 $k = 5.65$ 时，$L_0 = k\sqrt{S_0} = 5.65\sqrt{\frac{\pi d^2}{4}} = 5d$；当 $k = 11.3$ 时，$L_0 = k\sqrt{S_0} = 11.3\sqrt{\frac{\pi d^2}{4}} = 10d$。

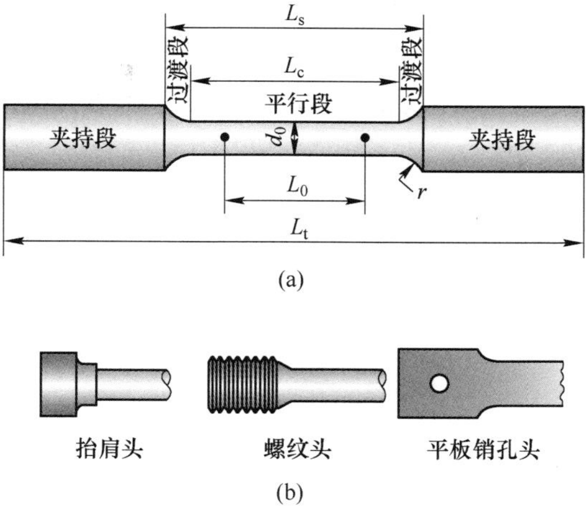

图 13-2 拉伸试样的一般形状

圆形截面比例试样的形状及尺寸如图 13-3 所示。原始直径 d_0 可以为 3 mm、5 mm、6 mm、8 mm、10 mm、15 mm、20 mm、25 mm，优先采用 5 mm、10 mm、20 mm；当原始标距 $L_0 \geqslant 15$ mm 时，短试样（优先）$L_0 = 5d_0$，长试样 $L_0 = 10d_0$；平行长度 $L_c \geqslant L_0 + d_0/2$；试样总长度 L_t 取决于夹持方法，原则上 $L_t > L_c + 4d_0$；过渡圆半径 $r \geqslant 0.75d_0$。

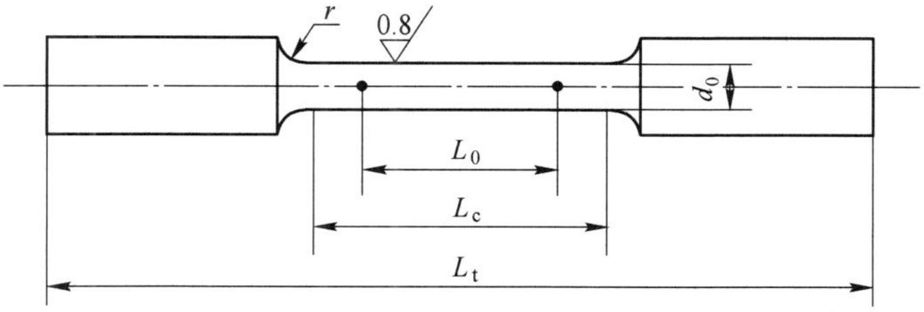

图 13-3 圆形截面比例试样的形状及尺寸

原始厚度 $a_0 \geqslant 3$ mm 板材，其矩形截面比例试样形状如图 13-4 所示。原始宽度 b_0 可以为 12.5 mm、15 mm、20 mm、25 mm、30 mm；对于短试样，原始标距 $L_0 = 5.65\sqrt{S_0}$，对于长试样，原始标距 $L_0 = 11.3\sqrt{S_0}$，试样加工时优先加工成短试样；平行长度 $L_c \geqslant L_0 + 1.5\sqrt{S_0}$；过渡圆半径 $r \geqslant 12$ mm。

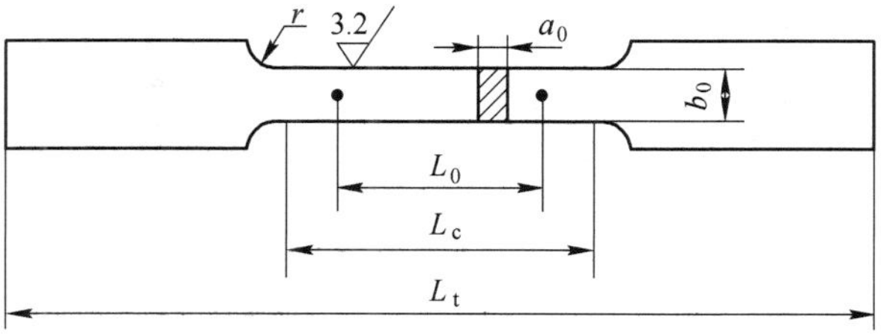

图 13-4 矩形截面比例试样的形状

$a_0 < 3$ mm 的薄板的矩形比例试样形状如图 13-4 所示。原始宽度 b_0 可以为 10 mm、12.5 mm、15 mm、20 mm；头部宽度不小于 $1.2b_0$；对于短试样，原始标距 $L_0 = 5.65$

$\sqrt{S_0}$，对于长试样，原始标距 $L_0 = 11.3\sqrt{S_0}$，试样加工时优先加工成短试样；平行长度 $L_c \geqslant L_0 + b_0/2$；过渡弧半径 $r \geqslant 20$ mm。

直径或厚度小于 4 mm 的线材、棒材和型材使用的试样通常为产品的一部分，不需要经过机加工，其试样形状如图 13-5 所示。原始标距 L_0 应取(200±2) mm 或(100±1) mm。两夹头间的试样长度应至少为 L_0+3b_0 或 L_0+3d_0，最小值为 L_0+20 mm。

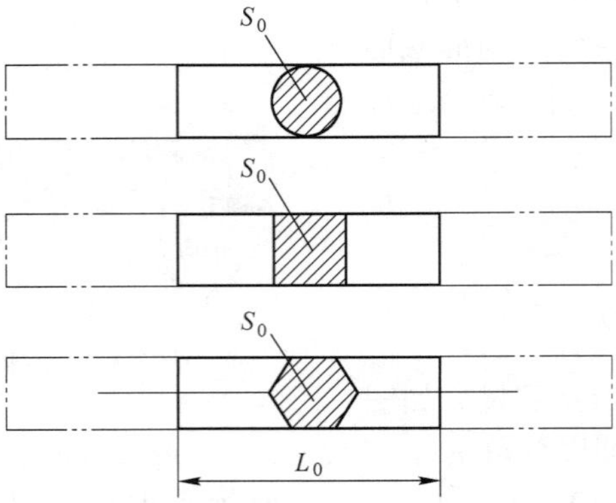

图 13-5　产品一部分不经过机加工试样的形状

L_0—原始标距；S_0—平行长度的原始横截面积

13.3　试验设备

拉伸试验设备包括拉力试验机、引伸计及高低温试验辅助装置。拉力试验机按照拉力原理可分为机械式、液压式、电液式及电子万能式，最常用的是电子万能式材料试验机，如图 13-6 所示。电子万能试验机的主机机架采用刚性框架结构，利用高精度光电编码器测量横梁位移，结果精准，试验力测量装置为应变式力传感器，该传感器的稳定性高、测量精度高，采用数字式交流伺服机控制传动系统。利用电子万能式材料试验机可以进行拉伸、压缩、弯曲、剪切等力学试验。

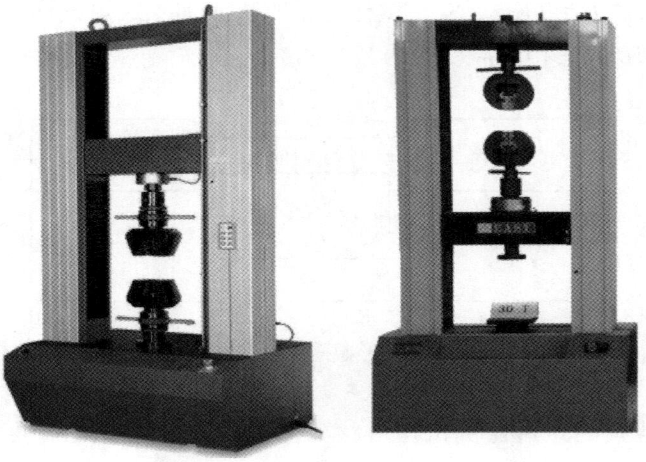

图 13-6　电子万能试验机

拉伸试验时借助引伸计可精确测量材料的弹性模量及屈服强度。引伸计由变形部分、传递和放大部分及指示部分组成，其中变形部分与试样表面接触，感受试样的微量变形；传递和放大部分将接收到的变形放大；指示部分记录或显示变形量。引伸计根据作用原理可分为机械式、电感式、电容式、电阻式及光学式。图 13-7 所示为光学式及电阻式引伸计。

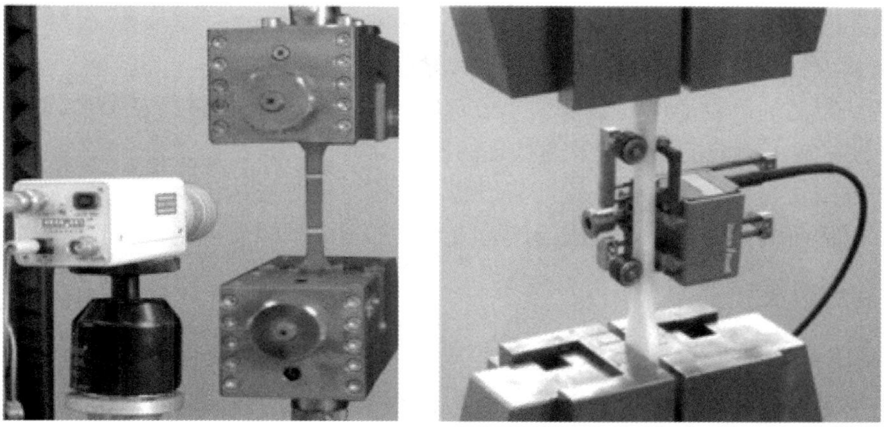

(a) 光学式　　(b) 电阻式

图 13-7　引伸计装置

高低温试验辅助装置可以实现材料在低温、室温及高温下的拉伸试验，通常在拉伸试验机上安装试验箱来调控试验温度，如图 13-8 所示。低温试验时，将液氮通入环境箱中实现降温；高温试验时，通过加热电阻丝实现升温。

图 13-8　高低温试验箱

13.4　试验前的准备

13.4.1　取样与制样

通常从产品、压制坯或铸锭上切取样坯经机加工制成试样，但具有恒定横截面的产品

(型材、棒材、线材等) 和铸造试样 (铸铁和铸造非铁合金) 可以不经机加工而直接进行试验。取样部位、取样方向、取样数量是对材料性能试验结果影响较大的三个因素，称为取样三要素。样坯的切取部位、方向和数量应按照相关产品标准《钢及钢产品　力学性能试验取样位置及试样制备》(GB/T 2975—2018) 或协议的规定来确定。

取样有以下几种情况：

(1) 从原材料 (型材、棒材、板材、管材、丝材、带材等) 上直接取样进行试验。

(2) 从产品的重要部位 (最薄弱、最危险的部位) 上取样进行试验，以校核设计计算的准确性，也可检验产品加工及热处理的质量。

(3) 以实物零件直接进行试验，如钢筋、螺栓、螺钉或链条等。

(4) 以浇铸的铸件试样直接进行试验或经机加工成试样后再进行试验。

13.4.2　试样机加工

按照国家标准《金属材料　拉伸试验　第1部分：室温试验方法》(GB/T 228.1—2021) 中规定的试样尺寸进行机加工，为防止冷变形或受热而影响其力学性能，通常以切削加工为宜，进刀深度要适当，并充分冷却，特别是最后一道切削或磨削的深度不宜过大，以免影响其性能。对于矩形横截面试样，应防止损伤。试样上的毛刺要清除，尖锐棱边应倒圆，但倒圆半径不宜过大。试样允许矫直，但应防止矫正力对力学性能产生显著影响。对于不测定断后伸长率的试样，可不经矫正直接进行试验。平行段应光滑，无加工硬化，无缺口、刀痕、毛刺等缺陷。矩形横截面试样一般要保留原表面层，并进行修棱。脆性材料的夹持部分与平行段应有较大半径的圆弧过渡。不经机加工铸件试样表面上的夹砂、夹渣、毛刺、飞边等必须清除。

13.4.3　试样表面处理

使用不同型号的水磨砂纸对拉伸试样的平行段进行打磨，除去平行段的加工痕迹、毛刺等缺陷，避免加工痕迹对拉伸过程产生影响，打磨完成后用酒精清洗，吹干后待用。

13.4.4　测量尺寸

使用游标卡尺进行测量，若试样截面为圆形，则应测量原始标距段内的两端及中间三个不同位置的试样直径，三个数据中取最小值作为原始直径数据；若试样截面为矩形，则应测量原始标距段内的两端及中间三个不同位置的试样厚度及宽度，三组数据中取最小厚度值及宽度值作为原始数据。测量完成后计算原始横截面积，计算时应至少保留四位有效数字或保留小数点后两位，π 至少取四位有效数字。

13.4.5　标定标距

使用划线器对标距段的标距进行划线，为提高试验精度，划线时应该划多组。此外，为方便后续断口观察时试样的查找，应用记号笔在试样的两个夹持端编上号码。

13.4.6　试验机准备

检查万能试验机设备、引伸计、计算机等是否状态良好。正确安装拉伸试验用夹头，根据拉伸试样的形状及尺寸选择夹具。若试样为棒状样，则应根据棒状试样夹持端直径的大小选择合适的 V 型钳口夹具；若试样为板状样，则应根据板状试样夹持端的厚度选择合适的平型钳口夹具。夹具选择完成后，安装在试验机夹头上。

13.5 拉伸试验步骤

（1）打开电子万能试验机开关及计算机开关，使设备进入试验状态，启动拉伸试验用软件。

（2）进入软件试验窗口，设置试验方案及试验参数，试样的标距长度及直径（圆棒状试样）、厚度和宽度（板状试样）是必须输入的试验参数。

（3）将拉伸试样稳固地安装到夹具上，若需要精准测试试样的屈服强度，则应先将引伸计夹在试样的标距段，再将试样安装到夹具上。

（4）点击试验窗口的“运行”按钮，试验机开始加载，进入试验状态。

（5）试样达到屈服强度后，根据试验窗口的提醒取下引伸计，然后继续进行试验。

（6）试样断裂后，立即点击“停止”按钮。

（7）保存数据并导出。

（8）取下断裂后的试样，保存待用。

（9）关闭拉伸试验机、计算机，做好试验登记。

13.6 试验数据处理

13.6.1 拉伸曲线

拉伸试验完成后，利用 Origin 绘制力-位移曲线或者应力-应变曲线，如图 13-9 所示。

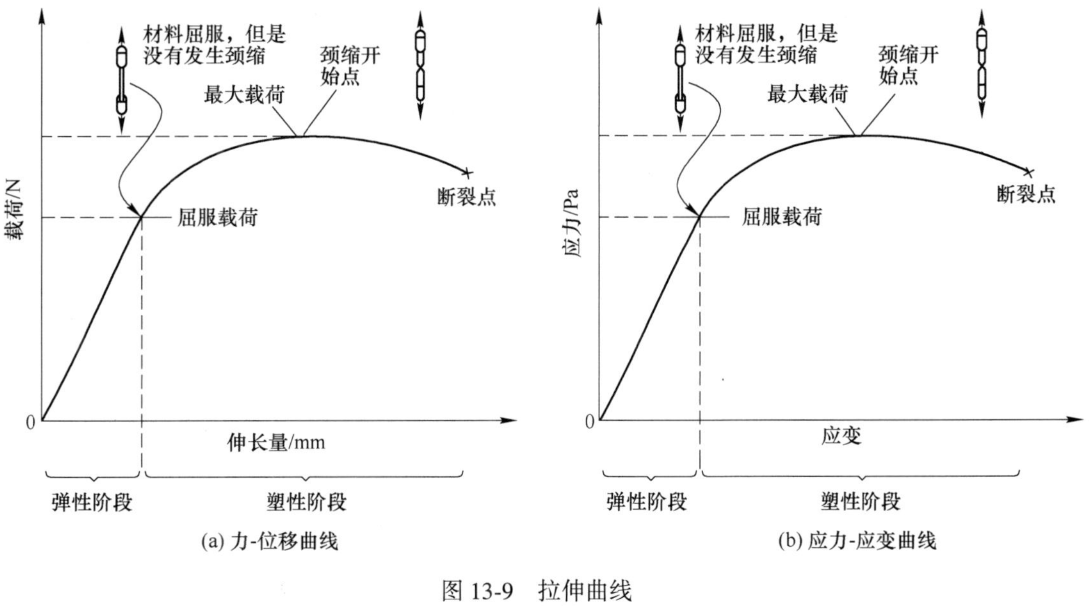

图 13-9 拉伸曲线

通过分析力-位移或者应力-应变曲线，获得试样的弹性模量、抗拉强度、屈服强度，测量断裂试样的标距段长度及横截面积，计算伸长率及断面收缩率。为保证试验结果的准确性，每个状态下的试样至少要重复三次拉伸试验，取三次拉伸试验的平均值作为试样最终的测定值。

13.6.2　弹性模量的计算

根据弹性变形阶段的力-位移曲线，采用增量法计算弹性模量，如图 13-10 所示。在弹性变形阶段，应力与应变满足如下关系，即：

$$E = \frac{\Delta\sigma}{\Delta\varepsilon} \tag{13-5}$$

将 $\Delta\sigma = \frac{\Delta F}{S_0}$ 及 $\Delta\varepsilon = \frac{\Delta(\Delta L)}{L_e}$ 代入上式，得：

$$E = \frac{\Delta F \cdot L_e}{\Delta(\Delta L) \cdot S_0} \tag{13-6}$$

式中，$\Delta F = F_b - F_a$；$\Delta(\Delta L) = \Delta L_b - \Delta L_a$；$L_e$ 为引伸计标距；S_0 为试样原始横截面积。

13.6.3　抗拉强度的计算

抗拉强度为试样加载过程中最大载荷与试样原始横截面积之比，对应应力-应变曲线中应力的最高点。如图 13-11 所示，*A* 点即为该试样的抗拉强度，*A* 点的应力值为 673.2 MPa。通过应力-应变曲线计算得到的最大应力数值通常保留小数点后一位数字，但是在工程应用中，通常对强度及塑性指标进行修约，修约规则见表 13-1。通过表 13-1 中的修约规则，该试样的抗拉强度为 675 MPa，若该试样 *A* 点对应的应力值为 670.5 MPa，则通过修约规则可知试样的抗拉强度为 670 MPa。

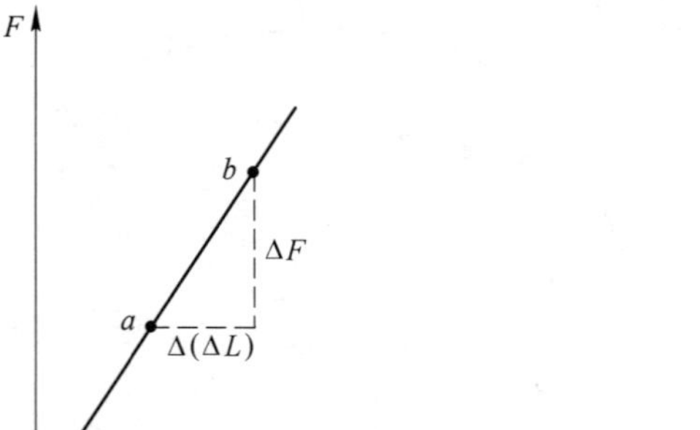

图 13-10　增量法计算弹性模量

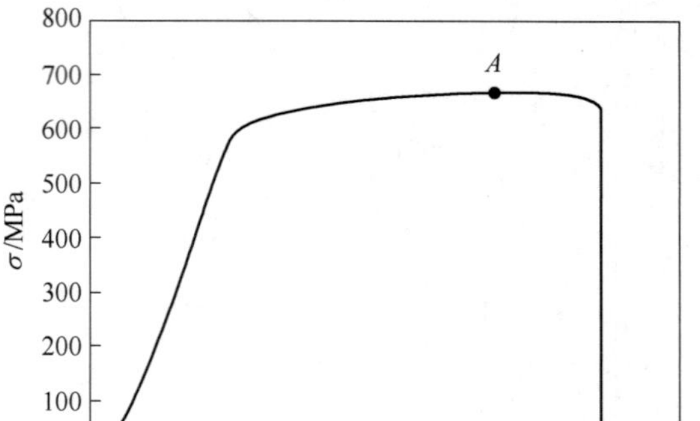

图 13-11　应力-应变曲线最高点示意图

表 13-1 力学性能指标修约规则

性 能	范围/MPa	修约间隔/MPa
抗拉强度及屈服强度	≤200	1
	200~1000	5
	>1000	10
伸长率及断面收缩率		0.5%

13.6.4 屈服强度的计算

屈服强度是指金属材料发生屈服现象时的屈服极限。对于无明显屈服的金属材料，规定以产生 0.2%残余变形的应力值为其屈服极限，称为屈服强度；而对于有明显屈服现象的金属材料，则可以测量其屈服强度、上屈服强度、下屈服强度，一般而言，只测定下屈服强度。通过引伸计或者应力-应变曲线可获得金属材料的屈服强度。

万能试验机配备了引伸计的情况：在进行拉伸试验时，将引伸计夹持在试样的标距段，试验进行时，引伸计将自动测量试样的屈服强度，试验结束后，可从试验软件运行窗口直接读取试样的屈服强度，此种方法简单、准确、快速。

万能试验机没有配备引伸计的情况：若所测金属材料表现出明显的屈服现象，则试验完成后，根据应力-应变曲线，可直接获得试样的屈服强度，如图 13-12（a）中的 B 点所对应的应力值即为合金的屈服强度；若所测金属材料没有表现出明显的屈服现象，则规定以产生 0.2%残余变形的应力值为其屈服强度，首先作一条沿比例段的切线 OA，将直线 OA 右移至 $\varepsilon=0.2$ 处，得到直线 BC，直线 BC 与应力-应变曲线的交点 B 即为试样的屈服强度。利用修约规则（表 13-1）对屈服强度进行修约。

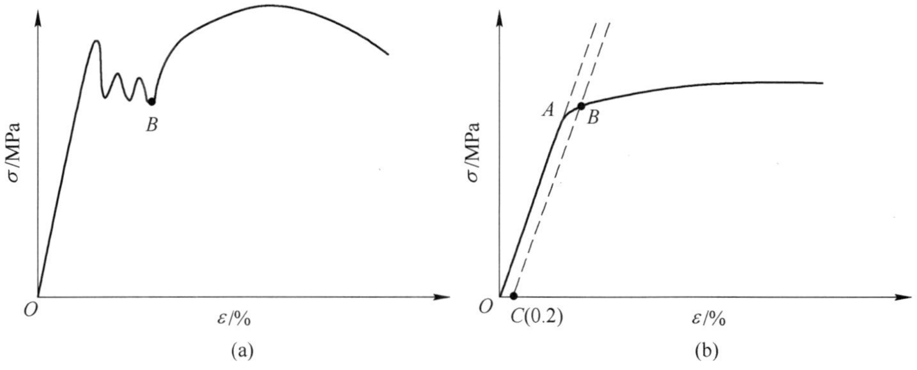

图 13-12 应力-应变曲线计算屈服强度

13.6.5 伸长率的计算

伸长率是评估金属材料塑性高低的常用参数，试样拉断后，将两段试样紧密地对接在一起，用游标卡尺测量出拉断后标距段的长度 L_u，利用式（13-1）计算试样断后的伸长率，计算完成后利用修约规则（表 13-1）对伸长率进行修约。

金属材料断口附近的塑性变形大，因此 L_u 的测量与断口部位有关。若试样断裂位置在标距 L_0 之外或在标记点，则试样的伸长率数据无效，需重新测试。若断口距离标距一端的距离小于或等于 $L_0/3$，如图 13-13（b）所示，则按照断口移中法测定 L_u。在试样断口处取约等于短断口处的距离，即 B 点，若剩余格数为奇数，则取剩余格数减 1 后的一半得到 C 点，加 1 后得到 C_1 点，设 AB、BC、BC_1 的长度分别为 a、b_1、b_2，则断后标距 $L_u=a+b_1+b_2$；若剩余格数为偶数，则 $L_u=a+2b$，其中 b 为 BC 之间的长度。

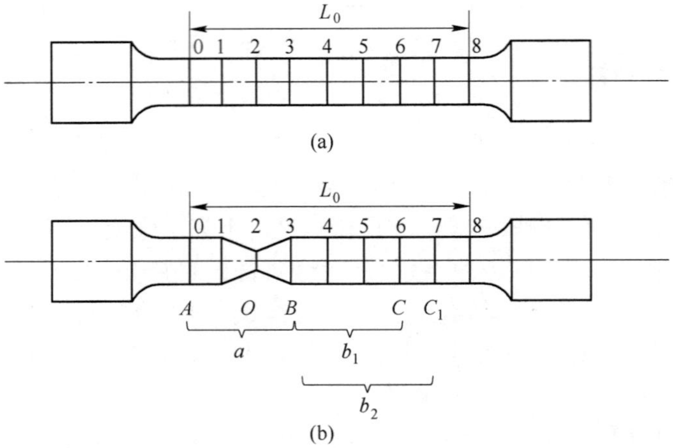

图 13-13　拉伸试样拉断前及拉断后的示意图

13.6.6　断面收缩率的计算

断面收缩率是评估金属材料塑性高低的重要参数之一，试样拉断后，将两段试样紧密地对接在一起，用游标卡尺测量出拉断后标距段最小截面的直径，利用式（13-3）计算试样的断面收缩率，计算完成后利用修约规则（表 13-1）对断面收缩率进行修约。

13.7　试 验 报 告

试验完成后，对数据进行整理，若拉伸试样为棒状，则将试验数据填入表 13-2 和表 13-4 中；若拉伸试样为板状，则将试验数据填入表 13-3 和表 13-4 中。

表 13-2　棒状试样尺寸

原始标距 L_0/mm	平均直径 d/mm			原始截面积 S_0/mm²		断后标距 L_u/mm	断裂处最小直径 d_u/mm		断裂处最小截面积 S_u/mm²
	上	中	下	最小	平均				

表 13-3　板状试样尺寸

原始标距 L_0/mm	平均宽度 w/mm			平均厚度 b/mm			原始截面积 S_0/mm²		断后标距 L_u/mm	断裂处最小截面积 S_u/mm²
	上	中	下	上	中	下	最小	平均		

表 13-4　材料的强度及塑性指标

弹性模量	屈服强度	抗拉强度	伸长率	断面收缩率

13.8　铝合金拉伸试验

铝合金密度低、热加工性能好、强度高，同时塑性和耐腐蚀性较好，在航空航天领域中作为重要的轻质结构材料，具有广阔的应用前景。铝合金是热处理可强化合金，合金经过固溶时效处理后，其力学性能大幅提高，室温拉伸试验是测试合金力学性能最常用的基础试验。本节以铝合金为例，阐述其室温拉伸试验过程及数据处理过程。

13.8.1　拉伸试验过程

（1）试样准备：采用线切割及铣床加工方法将试样加工成棒状试样，如图 13-14 所示。使用无水乙醇清洗试样表面以除去油污，用 400 号、800 号的水磨粗砂纸依次对平行端进行粗磨，然后用 1500 号、2000 号、3000 号的水磨细砂纸依次对平行段进行细磨，以除去样品表面的加工痕迹。

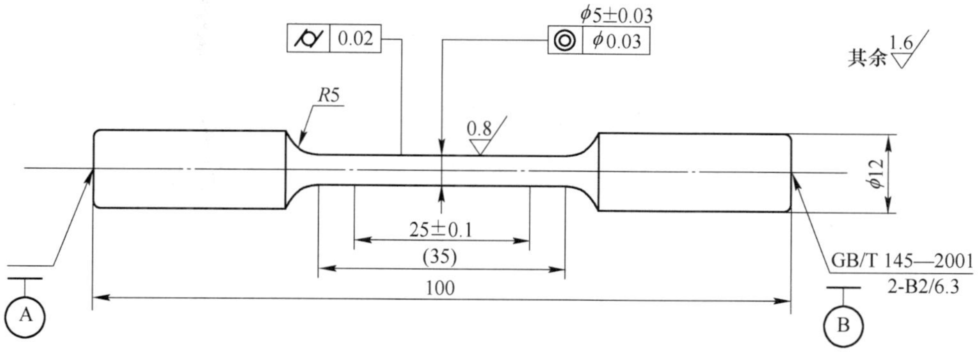

图 13-14　铝合金室温拉伸实验试样的形状及相关参数值

（2）使用游标卡尺测量标距段内的两端及中间三个不同位置的试样直径，三个数据中取最小值作为原始直径数据，测量完成后做好记录。

（3）使用划线器对标距段进行划线，为提高试验精度，划线时应划 4 组标线。

（4）正确安装拉伸试验用夹头，将 V 型钳口夹具安装在试验机夹头上。

（5）实验中采用 WDW-100 型电子万能试验机进行拉伸试验，打开试验机开关及计算机开关，使设备进入试验状态，启动拉伸试验用软件。

（6）进入软件试验窗口，选择金属材料室温拉伸试验，设定拉伸速率为 2 mm/min，输入试样的标距长度（25 mm）及最小直径（4.98 mm）。

（7）将引伸计夹在试样的标距段，然后将试样安装到夹具上。

（8）点击试验窗口的“运行”按钮，试验机开始加载，进入试验状态。

（9）试样达到屈服强度后，根据试验窗口的提醒取下引伸计，然后继续进行试验。

（10）试样断裂后，立即点击“停止”按钮。

（11）保存数据并导出。

（12）取下断裂后的试样，用保鲜膜包住断裂口以防止污染，待断口形貌观察用。

（13）关闭拉伸试验机、计算机，做好试验登记。

13. 8. 2　数据处理

（1）将原始数据（. txt 文件）导入到 Origin 软件，绘制拉伸应力-应变曲线，如图 13-15 所示。

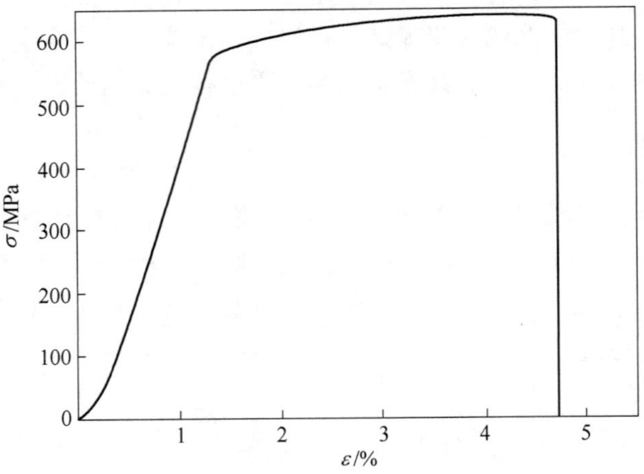

图 13-15　应力-应变曲线

（2）抗拉强度及屈服强度：在拉伸试验结束后，拉伸测试软件将自动给出抗拉强度和屈服强度值，分别为 635 MPa 和 570 MPa。

（3）伸长率及断面收缩率：试样拉断后，将两段试样紧密地对接在一起，用游标卡尺测量出拉断后的标距段长度为 28. 3 mm，最小截面积的直径为 4. 82 mm，分别利用式（13-1）及式（13-3），计算得到试样的伸长率和断面收缩率分别为 13%及 7%。

14　金属材料的硬度试验

硬度是表征金属材料软硬程度的一种重要的机械性能指标，硬度值越高，表明金属材料抵抗塑性变形的能力越大，材料的塑性变形越困难。

硬度试验也是力学性能试验方法。测定硬度的试验方法有很多，大体可分为压入法和划痕法，其中压入法根据加载速度的不同又分为动载压入法和静载压入法；划痕法主要有莫氏硬度顺序法和锉刀法。目前在工业实践中，静载压入法的应用范围最广，这是因为静载压入法简单易行、操作方便、测量范围广，测量的硬度值在一定条件下与材料的抗拉强度成正比。

14.1　布氏硬度

布氏硬度（Brinell hardness）是目前最常用的硬度试验方法之一，主要用于黑色及有色金属材料的硬度值的测定。

14.1.1　基本原理

布氏硬度测试时用直径为 D 的球形压头压入试样表面，同时施加载荷为 F（单位为 kgf 或者 N）的试验力，保持一定时间后，卸载载荷，在试样表面残留直径为 d 的压痕，试验原理如图 14-1 所示。测量出压痕直径 d，根据式（14-1）计算出试样的布氏硬度值，在试验时，为保证试验数据的准确性，一般在每个试样表面要测试至少六个点，并取其平均值作为最终的硬度值。

$$\text{HBW} = \frac{0.102 \times 2F}{\pi D(D - \sqrt{D^2 - d^2})} \tag{14-1}$$

式中，HBW 为布氏硬度值；F 为施加在试样表面的载荷，N；D 为球形压头的直径，mm；d 为相互垂直方向测得的压痕直径 d_1、d_2 的平均值，mm。

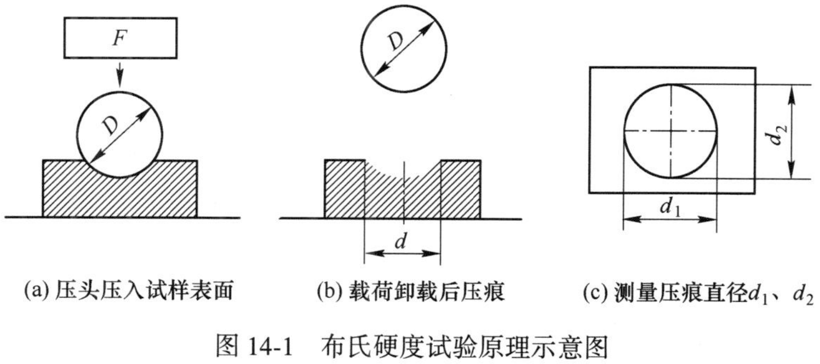

图 14-1　布氏硬度试验原理示意图

14.1.2 表示方法

根据国标《金属材料 布氏硬度试验 第1部分：试验方法》（GB/T 231.1—2018）中的规定，布氏硬度值应按照如下顺序表示：硬度值+HBW+压头直径+施加的载荷+保持时间，如600HBW1/30/20表示用压头直径为1 mm的硬质合金球，施加30 kgf（=294.2 N）的载荷，试验保持时间为20 s时，所测得的布氏硬度值为600。当保持时间为10~15 s时，可不标注时间，例如600HBW1/30表示用压头直径为1 mm的硬质合金球，施加30 kgf（=294.2 N）的载荷，试验保持时间为10~15 s时，所测得的布氏硬度值为600。

14.1.3 试验力的选择

根据压头材料的不同，布氏硬度值可用不同的符号表示。当压头为硬质合金球时，用HBW符号表示布氏硬度，通常布氏硬度值为450~650的金属材料在试验时选用的压头为硬质合金球；当压头为淬火钢球时，用HBS符号表示布氏硬度，通常布氏硬度值低于450的金属材料在试验时选用的压头为淬火钢球。

布氏硬度测量时选用的载荷 F 和压头直径 D 应满足压痕几何相似原理，要求 F/D^2 为常数，即：

$$\frac{F_1}{D_1^2}=\frac{F_2}{D_2^2}=\text{常数} \tag{14-2}$$

一般根据试样的厚度来选择布氏硬度的压头直径，选择时应满足压痕深度小于试样厚度1/10的条件。当试样厚度足够大时，应选用直径大的压头。布氏硬度试验只有在压痕满足 $0.24D\leqslant d\leqslant 0.6D$ 时，压痕几何相似原理才能成立，为此国家标准规定了7种 F/D^2 的值，分别为30、15、10、5、2.5、1.25和1，根据不同的试验材料及硬度范围选择不同的 F/D^2 值，见表14-1。

表14-1 不同材料的试验力-压头球直径平方的比率

材料	布氏硬度HBW	试验力-压头球直径平方的比率 $(0.102F/D^2)/\text{N}\cdot\text{mm}^{-2}$
钢、镍合金、钛合金		30
铸铁	<140	10
	≥140	30
铜及铜合金	<35	10
	35~200	30
	>200	2.5
轻金属及合金	<35	2.5
	35~80	5
		10
		15
	>80	10
		15
铅、镍		1

注：对于铸铁试验，压头的名义直径为2.5 mm、5 mm、10 mm。

当试样较薄、尺寸较小时，应优先选用直径小的压头和小的试验力；当试样较厚、尺寸较大时，应优先选用直径大的压头和大的试验力，以满足压痕几何相似原理。

14.1.4 布氏硬度的特点及适用范围

布氏硬度的压头可以为淬火钢球，也可以为硬质合金球。按照最新国标规定，布氏硬度试验目前广泛采用的压头是碳化钨硬质合金球。布氏硬度的缺点是压痕面积大，对金属材料表面的损伤面积大，不宜在尺寸较小或者较薄的成品上进行测量。此外，对于硬度不同的材料，在测试时需要更换压头和载荷，压痕直径的测量较复杂，布氏硬度由于存在压头钢球变形的问题，因此不能用于测量硬度高的材料。布氏硬度的优点是由于压痕面积大，能在较大的范围内测量材料的平均硬度，因此测得的试验数据稳定性高、准确度高、重复性高。

14.2 洛氏硬度

洛氏硬度（Rockwell hardness）和布氏硬度一样，也是最常用的硬度试验方法之一，不同的是洛氏硬度主要用来测量热处理后材料的硬度，它以测定残余压痕的深度来表征材料的硬度值。

14.2.1 基本原理

洛氏硬度试验采用的压头主要有两种，分别为金刚石圆锥体压头和碳化钨硬质合金球压头。其中，金刚石圆锥体的圆锥角 α 为 120°，尖端曲率半径 R 为 0.2 mm；碳化钨硬质合金球压头的直径 D 为 1.588 mm 或者 3.175 mm。对于硬度较高的材料，如淬火钢，压头一般选择金刚石圆锥体；而对于硬度较低的材料，如有色金属，压头一般选择碳化钨硬质合金球。

根据国家标准《金属材料　洛氏硬度试验　第 1 部分：试验方法》（GB/T 230.1—2018）中的原理阐述，在洛氏硬度测量时，首先对试样施加载荷 F_0，使其压入试样的深度为 h_0，将 h_0 作为测量压痕深度的基线，然后对试样再次施加载荷 F_1，使其压入试样的深度增加至 h_1，一定时间后卸载载荷 F_1，使试样产生深度为 h 的残余压痕，洛氏硬度测试的试验原理如图 14-2 所示。根据式（14-3）计算材料的洛氏硬度：

$$洛氏硬度 = N - \frac{h}{S} \tag{14-3}$$

式中，N 为常数，对于 A、C、D、N、T 标尺，$N=100$；对于其他标尺，$N=130$；h 为残余压痕的深度，mm；S 为常数，$S=0.002$ mm。

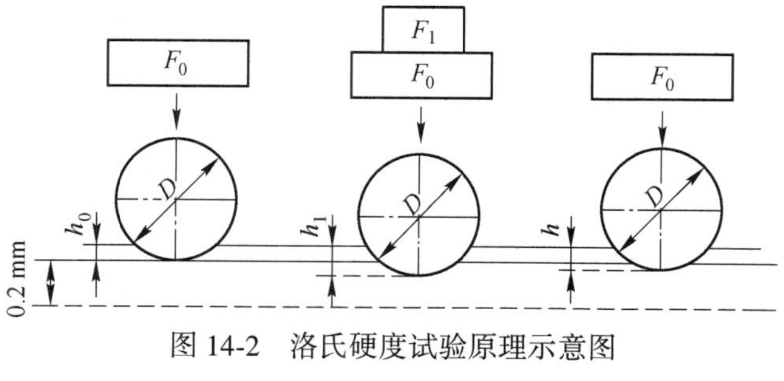

图 14-2　洛氏硬度试验原理示意图

14.2.2 表示方法

洛氏硬度用符号 HR 和选用的标尺字母 A、B、C、D、E、F、G、H、K、N、T 表示，A、B、C 标尺是最常用的三种标尺。

A、C、D 标尺的洛氏硬度用硬度值+HR+选用的标尺字母表示，如 59HRA 表示用 A 标尺测得的洛氏硬度值为 59。

B、E、F、G、H、K 标尺的洛氏硬度用硬度值+HR+选用的标尺字母+球压头（硬质合金球为 W，钢球为 S）表示，如 59HRBW 表示用硬质合金球压头在 B 标尺测得的洛氏硬度值为 59；59HRES 表示用钢球压头在 E 标尺测得的洛氏硬度值为 59。

14.2.3 洛氏硬度的特点及适用范围

洛氏硬度操作简单，压痕面积小，对金属材料表面的损伤面积小，可以在尺寸较小或者较薄的成品上进行测量。洛氏硬度的测量范围广，可在不同硬度的材料上进行测量，但需多点测试，才能保证测量精度。不同的金属材料在测量洛氏硬度时要选用不同的标尺，因此不同材料之间的硬度值不能直接进行比较和换算。

14.3 维氏硬度

维氏硬度（Vickers hardness）测量范围较广，可以测量工业上所用到的几乎全部的金属材料，从很软的材料（几个维氏硬度单位）到很硬的材料（3000 个维氏硬度单位）都可测量。

14.3.1 基本原理

维氏硬度和布氏硬度相同，均是根据单位面积上的载荷来表征的，但不同的是，维氏硬度压头只有一种，即锥角为 136°的金刚石正四棱锥锥体，如图 14-3（a）所示。当金属材料的硬度值较低时，采用维氏硬度计和布氏硬度计测量的硬度值相等或者相近。

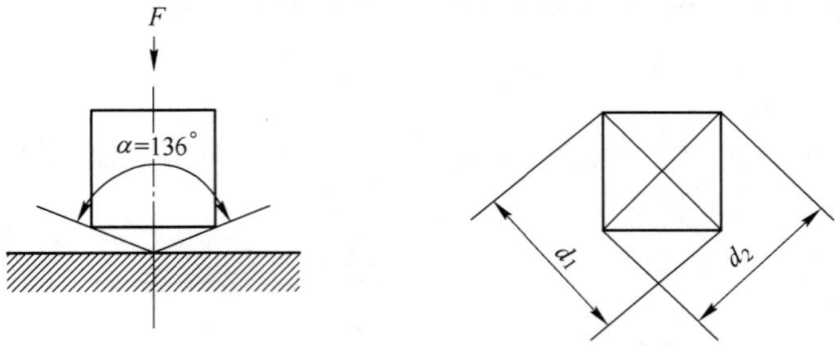

(a) 金刚石锥体压头　　(b) 维氏硬度压痕

图 14-3 维氏硬度试验原理示意图

根据国家标准《金属材料 维氏硬度试验 第 1 部分：试验方法》（GB/T 4340.1—

2009）中的原理阐述，维氏硬度在测量时，先给压头施加载荷 F，并保持一定时间后卸载载荷，在试样表面留下一个正方形压痕，如图 14-3（b）所示，测量压痕的对角线长度并取平均值，根据式（14-4）计算材料的维氏硬度值：

$$\text{维氏硬度} = 1.8544\,\frac{F}{d^2} \tag{14-4}$$

式中，F 为施加载荷，kgf；d 为压痕对角线的平均长度，mm。

若施加的载荷单位为 N，则采用式（14-5）计算材料的维氏硬度：

$$\text{维氏硬度} = 0.1891\,\frac{F}{d^2} \tag{14-5}$$

式中，F 为施加载荷，N；d 为压痕对角线的平均长度，mm。

14.3.2　试验装置

测量维氏硬度常用的装置是数显显微维氏硬度计，其外形图如图 14-4 所示。

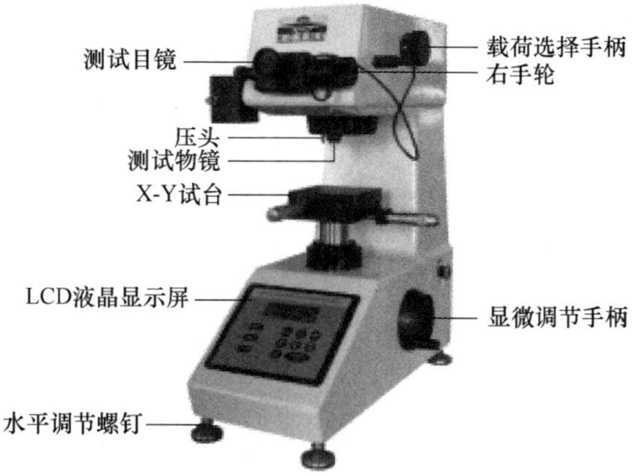

图 14-4　维氏硬度计外形图

14.3.3　表示方法

维氏硬度值按照如下顺序表示：硬度值+HV+施加的载荷+保持时间，如 600HV/30/20 表示施加 30 kgf (=294.2 N)的载荷，试验力保持时间为 20 s，所测得的维氏硬度值为 600。当保持时间为 10～15 s 时，可不标注时间，例如，600HV/30 表示施加 30 kgf (=294.2 N)的载荷，试验力保持时间为 10～15 s，所测得的维氏硬度值为 600。

14.3.4　试验操作步骤

以测试铝合金的维氏硬度为例，阐述试验操作步骤：

（1）试样准备：将块状试样用 400 号、800 号、1200 号的水磨粗砂纸粗磨，然后用 400 号、800 号、1200 号的水磨细砂纸细磨，最后用 $W_{1.0}$金刚石研磨膏同时辅以清洁剂作为润滑剂，在抛光机上抛光至样品表面没有划痕为止。将抛光后的试样表面用无水乙醇清洗干净并用吹风机吹干，待用。

（2）试样放置：打开电源开关，将抛光后的试样放置在 X-Y 试台中间，使得压头能够垂直于试样表面。

（3）试验参数的选择：测量维氏硬度重要的是选择载荷和加载时间，不同硬度的材料，选择的载荷和加载时间不一样，硬度越高的金属材料，所选的载荷越大、加载时间越长，对于铝合金，载荷通常选择 500 g 或 1000 g，加载时间选择 15 s；在选择试验参数时，旋转载荷选择手柄，选择相应的载荷，按 LCD 显示屏，选择加载时间。

（4）转动物镜转换罩壳，使物镜位于试样正上方。

（5）转动显微调节手柄，使试验台上升或者下降，直至试样表面清晰。

（6）转动压头转换罩壳，使压头位于试样正上方，按下显示屏上的“START”键，仪器开始工作，仪器先加载，然后保载，最后卸载。

（7）转动物镜转换罩壳，使物镜位于试样正上方，观察压痕成像。若压痕不清晰，则轻微转动显微调节手柄，使试验台上升或者下降，直至试样表面清晰。

（8）通过计算机软件，采用对角线法测量压痕的两条对角线长度，并取其算术平均值来自动计算维氏硬度值。

对角线法测量压痕对角线长度的方法简单且准确，是维氏硬度试验中最常用的方法。当压痕顶点不清晰时，也可采用其他方法来测量压痕的对角线长度，如四点法。四点法是通过测量压痕 4 个顶点的位置来确定压痕的尺寸，从而计算硬度值。由于四点法操作复杂且容易产生误差，因此在实际应用中并不常见。

（9）为保证试验精度，每个试样表面至少测试 6 个点，取 6 个点的硬度平均值作为最终的硬度值。

14. 3. 5　试验数据报告

材料的维氏硬度测试完毕后，通过表格记录硬度值，并计算平均值作为最终的硬度值，表 14-2 所示为铝合金的维氏硬度测试报告。

表 14-2　铝合金的维氏硬度测试报告

状态	测量次数	维氏硬度测量值	平均值
PA	1	190. 3	191. 1
	2	187. 4	
	3	189. 2	
	4	193. 8	
	5	194. 6	
	6	191. 5	
DA	1	179. 1	177. 5
	2	175. 6	
	3	178. 8	
	4	174. 5	
	5	180. 3	
	6	176. 5	

续表 14-2

状态	测量次数	维氏硬度测量值	平均值
RRA	1	190. 6	189. 3
	2	187. 1	
	3	190. 7	
	4	192. 2	
	5	191. 4	
	6	184. 1	

注：载荷为 1000 g，加载时间为 15 s。

14. 3. 6 维氏硬度的特点及适用范围

在维氏硬度试验中，载荷可以任意选择，硬度值与所选用的载荷无关，即不同载荷作用下得到的硬度值相同，这是维氏硬度最大的优点。维氏硬度的测量数据可靠、准确，但是在测量过程中需要测量压痕对角线的长度，测量过程烦琐，工作效率低。现在的维氏硬度计常和计算机联用，通过测试软件进行维氏硬度值的自动测量、计算、存储和打印，极大地提高了测试效率。

15 金属材料的弯曲试验

金属材料的弯曲试验是以一定形状（如圆形、方形、矩形或多边形横截面）的试样在弯曲装置上经受弯曲塑性变形，在不改变加力方向的情况下直至达到规定的弯曲角度后卸除试验力，通过观察试样的表面状态来检查其承受弯曲变形能力的一种工艺试验。如果为弯曲 180°的弯曲试验，则按照相关产品标准的要求，将试样弯曲至两臂相距规定距离并相互平行或两臂直接接触，然后按标准规定或协议进行试验结果的判定。

按照试样对象的不同，弯曲试验分为原材料弯曲试验、焊接接头弯曲试验和金属管弯曲试验。原材料弯曲试验适用于金属材料相关产品标准规定试样的弯曲试验，用以检验其弯曲塑性变形能力；焊接接头弯曲试验适用于金属熔焊和压焊对接接头的横向正弯及背弯试验、横向侧弯试验、纵向正弯及背弯试验，用以检验接头拉伸面上的塑性及缺陷；金属管弯曲试验适用于具有一定外径和内径的金属管材产品标准规定试样的弯曲试验，用以检验管材的弯曲塑性变形能力。

金属材料弯曲试验可以测定脆性材料和低塑性材料的抗弯强度，如陶瓷材料、硬质合金、工具钢及铸铁。对于塑性很好的材料，不能测定其抗弯强度，但是可用于比较一定弯曲条件下不同材料的塑性；此外，还可以用来比较和评定材料表面处理层的质量。

金属材料弯曲试验常用的术语及定义如下：

跨距 L_s：试样两个支撑点之间的距离；

最大弯曲应力 R：试样弯曲外表面产生的最大弯曲力；

抗弯强度 R_{bb}：试样断裂前加载在试样上的最大载荷产生的弯矩与试样截面抗弯系数之间的比值；

挠度 f：试样偏离原始位置的最大距离；

断裂挠度 f_{bb}：试样弯曲断裂时的挠度。

15.1 试验原理

金属材料的室温弯曲试验可以检测材料的抗弯性能，圆柱形或者矩形截面长条试样在万能试验机上经过弯曲塑性变形，在不改变载荷方向的情况下，使材料达到一定的弯曲角度，通过分析材料外表面是否出现裂纹，以此判断材料的抗弯性能。

根据试验载荷的加载方式，金属材料的弯曲试验可分为三点弯曲和四点弯曲，如图 15-1 所示。三点弯曲试验是将试样放在有一定距离的两个支撑点上，在两个支撑点的中间施加向下的载荷，试样的三个接触点形成相等的两个力矩。四点弯曲试验与三点弯曲试验不同的是在两个支撑点之间施加两个向下的载荷，试样的四个接触点形成三个力矩。三点弯曲试验操作简单，是金属材料弯曲试验最常用的加载方式。四点弯曲试验通常会在试样长度内有缺陷的地方发生断裂，可以反映材料的表面缺陷，试验结果准确。

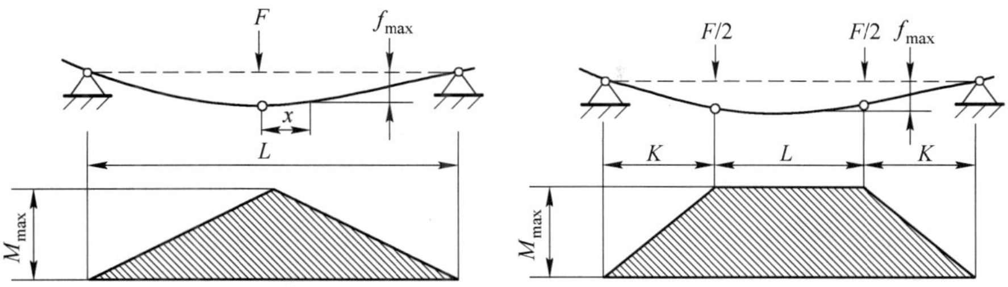

(a) 三点弯曲加载　　(b) 四点弯曲加载

图 15-1　弯曲试验加载方式

在三点弯曲试验中通过记录加载载荷 F 及试样跨距中心处的挠度 f 得到载荷-挠度曲线，又称弯曲曲线，如图 15-2 所示。对于塑性较高的材料，在载荷达到最大时试样仍不断裂，随着试验的进行，载荷降低，弯曲曲线可以延续很长而试样不发生断裂，如图 15-2（a）所示，因此弯曲试验难以测试塑性材料的抗弯强度。而对于脆性材料，试验过程中载荷在加载到一定值后，试样发生断裂，如图 15-2（b）所示，因此可以根据弯曲曲线求得试样的抗弯强度。

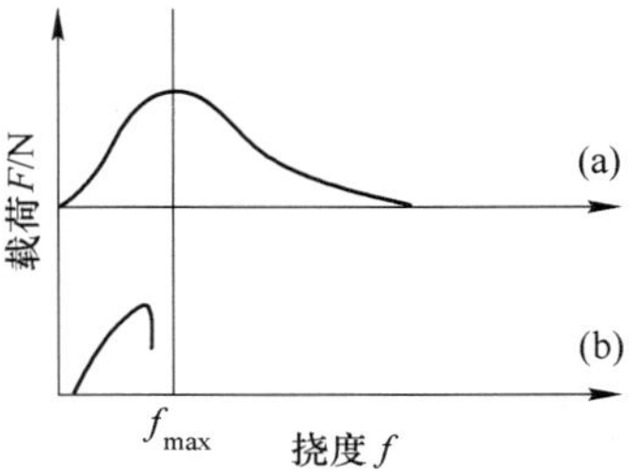

图 15-2　两种材料弯曲曲线示意图

（a）高塑性材料；（b）脆性材料

抗弯强度可以根据式（15-1）进行求解：

$$\sigma_{bb} = \frac{M_b}{W} \tag{15-1}$$

式中，M_b 为试样断裂时的弯矩，对于三点弯曲，$M_b = F_b L/4$，对于四点弯曲，$M_b = F_b L/2$，其中 F_b 为试样断裂时的最大载荷，L 为加载点之间的距离；W 为试样截面抗弯系数，对于圆柱形试样，$W = \pi d^3/32$，其中 d 为圆柱试样横截面直径，对于矩形试样，$W = bh^2/6$，其中 b 为试样宽度，h 为试样高度。

15.2　试样要求及制备

15.2.1　试样要求

弯曲试验试样可以为圆形、方形、矩形或多边形。试样的切取位置和方向按照相关产品标准的要求进行。试样横截面的尺寸应根据材料的种类、特性和试验机能力确定，在试验条件允许的情况下，取全截面尺寸进行试验。但在大多数情况下，并不允许进行全截面尺寸弯曲试验，此时若相关产品标准未做出具体规定，则一般按下述要求进行。

15.2.1.1　原材料弯曲试样

A　原材料试样宽度 b

当原材料的产品宽度不超过 20 mm 时，试样宽度 b 为产品的宽度。

当产品宽度大于 20 mm，厚度小于 3 mm 时，b 为（20±5）mm；当产品宽度大于 20 mm，厚度不小于 3 mm 时，b 为 20~50 mm。

B　原材料试样厚度或直径 a

对于板材、带材和型材，当原材料的产品厚度不超过 25 mm 时，试样厚度 a 为原产品的厚度；当原材料的产品厚度大于 25 mm 时，试样厚度 a 可以机加工减薄至不小于 25 mm，并保留一侧原表面。对于直径或多边形横截面内切圆直径 a 不超过 50 mm 的产品，如试验设备能力足够，则试样横截面应与产品横截面相同；否则，对于内切圆直径 a 为 30~50 mm 的产品，将其机加工成横截面内切圆直径不小于 25 mm 的试样。对于直径或多边形横截面内切圆直径 a 大于 50 mm 的产品，将其机加工成横截面内切圆直径不小于 25 mm 的试样。

C　试样长度 L

试样长度 L 根据试样厚度和所使用的试验装置而定，通常按式（15-2）确定：

$$L = 0.5\pi(d + a) + 140 \tag{15-2}$$

式中，L 为试样长度，mm；d 为弯心直径，mm；a 为试样厚度或直径，mm。

15.2.1.2　焊接接头弯曲试样

根据弯曲试验时焊缝轴线与试样纵轴的方位，焊接接头弯曲试验分为横弯（焊缝轴线与试样纵轴垂直时的弯曲）和纵弯（焊缝轴线与试样纵轴平行时的弯曲）两种，如图 15-3 所示。

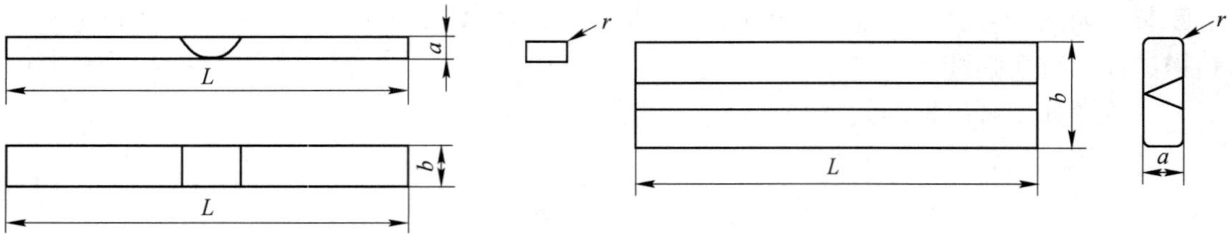

(a) 横弯　(b) 纵弯

图 15-3　焊接接头弯曲试样示意图

a—试样厚度；b—试样宽度；L—试样长度；r—圆角半径

15.2.2　试样的制备

15.2.2.1　原材料弯曲试样

试样应通过机加工去除由于剪切或火焰切割等影响材料性能的部分。试样表面不得有划痕和损伤，方形、矩形和多边形横截面试样的棱边应倒圆，倒圆半径不超过试样厚度的 1/10，棱边倒圆时，不应形成影响试验结果的横向毛刺、伤痕或刻痕。

15.2.2.2　焊接接头弯曲试样

样坯可从焊接试件上截取：对于横弯试样，应垂直于焊缝轴线截取，机械加工后，焊缝中心线应位于试样长度的中心；对于纵弯试样，应平行于焊缝轴线截取，机械加工后，焊缝中心线应位于试样宽度的中心。试样应采用机加工或磨削方法制备，要注意防止表面应变硬化或材料过热。在受试长度范围内，试样表面不应有横向刀痕或划痕，焊缝的正、背表面均应用机械方法进行修整，使之与母材的原始表面齐平，试样拉伸面上的棱角应倒圆，倒角半径为 0.2a（最大值为 3 mm），其侧面的粗糙度 Ra 应低于 12.5 μm。

15.3　试验步骤与方法

（1）试样准备：使用线切割切取弯曲试样，用无水乙醇清洗表面油污，使用不同型号的水磨砂纸对试样进行打磨。

（2）测量尺寸：对于圆柱形试样，测量其直径；对于矩形截面试样，测量其宽度和高度，测量时应至少测量三次数据，取其平均值作为最终使用值。

（3）按相关标准或协议的要求装配合适直径的弯心，按公式调整两支辊间的距离或两支承面间的距离，将试样放于两支辊或 V 型模具或两水平翻板上，试样保留的原表面应位于受拉变形一侧，试样轴线应与弯曲压头轴线垂直。

（4）采用电子万能试验机进行弯曲试验，打开试验机开关及计算机开关，使设备进入试验状态，启动试验用软件。

（5）进入软件试验窗口，设置试验方案及试验参数，输入试样的直径（圆棒状试样）、高度和宽度（板状试样）。

（6）点击试验窗口的“运行”按钮，试验机开始加载，进入试验状态。

（7）达到规定的弯曲角度后卸除试验力，保存数据并导出，观察试样表面状态，记录试样拉伸面上出现的裂纹或焊接缺陷的尺寸及位置，并按相关产品标准对试验结果进行评定。如无具体规定，则弯曲试验后试样弯曲外表面无肉眼可见裂纹应评定为合格。

（8）关闭试验机、计算机，做好试验登记。

15.4　试 验 报 告

试验报告至少应包括所采用的试验方法、试样标识、试样形状和尺寸、试验条件（弯曲压头直径或弯心直径、弯曲角度）和试验结果等内容。对于焊接接头弯曲试验，还应给出试样弯曲面上出现的裂纹或焊接缺陷的尺寸及位置。

15.5　铝合金弯曲试验

通过弯曲试验测试铝合金的弯曲性能，试验原理如图 15-4 所示。

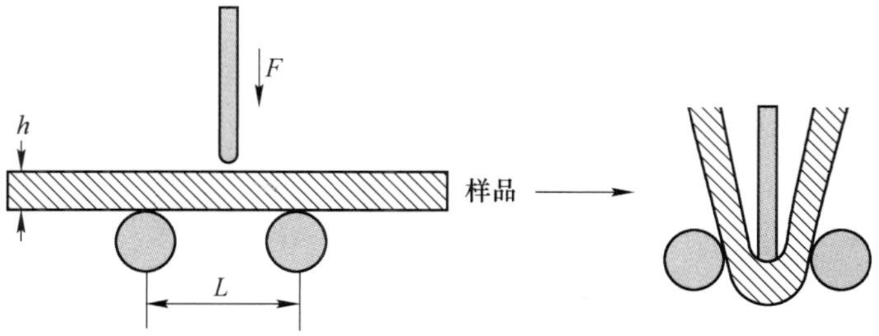

图 15-4　铝合金弯曲试验原理图

15.5.1 弯曲试验过程

（1）试样准备：采用线切割方法将试样加工成截面矩形试样，试样长为 150 mm，宽为 20 mm，厚为 3 mm，如图 15-5 所示。

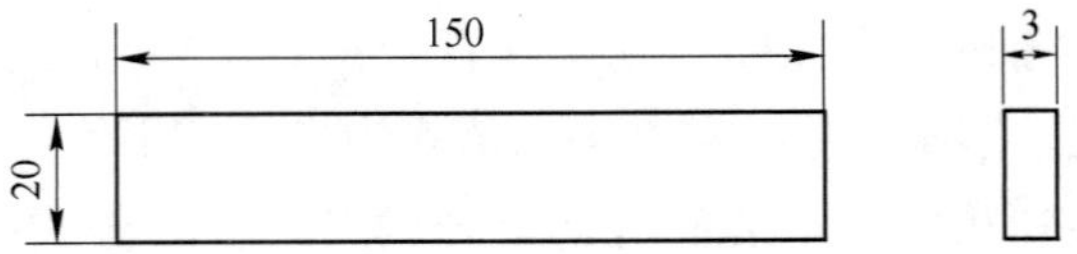

图 15-5 弯曲试验试样尺寸（单位：mm）

（2）使用游标卡尺测量试样的宽度和高度，测量三组数据，取其平均值作为最终使用值，本试样的宽度为 20. 10 mm，厚度为 2. 95 mm。

（3）正确安装弯曲试验用夹具，将试样水平放置于平台上，样品的中心线与压头的中心线重合，样品的两端为自由端。

（4）采用电子万能试验机进行弯曲试验，打开试验机开关及计算机开关，使设备进入试验状态，启动试验用软件。

（5）进入软件试验窗口，设置试验方案及试验参数，弯曲压头直径为 6 mm，弯曲角度为 0° ~ 120°，压头下压速率为 10 mm/min，输入试样宽度（20. 10 mm）和厚度(2. 95 mm)。

（6）点击试验窗口的“运行”按钮，试验机开始加载，进入试验状态。

（7）试验完成后保存数据并导出。

（8）取下试样，观察表面裂纹情况。

（9）关闭试验机、计算机，做好试验登记。

15.5.2 数据处理

（1）将原始数据文件（.txt）导入到 Origin 软件，绘制弯曲载荷-挠度曲线，如图 15-6 所示。从图中可以看出，弯曲曲线包括弹性变形阶段、塑性变形阶段和塑性失稳阶段。在弹性变形阶段，载荷与挠度呈线性关系；在塑性变形阶段，随着挠度的增加，载荷增加，但是载荷增加的速率与弹性阶段相比有所降低；在塑性失稳区，随着挠度的增加，载荷呈现下降趋势。

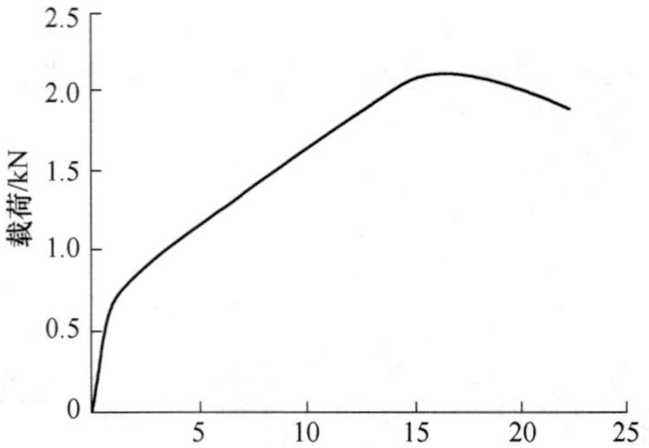

图 15-6 弯曲载荷-挠度曲线

（2）弯曲强度。根据载荷-挠度曲线得到试样弯曲过程中的最大载荷为 2. 2 kN，根据式（15-1）计算弯曲强度。

15.6 铝合金焊接接头弯曲试验

参考《焊接接头弯曲试验方法》（GB/T 2653—2008）进行铝合金焊接接头弯曲试验。利用数控机床加工焊接接头室温弯曲试样，并使用水磨砂纸将试样打磨光滑。使用 DDL100 型电子万能材料试验机进行弯曲试验，弯曲压头的直径为 100 mm，弯曲角度为 180°，采取正弯和背弯两种弯曲形式。通过三点弯曲，可以对焊接接头焊缝区的成形性、致密性和抗弯性能等进行检测。若试样没有断裂，则还可以使用放大镜或无损渗透方式对试样的外表面和侧面进行检查，观察是否有裂纹产生，并测量裂纹长度等。焊接接头室温弯曲试样的尺寸如图 15-7 所示。

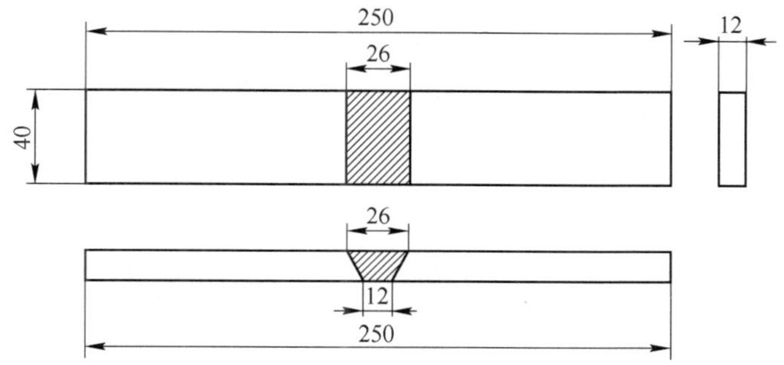

图 15-7 焊接接头室温弯曲试样尺寸示意图（单位：mm）

根据《焊接接头弯曲试验方法》（GB/T 2653—2008）进行面弯和背弯试验，其试验结果统计见表 15-1。由图 15-8 可知，在 50～200 mm/min 的焊接速度范围内，焊接接头面弯及背弯试样均未开裂也未出现裂纹。搅拌摩擦焊接接头焊缝区的晶粒组织为细小等轴状晶粒，此外，粗大第二相颗粒在搅拌工具的机械搅拌作用下发生了不同程度细化，细化的晶粒及第二相颗粒均会导致弯曲变形过程中裂纹难以形成，有利于提升焊接接头的弯曲性能。当焊接速度过大时，搅拌工具前端材料来不及填充搅拌工具后侧空腔，容易导致隧道孔缺陷的产生，过大的焊接速度还会使得焊缝区域不够致密，从而导致焊缝区底部产生未焊合缺陷，因此会严重影响焊接接头的弯曲性能。如图 15-9 所示，当焊接速度增大至 250 mm/min 时，焊接接头在进行背弯时会从焊缝根部产生开裂从而导致试样的断裂。

表 15-1 不同焊接速度下焊接接头弯曲试验结果

焊接速度/mm · min^{-1}	试验类型	试验结果
50	面弯	无裂纹
	背弯	无裂纹
100	面弯	无裂纹
	背弯	无裂纹

续表 15-1

焊接速度/mm · min^{-1}	试验类型	试验结果
150	面弯	无裂纹
	背弯	无裂纹
200	面弯	无裂纹
	背弯	无裂纹
250	面弯	未开裂
	背弯	开裂

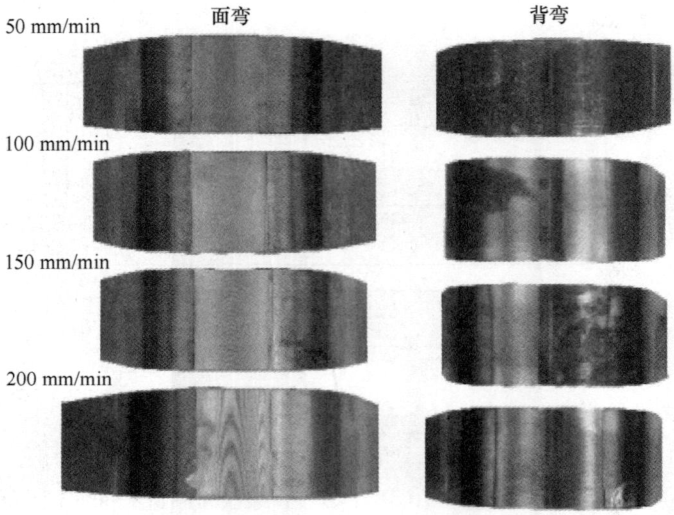

图 15-8　不同焊接速度下焊接接头的面弯及背弯图像

图 15-9　250 mm/min 焊接速度下的焊接接头背弯开裂试样

16 金属工艺性能试验

金属由原材料变成符合使用要求的零部件，其间必然会经历一系列的加工过程，如铸造、锻造、轧制、冲压、焊接、热处理等，金属材料适应加工工艺要求的能力就是金属工艺性能，包括成形性、可加工性、焊接性和热处理性等。

金属工艺性能试验是检验金属材料是否适用于某种加工工艺的试验。常用的金属工艺性能试验多用来检验材料的成形性，这种试验不测定材料在某一试验条件下的应力-应变关系，也不定量地给出其应力或应变的大小，而仅仅定性地检验在给定的试验条件下，材料经受某种形式的塑性变形的能力并显示其缺陷。通常用这种试验来检验金属产品是否符合标准或协议的规定要求，也可以用来对比不同材料的塑性变形能力。

金属工艺性能试验的特点：

（1）试验过程与材料的加工工艺过程相似。

（2）试验结果的评定是以受力后表面的变形情况（如裂纹、断裂）以及变形后所规定的某些特征来评定材料的优劣的。因此，试验结果能反映出材料的部分塑性、韧性等质量问题，常用来作为一般常规力学性能试验的补充试验。

（3）试验方法简便，无需复杂的试验设备。

（4）试样加工容易。

金属工艺性能试验的种类可分为：

（1）棒材工艺性能试验：弯曲试验、顶锻试验等。

（2）型材工艺性能试验：反复弯曲试验、展平弯曲试验等。

（3）板材工艺性能试验：弯曲试验、反复弯曲试验、杯突试验等。

（4）管材工艺性能试验：扩口试验、缩口试验、弯曲试验、压扁试验、卷边试验等。

（5）线材工艺性能试验：反复弯曲试验、扭转试验、缠绕试验等。

（6）丝、带材工艺性能试验。

16.1 杯突试验

金属杯突试验又叫埃里克森杯突试验，它是将一个端部为球形的冲头对着一个被夹紧在垫模和压模内的试样进行挤压，形成一个凹痕，挤压至出现一条穿透裂纹，用此时的冲头位移（埃里克森杯突值）来表征板材试样适应拉延成形的极限能力的一种常用的工艺性能试验方法。可用于测量金属薄板和薄带在拉延成形时承受塑性变形的能力。

16.1.1 试样

试样表面应平整，制备试样时，不允许在试样的边部产生妨碍试样进入试验设备或影响试验结果的毛刺或变形。试验前，也不得对试样进行任何捶打或冷、热加工。标准试样的厚度为 0.1~2.0 mm，宽度大于 90 mm，也可以使用更厚或更窄的试样，试样的尺寸见表 16-1。

表 16-1　杯突试样尺寸

名称	标准试样	厚试样	窄试样	
试样厚度 a	0.1~2.0	>2.0~3.0	0.1~2.0	0.1~1.0
试样宽度或直径 b	≥90	≥90	$55 \leqslant b < 90$	$30 \leqslant b < 55$

16.1.2　试验设备

（1）试验机应配备有压模、垫模和冲头，压模、垫模和冲头应有足够的刚性。冲头的工作表面为球形并经抛光，冲头工作表面的粗糙度 Ra 不大于 0.4 μm。图 16-1 所示为杯突试验机示意图。

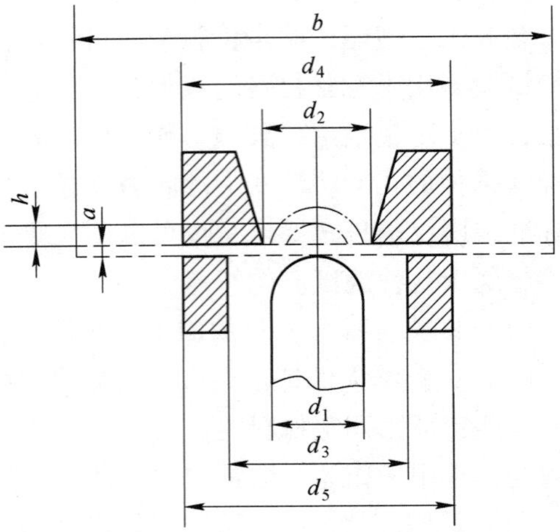

图 16-1　杯突试验机示意图

（2）试验机应能正确确定裂纹开始穿透试样厚度的瞬间，其测量冲头移动（杯突值）的标尺的分辨力为 0.1 mm。试验期间冲头不得转动。

（3）试验机应具有约 10 kN 的恒定夹紧力，以确保夹紧试样。

（4）压模轴线至冲头球形部分中心的距离在冲压行程范围内应小于 0.1 mm。

（5）垫模和压模与试样的接触表面应平坦并垂直于冲头的移动轴。

16.1.3　试验程序

（1）杯突试验应在 10~35 ℃的室温下进行。在控制温度条件下进行的试验，温度应控制在（23±5）℃。

（2）测量试样的厚度，并精确到 0.01 mm。

（3）在试样会接触到冲头和压模的部位涂上少量石墨脂，也可使用其他润滑剂，如黄油、白凡士林油等。

（4）将试样放入试验机垫模和压模之间：对于标准试样，应使压痕中心到试样任何边缘的距离不小于 45 mm，相邻压痕中心的间距不小于 90 mm；对于窄试样，应使压痕中心在试样宽度的中心，相邻压痕中心的间距至少为一个条带的宽度。

（5）对试样施加一恒定的约为 10 kN 的夹紧力。

（6）平稳地给冲头施力，使其接触试样，从这个接触点开始测量压入深度。

（7）对于标准试样，在形成凹痕期间的试验速度应平稳地控制在 5~20 mm/min；对于窄试样，试验速度则应控制在 5~10 mm/min（为了能准确地确定出现穿透裂纹的瞬间，对于人工操作的机器，在接近结束时试验速度取下限）。当裂纹显示穿过试样的整个厚度时，应立即停止冲头移动，然后测量此时冲头的压入深度，此深度值即为埃里克森杯突值，精确到 0.1 mm。

（8）埃里克森杯突值的分散度较明显，除非产品标准有专门规定，否则一般至少试验三个试样并取其平均值。

16.1.4　试验报告

试验报告至少应包含所采用的试验方法标准、试样的编号和厚度、使用润滑剂的类型和埃里克森杯突值，如果需要，则还应提供试样破裂后的形貌。

16.2　线材扭转试验

金属线材扭转试验分为单向扭转和双向扭转，单向扭转是指将试样绕自身轴线向一个方向均匀旋转至规定次数（以每旋转 360°作为一次扭转）或试样断裂；双向扭转是指将试样绕自身轴线向一个方向均匀旋转至规定次数后，向相反方向旋转至相同次数或试样断裂。

金属线材扭转试验主要用来检验金属线材在单向或双向扭转时承受塑性变形的性能及显示线材的不均匀性、表面和内部缺陷。

16.2.1　试样

（1）试样应尽可能是平直的，试样头部夹持部位应平整，方便夹具的夹持。

（2）必要时，可用手对试样进行矫直。当用手不能矫直时，可将试样置于木材、塑料或铜质平面上，用由这些材料制成的锤子或采用其他合适的方法轻轻矫直。矫直时，不得损伤试样表面，不得扭曲试样，也不得对试样进行任何热加工处理。

（3）存在局部硬弯的线材不得用于试验。

（4）除非相关产品标准或技术协议另有规定，否则试验机两夹头间的标距长度应符合表 16-2 中的规定。特征尺寸 D 为非圆形横截面金属线材的最大尺寸，如图 16-2 所示。由于试验设备的限制，对于 $d(D)$ 为 1.0~5.0 mm 的线材，当试验机不能用 $100d(D)$ 的标距长度时，经协议可改用 $50d(D)$；对于 $d(D)$ 为 5.0~10.0 mm 的线材，当试验机不能用 $50d(D)$ 的标距长度时，经协议可改用 $30d(D)$。

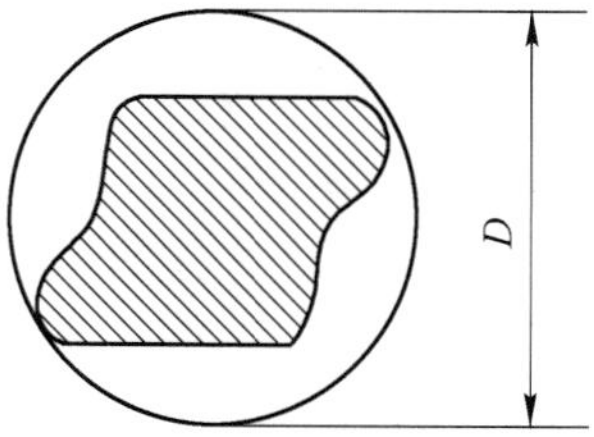

图 16-2　异型材横截面

表 16-2　夹具之间的标距长度　(mm)

线材公称直径 d 或特征尺寸 D	两夹头间标距长度
0.3~1.0	$200d(D)$
1.0~5.0	$100d(D)$
5.0~10.0	$50d(D)$
>10.0	$22d(D)$

16.2.2　试验设备

（1）金属扭转试验设备如图 16-3 所示。试验机夹头应该有足够的硬度，夹持钳口的硬度为 55~65HRC，以提供或确保夹持试样有足够刚度或磨损抗力。不同硬度材质的试样应使用合适硬度的夹块进行试验，一般推荐夹头的硬度高于试样硬度 2 个洛氏硬度数值左右。夹头夹持试样如图 16-4 所示。

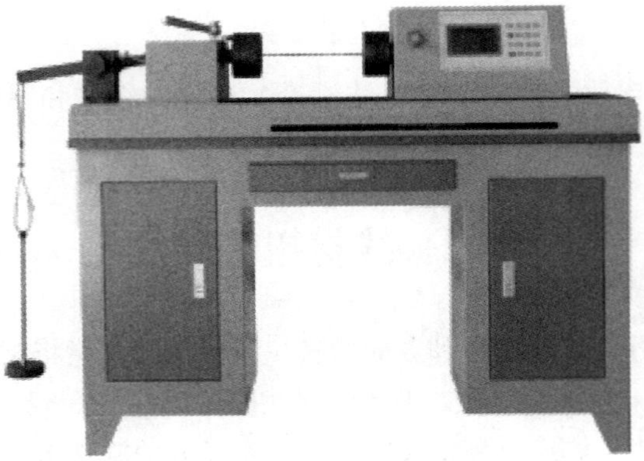

图 16-3　金属扭转试验设备

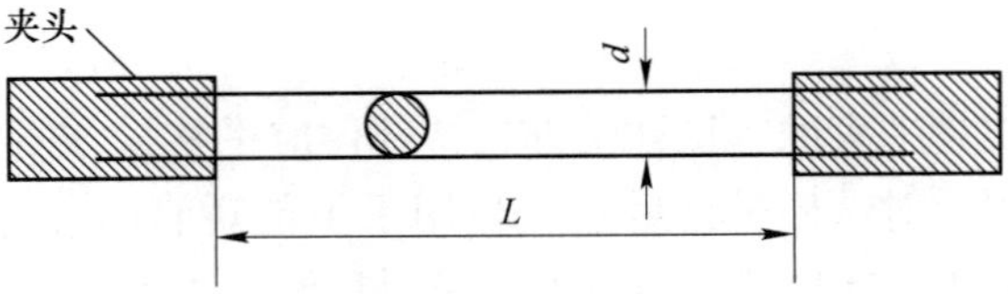

图 16-4　扭转试验试样

d—试样直径；L—试样长度

（2）试验期间，两夹头应保持在同一轴线上，并对试样不施加任何弯曲力，不得妨碍由试样引起的夹头之间的长度的变化。

（3）试验机夹头的一端应能绕试样轴线双向旋转，而另一端不得有任何转动，但能沿轴向自由移动。

（4）可以沿轴向自由移动的夹头应有对试样施加拉紧力的装置。

（5）试验机的速度应能调节，并有自动记录扭转次数的装置及测量两夹头间标距长度的刻度尺。

16. 2. 3　试验程序

（1）金属线材扭转试验一般在 10~35 ℃的室温下进行，如有特殊要求，则试验温度应为（23±5）℃。

（2）按试样直径 *d* 或特征尺寸 *D* 选择合适的夹头夹持装置，移动两夹头之间的距离使其符合表 16-2 中规定的标距长度。

（3）将试样置于试验机的夹持钳口中，使其轴线与夹头轴线相重合。为使试样在试验过程中保持平直，应施加某种形式的拉紧力，这种拉紧力不得大于该线材公称抗拉强度相应力值的 2%。

（4）除非相关产品标准或技术协议另有规定，否则应按有关材质的线材直径选用相应的扭转速度，其偏差应控制在规定转速的±10%以内。对于大于线材直径，或特征尺寸大于 10 mm 的线材，可按 2 r/min 的扭转速度进行试验。

（5）将试样置于试验机后，把测定扭转次数的装置调到原始位置（一般使用计数器，把计数器调零）。启动试验机，其中一个夹头以合适的恒定速度旋转，计数装置同时自动计数，直至试样断裂或达到规定的次数为止。记录试样断裂的位置和不同方向的扭转次数，一般用 N_t 表示单向扭转次数；用 N_1 及 N_2 表示双向扭转次数。

（6）当试样的扭转次数、表面及断口符合有关标准或技术协议的规定时，该试验有效。如果试样未达到规定的次数，且断口位置在距离夹头 $2d(D)$ 范围内，则该试验无效。试验过程中，如试样发生严重劈裂，则最后一次扭转次数不计。

16.2.4 试验报告

试验报告至少应包括所采用的试验方法标准编号、试样标识（如材质、牌号）、试样直径 d 或特征尺寸 D、试验条件（如标距长度、速度、拉紧力）、试验结果（如扭转次数、断裂类型）等内容，如有必要，则还应有试样的制备情况（如矫直方法）等。

16.3 线材缠绕试验

金属线材缠绕试验是将线材试样在符合相关标准规定直径的芯棒上，紧密缠绕规定螺旋圈数的工艺试验方法，它适用于测定金属线材在缠绕过程中承受塑性变形的能力。

（1）试样：直径或厚度为 0.1~10 mm 的金属线材可直接作为缠绕试验试样。

（2）试验设备：试验设备应能满足线材绕芯棒缠绕，并使相邻线圈紧密排列呈螺旋线圈。用作试验的线材，只要符合规定的芯棒直径且具有足够的硬度，也可用作芯棒。

（3）试验程序：

1）缠绕试验一般在 10~35 ℃的室温下进行。如有特殊要求，则试验温度应为（23±5）℃。

2）试样应在没有任何扭转的情况下，以每秒不超过一圈的恒定速度沿螺旋线方向紧密缠绕在芯棒上。必要时，可减慢缠绕速度，以防止温度升高而影响试验结果。

3）为确保缠绕紧密，缠绕时，可在试样自由端施加不超过该线材公称抗拉强度相应力值 5%的拉紧力。

4）如果要求解圈或解圈后再缠绕，其解圈和再缠绕的速度应尽可能的慢，以防止温度升高而影响试验结果。解圈时，试样末端应至少保留一个缠绕圈。

5）缠绕试验结果的判定应按相关标准或协议的规定执行。如无具体要求，则可在不用放大工具的情况下检查试样表面，如未发现裂纹，则该试样判为合格。对于直径或厚度小于 0.5 mm 的线材，应在放大约 10 倍的情况下进行检查。

（4）试验报告：试验报告中，应有试验方法标准编号、试样标记（如材质、镀层类别等）、试样的直径或厚度、芯棒直径、试验条件（如圈数或缠绕长度）和试验结果等内容。

16.4　管材工艺性能试验

金属管材工艺性能试验有金属管扩口试验、金属管弯曲试验、金属管卷边试验及金属管压扁试验。

16.4.1　金属管扩口试验

金属管扩口试验是检验圆形横截面金属管塑性变形能力的工艺试验方法，用圆锥形顶芯扩大管段试样的一端，直至扩大端的最大外径达到相关产品标准所规定的值。因此，它是一种验收试验，用以检验金属管产品是否符合产品标准要求。一般情况下，适用于外径不超过 150 mm（有色金属不超过 100 mm），管壁厚度不超过 10 mm 的金属管。

（1）试样：试样长度取决于顶芯的角度。当顶芯角度不超过 30°时，试样长度应近似为金属管外径 D 的 2 倍；当顶芯角度大于 30°时，试样长度应近似为 1.5D。试样的两个端面应垂直于金属管的轴线。试验端的棱边允许用锉或其他方法将其倒圆或倒角。试样为焊接管时，可以去除管内的焊缝余高。

（2）试验设备：金属管扩口试验一般在可调速率的压力机或万能试验机上进行。试验用的圆锥形顶芯角度应符合相关产品标准的规定，其工作表面应磨光并具有足够的硬度。推荐采用的顶芯角度为 30°、45°和 60°。

（3）试验程序：

1）试验一般应在 10~35 ℃的室温下进行。对于要求在控制条件下进行的试验，试验温度应为（23±5）℃。

2）测量试样端部的外径，精确到 1%，选取符合规定要求的圆锥顶芯，并在其锥面上涂以润滑油，将试样装在试验装置上，调节圆锥形顶芯的轴线与试样的轴线一致，用压力机平稳地对圆锥形顶芯施加力，使其压入试样端部进行扩口，直至达到所要求的外径。试验期间，顶芯不应相对于试样转动。

3）如相关产品标准中规定了扩口率，则扩口率 X_d 按下式计算：

$$X_d = \frac{D_u - D}{D} \times 100\% \tag{16-1}$$

式中，D 为试样端部的原始外径，mm；D_u 为试样扩口后端部的外径，mm。

4）当试样为纵向焊管时，允许使用带沟槽的顶芯，以适应管内的焊缝余高。

5）按相关产品标准或技术协议的要求评定扩口试验的结果。如无具体规定，则试验后无肉眼可见裂纹应评定为合格。试样棱角处出现微裂纹不应判废。

（4）试验报告：试验报告应包含试验方法标准编号、试样标识、试样尺寸、试样扩口的最大外径 D_u 或以原始外径 D 的百分比表示的扩口率、顶芯角度和试验结果等内容。

16.4.2　金属管弯曲试验

金属管弯曲试验是将一根全截面的金属直管绕着一个规定半径和带槽的弯心弯曲，直至弯曲角度达到相关产品标准或技术协议规定值的工艺性能试验。金属管弯曲试验可用于检验金属管承受全截面弯曲塑性变形的能力，它适用于外径不超过 65 mm 的圆形横截面管材。

（1）试样：试样应是外观检验合格的金属直管的一部分，其长度应能满足在弯管试验装置上进行规定弯曲角度和弯心半径的试验。

（2）试验设备：金属管弯曲试验装置原理图如图16-5所示。试验时，试验装置应能限制管的横截面发生椭圆变形。弯管试验装置的弯心应具有与管外径轮廓相适应的沟槽。弯心半径由相关产品标准规定。

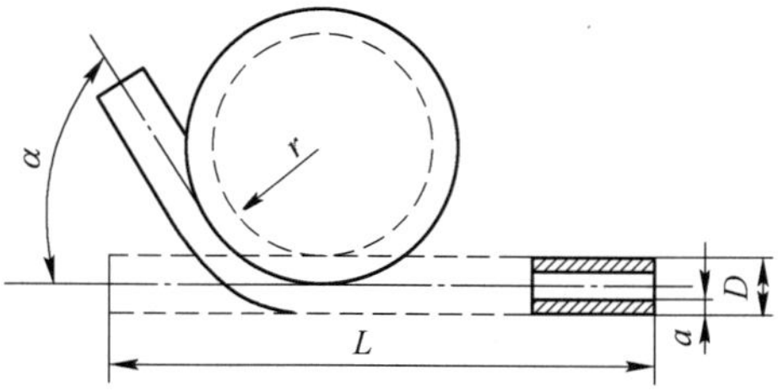

图16-5 金属管弯曲试验装置原理图

（3）试验程序：

1）试验一般应在10～35 ℃的室温下进行。对于要求在控制条件下进行的试验，试验温度应为（23±5）℃。

2）试样的弯曲角度和弯心半径，应按相关产品标准或技术协议的规定要求确定。试验时，在弯管试验装置上将不带填充物的金属管试样弯曲，金属管的外表面位于弯心的外侧，试样弯曲变形段与金属管弯心紧密接触，直至达到规定的弯曲角度。

3）进行焊接管的弯曲试验时，焊缝相对于弯曲平面的位置应符合相关产品标准或技术协议的规定要求。如无具体的规定要求，焊缝应置于与弯曲平面呈90°的位置。

4）按照相关产品标准或技术协议的规定要求评定弯曲试验的结果。当无具体规定时，试验后检查试样的弯曲变形处，如果试验后的试样无肉眼可见的裂纹，则评定为合格。

（4）试验报告：试验报告至少应包含所采用的试验方法标准、试样标识、试样尺寸、弯曲角度 α、弯心半径 r 和试验结果等内容，如为焊接管，则还要有焊缝相对于弯曲平面的位置等。

16.4.3 金属管卷边试验

金属管卷边试验是在试样的端部，垂直于管轴线的平面上形成卷边，直至卷边后的外径达到相关产品标准值的工艺性能试验。金属管卷边试验用于检验圆形横截面金属管的塑性变形能力，它适用于外径不超过150 mm、管壁厚度不超过10 mm的金属管。

（1）试样：金属管试样长度 L 应约为管原始外径 D 的1.5倍（$L\approx1.5D$），也可以使用短试样，此时，卷边试验后剩余的圆柱部分的长度不小于0.5D。金属管试样的两端面应垂直于金属管轴线。试验端的棱边允许用锉或其他方法将其倒圆或倒角。试样为焊接管时，可以去除管内的焊缝余高。

（2）试验设备：试验一般在可调速率的压力机或万能试验机上进行。卷边成形用的圆锥形顶芯应具有合适的角度 β（一般为90°），顶芯圆柱端的直径应比管的内径小约1 mm，同心的平台部分应垂直于顶芯的轴线，其直径不小于试验后金属管的最大外径。顶芯的工作表面应有足够硬度并经抛光。

（3）试验程序：

1）选取符合规定要求的圆锥顶芯，并在其锥面上涂抹润滑油，将试样装在试验装置上，在压力机或万能试验机上对圆锥形顶芯施加力，使其压入试样一端进行预扩口，直至扩大试样的边缘可以达到卷边试验所规定的外径。卸下圆锥形顶芯，换上卷边用具，对试样施加轴向力使其形成卷边，直至扩大部分垂直于试样轴线形成所要求直径的卷边。如有争议或仲裁试验时，成形用具的移动速率不应超过 50 mm/min。试验期间顶芯不应相对于试样转动。

2）卷边直径 D_u或卷边率 X_f和卷边用具圆角半径 R 根据相关产品标准或技术协议确定，卷边率按下式计算：

$$X_f = \frac{D_u - D}{D} \times 100\% \tag{16-2}$$

3）按照相关产品标准或技术协议的要求评定卷边试验的结果，无具体规定时，试验后检查试样卷边变形处，如果试验后试样无肉眼可见的裂纹，则评定为合格。仅试样棱角处出现微裂纹不应判废。

（4）试验报告：试验报告至少应包含所采用的试验方法标准、试样标识、试样尺寸、试验后金属管最大外径 D_u或卷边率、卷边用具圆角半径 R、试验结果等内容。

16.4.4　金属管压扁试验

金属管压扁试验是沿垂直于金属管的纵轴线方向，对规定长度的试样或管的端部施加力进行压扁，直至在力的作用下，两压板之间的距离达到相关产品标准规定值的工艺性能试验。金属管压扁试验可用于检验圆形横截面金属管的塑性变形能力或显示管材的缺陷，它适用于外径不超过 600 mm，壁厚不超过外径 15%的金属管。

（1）试样：金属管试样长度 L 应不小于 10 mm，但不超过 100 mm。试样的棱边允许用锉或其他方法将其倒圆或倒角。如要在一根全长度管的管端进行试验，则应在距管端面为试样长度处垂直于管纵轴线进行切割，其深度至少达到金属管外径 D 的 80%。

（2）试验设备：试验一般在压力机或万能试验机上进行。试验机应能将试样压扁至规定的两平行压板之间的距离。两平行压板应具有足够的刚度，压板的宽度应超过压扁后的试样宽度，即至少应为试样外径的 1.6 倍，其长度应不小于试样的长度。

（3）试验程序：

1）试验时，将试样置于两压板之间，如为焊接管，则其焊缝应按相关产品标准或技术协议的规定放置。沿垂直于管纵轴线的方向移动压板压扁试样，直至在力的作用下两压板之间的距离达到相关产品标准所规定的值［图 16-6（a）和（b）］。如为闭合压扁，则试样内表面接触的宽度至少应为标准试样压扁后其内宽度 b 的 1/2［图 16-6（c）］。

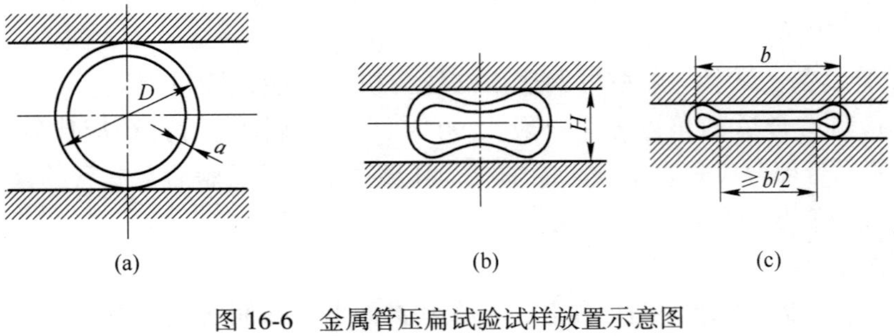

图 16-6　金属管压扁试验试样放置示意图

2）有时，相关产品标准会给出一个压扁系数，此时，两压板间的距离 H 可按下式计算：

$$H = [(1+\alpha)a]/(\alpha + a/D) \tag{16-3}$$

式中，H 为两压板间的距离，mm；a 为管壁厚，mm；D 为管外径，mm；α 为压扁系数，一般取值为 0.07、0.08、0.09。

3）如有争议或进行仲裁试验时，压板的移动速率不应超过 25 mm/min。

4）按照相关产品标准或技术协议的要求评定压扁试验的结果，无具体规定时，试验后检查试样的弯曲变形处，如果试验后试样无肉眼可见的裂纹，则评定为合格。仅试样棱角处出现微裂纹不应判废。

（4）试验报告：试验报告至少应包含所采用的试验方法标准、试样标识、试样尺寸、压板距离、试验结果等内容。如为焊接管，则还应有焊缝的位置等。

第四篇

实验部分

实验1　盐酸标准溶液的配制与标定

一、实验目的

（1）学习盐酸标准溶液的配置与标定方法；
（2）掌握称量、粗配溶液和滴定等操作方法。

二、实验原理

由于浓盐酸容易挥发，因此不能直接用来配制具有准确浓度的标准溶液。配制盐酸标准溶液时，只能先配制成近似浓度的溶液，然后用基准物质标定它的准确浓度，或者用另外一种已知准确浓度的标准溶液来滴定该溶液，根据消耗掉的标准溶液的体积和浓度来计算该盐酸溶液的准确浓度。

标定盐酸溶液的基准物质常用无水碳酸钠，其反应式如下：

$$Na_2CO_3 + 2HCl \rightleftharpoons 2NaCl + CO_2 \uparrow + H_2O$$

滴定至反应完全时，溶液的 pH 值为 3. 89，通常选用溴甲酚绿-甲基红混合液（终点颜色变化为由绿色或蓝绿色到亮黄色）或甲基橙（终点颜色变化为由黄色到红色）作为指示剂。

无水碳酸钠作为基准物质的优点是容易提纯，价格便宜；缺点是碳酸钠具有吸湿性，需要先在 270~300 ℃的高温炉中灼烧至恒重，然后置于干燥器中冷却后备用。

由于测定或测量总是存在一定的误差，因此测得的盐酸浓度与其真实浓度存在一定的差别。由数理统计原理可知，当不存在系统误差时，无限多次测量的平均值才接近真实值。实际测量中，不可能对盐酸浓度进行无限次测量，只能进行有限次测量。对于 3 次以上的测量，通过计算平均值、标准偏差及置信度，可以判断测定结果与真实值的接近程度。

三、实验仪器和实验材料

（一）实验仪器

锥形瓶、量筒、称量瓶、滴定管、电子天平。

（二）实验材料

浓盐酸、无水碳酸钠、溴甲酚绿-甲基红混合指示剂、蒸馏水。

四、实验步骤

（1）0. 1 mol/L 盐酸溶液的粗略配制：用量筒量取浓盐酸约 3. 6 mL，加水稀释至 1000 mL，混匀即得。

（2）盐酸溶液的标定：准确称量 3 份烘干至恒重的无水碳酸钠，每份 0. 15~0. 20 g，分别置于 250 mL 的锥形瓶中，各加入 80 mL 蒸馏水溶解后，加入 9~10 滴溴甲酚绿–甲基红混合指示剂，用待标定的盐酸溶液进行滴定，快到终点时，用洗瓶中的蒸馏水吹洗锥形瓶内壁。继续滴定至溶液由绿色变为亮黄色。记录滴定用去的盐酸溶液的体积。

（3）注意事项如下：

1）无水碳酸钠高温灼烧的目的是除去其中的水分和少量的碳酸氢钠，但由于经高温灼烧后的碳酸钠极易吸水，因此称量瓶一定要盖严，称量时动作要快，以防止碳酸钠吸水。

2）实验中所用的锥形瓶不需要烘干，加入蒸馏水的量不需要准确控制。

3）接近滴定终点时，由于形成 H_2CO_3-$NaHCO_3$，缓冲溶液的 pH 值变化不大，终点颜色变化不敏锐，故需加热或煮沸溶液。

五、分析结果的计算

通过填写表 S1-1 整理实验结果。

表 S1-1 实验结果记录表

记录项目	1	2	3
无水碳酸钠质量/g			
HCl 最初读数/mL			
HCl 最终读数/mL			
HCl 净用体积/mL			
c_{HCl}/mol · L^{-1}			
$c_{HCl,平均}$/mol · L^{-1}			
相对平均偏差			
极差			

六、思考题

（1）为什么不能用直接法配制盐酸标准溶液？

（2）标定盐酸溶液的浓度除了可以用碳酸钠外，还可以用哪种基准物质？

（3）盐酸溶液浓度标定过程中产生误差的原因有哪些？

实验 2 高氯酸脱水重量法测定钢铁中的硅含量

一、实验目的

（1）掌握重量法分析金属及合金化学成分的原理和步骤；

（2）掌握高氯酸脱水重量法测定钢铁中的硅含量的原理和检验方法，并对实验结果进行误差分析。

二、实验原理

硅是生铁和碳钢中重要的合金元素。在钢的生产中，硅主要用作熔融金属的脱氧剂，一般以硅铁合金的形式加入。硅和氧很容易化合成 SiO_2，同时放出大量的热，在脱氧的同时，可以提高钢水的温度。硅的添加会增加钢的强度并改善其性能。在铸铁工业中，硅经常用作孕育剂和球化剂。在铸铁中加入一定量的硅铁能阻止铁中形成碳化物，促进石墨的析出和球化，是一种重要的孕育剂和球化剂。因此，准确控制钢铁中的硅含量意义重大。其中，重量分析法是钢铁中的硅含量测定的重要分析方法。

将钢铁试样用盐酸、硝酸进行溶解，用高氯酸冒烟使硅酸脱水，过滤洗净后，灼烧成 SiO_2，用硫酸-氢氟酸进行处理，使硅生成四氟化硅挥发除去，由除硅前后称量的质量差计算硅的含量。

三、实验仪器和实验材料

（一）实验仪器

铂坩埚、马弗炉、电子天平。

（二）实验材料

盐酸、硝酸、高氯酸、氢氟酸、甲醇、硫酸、硫氰酸铵。

四、实验步骤

（1）称取试样。按表 S2-1 所示的规定称取试样，精确至 0.0001 g。

表 S2-1 试样量与试样中硅的质量分数的关系

硅的质量分数/%	试样量/g	硅的质量分数/%	试样量/g
0.10~0.50	4.0 ± 0.1	> 2.00~4.00	1.00 ± 0.01
> 0.50~1.00	3.0 ± 0.1	> 4.00~6.00	0.50 ± 0.01
> 1.00~2.00	2.00 ± 0.01		

（2）将试样置于 400 mL 烧杯中，加入 30~60 mL 盐酸（ρ=1.19 g/cm^3）、硝酸（ρ=1.42 g/cm^3）混合酸，盖上表面皿，缓慢加热至试样全部溶解（Si 生成硅酸）。

应注意，含硼钢中的硼含量大于 1%；或硼含量大于 0.01%，而硅含量大于 1%时，均要除硼。

除硼方法如下：试样溶解后，将试液加热浓缩至体积为 10 mL，加入 40 mL 甲醇，移动表面皿稍留空隙，低温缓慢挥发溶液至 10 mL 以下，加入 5 mL 硝酸（ρ = 1.42 g/cm^3），取下稍冷，用少量水冲洗表面皿和杯壁。除硼的原理为硼酸脱水后将与甲醇生成容易挥发的硼酸三甲酯［$B(OCH_3)_3$］，使硼与其他元素分离。

（3）按表 S2-2 所示的规定加入高氯酸（ρ = 1.67 g/cm^3），加热蒸发至冒烟，盖上表面皿，继续加热使高氯酸回流 15~25 min，硅酸脱水生成硅胶。

表 S2-2 高氯酸量与试样量的关系

试样量/g	高氯酸加入体积/mL	试样量/g	高氯酸加入体积/mL
4.0 ± 0.1	55	1.00 ± 0.01	25
3.0 ± 0.1	45	0.50 ± 0.01	20
2.00 ± 0.01	35		

（4）取下稍冷，用 6 mL 盐酸（ρ = 1.19 g/cm^3）润湿盐类，并使六价铬还原，加入 100 mL 热水，搅拌，微热使可溶性盐类溶解。

（5）加入少量纸浆，并立即用中速滤纸过滤，用淀帚将黏附在杯壁上的沉淀仔细扫下，用热盐酸（5+95）洗净烧杯，并洗涤沉淀至无铁离子（用硫氰酸铵溶液检查），再用热水洗涤 3 次。

（6）将滤液及洗液移入原溶样烧杯中，加热浓缩至高氯酸冒烟，并回流 15~25 min。

（7）将两次所得的沉淀连同滤纸置于铂坩埚中，烘干灰化，用铂坩埚盖部分盖上坩埚，在 1000 ~1050 ℃的高温炉中灼烧 30~40 min（灼烧时间视二氧化硅的数量和钢中是否含钨、钼而定），灼烧成二氧化硅。

（8）取出，稍冷，置于干燥器中，冷却至室温，称量，反复灼烧至恒重。

（9）沿坩埚内壁加 4~5 滴硫酸（1+1），5 mL 氢氟酸（ρ = 1.19 g/cm^3），低温加热至冒尽硫酸烟，再将铂坩埚置于 1000 ~1050 ℃的高温炉中灼烧 20 min，取出，稍冷，置于干燥器中，冷却至室温，称量，并反复灼烧至恒重，使 Si 变为 SiF_4 挥发除去。

（10）与试样的测定平行，并按同样的操作做空白试验，各种试剂及其用量与试样测定的试剂及其用量完全一致。空白试验是在同样测定条件下，用蒸馏水代替试液，用同样的方法进行的实验，其目的就是消除由试剂和仪器带入杂质而造成的系统误差。

五、分析结果的计算

按下式计算硅的质量分数：

$$w_{Si} = \frac{[(m_1 - m_2) - (m_3 - m_4)] \times 0.4674}{m_0} \times 100\%$$

式中，w_{Si}为硅的质量分数,%；m_1 为氢氟酸处理前铂坩埚与沉淀的质量，g；m_2 为氢氟酸处理后铂坩埚与残渣的质量，g；m_3 为氢氟酸处理前铂坩埚与空白试验的沉淀的质量，g；m_4 为氢氟酸处理后铂坩埚与空白试验的残渣的质量，g；m_0为试样的质量，g；0.4674 为二氧化硅换算为硅的系数。

六、思考题

（1）高氯酸脱水重量法测定钢铁中的硅含量的原理是什么？

（2）采用高氯酸脱水重量法测定钢铁中的硅含量，影响测量结果的主要因素是什么？

实验3 新亚铜灵-三氯甲烷萃取光度法测定合金中的铜含量

一、实验目的及要求

(1) 掌握光度法分析金属及合金化学成分的原理和步骤；

(2) 掌握新亚铜灵-三氯甲烷萃取光度法测定生铁、碳素钢、合金钢、高温合金和精密合金中的铜含量的原理和检验方法，并对实验结果进行误差分析。

二、实验原理

铜在钢中多以固溶体或金属夹杂物的形态存在。在钢中加入少量铜，能提高其屈服点和疲劳强度，改善冲击韧性和抗大气腐蚀性能等。但铜在钢中通常是有害杂质，会使钢的力学性能降低，当加热时会导致金属表面氧化，有时会引起钢在锻轧热加工时发生热脆现象，出现鱼鳞状开裂并影响其焊接性能。铜对生铁、碳素钢、合金钢、高温合金和精密合金的性能有重要影响。光度法是目前常用的测定铜含量的分析方法。

试样经酸溶解后，在柠檬酸的存在下，以盐酸羟胺还原铜至一价，当 pH 值为 5~6 时，新亚铜灵与铜生成 2∶1 不溶性的黄色络合物，使用三氯甲烷进行萃取，测量其吸光度。当铬在萃取溶液中的含量大于 4 mg 时有负干扰，其他常见共存元素均无干扰。

三、实验仪器和实验材料

(一) 实验仪器

容量瓶、烧杯、锥形瓶、量筒、移液管、表面皿、分液漏斗、电炉、电子天平、分光光度计。

(二) 实验材料

无水乙醇；

三氯甲烷；

盐酸 (ρ=1.19 g/cm^3)；

硝酸 (ρ=1.42 g/cm^3)；

硝酸 (1+3)；

高氯酸 (ρ=1.67 g/cm^3)；

氢氟酸 (ρ=1.15 g/cm^3)；

盐酸-硝酸混合酸：盐酸 (ρ=1.19 g/cm^3)、硝酸 (ρ=1.42 g/cm^3) 和水按 3∶4∶3 比例混匀；

柠檬酸钠溶液 (30%)；

盐酸羟胺溶液 (10%)；

2,9-二甲基-1,10-菲啰啉（新亚铜灵）乙醇溶液（0.1%）：称取 1 g 新亚铜灵溶于 1000 mL 无水乙醇中，储存于棕色瓶中；

铜标准溶液：称取 0.1000 g 金属铜（99.9%以上）于 250 mL 烧杯中，加入 10 mL 硝酸，盖上表面皿，微热溶解，加入 5 mL 高氯酸，继续加热蒸发至冒高氯酸烟，稍冷，加入少量水溶解盐类，将溶液移入 1000 mL 容量瓶中，用水稀释至刻度，混匀，1 mL 此溶液含 100 μg 铜。

移取上述铜标准溶液 50.00 mL 于 500 mL 容量瓶中，用水稀释至刻度，混匀。1 mL 此溶液含 10 μg 铜。

四、实验步骤

（一）称取试样

根据表 S3-1 所示的规定称取试样。

表 S3-1　试样量与试样中铜的质量分数的关系

铜的质量分数/%	试样量/g
0.010~0.100	0.5000
>0.100~1.00	0.2500

（二）空白试验

随同试样做空白试验。

（三）测定

（1）一般试样：将试样置于 150 mL 锥形瓶中，加入 20 mL 盐酸-硝酸混合酸，加热至试样溶解（高硅试样加适量氢氟酸助溶），加入 5 mL 高氯酸，继续加热蒸发至冒高氯酸烟，高氯酸残留量在 1 mL 以下，稍冷。

（2）高铬试样：将试样置于 150 mL 锥形瓶中，加入 15 mL 盐酸，加热溶解，滴加硝酸氧化，加入 10 mL 高氯酸，继续加热冒高氯酸烟至铬氧化成高价，滴加盐酸，将铬变成氯化铬酰除去，高氯酸残留量在 1 mL 以下，稍冷。

（3）在上述溶液中加入 20 mL 水，加热溶解盐类，冷至室温，将试液移入 100 mL 容量瓶中，用水稀释到刻度，混匀（如有石墨碳、钨酸等不溶物，则用中速滤纸过滤除去）。

（4）移取 10.00 mL 试液（铜含量为 0.50%~1.00%时移取 5.00 mL）置于 125 mL 分液漏斗中，用水稀释至约 25 mL。

（5）加入 10 mL 柠檬酸钠溶液、5 mL 盐酸羟胺溶液，混匀；加入 5 mL 新亚铜灵乙醇溶液，混匀；加入 10 mL 三氯甲烷，振荡 30 s，静置分层后，将有机相通过脱脂棉过滤于干燥过的并盛有 5 mL 无水乙醇的 25 mL 容量瓶中，用无水乙醇稀释到刻度，混匀。

（6）将显色液移入吸收皿中（铜含量为 0.01%~0.10%时用 3 cm 吸收皿；铜含量大于 0.10%~1.00%时用 1 cm 吸收皿），以随同试样的空白溶液为参比，于分光光度计 456 nm 波长处测量其吸光度，从工作曲线上查出显色液中相应的铜的质量分数。

（四）工作曲线的绘制

移取 0 mL、1.00 mL、2.00 mL、3.00 mL、4.00 mL、5.00 mL（铜含量大于 0.10%~

1.00%时，移取 0 mL、2.50 mL、5.00 mL、7.50 mL、10.00 mL、12.50 mL）铜标准溶液分别置于 125 mL 分液漏斗中，加水稀释至约 25 mL，根据步骤（三）中的（5）（6），以试剂空白溶液为参比，测量其吸光度，以铜的质量分数为横坐标，吸光度为纵坐标绘制工作曲线。

（五）分析结果计算

按下式计算铜的质量分数：

$$w_{Cu} = \frac{m_1 \cdot V}{m \cdot V_1} \times 100\%$$

式中，w_{Cu}为试样中铜的质量分数,%；m_1 为从工作曲线上查得的铜的质量，g；V_1 为分取试液的体积，mL；V 为试液总体积，mL；m 为试样的质量，g。

五、思考题

（1）光度法分析金属元素含量的基本原理是什么？

（2）元素光度分析法的影响因素有哪些？

实验4 铝合金中的铝含量的测定

一、实验目的

（1）掌握铝合金中的铝含量的测定原理与方法；
（2）掌握置换滴定法测定铝的操作技能及其计算方法。

二、实验原理

Al^{3+}易水解生成多羟基络合物，在酸度不高时还与EDTA形成羟基络合物，同时其与EDTA的络合速度缓慢；在高酸度、煮沸条件下，Al^{3+}易与EDTA络合完全，故一般采用返滴定法或置换滴定法测定铝，而不能直接滴定。

采用置换滴定法测定Al^{3+}，先调节溶液的pH值为3~4，加入过量的EDTA溶液，煮沸，加速Al^{3+}与EDTA完全络合，冷却后，再调节溶液的pH值为5~6，以二甲酚橙为指示剂，用Zn^{2+}标准溶液滴定过量的EDTA；然后加入过量的NH_4F，加热至沸，使AlY^-与F^-之间发生置换反应，并释放出与Al^{3+}等物质的量的EDTA：

$$AlY^- + 6F^- + 2H^+ \rightleftharpoons AlF_6^{3-} + H_2Y^{2-}$$

再用Zn^{2+}标准溶液滴定溶液至呈紫红色，即为终点。

样品中含有Sn^{2+}、Ti^{4+}、Zr^{4+}时，会被同时滴定，干扰测定。

样品中含有Fe时，NH_4F的用量必须适当。如过多，则FeY^-中的EDTA也会被置换出来，使结果偏高；为防止FeY^-发生置换反应，可加入H_3BO_3，使过量的F^-生成BF_4^-；当Fe含量太高时，必须加入NaOH溶液将Fe^{3+}与Al^{3+}分离后再测定Al^{3+}。

如样品中Ca含量太高，则当pH值为5~6时，可能有部分Ca^{2+}被滴定，此时可用HAc-NaAc缓冲溶液在pH值为3~4时进行滴定。

三、实验仪器和实验材料

（一）实验仪器

分析天平、称量瓶、容量瓶、锥形瓶、量筒、移液管、酸式滴定管。

（二）实验材料

混合酸：$HNO_3 + HCl + H_2O = 1 + 1 + 2$；

EDTA溶液：0.01 mol/L；

氨水：（1 + 1）；

盐酸：（1 + 1）、（1 + 3）；

六次甲基四胺：20%水溶液；

二甲酚橙：0.2%水溶液；

NH_4F溶液：20%水溶液，配制后储存于塑料瓶中；

Zn^{2+}标准溶液：准确称取 0. 15 g 纯金属锌（或 0. 4 g 在 800 ℃灼烧至恒重的基准物质 ZnO）至 100 mL 烧杯中，先用少量水润湿，加入 10 mL（1 + 1）盐酸溶液，盖上表面皿，使其溶解，待溶解完全后，用水冲洗表面皿和烧杯壁，将溶液转入 250 mL 容量瓶中，用水稀释至刻度，计算其准确浓度。

四、实验步骤

（1）准确称取 0. 10~0. 15 g 铝合金试样于 250 mL 烧杯中，加入 10 mL 混合酸，并立即盖上表面皿，待试样溶解后，用水冲洗表面皿和烧杯壁，将溶液转入 100 mL 容量瓶中，用水稀释至刻度，摇匀。

（2）用移液管移取 25. 00 mL 试液于 250 mL 锥形瓶中，加入 0. 01 mol/L EDTA 溶液 20 mL、二甲酚橙指示剂 2 滴，用氨水调至溶液呈紫红色后，滴加盐酸溶液（1 + 3）3 滴，将溶液煮沸 3 min 左右，冷却，加入 20%的六次甲基四胺溶液 20 mL，此时溶液呈黄色，如果不呈黄色，则可用盐酸调节至黄色，再补加二甲酚橙指示剂 2 滴，用 Zn^{2+}标准溶液滴定至溶液呈紫红色。

（3）加入 20%的 NH_4F 溶液 10 mL，将溶液加热至沸，使用流水冷却，再补加二甲酚橙指示剂 2 滴，此时溶液呈黄色，用 Zn^{2+}标准溶液滴定至溶液由黄色变为紫红色，即为终点，根据消耗的 Zn^{2+}标准溶液的体积，计算 Al 的质量分数。

（4）分析结果计算：按下式计算 Al 的质量分数：

$$w_{Al} = \frac{VT}{m \times 1000} \times 100\%$$

式中，w_{Al}为试样中铝的质量分数，%；V 为滴定分取液消耗的锌标准溶液的体积，mL；T 为锌标准溶液对铝的滴定度，mg/mL；m 为分取液中的试样质量，g。

五、思考题

（1）铝合金试样的溶解是否可以用氢氧化钠溶液，为什么？

（2）本实验采用的 EDTA 溶液用不用标定，为什么？

（3）本实验在加入二甲酚橙后，溶液有几次变黄，变黄的原因是什么？

实验 5 碳钢金相制备及平衡组织观察

一、实验目的

（1）掌握金相样品的制备过程；
（2）熟悉显微组织的显露方法；
（3）学习如何利用金相显微镜进行显微组织分析；
（4）熟悉碳钢平衡组织的显微形貌特征及识别方法。

二、实验原理

利用金相显微镜来研究金属和合金组织的方法叫作显微分析法。它可以解决金属组织方面的很多问题，如金属夹杂物、金属与合金的组织、晶粒的大小和形状、偏析、裂纹以及热处理操作是否合理等。

金相样品是用来在显微镜下进行分析、研究的试样，所以对金相样品的观察面的光洁度要求很高，要求达到镜面一样的光亮，无一点划痕。金相样品的制备过程包括取样、磨制、抛光、腐蚀等步骤。

三、实验仪器和实验材料

（一）实验仪器

金相预磨机、金相试样抛光机、金相显微镜、吹风机。

（二）实验材料

45 号钢、水砂纸、金相砂纸、玻璃板、抛光粉、抛光织物（呢子、绒布）、医用脱脂棉、滤纸、无水酒精、硝酸、烧杯、镊子。

四、实验步骤

（一）取样

根据研究的目的，要取具有代表性的部位，例如，检查轧制材料应截取纵横两个截面的样品；对于一般热处理的零件，由于金相组织比较均匀，试样的截取可在任意截面进行。试样的尺寸通常采用 $\phi 12 \sim 15$ mm，高 $12 \sim 15$ mm 的圆柱体或边长 $12 \sim 15$ mm 的方形试样。在截取试样时不宜使试样温度过高，以免引起金属组织的变化，影响分析结果。

对于形状不规则或尺寸太小的试样，为了便于制备，应将样品用试样夹夹住或用低熔点金属、电木粉或环氧树脂镶嵌成尺寸适合手握的试样。

（二）磨制

试样截取后，使用砂轮（或用锉刀）将试样的磨面制成平面。在砂轮上磨制时，应握紧试样，使试样受力均匀，压力不要太大，并随时用水冷却，以防试样受热引起金属组织变化。

将磨平的试样用水洗净，在预磨机上依次用 150 号、240 号、360 号水磨砂纸进行磨制，将水砂纸贴在预磨机的转盘上，磨制时对样品的压力不可过大，并及时加水冷却。每换一号砂纸都应将试样用水洗净，以防粗砂粒被带到下一道砂纸上。

将预磨机上处理过的试样用水洗净吹干后，随即依次用由粗到细的 400 号、600 号、800 号、1000 号金相砂纸进行磨制，磨制时砂纸应平铺于玻璃板上，左手按住砂纸，右手握住试样，使磨面朝下并与砂纸接触，在轻微压力作用下把试样向前推磨，用力要均匀，务求平稳，否则会使磨痕过深，并且造成试样磨面的变形。试样退回时不能与砂纸接触。这样“单程单向”地反复进行，直至磨面上旧的磨痕被去掉，新的磨痕均匀一致为止。在更换下一号更细的砂纸时，应将试样上的磨屑和砂粒清除干净，试样转动 90°（也就是与上一号砂纸的磨痕方向相垂直），将上一号砂纸的磨痕全部磨掉后，再更换更细一号砂纸。

（三）抛光

抛光的目的在于去除磨面上的细磨痕和变形层，以获得光滑的镜面。常用的抛光方法有机械抛光、电解抛光和化学抛光三种，其中以机械抛光的应用最广，本实验仅介绍机械抛光。

机械抛光是在抛光机上进行的，一般用 P-2B 型抛光机来完成。试样经砂纸磨制后要用水冲洗干净，防止砂粒或金属屑带入抛光盘中，本实验的抛光操作分为粗抛光和细抛光两道工序。

首先进行粗抛光，在抛光盘上放置呢子，在呢子上撒抛光剂（2%的 Al_2O_3 水悬浊液）。抛光机由电机带动抛光盘转动，试样磨面均匀平整地压在旋转的抛光盘上，随着抛光盘的旋转，要不停地滴加 Al_2O_3 抛光剂，试样被抛光直到原来砂纸的磨痕全部被抛掉为止。

粗抛光完成后进行细抛光，在抛光盘上放置绒布，抛光剂为肥皂水，细抛光过程同粗抛光一致，直到试样表面像镜面一样光亮为止。

注意事项：抛光时要不断地向抛光盘上撒抛光剂，操作人员的头一定要抬起来，身子站直，手要握稳试样，防止抛光过程中试样飞出发生意外。

（四）腐蚀

抛光好的试样磨面是光滑镜面，在显微镜下只能看到夹杂物、石墨、孔洞、裂纹等。要观察金属的组织，则必须经过适当的腐蚀，使显微组织能正确地显示出来。目前最常用的腐蚀方法是化学浸蚀法，本试验采用化学浸蚀法。

化学浸蚀法是将抛光好的试样磨面在化学浸蚀剂（常用酸、碱、盐的酒精或水溶液，本实验用 3%的硝酸酒精溶液作为浸蚀剂）中浸润或擦拭一定时间。由于金属材料中各相的化学成分和结构不同，故具有不同的电极电位，在浸蚀剂中就构成了许多微电池，电极电位低的相为阳极而被溶解，电极电位高的相为阴极而保持不变。故在浸蚀后就形成了凹凸不平的表面，在显微镜下，由于光线在各处的反射情况不同，因此能观察到金属的组织特征。

浸蚀顺序如下：抛光好的样品表面，用水和酒精洗涤干净，用吹风机吹干试样，然后进行浸蚀。试样抛光面浸入浸蚀剂中，并不断轻微移动，抛光面呈暗灰色即可。腐蚀适度后取出试样，先迅速用水冲洗，再迅速用无水酒精冲洗，然后用吹风机吹干（表面需要严格保持清洁），即可进行显微组织观察。

腐蚀时间（短至几秒钟，长至 10 多分钟）取决于金属的性质、浸蚀剂的浓度以及外界温度。总之，浸蚀时间以在显微镜下能清晰地揭示出组织的细节为准，若浸蚀不足，则可继续进行浸蚀，而一旦浸蚀过渡，则试样需在最后一号砂纸上进行磨光，然后重新抛光，再进行浸蚀。

五、思考题

（1）简述金相样品的制备及显微组织的显露过程。

（2）试画出自己制备的碳钢样品的显微组织。

（3）如何保护制备好的金相试样？

实验 6 有色金属金相试样的制备与金相组织观察

一、实验目的

(1) 掌握金相试样制备的原理和过程;
(2) 学习掌握金相显微组织的常用显示方法;
(3) 学习金相显微镜的使用方法。

二、实验原理

铜及铜合金被广泛地应用于电子电气、机械制造、建筑工业等领域,在中国有色金属材料的消费中仅次于铝。按照传统的铜合金分类方法,可以分为纯铜、黄铜、白铜和青铜四大类。按照加工方法的不同,可以分为铸造铜合金和变形铜合金。

金相试样的制备应具有代表性和典型性。试样的截取方向、部位及数量应根据金属制造的方法、检验的目的、技术条件的规定选取有代表性的部位进行切取。金相试样制备的基本过程包括取样、镶嵌、粗磨、细磨、抛光和腐蚀。

三、实验仪器和实验材料

(一) 实验仪器

金相预磨机、金相试样抛光机、金相显微镜、吹风机。

(二) 实验材料

青铜和黄铜试样、水砂纸、金相砂纸、玻璃板、抛光粉、抛光织物(帆布、海军呢、丝绒、丝绸等)、医用脱脂棉、滤纸、无水酒精、三氯化铁、盐酸、烧杯、镊子。

四、实验步骤

(一) 磨制

将砂纸铺在玻璃板上,一手按住砂纸,一手拿样品在砂纸上单向推磨,切不可来回磨制,用力要均匀,不宜过重,使整个磨面都能被磨到,更换砂纸时,要把手、样品、玻璃板等清理干净,并与上道磨痕方向垂直磨制,直到前道磨痕完全消失才能更换砂纸。

(二) 抛光

(1) 粗抛光:在抛光盘上铺帆布、海军呢作为抛光织物,将适量抛光液倒入抛光盘中央。手握样品在专用的抛光机上进行抛光,边抛光边加抛光液。抛光时,试样磨面应均匀地轻压在抛光盘上,并将试样由中心至边缘来回移动,并做轻微转动。

(2) 细抛光:在抛光盘上铺丝绒、丝绸等抛光织物,用更细的抛光液进行抛光,方法与粗抛光相同。

在抛光过程中要以少量多次和由中心向外扩展的原则不断加入抛光液，抛光应保持适当的湿度，因为湿度过大会降低磨削力，使试样中的硬质相呈现浮雕；湿度太小，则摩擦生热会使试样升温，从而使试样产生晦暗现象。合适的抛光湿度是以提起试样后磨面上的水膜能够在3~5 s内蒸发完为准。

抛光压力不宜太大，时间不宜太长，防止试样表面出现细小的凹坑和非金属杂质脱落，并防止表面金属变形及出现假现象。

抛光前期，抛光液的浓度应大些，后期抛光液的浓度需小些，最后用清水进行抛光，直至试样成为光亮无痕的镜面，即停止抛光。用清水冲洗干净后即可进行浸蚀。

（三）腐蚀

经过抛光的样品，在显微镜下观察时，除金属夹杂物、石墨、裂纹及磨痕等以外，只能看到光亮的磨面。要看到金相组织，则必须进行腐蚀。腐蚀的方法有多种，如化学腐蚀、电解腐蚀、恒电位腐蚀等，最常用的是化学腐蚀法。金相试样浸蚀的目的是显示它的微观组织。

（1）浸蚀法：将抛光好的样品放入腐蚀剂中，抛光面向上，或抛光面向下，浸入腐蚀剂中，不断观察产品表面颜色的变化，当样品表面略显灰暗时，即可取出，充分冲水冲酒精，再快速用吹风机充分吹干。

（2）滴蚀法：一手拿样品，表面向上，用滴管吸入腐蚀剂滴在样品表面，观察样品表面颜色的变化情况，当样品表面的颜色变灰时，再过2~3 s即可充分冲水冲酒精，再快速用吹风机充分吹干。

（3）擦蚀法：用沾有腐蚀剂的棉花轻轻地擦拭抛光面，同时观察表面颜色的变化，当样品表面略显灰暗时，即可取出，充分冲水冲酒精，再快速用吹风机充分吹干。

（四）观察

在金相显微镜下观察和分析金相样品的组织。

五、思考题

（1）金相试样制备过程中要注意什么问题？

（2）试画出自己制备的铜合金样品的显微组织。

实验 7 奥氏体不锈钢表面离子渗氮实验

一、实验目的

(1) 了解金属材料的表面处理方法;

(2) 掌握奥氏体不锈钢表面离子渗氮的原理和用途。

二、实验原理

离子渗氮法是在 0.1~10 Torr 的含氮气氛中，以炉体为阳极，被处理工件为阴极，在阴阳极间加上数百伏的直流电压，由于辉光放电现象便会产生像霓虹灯一样的柔光覆盖在被处理工件的表面。离子渗氮工艺是在真空炉体内，通过稀薄气体放电，形成的由离子、电子和中性粒子构成的局部电离状态（即等离子体）中进行表面处理的。离子渗氮不仅能提高工件的疲劳寿命、耐磨性、抗腐蚀和抗咬合能力，而且使用设备简单，投资少，易操作，时间短，工件畸变小，有时还能给工件以美观的外表。

渗氮涉及四要素，即工件表面洁净度、氮化温度、氨的分解率、渗氮保温时间。

清洗工件，与气体氮化大体相同，但对于工件交检质量不构成威胁，如果清洗得好，则可大大缩短打弧时间；反之，只需延长打弧时间，就可以维持工作。离子氮化温度与气体氮化温度一样，但其温度测量至今仍为一道难题，即热电偶很难与工件匹配，其显示值也不能完全一致，只能作为参考，所以通过目测估计温度尤为重要。

离子氮化也需要足够的氮原子，但因其独特的电离能力，极少的氮原子即可满足氮化需要，所以一次工作保温阶段有 1 kg 氨气即可满足工作需要。氮原子能否满足工作需要，可视炉内气体被电离后所发出的辉光厚度及颜色来进行判断。正常工作时，辉光发出淡蓝色微光，如辉光厚度保持在 2.5~3.0 mm ，则发黄发亮；如辉光厚度超过 3 mm，则为氨气供给量太少；如辉光暗淡发黑，厚度小于 2 mm，则为氨气供给太多。

离子渗氮渗速较快，当渗入厚度小于 0.30 mm 时，渗氮速度每小时可达 50~80 μm；但当渗入厚度超过 0.30 mm 时，渗速大大降低，渗入厚度如为 0.50 mm 则需 20~30 h。

三、实验仪器和实验材料

（一）实验仪器

预磨机、抛光机、LDMC-20F 辉光离子渗氮炉、吹风机。

离子渗氮设备如图 S7-1 所示。

（二）实验材料

不锈钢试样、砂纸、丙酮、无水乙醇、抛光粉、抛光织物（呢子、绒布）。

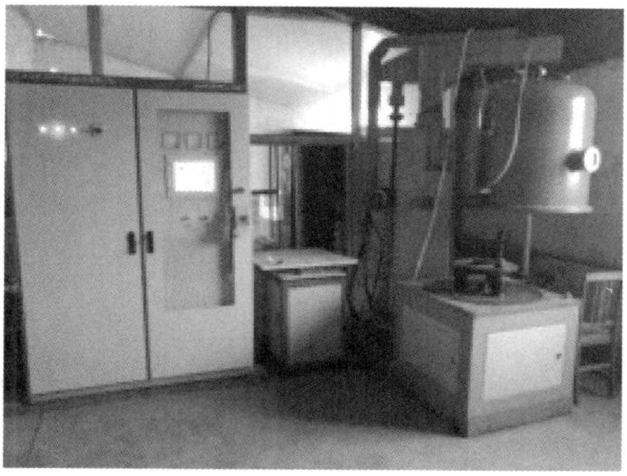

图 S7-1　离子渗氮设备

四、实验步骤

(一) 样品预处理

(1) 准备样品：在预磨机上依次用 400 号、800 号、1500 号的砂纸进行磨制，用抛光机对样品进行抛光。

(2) 用石油醚或丙酮（具有挥发性）对样品进行超声清洗 5 min，以达到去油、去胶。

(3) 用无水乙醇对样品进行超声清洗 5 min，要注意在将样品放入盛有酒精的容器时，不要让样品表面剐蹭到容器壁。

(4) 取出，用吹风机吹干样品，防止样品被氧化生锈。

(二) 渗氮过程

1. 升温

(1) 首先抽真空（设置值为 20 Pa 左右），关好炉体放气阀，打开真空泵控制开关，开启波纹管处阀门；当抽到 50 Pa 以下时即可进行实验，此时将真空度设置值调到 50 Pa。

(2) 开启电阻 1、高压开关，给定初始电压 600~650 V。

(3) 缓慢增加占空比，依据炉内电离的剧烈程度，实时改变占空比，占空比最大设定值为 73。

(4) 在电流不超过 20 A，电压不超过 1000 V 的可控范围内，依据升温需要改变占空比与设置电压（电压越高，占空比越大，电流越大，升温越快）。

(5) 温度升高到一定程度（200~300 ℃）后，关闭电阻 1，打开电阻 2，打开气瓶开关（松开即可），开启减压阀，通入气体，气体流量与炉内压力同时调节，一般差值为 50~80 即可。

注意，刚开始通入气体会导致电离剧烈，建议通气前适当降低占空比。

(6) 打开冷却水。

2. 保温

升温至所设定的温度，保温所需时长。

3. 降温

保留一定的氨气，防止样品被氧化，关闭占空比，关掉电压，关闭电阻 2，设置低气压值抽真空，进行冷却降温。

4. 开炉取样

当样品温度降为室温时，关闭波纹管处阀门，关闭真空泵，打开放气阀，上升炉体，取出样品。取完样品后，关闭炉体，关闭放气阀，重新抽真空至 50 Pa 以下，关闭电源。

五、思考题

（1）简述渗氮样品的制备过程。

（2）离子渗氮法的工作原理是什么？

（3）影响离子渗氮层质量的因素有哪些？

实验 8　金属材料室温拉伸力学性能的测定

一、实验目的

（1）测定铝合金的抗拉强度、屈服强度、伸长率及断面收缩率；
（2）观察拉伸断口的特征；
（3）了解用引伸计精确测定屈服强度的方法；
（4）掌握电子万能试验机的操作方法。

二、实验原理

（一）抗拉强度的测定

试样的抗拉强度为试样拉断前的最大载荷与试样横截面积之比：

$$R_m = \frac{F_b}{S_0} \tag{S8-1}$$

式中，F_b 为试样拉断前的最大载荷；S_0 为试样原始横截面积。

（二）屈服强度的测定

屈服强度是指金属材料发生屈服现象时的屈服极限。对于无明显屈服的金属材料，规定以产生 0.2%残余变形的应力值为其屈服极限，称为屈服强度；而对于有明显屈服现象的金属材料，则可以测量其屈服强度、上屈服强度、下屈服强度，一般而言，只测定下屈服强度。通常借助引伸计精确测量材料的屈服强度，将引伸计夹持在试样的标距段，如图 S8-1所示，当试样达到屈服后计算机会自动记录材料的屈服强度。

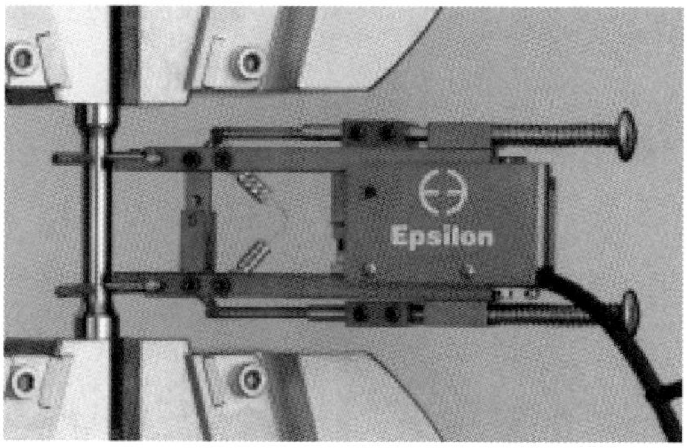

图 S8-1　引伸计

（三）伸长率及断面收缩率的测定

伸长率是指试样断裂后标距长度的相对伸长量，通常用 A 来表示：

$$A = \frac{L_u - L_0}{L_0} \tag{S8-2}$$

式中，L_0为试样的原始标距；L_u为断后标距。

伸长率是评估金属材料塑性高低的常用参数，试样拉断后，将两段试样紧密地对接在一起，用游标卡尺测量出拉断后标距段的长度 L_u，利用式（S8-2）计算试样断后的伸长率。

金属材料断口附近的塑性变形大，因此 L_u的测量与断口部位有关。若试样断裂位置在标距 L_0之外或在标记点，则试样的伸长率数据无效，需重新测试。若断口距离标距一端的距离小于或等于 $L_0/3$，如图 S8-2 所示，则按照断口移中法测定 L_u。在试样断口处取约等于短断口处的距离，即 B 点，若剩余格数为奇数，则取剩余格数减 1 后的一半得到 C 点，加 1 后得到 C_1 点，设 AB、BC、BC_1 的长度分别为 a、b_1、b_2，则断后标距 $L_u = a + b_1 + b_2$；若剩余格数为偶数，则 $L_u = a + 2b$，其中 b 为 BC 之间的长度。

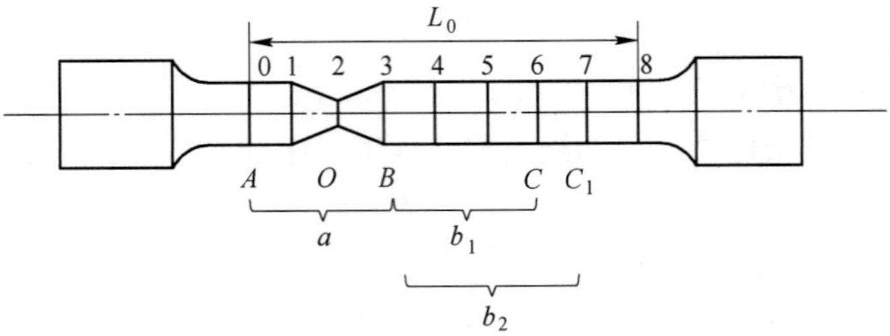

图 S8-2 拉伸试样拉断后的示意图

断面收缩率是试样断裂后标距段横截面积的相对收缩率，通常用 Z 表示。

$$Z = \frac{S_0 - S_u}{S_0} \tag{S8-3}$$

式中，S_0 为试样原始横截面积；S_u 为试样断裂后的最小横截面积。

断面收缩率是评估金属材料塑性高低的重要参数之一，试样拉断后，将两段试样紧密地对接在一起，用游标卡尺测量出拉断后标距段最小截面的直径，利用式（S8-3）计算试样的断面收缩率。

三、实验仪器和实验材料

（一）实验仪器

电子万能试验机、电子引伸计、游标卡尺、水磨砂纸、划线器。

（二）实验材料

铝合金拉伸试样。

四、实验步骤

（1）试样打磨：为除去样品平行段的加工痕迹，提高试验的准确度，用 400 号、800 号的水磨粗砂纸依次对平行段进行粗磨，然后用 1500 号、2000 号、3000 号的水磨细砂纸依次进行细磨。

（2）测量试样尺寸：使用游标卡尺测量标距段内的两端及中间三个不同位置的试样直径，三个数据中取最小值作为原始直径数据，测量完成后做好记录。

（3）标距的标定：使用划线器对标距进行标定。

（4）试验机准备：打开试验机开关及计算机开关，使设备进入试验状态，启动拉伸试验用软件。

（5）编辑试验参数：进入软件试验窗口，选择金属材料室温拉伸试验，设定拉伸速率为 2 mm/min，输入试样的标距长度及最小直径。

（6）安装试样及引伸计：将引伸计夹在试样的标距段，然后将试样安装到万能试验机的夹具上。

（7）开始试验：点击试验窗口的“运行”按钮，试验机开始加载，当试样达到屈服强度后，根据试验窗口的提醒取下引伸计，然后继续试验，试样断裂后，立即点击“停止”按钮。

（8）保存数据并导出。

（9）取下试样，测量断后标距及截面积。

（10）关闭电子万能试验机，做好试验登记。

五、实验数据处理

（1）记录试样的抗拉强度及屈服强度。

（2）利用 Origin 软件绘制应力-应变曲线。

（3）计算试样的断后伸长率及断面收缩率。

（4）观察试样断口的特征，是否出现颈缩，断裂方式是韧断还是脆断。

（5）将实验数据填入表 S8-1 和表 S8-2 中。

表 S8-1　拉伸试样尺寸

原始标距 L_0/mm	平均直径 d/mm			原始横截面积 S_0/mm^2		断后标距 L_u/mm	断裂处最小直径 d_u/mm		断裂处最小横截面积 S_u/mm^2
	上	中	下	最小	平均				

表 S8-2　材料的强度及塑性指标

抗拉强度	屈服强度	伸长率	断面收缩率	断口是否出现颈缩	试样断裂方式

六、思考题

（1）什么叫比例试样，它应满足什么条件，国家为什么要对试样的形状、尺寸、公差和表面粗糙度做出相应的规定？

（2）测量材料的抗拉强度时需要注意哪些问题？

实验 9 金属材料硬度测定

一、实验目的

（1）测定不同热处理状态铝合金的维氏硬度；

（2）了解维氏硬度计的原理；

（3）掌握维氏硬度计的操作方法。

二、实验原理

维氏硬度压头是锥角为 136°的金刚石正四棱锥锥体，如图 S9-1 所示。

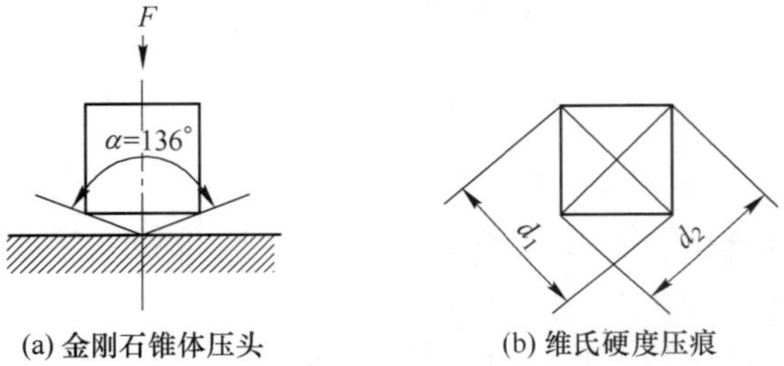

图 S9-1 维氏硬度试验原理示意图

按照国家标准《金属材料 维氏硬度试验 第 1 部分：试验方法》（GB/T 4340.1—2009）进行试验。在测量维氏硬度时，先给压头施加载荷 F，并保持一定时间后卸载载荷，在试样表面留下一个正方形压痕，如图 S9-1（b）所示，测量压痕的对角线长度并取平均值，根据下列公式计算材料的维氏硬度值：

$$\text{维氏硬度} = 1.8544\frac{F}{d^2} \tag{S9-1}$$

式中，F 为施加载荷，kgf；d 为压痕对角线的平均长度，mm。

若施加的载荷单位为 N，则采用下式计算材料的维氏硬度：

$$\text{维氏硬度} = 0.1891\frac{F}{d^2} \tag{S9-2}$$

式中，F 为施加载荷，N；d 为压痕对角线的平均长度，mm。

维氏硬度测量常用的装置是数显显微硬度仪，其外形图如图 S9-2 所示。

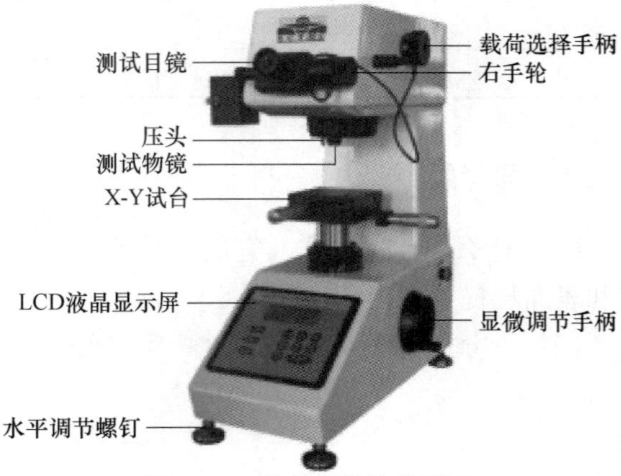

图 S9-2 维氏硬度计外形图

三、实验仪器和实验材料

（一）实验仪器

维氏硬度计。

（二）实验材料

1 cm×1 cm×1 cm 铝合金块体试样、水磨砂纸、研磨膏。

四、实验步骤

（1）试样准备：将块状铝合金试样用400号、800号的水磨砂纸粗磨，然后用1500号、2000号、3000号的水磨细砂纸细磨，最后用 $W_{1.0}$ 金刚石研磨膏同时辅以清洁剂作为润滑剂，抛光至样品表面没有划痕为止。将抛光后的试样表面用吹风机吹干，待用。

（2）试样放置：打开电源开关，将抛光后的试样放置在X-Y试台中间，使得压头能够垂直于试样表面。

（3）试验参数的选择：测量维氏硬度重要的是选择载荷和加载时间，不同硬度的材料，选择的载荷和加载时间不一样，硬度越高的金属材料，所选的载荷越大、加载时间越长。

（4）硬度测试：通过转动显微调节手柄，使观察窗口显示清晰的试样表面，按下显示屏上的“START”键，仪器开始工作。

（5）测量硬度压痕对角线的长度 d_1 和 d_2。

（6）记录并保存硬度数据。

（7）为保证试验精度，每个试样表面至少测试6个点，取6个点的硬度平均值作为最终的硬度值。

五、实验数据处理

材料的维氏硬度测试完毕后，通过表S9-1和表S9-2所示的表格记录硬度值，并计算平均值作为最终的硬度值。

表S9-1 维氏硬度数据记录表

状态	测量次数	维氏硬度测量值	平均值
峰时效	1		
	2		
	3		
	4		
	5		
	6		
双级时效	1		
	2		
	3		
	4		
	5		
	6		

续表 S9-1

状态	测量次数	维氏硬度测量值	平均值
回归再时效	1		
	2		
	3		
	4		
	5		
	6		

表 S9-2　不同时效状态下铝合金的维氏硬度

项目	峰时效	双级时效	回归再时效
加载载荷/kgf			
加载时间/s			
硬度值			

六、思考题

（1）实际生产中，为什么零件设计图上一般是提出硬度的技术要求而不是标明强度或塑性值？

（2）测量材料的硬度需要注意哪些问题？

实验 10　金属材料弯曲试验

一、实验目的

（1）测定铝合金焊接接头不同区域的抗弯性能；
（2）了解弯曲试验的测定原理；
（3）掌握焊接接头弯曲试验的试验方法。

二、实验原理

根据试验载荷的加载方式，金属材料的弯曲试验可分为三点弯曲和四点弯曲，如图 S10-1 所示。三点弯曲试验是将试样放在有一定距离的两个支撑点上，在两个支撑点的中间施加向下的载荷，试样的三个接触点形成相等的两个力矩。三点弯曲试验操作简单，是金属材料弯曲试验最常用的加载方式。

根据弯曲试验时焊缝轴线与试样纵轴的方位，焊接接头弯曲试验分为横弯和纵弯，横弯是指焊缝轴线与试样纵轴垂直时的弯曲，纵弯是指焊缝轴线与试样纵轴平行时的弯曲。焊接接头弯曲试验通常采用横弯方式进行。

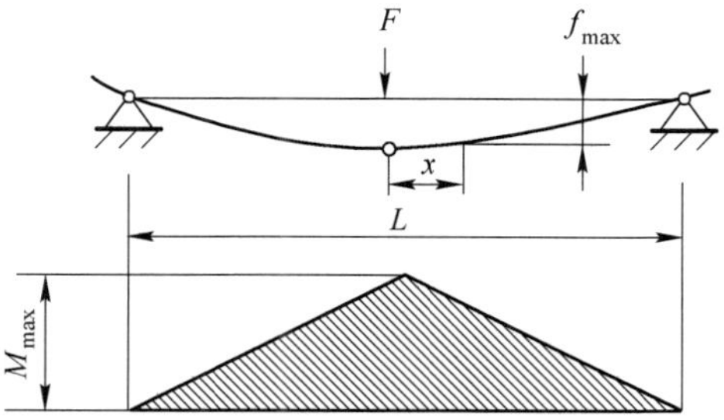

图 S10-1　三点弯曲试验加载方式

根据弯曲时试样受拉面的方位，焊接接头弯曲试验又分为正弯、背弯、侧弯。正弯是指试样受拉面为焊缝正面的弯曲；背弯是指试样受拉面为焊缝背面的弯曲；侧弯是指试样受拉面为焊缝纵剖面的弯曲。本弯曲试验采用正弯和背弯两种类型进行。

三、实验仪器和实验材料

（一）实验仪器

电子万能试验机。

（二）实验材料

铝合金焊接接头弯曲试样、水磨砂纸。

四、实验步骤

（1）试样准备：使用不同型号的水磨砂纸对试样表面进行打磨，打磨完成后用无水乙醇清洗表面以除去金属碎屑。

（2）安装试样：按相关标准装配合适直径的弯心，调整两支辊间的距离或两支承面间的距离，将试样放于两支辊上，试样轴线应与弯曲压头轴线垂直。

（3）启动试验机：采用电子万能试验机进行弯曲试验，打开试验机开关及计算机开关，使设备进入试验状态，启动试验用软件。

（4）进入软件试验窗口，设置试验方案及试验参数，输入压头弯曲直径及弯曲角度。

（5）点击试验窗口的“运行”按钮，试验机开始加载，进入试验状态。

（6）达到规定的弯曲角度后卸除试验力，保存数据并导出，观察试样表面状态并拍照记录焊接接头的不同位置是否出现裂纹或者是否断裂。

（7）关闭试验机、计算机，做好试验登记。

五、实验数据处理

通过填写表 S10-1 所示表格整理试验报告。

表 S10-1 试验报告

试样编号	试验类型	压头直径/mm	辊筒间距离/mm	弯曲角度/(°)	是否出现裂纹	是否断裂
1	面弯					
2	背弯					

六、思考题

（1）金属材料弯曲试验中对弯曲试样的尺寸和表面质量有何要求？

（2）测量金属材料的抗弯性能时需要注意哪些问题？

参 考 文 献

[1] 武汉大学．分析化学［M］.6 版．北京：高等教育出版社，2016.
[2] 司卫华．金属材料化学分析［M］．北京：机械工业出版社，2009.
[3] 俞斌，姚成，吴文源．无机与分析化学教程［M］.3 版．北京：化学工业出版社，2015.
[4] 周玉．材料分析方法［M］.4 版．北京：机械工业出版社，2020.
[5] 韩德伟，张建新．金相试样制备与显示技术［M］．长沙：中南大学出版社，2014.
[6] 萧泽新，陈奕高．现代金相显微分析及仪器［M］．西安：西安电子科技大学出版社，2015.
[7] 叶卫平，吕彩虹．实用钢铁材料金相检验［M］．北京：机械工业出版社，2023.
[8] 王顺兴．金属热处理原理与工艺［M］．哈尔滨：哈尔滨工业大学出版社，2009.
[9] 汪航，陈继强，周晨阳．有色金属结构材料学［M］．北京：冶金工业出版社，2024.
[10] 刘劲松，蒲玉兴．金属材料与热处理［M］．长沙：湖南大学出版社，2019.
[11] 何人葵．工程材料与热处理［M］．北京：冶金工业出版社，2015.
[12] 易丹青，许晓嫦．金属材料热处理［M］．北京：清华大学出版社，2020.
[13] 尹士科．焊接材料及接头组织性能［M］．北京：化学工业出版社，2011.
[14] 薛小怀．先进结构材料焊接接头组织与性能［M］．上海：上海交通大学出版社，2019.
[15] 蒋小松，杨川，高国庆，等．金属材料零部件失效分析基础与应用［M］．成都：西南交通大学出版社，2021.
[16] 张帆，周伟敏．材料性能学［M］．上海：上海交通大学出版社，2009.
[17] 丁惠麟，金荣芳．机械零件缺陷、失效分析与实例［M］．北京：化学工业出版社，2013.
[18] 刘瑞堂．机械零件失效分析与实例［M］．哈尔滨：哈尔滨工业大学出版社，2015.
[19] 孙智，任耀剑，隋艳伟．失效分析——基础与应用［M］.2 版．北京：机械工业出版社，2017.
[20] 陆文华，李隆盛，黄良余．铸造合金及其熔炼［M］．北京：机械工业出版社，2017.
[21] 刘胜新．金属材料力学性能手册［M］.2 版．北京：机械工业出版社，2018.
[22] 崔忠圻，覃耀春．金属学与热处理［M］.3 版．北京：机械工业出版社，2020.
[23] 杨满，刘朝雷．热处理工艺参数手册［M］.2 版．北京：机械工业出版社，2020.
[24] 夏立芳．金属热处理工艺学［M］.5 版．哈尔滨：哈尔滨工业大学出版社，2012.
[25] 齐宝森，王忠诚．化学热处理实用技术［M］．北京：化学工业出版社，2021.
[26] 王学武．金属表面处理技术［M］.2 版．北京：机械工业出版社，2018.
[27] 沈承金，王晓虹，冯培忠．材料热处理与表面工程［M］．徐州：中国矿业大学出版社，2017.
[28] 吉泽升．多元渗硼技术及其应用［M］．北京：冶金工业出版社，2004.
[29] 张帆，郭益平，周伟敏．材料性能学［M］．上海：上海交通大学出版社，2021.
[30] 中国钢铁工业协会．金属材料　拉伸试验　第 1 部分：室温试验方法：GB/T 228.1—2021［S］．北京：中国标准出版社，2021.
[31] 中国国家标准化管理委员会．数值修约规则与极限数值的表示和判定：GB/T 8170—2008［S］．北京：中国标准出版社，2008.
[32] 中国钢铁工业协会．金属材料　布氏硬度试验　第 1 部分：试验方法：GB/T 231.1—2018［S］．北京：中国标准出版社，2018.
[33] 中国钢铁工业协会．金属材料　洛氏硬度试验　第 1 部分：试验方法：GB/T 230.1—2018［S］．北京：中国标准出版社，2018.
[34] 中国钢铁工业协会．金属材料　维氏硬度试验　第 1 部分：试验方法：GB/T 4340.1—2024［S］.

北京：中国标准出版社，2024.
[35] 中国国家标准化管理委员会. 焊接接头弯曲试验方法：GB/T 2653—2008 [S]. 北京：中国标准出版社，2008.
[36] 潘清林. 金属材料科学与工程实验教程 [M]. 长沙：中南大学出版社，2006.